青海省核工业地质局地质勘查(察)成果系列丛书

青海省海东市地质灾害发育特征与致灾机理

QINGHAI SHENG HAIDONG SHI DIZHI ZAIHAI
FAYU TEZHENG YU ZHIZAI JILI

主　编　郭岐山
副主编　吴英波　王羽佳　高瑞涛

内容简介

青海省海东市地处黄土高原西端向青藏高原的过渡地带,发育白垩系砂砾岩、新近系泥岩夹石膏及第四纪黄土等易滑地层,滑坡、崩塌、泥石流等地质灾害发育。本书基于海东市地质灾害风险调查与地质灾害防治成果,对海东市地质灾害的发育特征、致灾机理、风险区划以及防治工作进行总结凝练,为探讨海东市地质灾害的时空分布规律、孕育地质条件和致灾机理提供了较全面的数据与资料。

本书可供工程地质、防灾减灾等学科专业的工程技术人员以及高等院校相关专业的师生参考使用。

图书在版编目(CIP)数据

青海省海东市地质灾害发育特征与致灾机理/郭岐山主编.—武汉:中国地质大学出版社,2024.11.—ISBN 978-7-5625-6034-0

Ⅰ.P694

中国国家版本馆 CIP 数据核字第 20246GT534 号

青海省海东市地质灾害发育特征与致灾机理	郭岐山 **主 编**
	吴英波 王羽佳 高瑞涛 **副主编**

责任编辑:沈婷婷	选题策划:沈婷婷	责任校对:张咏梅

出版发行:中国地质大学出版社(武汉市洪山区鲁磨路388号)	邮编:430074
电　　话:(027)67883511　　传　　真:(027)67883580	E-mail:cbb@cug.edu.cn
经　　销:全国新华书店	https://cugp.cug.edu.cn
开本:787mm×1092mm 1/16	字数:515千字　　印张:20.25
版次:2024年11月第1版	印次:2024年11月第1次印刷
印刷:武汉精一佳印刷有限公司	
ISBN 978-7-5625-6034-0	定价:198.00元

如有印装质量问题请与印刷厂联系调换

"青海省核工业地质局地质勘查(察)成果系列丛书"
编 撰 委 员 会

主　　　任：李为民
副 主 任：段建华　刘维鹏　郭岐山　李彦强　杨晓鸿
　　　　　　王克强　范志平　石国成
委　　　员：戴佳文　邵　继　费发源　路耀祖　郁东良
　　　　　　刘江峰

《青海省海东市地质灾害发育特征与致灾机理》

主　　　编：郭岐山
副 主 编：吴英波　王羽佳　高瑞涛
主要编写人：解　伟　段顺荣　谭尚峰　刘世有　季德学

前　言

青海省海东市位于华夏民族摇篮——黄河上游及其重要支流湟水之间，是青海省开发较早、文化历史悠久的地区，史称"河湟间"或"河湟地区"，因地处我国最大的内陆咸水湖——青海湖东部而得名，地理位置十分重要，自古就有"海藏咽喉"之称。

海东市地处黄土高原西端向青藏高原的过渡地带，区内地形高差大，地质构造条件复杂，白垩系砂砾岩、新近系泥岩夹石膏岩及第四纪黄土等易滑地层广泛出露，导致海东市地质灾害发育，全域属于青海省地质灾害重点防范区。

海东市境内发育的地质灾害类型主要为滑坡、崩塌、泥石流，其次为（黄土侵蚀）地面塌陷和地裂缝，部分县（区）存在地下水位浅埋和河流塌岸等不良地质现象。地质灾害主要发生在低山丘陵区，呈现出相对集中和条带状的分布特点，且滑坡、崩塌、泥石流等类型的地质灾害大部分发生在 6—9 月，具有范围广、数量多、群发突发、灾情严重、治理难度大等特点。

截至 2023 年底，海东市境内地质灾害隐患点共 2084 处，其中乐都区 707 处、化隆县 395 处、民和县 404 处、互助县 314 处、循化县 176 处、平安区 88 处。2023 年底，全市受地质灾害、切坡建房、临崖建房等风险威胁亟需进行避险搬迁的群众共 7653 户，严峻的地质灾害形势已然成为制约海东市城市建设和社会经济发展的重要因素，对人民群众生命财产安全及各类基础设施造成了极大的损害和威胁。

本书基于海东市辖区两区四县的 1∶5 万地质灾害风险调查评价以及部分镇 1∶1 万地质灾害调查与风险区划成果，对海东市地质灾害的发育特征、致灾机理、风险区划以及防治工作进行了总结凝练，为探讨海东市地质灾害的时空分布规律、孕育地质条件和致灾机理提供了较全面的数据与资料，以期为海东市的防灾减灾工作提供有力支撑。

本书由郭岐山担任主编，吴英波、王羽佳、高瑞涛担任副主编。本书各章分工如下：第一章和第二章由郭岐山执笔，共计 6.24 万字；第三章第一节、第二节、第三节、第四节由吴英波执笔，共计 6.72 万字；第四章和第五章的第一节、第二节、第三节、第四节、第五节由王羽佳执笔,共计 5.44 万字;第三章第五节和第五章第六节由谭尚峰执笔,共计 2.88 万字;第五章第七节由高瑞涛执笔,共计 9.44 万字;第六章第一节由段顺荣执笔,共计 3.84 万字;第六章第二节由解伟执笔,共计 8.48 万字;第六章第三节由刘世有执笔,共计 3.04 万字;第六章第四节由季德学执笔,共计 2.88 万字。

本书编写过程中,得到了青海省核工业地质局领导和同事们的大力支持,中国地质大学(武汉)陈剑文教授和陈宗柳、施龙刚、彭焱、皮雨童等同学的协助,在此表示感谢! 在资料收集过程中,海东市、县(区)自然资源和规划局以及众多兄弟单位慷慨提供了资料与帮助,在此深表谢意! 书中参考了大量的宝贵文献,对各位作者表示衷心感谢!

书中不妥之处,敬请读者批评指正!

笔　者

2024 年 11 月

目 录

第一章 绪 论 …………………………………………………………………………（1）
　第一节 研究背景 …………………………………………………………………（1）
　第二节 国内外研究现状 …………………………………………………………（2）
　　一、青海省地质灾害发育特征 …………………………………………………（2）
　　二、海东市地质灾害发育特征 …………………………………………………（4）
　　三、海东市内易滑地层 …………………………………………………………（5）
　　四、我国西北地区暖湿化 ………………………………………………………（6）
　　五、海东市地质灾害致灾机理 …………………………………………………（6）
　第三节 本书的主要内容 …………………………………………………………（7）

第二章 地理环境与地质背景 ………………………………………………………（10）
　第一节 地理环境特征 ……………………………………………………………（10）
　　一、地理位置与交通 ……………………………………………………………（10）
　　二、气象特征 ……………………………………………………………………（15）
　　三、河流水系 ……………………………………………………………………（17）
　第二节 工程地质条件 ……………………………………………………………（19）
　　一、地形地貌 ……………………………………………………………………（19）
　　二、地层岩性 ……………………………………………………………………（21）
　　三、区域地质构造 ………………………………………………………………（26）
　　四、新构造运动与地震 …………………………………………………………（27）
　　五、工程地质岩组 ………………………………………………………………（31）
　　六、水文地质条件 ………………………………………………………………（34）
　　七、不良地质现象 ………………………………………………………………（37）
　　八、人类工程活动特征 …………………………………………………………（39）

第三章 地质灾害发育特征与致灾机理 ……………………………………………（40）
　第一节 2019—2023年海东市地质灾害统计 ……………………………………（40）
　　一、2019年地质灾害统计 ………………………………………………………（41）
　　二、2020年地质灾害统计 ………………………………………………………（41）

三、2021年地质灾害统计 ………………………………………………………（41）
　　四、2022年地质灾害统计 ………………………………………………………（41）
　　五、2023年地质灾害统计 ………………………………………………………（42）
　第二节　地质灾害分布规律 …………………………………………………………（43）
　　一、空间分布特征 ………………………………………………………………（43）
　　二、时间分布特征 ………………………………………………………………（45）
　第三节　滑坡发育特征 ………………………………………………………………（46）
　　一、滑坡特征 ……………………………………………………………………（46）
　　二、滑坡形成机理 ………………………………………………………………（47）
　　三、滑坡成灾模式 ………………………………………………………………（48）
　　四、典型滑坡 ……………………………………………………………………（48）
　第四节　崩塌发育特征 ………………………………………………………………（72）
　　一、崩塌特征 ……………………………………………………………………（72）
　　二、崩塌形成机理 ………………………………………………………………（73）
　　三、崩塌成灾模式 ………………………………………………………………（74）
　　四、典型崩塌（危岩）体 …………………………………………………………（74）
　第五节　泥石流发育特征 ……………………………………………………………（82）
　　一、泥石流类型统计 ……………………………………………………………（82）
　　二、泥石流沟特征 ………………………………………………………………（84）
　　三、泥石流形成机理 ……………………………………………………………（85）
　　四、泥石流成灾模式 ……………………………………………………………（85）
　　五、典型泥石流 …………………………………………………………………（86）
第四章　地质灾害孕灾地质条件 …………………………………………………………（97）
　第一节　地形地貌 ……………………………………………………………………（97）
　　一、斜坡地质灾害 ………………………………………………………………（97）
　　二、泥石流地质灾害 ……………………………………………………………（99）
　第二节　地质构造 ……………………………………………………………………（100）
　第三节　工程地质岩组 ………………………………………………………………（100）
　　一、易滑地层 ……………………………………………………………………（100）
　　二、斜坡地质灾害 ………………………………………………………………（103）
　　三、泥石流地质灾害 ……………………………………………………………（104）
　第四节　降水与地下水 ………………………………………………………………（104）
　　一、斜坡地质灾害 ………………………………………………………………（104）
　　二、泥石流地质灾害 ……………………………………………………………（106）

第五章 地质灾害风险评价

第一节 易发性评价方法与模型 ………………………………………………… (107)
一、评价方法 ………………………………………………………………… (107)
二、基于层次分析法的要素指标权重确定 ………………………………… (108)
三、模糊综合评判法 ………………………………………………………… (110)

第二节 地质灾害易发性评价指标体系 ………………………………………… (111)
一、基础数据来源 …………………………………………………………… (111)
二、评价单元选取 …………………………………………………………… (111)
三、评价因子相关性分析 …………………………………………………… (112)
四、评价因子的选取 ………………………………………………………… (113)

第三节 海东市地质灾害易发性评价结果 ……………………………………… (119)

第四节 地质灾害危险性评价 …………………………………………………… (122)
一、危险性评价方法 ………………………………………………………… (122)
二、危险性评价 ……………………………………………………………… (123)

第五节 地质灾害易损性评价 …………………………………………………… (127)
一、承灾体识别 ……………………………………………………………… (127)
二、承灾体价值 ……………………………………………………………… (127)
三、易损性评价 ……………………………………………………………… (128)
四、易损性分区 ……………………………………………………………… (129)

第六节 地质灾害风险区划 ……………………………………………………… (131)
一、风险分级 ………………………………………………………………… (131)
二、海东市地质灾害风险分区 ……………………………………………… (131)

第七节 县（区）地质灾害风险区划 …………………………………………… (134)
一、乐都区地质灾害风险区划 ……………………………………………… (134)
二、平安区地质灾害风险区划 ……………………………………………… (152)
三、互助县地质灾害风险区划 ……………………………………………… (160)
四、民和县地质灾害风险区划 ……………………………………………… (170)
五、化隆县地质灾害风险区划 ……………………………………………… (178)
六、循化县地质灾害风险区划 ……………………………………………… (186)

第六章 海东市地质灾害防治案例

第一节 平安区富硒产业示范园区滑坡治理工程 ……………………………… (193)
一、地质背景概况 …………………………………………………………… (193)
二、滑坡基本特征 …………………………………………………………… (197)
三、滑坡体结构特征 ………………………………………………………… (199)

  四、滑坡变形特征及机理 …………………………………………………………………（201）
  五、滑坡稳定性分析与评价 ………………………………………………………………（203）
  六、治理方案及设计 ………………………………………………………………………（211）
 第二节 乐都区瞿昙镇后山泥石流群防治工程 ………………………………………………（217）
  一、地质背景概况 …………………………………………………………………………（217）
  二、泥石流沟分区特征 ……………………………………………………………………（223）
  三、泥石流形成条件 ………………………………………………………………………（228）
  四、泥石流易发性评价 ……………………………………………………………………（234）
  五、泥石流特征参数计算 …………………………………………………………………（240）
  六、治理方案及设计 ………………………………………………………………………（247）
 第三节 乐都区第八中学危岩体防治工程 ……………………………………………………（270）
  一、地质背景概况 …………………………………………………………………………（271）
  二、危岩体基本特征与形成机理 …………………………………………………………（275）
  三、危岩体稳定性分析与评价 ……………………………………………………………（279）
  四、防治方案及设计 ………………………………………………………………………（286）
 第四节 乐都区寿乐镇龙沟门村不稳定斜坡治理工程 ………………………………………（289）
  一、地质背景概况 …………………………………………………………………………（289）
  二、不稳定斜坡特征 ………………………………………………………………………（293）
  三、不稳定变形破坏机理 …………………………………………………………………（296）
  四、灾害体稳定性分析 ……………………………………………………………………（298）
  五、治理方案及设计 ………………………………………………………………………（300）
主要参考文献 ……………………………………………………………………………………（307）

第一章 绪 论

第一节 研究背景

青海省海东市地处华夏民族摇篮——黄河上游及其重要支流湟水(也称湟水河)之间,是青海省开发较早、文化历史悠久的地区,史称"河湟间"或"河湟地区",因地处我国最大的内陆咸水湖——青海湖东部而得名,地理位置十分重要,自古就有"海藏咽喉"之称。

海东市地处黄土高原西端向青藏高原的过渡地带,区内地形高差变化大、地质构造条件复杂,河湟谷地等地区广泛出露白垩系粉砂岩、泥岩、薄层砂砾岩,新近系泥岩夹石膏岩及第四纪黄土等易滑地层,导致海东市地质灾害发育。2020年统计资料表明,海东市的地质灾害数量占青海省全省的34.4%,灾害密度达到2.47起/100km^2(魏正发等,2021)。

根据《青海省2022年度地质灾害防治方案》(青政办函〔2022〕123号,2022年7月31日),青海省地质灾害重点防范区包括全省33个地质灾害高易发县(市、区、行委),海东市下辖的平安区、乐都区、民和县和互助县属于湟水流域中下游地区重点防范区,循化县和化隆县属于黄河流域玛尔挡下游地区,故海东市全境属于青海省地质灾害重点防范区。

海东市境内发育的地质灾害类型主要为滑坡、崩塌、泥石流,其次为(黄土侵蚀)地面塌陷和地裂缝,部分县(区)存在地下水位浅埋和河流塌岸等不良地质现象。地质灾害主要发生在低山丘陵区,呈现出相对集中和条带状的分布特点。结合1990—2018年青海省全省突发性地质灾害资料统计,滑坡、崩塌、泥石流等地质灾害大部分发生在6—9月,明显受(强)降水的影响。

已有研究表明,随着全球气候变暖,我国西北地区也表现出气温上升和降水概率不断增大、整体暖干化明显和局部暖湿化特点。青海省近60年的气象资料统计分析也表明省内气温普遍升高,干旱区的降水与以往相比显著增加,极端气候(包括强降水)出现的概率上升,从而给海东市的地质灾害减灾防灾工作带来了极大的挑战。

鉴于海东市地质灾害现状,迫切需要在已有工作的基础上,对海东市的地质灾害发育特征与致灾机理进行总结凝练,为了解海东市地质灾害的时空分布、孕育地质条件和致灾机理提供尽可能全面、详尽的数据,更好地为海东市的防灾减灾工作提供有力支撑。

第二节　国内外研究现状

一、青海省地质灾害发育特征

青海省是全国地质灾害较为严重的省份之一,地质灾害具有范围广、数量多、群发突发、灾情严重、治理难等特点。根据2023年《青海省人民政府公报》,截至2023年5月,根据以往地质灾害调查排查结果和全省地质灾害风险普查成果,全省共有地质灾害隐患点(即威胁人员的地质灾害隐患)6735处,其中滑坡2281处、崩塌2509处、泥石流1743处、不稳定斜坡189处、地面塌陷12处、地裂缝1处,对28.56万人和124.79亿元财产安全构成不同程度威胁。

近年来,受极端天气和城市扩张、工程建设等因素影响,青海省地质灾害频发。其中,2017年是近10年来全省地质灾害造成人员伤亡最多的一年,共造成12人死亡,3人受伤;2018年是有记录以来发生次数最多、经济损失较为严重的年份,共发生地质灾害207起(青海省人民政府办公厅,2023;吕文斌等,2018),是1990—2019年多年平均值的6.6倍,因灾死亡人数4人,直接经济损失达5 100余万元;2019年发生地质灾害92起(魏正发等,2021),发生起数仅次于2018年。严峻的地质灾害形势已然成为制约青海省城市建设和社会经济发展的重要因素,对人民群众生命财产安全及各类基础设施造成了极大的损害和威胁。

1. 地质灾害类型

青海省地质灾害类型为滑坡、崩塌、泥石流、沙化、地质沉陷及土壤冻胀等(李佳资,2020),其中以滑坡为主,崩塌和泥石流相对较少。1990—2019年青海省共发生地质灾害948起,其中滑坡656起、崩塌172起、泥石流120起。

按地质灾害发生规模划分,小型、中型、大型及巨型崩塌、滑坡灾害均有发生。其中,发育特大型滑坡155个(胡贵寿等,2008)。按灾种细分,90%的崩塌为小型,中型及以上仅占10%;73%的滑坡为小型,中型及以上占27%;65%的泥石流为小型,中型及以上占35%。可见省内滑坡、崩塌、泥石流灾害以小型为主,中型次之,大型较少,巨型基本不发育。

按斜(边)坡体岩土体类型划分,在2003—2019年间的672起崩塌、滑坡灾害中,有518起发生于松散的土质斜坡体,占比77.1%;154起发生于岩质斜坡,占比22.9%。其中,以黄土类土地质灾害最为发育,约占61%;碎屑岩和卵砾类土次之,占比分别为19.3%、16.1%;变质岩、岩浆岩、碳酸盐岩中基本不发育。发生在黄土类土、碎屑岩和卵砾类土中的崩塌基本以小型为主,很少发生大规模崩塌;发生在黄土类土和卵砾类土中的滑坡以小型为主,而在碎屑岩中则以中型以上为主(李芙林等,2005;彭亮等,2021)。

2. 时空分布规律

1)时间分布规律

青海省地质灾害时间分布规律可分为年度变化规律、季节变化规律以及月变化规律。从年度变化规律看,地质灾害发生数量、造成的人员伤亡、财产损失年际变化很大。按滑坡、崩塌、泥石流灾害发生起数,2018年发生地质灾害207起(周保,2019),为历年最多,是多年平均值的6.6倍;按死亡、受伤人数,1994年、1995年因地质灾害死亡受伤的人数最多,分别为1994年死亡37人,受伤12人,1995年死亡36人,受伤15人;按经济损失,1997年因滑坡、崩塌、泥石流灾害造成的直接经济损失最重,约为2.27亿。以2004年为节点,2004年之前除1994年和1995年,其他年份年度发灾起数相对较少,不超过20起,甚至大多年份只发生几起,2004年后发灾起数均大于20起,表明该地区地质灾害有频发趋势。

从季节性变化来看,青海省地质灾害的季节差异性表现明显。青海省年温差变化大,每年除汛期外,冻融期发生的地质灾害明显增多。据前人调查数据,14起冻融滑坡均发生于冻融期(3—5月)。470起由降水引发的崩塌、滑坡和泥石流灾害中,有402起发生于汛期(6—9月),占总数的86%;68起发生于非汛期。99%的泥石流发生于汛期。

1996—2019年由降水引发的崩塌、滑坡和泥石流多发于汛期,且汛期发灾占比明显大于非汛期,这24年中有22年汛期发灾占比达75%以上。此外,从整体变化趋势上看,汛期发灾占比有微弱减小的趋势,表明发灾时间有从汛期向全年发展的倾向。

从月变化规律来看,地质灾害主要发生在5—10月,占总数的89%,尤其在7—9月,以8月的发灾数量最多,共249起,占26.3%。5月、6月和10月的灾害数量较少,而1月、2月和12月的灾害发生频率最低。

2)空间分布规律

青海省的地质灾害空间分布规律可以根据地形地貌、流域和工程活动强度进行细致划分。

青海省可分为4个主要地貌单元:青东丘陵谷地、柴达木盆地、青北高原山区和青南高原山区(张俐等,2010;杨玲等,2015)。整体而言,滑坡、崩塌和泥石流灾害主要集中在青东丘陵谷地,该地区的灾害发生占比高达82.8%,且灾害密度为2.67起/100km^2,显示出该区域地质风险的严重性。其次,青南高原山区和青北高原山区的占比分别为10.9%和5.2%,而柴达木盆地几乎不发育地质灾害。

滑坡、崩塌和泥石流灾害主要分布在湟水流域(高崇越等,2024),共发生596起,占全省的63%;黄河流域的发生数量为264起,占36.5%。不同流域的灾害类型及规模大致相似,但略有差异。例如,大通河流域的3种地质灾害类型发生数量相对均衡,而内陆水系(除黑河流域外)则以泥石流为主;其他流域则以滑坡为主,崩塌和泥石流数量相对接近。值得注意的是,中型及以上规模的滑坡、崩塌和泥石流灾害主要集中在湟水和黄河流域。其中,黄河流域的中型及以上规模滑坡共发生62起,占其滑坡总数的37%;而湟水流域则发生80起,占其总数的19%。

青东丘陵谷地的面积达到29 358km^2,分布着青海省16个县(市、区),人口约404万(青海省统计局,2020),人口密度高达137.74人/km^2,远超其他区域。这一重要的地理位置以及密集的人口分布,在促进社会经济迅速发展的同时,使得基础设施建设频繁,导致滑坡、崩塌和泥石流灾害的频发。该地区的地质灾害发生密度显著高于其他区域,造成了严重的人员伤亡和巨大的经济损失,因灾伤亡人数占全省的86%,经济损失占全省的68%。因此,加强对这一地区的灾害监测与防治显得尤为重要。

3. 诱发因素

滑坡、崩塌、泥石流等地质灾害的发生往往是多种因素综合作用的结果,主要包括工程活动和自然因素两大类。工程活动包括边坡开挖、采矿采石、灌溉渗漏、排水排污、水库蓄水等；自然因素主要有地震、降水、坡脚浸润、自然风化、冻融等。近几十年来,青海省社会经济发展迅速,基础设施建设等工程活动强烈,给脆弱的地质环境造成了较为严重的影响。尤其是交通线路建设大量开挖改变了斜坡应力状态,引起了滑坡以及其他地质灾害。另外,居民切坡建房也是一个不可忽略的因素。

降水是引发滑坡、崩塌、泥石流灾害的最主要因素,降水会增加土体重力,降低滑带抗剪强度,是诱发地灾的重要动力因子(李郎平等,2017),通常降水量的增加会导致地灾发生概率增加(赵东亮等,2021)。一方面,降水渗入土体内部增加土体自重,减少土体内部及其底床之间的摩擦系数,导致土体失稳,易产生滑坡、崩塌;另一方面,降水汇集后强烈冲刷沟道两岸的松散堆积体,使得沟道两岸的松散固体物不断进入沟道,为泥石流提供物源(杨旭伟等,2017)。统计结果表明,青海省年降水量和降水引发的滑坡、崩塌、泥石流灾害呈正相关。同时,当年度降水量增多时当年灾害也基本呈现增加趋势,反之亦然(曹小岩,2024)。

气候变化是诱发浅层冻土滑坡的主要外部因素(Lewkowicz and Harris,2005; Lamoureux,2009; Patton et al.,2021)。近年来,青海省的年均气温增幅达0.09℃/a,远超全球平均水平(靳德武等,2005; Ran et al.,2021; 梁虹等,2017),气温变化呈正弦函数形式。活动层自3—4月开始融化,至8—9月融化水平达到最大,10—11月再度冻结(刘广岳等,2018)。青海省降水季节性分布不均,5—10月的降水量占全年总量的90%以上,尤其以7—8月为高峰。这表明,活动层融化和降水增大与浅层冻土滑坡的发育时间基本吻合。气候变化导致地温梯度改变,破坏冻土的连续性和均匀性,进而对多年冻土斜坡的稳定性产生不利影响(沈凌铠等,2023)。

此外,强震也是诱发地质灾害的重要因素之一,特别是崩塌、滑坡、泥石流等地质灾害的重要影响因素。青海地处我国西北部青藏高原地震带,青藏高原地震带不仅是我国最大的地震带,也是地震活动最强、大地震频发的地区。地震破坏了边坡原有的稳定,使其发生失稳现象,从而导致崩塌、滑坡等灾害发生(蒋瑶,2014),同时也为泥石流提供了丰富的固体物质来源,有利于泥石流灾害的发生。

二、海东市地质灾害发育特征

青海省的地质灾害问题日益严峻,滑坡、崩塌和泥石流等地质灾害主要集中在西宁市和海东市,特别是海东市,地质灾害数量占全省的34.4%,灾害密度达到2.47起/100km²(魏正发等,2021),显示出该地区面临较高的地质风险。

在海东市境域发育的滑坡、崩塌和泥石流等地质灾害类型中,滑坡是最主要的地质灾害,占比超过70%。滑坡通常发生在山区和丘陵地区,这些地方岩土体结构松散,加上降水量增加和人类工程活动影响,极易导致斜坡失稳。此外,崩塌和泥石流也常见,尤其是在降水后,泥石流活动加剧,给周边生态环境和人类活动带来了显著影响(白刚刚和吴英波,2013;张静等,2021;孙志勇,2022)。

海东市的地质灾害主要发生在低山丘陵区,这些区域分布的地层岩性主要为第三系(新近系+古近系)泥岩、泥岩夹石膏和第四纪黄土。地形特征以山地和丘陵为主,地势高低悬殊、沟壑广布(戴军等,2021),形成了较为复杂的地貌。这样的地质结构,使得灾害呈现出相对集中和条带状的分布特点,尤其在雨季或极端天气条件下,地质灾害的发生频率明显增加。

海东市内地质灾害具有明显的季节性。降雨季节,随着降雨的增加,滑坡和泥石流等灾害的风险显著上升(杨芳,1997;李青平等,2013;张秉来和刘宇平,2017;彭亮等,2022)。海东市每年5—9月份降水相对集中,市域内滑坡、崩塌、泥石流等地质灾害也多在5—9月发生。尤其是泥石流灾害,每年7—9月降雨高峰期更为集中,具体发生时间大多和降雨同步或短期滞后,与降水的关系表现尤为突出。

除了自然因素外,人为活动也是导致地质灾害的重要原因。随着城市的扩张和基础设施的建设,往往破坏了原有的地质结构,增加了地质灾害发生的风险。特别是在进行切坡建房、削坡修路以及水利设施建设时,往往会引起斜坡失稳,进而诱发滑坡和崩塌等灾害。

三、海东市内易滑地层

易滑地层主要指的是受特定的地质构造、岩性特征和水文条件等因素影响,容易发生滑坡等地质灾害的地层。易滑地层通常包括覆盖层和基岩,基岩的滑动倾向会导致覆盖层也具有滑动倾向。在自然环境中,覆盖层的滑动比基岩更为常见,这表明覆盖层比基岩更易滑动(卢螽楒,1988)。海东市内易滑地层主要分布在河湟谷地等地区,主要为白垩系粉砂岩、泥岩、薄层状砂砾岩,新生界第三系泥岩和第四纪黄土(曾方明,2016)。

第三系在青海省广泛分布,主要分布在青海省的东部和中部地区,如河湟谷地、海南藏族自治州(简称海南州)等地。这一时期形成的地层主要为沉积岩,多由泥岩、砂岩、砾岩等组成(王鹏和赵澄林,2001;刘锋英等,2002;姜营海等,2013)。第三系中的泥岩属于较软岩,胀缩性质与南方膨胀土有较大差别,泥岩的膨胀力极大(张海霞等,2005;畅斌和张金功,2013;李刚,2015),且具有易于风化、水敏性较强的特点。当这些泥岩地层遇到水的作用时,强度显著降低,容易形成滑带。青海省分布的白垩系所含的泥岩性质与第三系泥岩性质相近,同样易形成滑带,构成易滑地层。

第四纪黄土主要分布在青海省的东部和北部地区,该区处于黄土高原与青藏高原过渡地带,地层自上而下为全新世黄土、马兰黄土、离石黄土和午城黄土(李珍等,1991)。青海省黄土颗粒较粗、含盐量较高(房建宏等,2017),且具有垂直节理发育、孔隙率高的特点,这导致黄土在遇水时容易发生湿陷(武小鹏等,2018),强度降低,从而产生滑动。降水特别是长时间的连续降水,会导致黄土体饱和(郭安邦等,2019),重量增加,抗剪强度下降。青海省黄土地区多为山地地貌,坡角较大,为黄土滑坡的发生提供了地形条件。除此之外,过度开发、植被破坏、农业灌溉等人类活动改变了黄土地区的自然状态,增加了滑坡发生的风险。

四、我国西北地区暖湿化

中国西北地区地处欧亚大陆腹地,受西风带、高原季风和东亚季风气候的影响,在北半球气候系统中起着重要的作用(丁一汇等,2023)。近些年来,气候、降水对地质环境的影响受到了各界科学家的持续关注。

随着全球气候变暖,西北地区的气温和降水受到了不同程度影响。根据近50年来的气象资料,气温上升和降水出现概率不断增大、整体暖干化明显。这种气候的变化会对西北地区脆弱的环境造成打击,导致冰川融化、水资源短缺、土地荒漠化(张强,2010;李明,2021),同时对崩塌、滑坡和泥石流等地质灾害的发育有着重要影响。

随着对暖湿化现象的深入分析,研究者发现增湿区域的不平衡性特征明显,暖湿化季节性也很明显,且在1993年和2010年发生了突变现象,但总体暖湿化趋势是向东扩散的(施雅风等,2003;张红丽等,2023)。现阶段对于暖干化转向暖湿化的变化趋势仍有很多争议,如暖干化转向暖湿化的开始时间、进行程度、是否停滞等方面。尤其是暖湿化是否停滞存在较大争议,而产生这些争论的主要原因是研究选择的时间序列长度不同、空间范围不同、干旱指标不同等(陈发虎等,2023)。

在全球气候变暖的大背景下,海东市的气候也受到了很大的影响,气温普遍升高,干旱区的降水与以往相比显著增加,这种异常的情况反映了全球气候的变化特征,同时也为暖干化转向暖湿化提供了有利条件(杨建平,2004;陈发虎等,2011)。这一变化导致极端天气事件的频率增加,尤其是暴雨和洪水,对基础设施和农田造成威胁,同时也加剧了地质灾害的发生概率。

海东市位于青海省的东部,其年平均气温逐渐上升,尤其是在冬季,暖化趋势更为明显。随着年平均气温的上升,海东市的水资源管理也面临新的挑战。冰雪融化加速,导致河流流量变化,可能引发洪水或水资源短缺。为了能够客观及时地评价区域气候暖湿化状况,王永辉等(2022)综合气象要素、干旱指标和植被等因素构建了气候暖湿化评价指数,并用该指数在时间序列变化和空间趋势变化方面评价了60年来青海省气候暖湿现象。随着未来温室气体的排放,海东市及其附近地区的暖湿化在未来将不断增强,对于暖湿化的机制、暖湿化的影响、暖湿化与气候的关系等仍需进一步研究,且对区域性气候变化要有科学的应对(王澄海等,2021)。

五、海东市地质灾害致灾机理

海东市发育的地质灾害类型主要包括滑坡、崩塌和泥石流,这些灾害的形成是多种因素相互作用的结果,主要包括地形地貌、地层岩性、构造运动、气候变化及人类活动等。

滑坡通常发生在分布有易滑地层的地区,其形成机制相对复杂(范晓岭,2023)。海东市易滑地层主要包括第三系和黄土地层,其中第三系的泥岩层在遇水时会出现显著的膨胀。海东市分布的泥岩层膨胀性极大,这种膨胀作用对滑坡、崩塌和泥石流的发生具有明显的促进作用。此外,黄土层中存在较多的孔隙、裂隙、垂直节理和落水洞,这些结构为地表水的垂直入渗创造了有利条件。地表水渗入黄土层的孔隙中,形成了一个饱和层(王家鼎和惠泱河,

2002),尤其是在全风化的泥岩层以上的黄土,水分的滞留进一步加剧了土层的湿润程度,使得黄土层与泥岩层接触带长期处于过湿软塑的状态(张茂省,2007;刘义等,2016)。这种状态的变化直接影响了土层的内聚力、摩擦角和抗剪强度,导致高陡边坡在重力作用下产生蠕动变形。随着时间的推移,这种蠕变现象可能会演变为滑移,最终导致边坡失稳并引发破坏(崔芳鹏等,2008;辛鹏等,2018;史立群等,2020)。

海东市季节性降水和融雪水体对地质灾害的影响尤其显著,这些水体的渗入使得易滑地层的下滑力增加,同时降低了抗滑力(申银香等,2018),从而使得边坡处于不稳定状态。

青海省位于我国地势第一阶梯带,地处青藏高原东部,地震频发(郭小花等,2011;殷翔等,2021),地势高低悬殊、沟壑纵横、斜坡陡峭。这些地形特征为崩塌的发育提供了良好的条件,并为泥石流的活动提供了通道(常文娟等,2018)。

青海地区地质构造活跃且风化作用强烈,导致岩石的风化程度明显,裂隙发育(田婷婷等,2014;魏正发等,2021),这些因素共同造成岩体易失稳,引发崩塌现象。此外,高陡边坡由于卸荷拉裂致其发生滑坡(刘峰等,2015),滑坡堆积物、崩落物和其他松散固体物质为泥石流的形成提供了物源基础,而强降雨或冰雪融化等水体则为泥石流提供了必需的水分。特别是在青藏高原上,随着气候的暖湿化和极端降雨事件的增加,滑坡和泥石流的发生频率显著上升,成为该地区地质灾害的重要表现形式(洪磊等,2017;郝君明等,2020)。

此外,人类的不合理开发活动,如过度开采、建设道路和切坡建房等,进一步破坏了原有的地质平衡,成为诱发地质灾害的重要因素。

第三节 本书的主要内容

本书基于青海省海东市辖区两区四县的1∶5万地质灾害风险调查评价以及部分镇1∶1万地质灾害调查与风险区划成果,对海东市地质灾害的发育特征、致灾机理、风险区划以及防治工作进行总结凝练,为探讨海东市地质灾害的时空分布规律、孕育地质条件和致灾机理提供了较全面的数据和资料,以期为海东市的防灾减灾工作提供有力支撑。本书是上述系统研究的成果总结,主要包括以下5个方面。

1. 海东市区域地质概况

海东市地处青藏高原和黄土高原过渡区,属于典型的干旱、半干旱大陆性气候。年平均气温 3.2～8.6℃,最高气温 25.1～33.5℃,最低气温 −25.1～−18.8℃;降水小雨居多,暴雨较少,降水的山地效应较明显;年平均降水量 319.2～531.9mm,多集中在 6—10 月,占全年降水量的 80%。市域总体地势西高东低,按地貌成因和形态特征,可将其划分为侵蚀构造中高山、侵蚀剥蚀低山丘陵、侵蚀堆积平原 3 种类型。出露基岩地层以寒武系(ϵ)、新近系(N)出露最广,第四系有中—下更新统($Q_{p_{1-2}}$),上更新统(Q_{p_3})和全新统(Q_h)。大地构造位置处于秦祁昆复合造山带的东段,主要的地质构造单元是南祁连地块。工程地质岩组划分为土体(4 个亚类)和岩体(4 个亚类)两大类。地下水划分为松散岩类孔隙水、碎屑岩类裂隙孔隙水、碳酸盐岩裂隙岩溶水、基岩裂隙水及冻结区地下水 5 种类型。

2. 海东市地质灾害分布规律与发育特征

海东市全境属于青海省地质灾害重点防范区,地质灾害类型以滑坡(潜在滑坡)、崩塌(潜在崩塌)和泥石流为主,另有少量黄土(潜蚀)地面塌陷和地裂缝,根据2019—2023年统计数据,地质灾害数量有一定的上升趋势。海东市地质灾害分布规律严格受地质条件和人为因素的制约,地质灾害在空间上有相对集中和条带状展布的分布规律,时间上也呈现出集中分布的规律。市域发育的滑坡(潜在滑坡)占地质灾害隐患点总数的45.37%,其中,土质滑坡约占滑坡总数的84.1%,岩质滑坡约占15.9%;人类工程活动诱发的滑坡约占滑坡总数的59.3%,降水等自然因素诱发的滑坡约占总数的40.7%;崩塌(危岩体)占地质灾害隐患点总数的31.22%,大部分分布于公路旁的陡崖,部分分布于村民屋后斜坡,主要由人工切坡修路、建房以及削坡采矿诱发;泥石流以暴雨型、沟谷型泥石流为主。泥石型泥石流、泥型泥石流和水石型泥石流分别占88.7%、8.8%、2.5%。稀性泥石流占55%。小型泥石流占59.8%,中型占39.8%,大型占0.4%。轻度易发泥石流占37.6%,易发泥石流占44.1%,不易发泥石流占18.3%。

3. 海东市地质灾害形成机理

海东市地质灾害发育除地形地貌、地质构造等因素外,主要受控于易滑地层(晚更新世风积黄土、全新世湿陷性黄土以及第三系泥岩砂岩)、集中强降雨以及人类工程活动影响。滑坡地质灾害以土质滑坡为主(占滑坡地质灾害总数的84.1%),岩质滑坡相对较少(占滑坡地质灾害总数的15.9%)。由人类工程活动(切坡建房和修建道路)而形成的滑坡占滑坡地质灾害总数的59.3%,降水等自然因素诱发的滑坡占滑坡地质灾害总数的40.7%。根据滑坡岩土体、剪出口以及滑动面等因素,将市域内的滑坡划分为黄土型滑坡、黄土-泥岩型滑坡和泥岩-砂岩型滑坡等3种类型。破坏形式可分为滑移-拉裂型和蠕动-挤压-滑移型两类。崩塌地质灾害以土质崩塌为主(主要为风积黄土,少量为冲积物),其次为岩质崩塌(古元古界片岩、第三系泥岩砂岩、加里东期花岗岩)。破坏形式主要有滑移式崩塌、坠落式崩塌和倾倒式崩塌等类型。泥石流地质灾害以暴雨沟谷型泥石流为主,少量为坡面型泥石流。泥石流的成灾模式主要为沟谷斜坡崩滑体转化型、坡面松散坡积物冲蚀启动型和沟床启动型,少数为堰塞湖溃决型。

4. 海东市地质灾害风险评估

海东市(包括两区四县)地质灾害易发性评价采用信息量模型,选取坡角、坡高、坡形、岩土类型、构造、植被指数、降雨指标和人类工程活动等8项主要因素作为评价指标。海东市高易发区面积约511.68km², 约占总面积的3.94%;地质灾害中易发区面积约6 816.8km², 约占总面积的52.51%;地质灾害低易发区,面积约2 872.97km², 约占总面积的22.13%;地质灾害非易发区,面积约2 781.68km², 约占总面积的21.42%。地质灾害风险性评价基于地质灾害易发性、危险性(降水和地震)和易损性(人口损失和财产损失)综合展开。海东市地质灾害极高风险区面积约701.25km², 约占总面积的5.40%;地质灾害高风险区面积约6 464.11km², 约占总面积的49.79%;地质灾害中风险区面积约1 532.51km², 约占总面积的11.80%;地质灾害低风险区面积约 4 285.25km², 约占总面积的 33.01%。[①]

5. 海东市地质灾害防治案例

根据海东市境内发育的地质灾害类型及机理,选取平安区富硒产业示范园区滑坡治理工程、乐都区瞿昙镇后山泥石流群防治工程、乐都区第八中学危岩体防治工程、乐都区寿乐镇龙沟门村不稳定斜坡治理工程等 4 个项目,分别展示了(黄土)滑坡、(花岗岩)危岩体、沟谷型泥石流以及不稳定斜坡等不同类型的地质灾害的防治思路、方案以及分项工程设计,可以作为海东市地质灾害防治工程设计的借鉴。

---

① 注:由于统计年份、口径、方式不同,本书数据存在较小误差。

第二章 地理环境与地质背景

第一节 地理环境特征

一、地理位置与交通

海东市地处黄土高原西端向青藏高原的过渡地带,北倚祁连山支脉达坂山与门源县接壤;东北与甘肃省武威市天祝县隔大通河相望;东与兰州市红古区、永登县,临夏回族自治州永靖县、积石山县接壤;南临甘肃省夏河县和青海省同仁市;西靠大通县、西宁市、湟中区、贵德县、尖扎县。

海东市东西长约124.5km(东经100°41.5′—103°04′),南北宽约180km(北纬35°25.9′—37°05′),国土总面积约$1.3\times10^4\mathrm{km}^2$,约占青海省总面积的1.83%。1978年10月,国务院批准设立青海省海东地区。2013年2月,国务院批准撤销海东地区设立地级海东市,下辖两区四县,即乐都区、平安区、民和回族土族自治县(简称民和县)、互助土族自治县(简称互助县)、化隆回族自治县(简称化隆县)和循化撒拉族自治县(简称循化县),海东市政府设在乐都区(图2.1.1)。

近年来,海东市路网体系日趋完善,建成"高速公路达县、国省干线通乡、农村公路入户"的公路网,路网规模迅速增长,路网结构明显改善,打通了支撑海东经济发展的出入通道大动脉。全市公路通车总里程达12 024km,二级及以上公路总里程达1390km。境内主要交通干线有国道G109线(京藏公路)、兰宁高速、平阿高速以及西宁至互助一级公路贯穿全境,国道G0611线自南向北在平安区与G109线相连。青藏铁路、兰青铁路、兰新高铁自东向西横穿全境,与"陇海—兰新"铁路干线贯通。西宁曹家堡机场就在海东互助县境内,距西宁市中心仅28km,距离平安区5km,已开通北京、上海、广州、西安、成都、乌鲁木齐等航线。另有县道及乡村道路纵横交错,全市94个乡(镇)、1587个行政村全部通畅,公路通畅率100%;行政村村内道路硬化全部完成,村道硬化率为100%,实现了村道硬化全覆盖,交通条件较为便利(图2.1.2)。

第二章 地理环境与地质背景

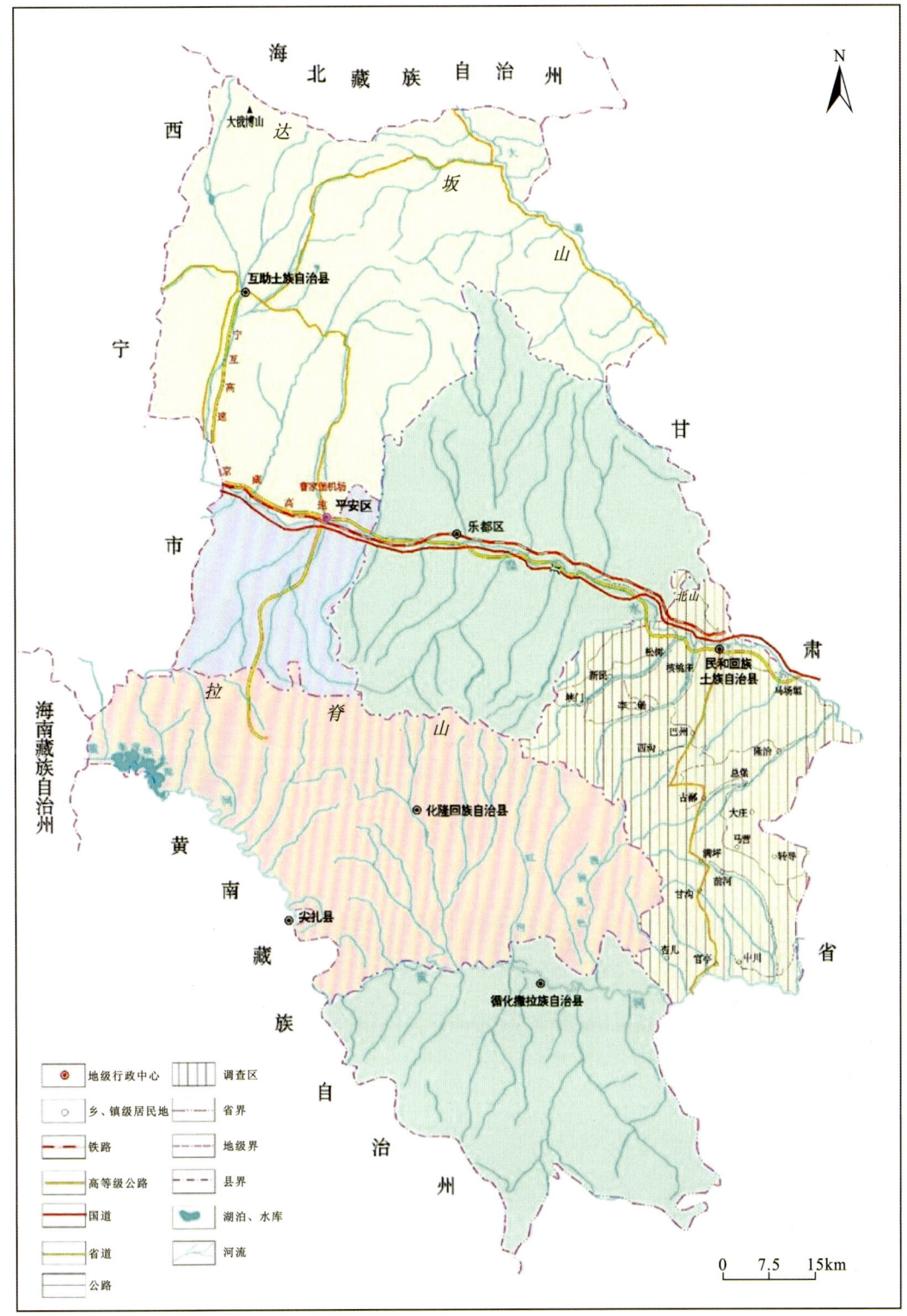

图 2.1.1 青海省海东市行政区划图

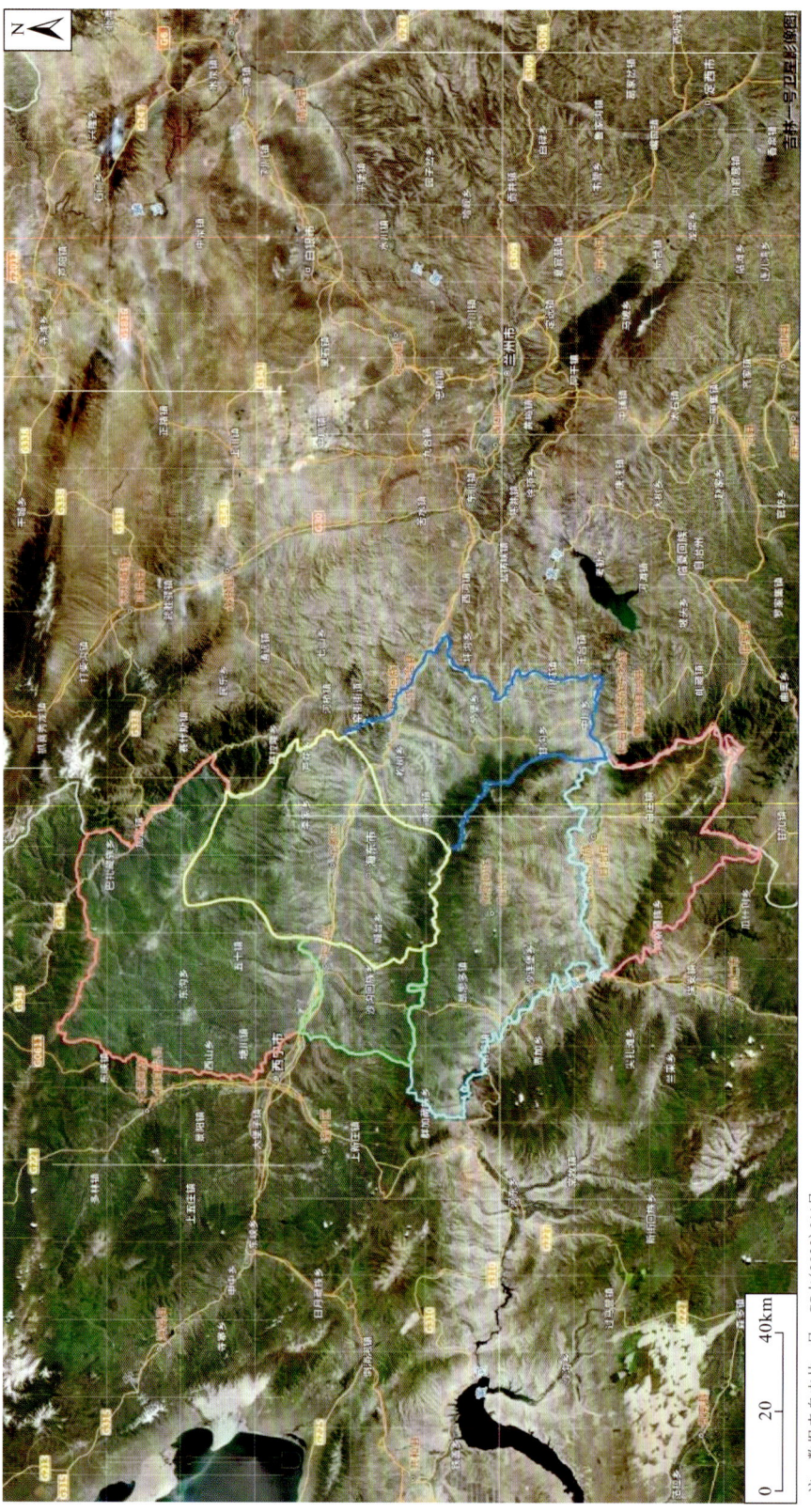

图 2.1.2 海东市交通位置图

1. 乐都区

乐都区位于青海省东部，达坂山以南，湟水流域中下游，地处黄土高原西端向青藏高原的过渡地带。2013年2月8日，国务院批准青海省撤销海东地区设立地级海东市，撤销乐都县设立乐都区，隶属于海东市。

乐都区东北与甘肃省永登县和天祝藏族自治县相邻，东及东南与民和回族土族自治县接壤，西与平安区交界，南与化隆回族自治县相连，西北与互助土族自治县毗邻。地理坐标为：东经$102°09′—102°47′$，北纬$36°16′—36°46′$。东西长64km，南北宽76km，总面积3050km^2。全区辖20个乡镇（街道），354个行政村，14个社区。

乐都区政府驻地碾伯镇距青海省会西宁市63km，距甘肃省会兰州市168km，G109线（京藏公路）自东南向西北纵贯县境，各乡（镇）与县城皆通公路，乡村间有简易公路，可通行汽车，交通条件较为便利。

2. 平安区

平安区位于青海省东部，湟水流域中游南侧，地处黄土高原西端向青藏高原的过渡地带，处于海东市中心腹地。区境南北长约33.6km，东西宽约23.0km，域内国土总面积742.89km^2，地理坐标为：东经$101°49′—102°10′$，北纬$36°15′—36°34′$。东临海东市乐都区，西连西宁市和湟中区，南接化隆县以青沙山为界，北隔湟水与互助土族自治县相望。

截至2022年，全区辖2个街道办事处1个镇5个乡，即平安街道、小峡街道、三合镇、沙沟回族乡、古城回族乡、石灰窑回族乡、洪水泉回族乡和巴藏沟回族乡，共计111个行政村，5个社区，493个合作社，7个居委会。

平安区人民政府驻地平安镇距西宁市中心35km，G109京藏公路、马（场垣）—西（宁）高速公路、兰青铁路横穿全境，平（安）—阿（岱）高速公路，S202临（夏）—平（安）公路纵贯南北。民航西宁曹家堡机场距县城8.0km，交通十分便利。

3. 互助土族自治县

互助土族自治县位于青海省东部，地处黄土高原与青藏高原过渡地带，北倚祁连山支脉达坂山与门源县相接，东连甘肃省天祝县、永登县和海东市乐都区，西临西宁市大通县，南与西宁市城东区、海东市平安区毗邻。

1930年9月29日互助正式建县，1949年9月12日互助县解放，1954年2月14日正式成立互助土族自治区，1955年改为互助土族自治县。地理坐标为：东经$101°46′—102°45′$，北纬$36°30′—37°09′$。东西长86km，南北宽64km，总面积3424km^2，现下辖7镇1街道11乡，共计294个行政村，8个社区。

县域中部有西宁—互助一级公路直达县城威远镇，县城至互助北山国家森林公园有旅游二级公路相通。北部沿大通河分布有省道岗（子口）—青（石咀）三级公路，南侧G109、兰（州）—西（宁）高速公路、兰青铁路贯通东西。西宁曹家堡机场位于县境高寨镇，是青海省唯一的二级机场，也是青藏高原上重要的空中交通枢纽，现已开通直达北京等数十个大中城市的航班。境内各乡（镇）与县城均有县、乡公路相通，区内交通便利。

4. 民和回族土族自治县

民和回族土族自治县位于青海省东部，地处黄土高原与青藏高原过渡地带。县域东北与甘肃省永登县、兰州市红古区隔大通河相望，东与甘肃省永靖县接壤，南以黄河为界，与甘肃省积石山县相对，西南及西北与循化县、化隆县、乐都区毗邻，南北最长距离88km，东西最宽56km。地理坐标为：东经102°26′—103°04′，北纬35°45′—36°26′。总面积为1 890.82km²。

1930年4月，从乐都、循化县析置民和县，取"政通人和"之意。1985年11月，改设民和回族土族自治县。截至2023年6月，民和回族土族自治县共有8个镇、14个乡，共312个村，聚居着汉、回、土、藏等20个民族，总人口43.9万人。

民和县政府驻地川口镇距省会西宁市120km，G109、京藏高速及京藏铁路自县域北部穿过，各乡（镇）与县城皆通公路，乡村之间有简易公路连接，交通条件较为便利。

5. 化隆回族自治县

化隆回族自治县位于青海省东部黄河上游，地处黄土高原与青藏高原过渡地带。县域东与民和回族土族自治县接连，南与循化撒拉族自治县、黄南藏族自治州尖扎县相邻，西与海南藏族自治州贵德县、西宁市湟中区接壤，北与平安区、乐都区毗连。地理坐标为：东经101°39′—102°42′，北纬35°48′—36°17′。东西长98.5km，南北宽48.5km，总面积2740km²。

1931年，改巴燕县为化隆县。1953年改设化隆回族自治区，1955年改称自治县，1978年划归海东地区。2013年2月国务院批准设立海东市，化隆县隶属海东市管理。全县共有6个镇11个乡（含4个藏族乡），共362个行政村，10个社区。辖区现有回、汉、藏、撒拉等22个民族，共计31.3万人。

化隆回族自治县县政府驻地巴燕镇距省会西宁市110km，平（安）—阿（岱）高速公路、临（夏）—平（安）公路、乐（都）—化（隆）公路、阿（岱）—赛（尔龙）公路、扎（巴）—哈（湟源哈城）公路、巴（燕）官亭（民和）公路等贯穿县境，各乡（镇）与县城间有简易公路相通。

6. 循化撒拉族自治县

循化撒拉族自治县位于青海省东部，祁连山支脉拉鸡山东端，黄河由西向东横贯县境北部，是中国撒拉族的发祥地。县域东与甘肃省积石山保安族东乡族撒拉族自治县和临夏县接壤，南临甘肃省夏河县和青海省同仁市，西靠尖扎县，北同化隆回族自治县为邻，东北与民和回族土族自治县相连。地理坐标为：东经102°04′—102°49′，北纬35°25′—35°56′。东西长68km，南北宽27km，总面积2100km²。辖3个镇6个乡，共154个行政村。截至2023年末，全县常住人口为13.18万人。

县政府驻地积石镇距省会西宁市160km，西南距黄南藏族自治州州府隆务镇74km，东距甘肃省积石山县大河家镇40.5km，东南距甘肃省临夏市108km。S202（临平公路）自东北部纵贯县境，各乡（镇）与县城皆通公路，乡村间有简易公路，可通行汽车，交通条件较为便利。

二、气象特征

海东市位于西宁和兰州之间的河湟谷地,海拔1650~4754m,受海拔高度、西风环流系统和季风的影响,气候变暖,水资源匮乏,水土流失和沙漠化严重,属于典型的干旱、半干旱大陆性气候和生态环境脆弱或恶劣地区。气候基本特点是:高寒、干旱,日照时间长,太阳辐射强,昼夜温差大,冬夏温差小。气候地理分布差异大,垂直变化明显,气温随海拔增高而递减,降水量随海拔降低而增加。

海拔3000m以上的北部地区及山区较寒冷,海拔1700~2500m的黄河、湟水河谷地带较温暖。据海东市气象站2022年数据,海东市年平均气温3.2~8.6℃,最高气温25.1~33.5℃,最低气温-25.1~-18.8℃。北部青石岭年平均气温低于1.0℃,而循化县积石镇年平均气温达8.6℃。气温年较差一般在24.2~26.4℃,气温日较差在12.7~15.7℃,气温的年较差、日较差都较大。最冷月为1月,气温在-7℃以下;最暖月为7月,气温11.1~19.8℃。

海东市的降水量随季节变化明显,主要集中在6—10月,占全年降水量的80%。同时受地形、自然因素等条件的影响,地区间降水量分布不均。降水量最多的地区是化隆县,降水量最少的是循化县、民和县。

近10年,海东市年际降水量变化相对较稳定,但年内变化差异大。全市降水以小雨居多,暴雨较少,降水的山地效应较明显。年平均降水量319.2~531.9mm(图2.1.3),多集中于7—9月。相对湿度一般为57%~63.66%。蒸发量为1275.6~1861mm。风速为1.9~2.5m/s,最大风力8级,多出现冬末春初时期。年平均日照2708~3636h,无霜期约90d。

根据《中国气象灾害大典(青海卷)》,年蒸发量与年降水量的比值可以表征一个地区的干燥程度。海东市各地年平均降水量分布不均,互助县、化隆县年降水量为450~500mm;平安区、乐都区、民和县年降水量较少,约330mm;循化县年降水量最少,为272mm。年蒸发量的地区分布与年降水量的地区分布相反,互助县、化隆县是年蒸发量最少的地区,约1200mm;平安区、乐都区、民和县1500~1800mm;循化县年蒸发量最多,为2049.3mm。年蒸发量与年降水量的比值,互助县、化隆县最小,分别为2.4、2.8,是全市最湿润的地方;循化县最大,为7.5,是全市最干燥的地方,也最容易发生干旱(表2.1.1)。

表2.1.1 海东市各县(区)近30年各站各气候要素(平均值)

气候要素	平安区	乐都区	民和县	互助县	化隆县	循化县
年降水量/mm	338.5	329.1	338.2	502.5	451.3	272.0
年蒸发量/mm	1837.8	1613.8	1532.8	1198.3	1268.4	2049.3
年蒸发量与年降水量比值	5.4	4.9	4.5	2.4	2.8	7.5
日降水量≥1mm天数/d	54.8	53.7	52.8	75.4	76.3	46.2
日照时数/h	2711	2818.4	2361.5	2621.5	2607.9	2712.3

图 2.1.3 海东市年平均降水量等值线图

依据《海东市气象灾害防御规划》(2017年12月14日,东政〔2017〕50号)之海东市暴雨洪涝灾害风险分布图(图2.1.4),民和、乐都、互助等县(区)为高风险区(图中红色部分);化隆、平安、循化等县(区)为次高风险区(图中白色至绿色部分)。

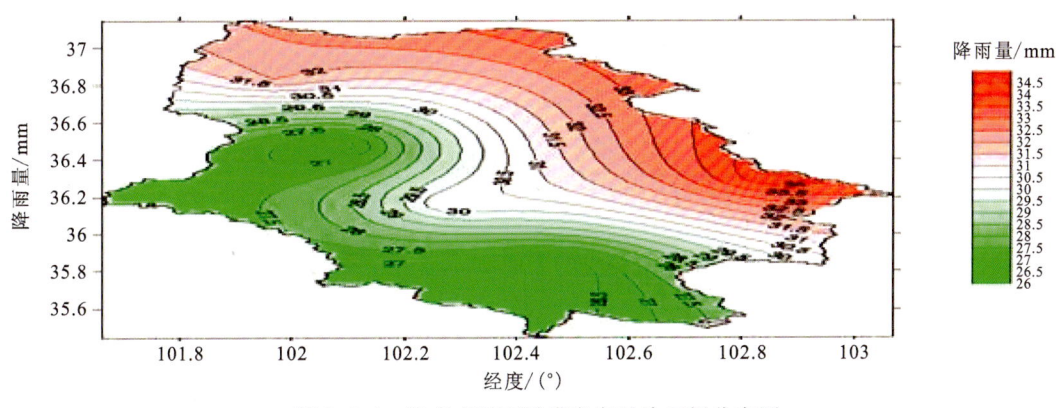

图2.1.4 海东市暴雨洪涝灾害风险区划分布图

三、河流水系

海东市境内地表水系均为黄河水系,水文网较发育,主要河流为黄河及其一级支流湟水(图2.1.5),地表水资源较丰富。

1. 黄河

黄河自贵德县松巴峡入境,由西向东流经循化县、化隆县、民和县,过境流长178km。自民和县中出寺沟峡流入甘肃省永靖县,市境以上段(即循化水文站)黄河集水面积$14.67×10^4 km^2$。河流蜿蜒曲折,河谷深切,水流湍急,河槽宽30~300m,平均河道比降2.1‰。据黄河循化水文站观测资料,历年平均流量$707m^3/s$,年平均最大流量$1060m^3/s$(1967年),年平均最小流量$497m^3/s$(1956年),历年最大洪水流量$4410m^3/s$(1981年9月);多年平均径流总量$230×10^9 m^3$,最大平均年径流量$335×10^9 m^3$(1957年),最小平均年径流量$157×10^9 m^3$(1957年)。枯水期1—3月,丰水期7—9月。年输沙量$4120×10^4 t$,侵蚀模数$283t/km^2$。

化隆县主要汇入支流有支扎、雄先、查让、查甫、黑城、昂思多、科却、甲加、若索、巴燕、初麻、金源、塔加等13条较大支流,科却、甲加、若索3条沟发源于中部海拔3000m的卡力岗山;支扎、雄先、查甫、黑城、昂思多、巴燕、初麻、金源、塔加9条沟发源于北部拉脊山南坡,各支沟均以降水补给为主。循化县直接汇入黄河干流的河流有13条,流域面积在$50km^2$以上的有清水河、街子河、夯楞河、格让沟、夯日曲沟4条河流。

2. 湟水

湟水发源于达坂山中段南坡,流经湟源、湟中、西宁后自平安区小峡入境,自西向东穿境而过,出老鸦峡到民和县享堂镇与大通河汇流后于甘肃省永登县傅子村注入黄河。

湟水在海东市境内长150.2km(包括湟水与大通河在享堂干滩会合后长27km的西河一

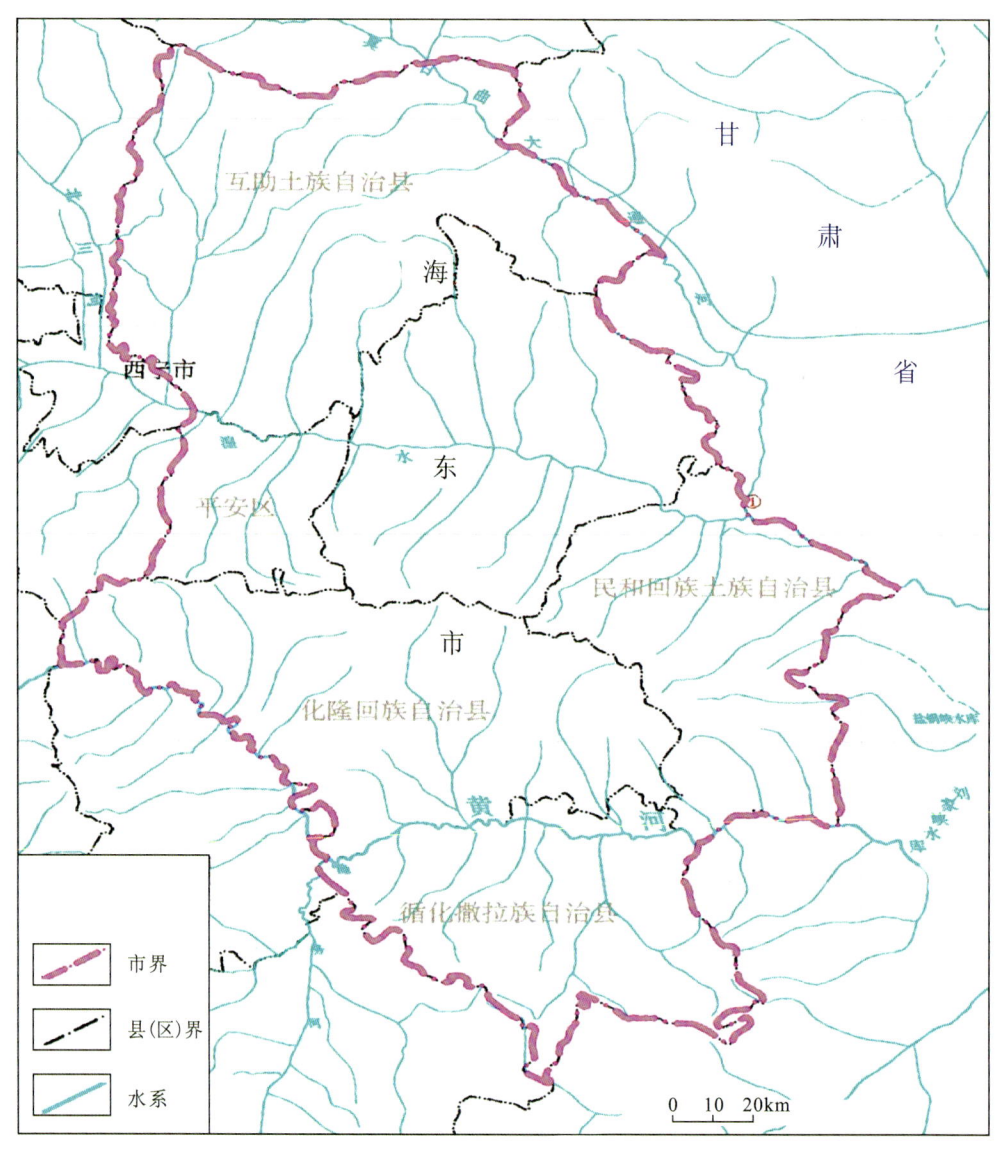

图 2.1.5 海东市水系简图

段)。据湟水大峡水文站资料,丰水年平均流量 77.6m³/s,平水年平均流量 48.0m³/s,枯水年平均流量 31.7m³/s。平安区境内接纳支流有白沈家沟、祁家川、巴藏沟。乐都区境内接纳支流 20 余条,其北部有小水磨沟、卡岔沟、迭儿沟、杏园沙沟、下水磨沟、努木池沟、引胜沟、羊官沟、卯寨沟、碾线沟、羊肠子沟等 11 条,南部有巴藏沟、高店沟、马哈拉沟、峰堆沟、岗子沟、汤官营沙沟、双塔沟、虎狼沟、芦草沟等 9 条,较大的一级支流有引胜沟、岗子沟、虎狼沟、下水磨沟等。民和县境内接纳支流有芦草沟、湟松树沟、米拉沟、巴州沟、咸水沟、隆治沟等,这些支流大都为常年性河流,比降一般为 31.8‰~70.2‰。丘陵区小支流、小冲沟发育并多为季节性河流,平时多干枯无水,纵坡降大于 20‰。

3. 大通河

大通河发源于祁连山中段木里山,至互助县享堂镇汇入湟水,总长554km,市域内流经互助县、民和县,流长75km,现为干禅口、大龙口、金禅口水电站库区,水面较平缓。多年平均流量为23.12m³/s,年均总流量为7.2911×10⁸m³。大通河洪水期与枯水期流量相差悬殊,1953年最大流量为1510m³/s,最小流量为12.5m³/s,相差约120倍。

4. 沙塘川河

沙塘川河属于湟水一级支流,发源于互助县南门峡镇北达坂山南坡,自北向南径流,于西宁市傅家寨汇入湟水,汇水面积1112km²。互助县境内流长70km,河道比降12.9‰,多年平均流量406m³/s,最大洪峰流量363m³/s。

5. 街子河

街子河属黄河水系一级支流,发源于南部恰金-同布山分水岭地段,整体流向为西南向东北,全长约33km,河宽平均为60m,汇水面积273.7km²,河道比降64‰。多年平均径流总量和平均流量分别为0.275×10⁹m³及0.872m³/s。上游主要由毛玉沟、相玉沟、哇库沟及其支沟汇集而成,河水补给源主要为大气降水、冰雪融水。

6. 清水河

清水河(又称清水沟、起台沟)是循化县境内除黄河干流以外最大的一条河流,发源于循化县境东南隅达里加山的达力加错天池以西约1.0km的砾石地(海拔为4155m),自南向北流经循化县的刚察乡、白庄乡、道帏乡、清水乡,在县城积石镇以东约7.0km处的清水乡境内从右岸汇入黄河,干流全长50.5km,流域面积689km²,天然落差达2319m,河道平均比降55.4‰。多年平均径流总量为0.627×10⁹m³,多年平均流量为1.99m³/s。

7. 湖泊

孟达天池:位于循化县城东北约20.0km的孟达自然保护区腹地,呈长方形,池面海拔2504m,水面面积约20hm²,最大水深达26×10⁴m²,蓄水量约200×10⁴m³,湖水清澈,水质优良,池水以渗漏形式外泄。

达里加天池:位于循化县道帏乡南达里加山峰东南侧,距县城东南52km,呈圆形,池面海拔4479m,周长485m,水面积1.86×10⁴m²,最大水深约10m,蓄水量约10×10⁴m³,池水以渗漏形式外泄。

第二节 工程地质条件

一、地形地貌

海东市地处青藏高原与黄土高原的过渡地带,境内山峦起伏,沟谷相间,高低悬殊。北部的达坂山、中部的拉脊山以及南部的达里加山—古伟山,山势高耸,沟深壁陡;山脉之间的黄河干流河谷和湟水河谷,地形较为平缓,形成带状的河谷平原。总体地势西高东低,市域内最高点位于拉脊山顶部,海拔4484m;最低点位于民和县境内的湟水谷底,海拔1650m。按地貌成因和形态特征,海东市地貌可划分为侵蚀构造中高山、侵蚀剥蚀低山丘陵、侵蚀堆积平原3种类型。

1. 侵蚀构造中高山区

侵蚀构造中高山区主要指北部的达坂山、中部的拉脊山以及南部的达里加山—古伟山等海拔高度大于3000m的区域。山体走向与区域构造线方向一致,总体呈近东西向。

达坂山山脉主要由元古宙变质岩类、寒武系碳酸盐岩类、奥陶系火山角砾岩、砂岩及加里东期花岗闪长岩组成。由于地壳上升运动和水流的侵蚀作用,地形陡峻,切割深度500～1000m,谷坡坡角30°～65°,沟谷多呈"V"形。海拔3800m以下局部地段有原始森林分布。海拔3800m以上残留有角峰、冰斗等冰蚀地貌,融冻草沼等冰缘地貌亦有分布。由于碳酸盐岩类地层的存在,局部地段可见溶洞、溶槽、溶沟等岩溶地貌。

拉脊山山脉主要由古元古界变质岩、寒武系的片岩、片麻岩、凝灰岩、奥陶系凝灰质砂岩,三叠系砂岩、板岩夹灰岩和加里东期侵入岩组成。山体坡角大于30°。海拔3600m以下的山地,经流水侵蚀切割,地形破碎,山势陡峻,沟谷狭窄,呈线状谷底,谷底多大滚石。该区降水充沛,植被生长茂盛,盖度多在80%左右,水土流失微弱。海拔3600m以上的山区,山脊尖峭,基岩裸露,寒冻风化强烈。海拔4000m以上地带,古冰川遗迹及现代寒冻作用强烈,残留有角峰、冰斗等冰蚀地貌,融冻草沼等冰缘地貌亦有分布。

市域南部的当蕊山—五台山—雷积山、达里加山—古伟山—恰金一带,以及黑大山以南和白庄、道帏两乡以东及起台堡—建设堂以南的山区,主要由二叠系、三叠系、白垩系砂板岩、砂砾岩、泥岩,加里东期、燕山期侵入岩组成,相对高差大于500m。海拔3500m以下山区山顶较平缓,山坡坡角40°～50°,植被发育较好,是天然次生林区,有乔灌混交、针阔叶混交和纯灌木林分布。海拔3500m以上山区山脊尖峭,基岩裸露,寒冻风化强烈。海拔4000m以上地带发育有岛状多年冻土,并有融冻草沼、石环、热融湖塘等冰缘地貌现象分布。

2. 侵蚀剥蚀低山丘陵区

侵蚀剥蚀低山丘陵区分布于黄河、湟水两岸Ⅵ级阶地以上地带,海拔2200～3000m,主要由白垩系、第三系砂岩和第四纪黄土组成。在长期的侵蚀切割作用下,不断上升的古黄土台塬被切割得支离破碎,形成了如今以梁峁形态为主的丘陵状地貌。

丘陵后缘切割较浅,切割深度150～350m,山坡坡角10°～20°,山体浑圆,波状起伏,冲沟断面大都呈宽"U"形谷。丘陵区的中前缘,切割较深,切割深度200～400m,是现代流水侵蚀作用最强烈的地段,冲沟极发育,冲沟横断面多呈"V"形谷。冲沟边缘地形坡角大都为30°～70°,坎高数米至几十米,局部地段形成临空面,该区内植被稀疏,水土流失严重,是区内崩塌、滑坡、泥石流的主要发育区。

3. 侵蚀堆积平原

侵蚀堆积平面可分为山前冲洪积平原和侵蚀堆积河谷平原。

1）山前冲洪积平原

山前冲洪积平原分布于化隆县北部拉脊山山前地带，海拔3300～3500m，主要由冰碛、冰水及冲洪积的粉质黏土和砂砾卵石层组成，为流水切割较弱的倾斜平原，由多个不典型的小洪积扇构成，自山前向黄河谷地倾斜，坡降8%左右。

2）侵蚀堆积河谷平原

侵蚀堆积河谷平原沿黄河干流、湟水河谷及其支沟呈带状分布，海拔为1650～2400m，主要由漫滩及Ⅰ～Ⅴ级阶地组成。其中，Ⅱ、Ⅲ级阶地最为发育，宽1～2km，村庄、工厂、铁路、农田等大都坐落在Ⅱ、Ⅲ级阶地上。支沟中发育不连续Ⅰ～Ⅲ级阶地，多为堆积或基座阶地，阶面较窄，沟谷似葫芦状，冲沟的凸岸多形成松散堆积，凹岸受侵蚀形成陡壁，该区地形相对平坦、开阔，为泥石流的承灾区。

黄河干流、湟水干流及支流河谷区是区内主要的县城、乡镇集中的建设区和农业区，人口密集，在阶地后缘与丘陵交界的山麓地带，分布有大小不一的泥石流堆积扇。在较高的阶地陡坎前缘发育有诸多滑坡、崩塌、泥石流灾害隐患点，因此河谷区边缘也是地质灾害的高易发区。

二、地层岩性

海东市境内出露地层，由老到新划分为前第四纪地层与第四纪地层（图2.2.1）。

1. 前第四纪地层

海东市区内出露地层较为复杂，前第四纪地层由老到新有：元古宇（Pt）、寒武系（∈）、奥陶系（O）、志留系（S）、三叠系（T）、白垩系（K）、古近系（E）、新近系（N），以寒武系（∈）、新近系（N）出露最广。

海东市域内出露的前第四纪地层岩性特征及分布见表2.2.1所示。

表2.2.1　海东市前第四纪地层简表

地层系统			地层名称	代号	岩性	分布位置
界	系	统				
古元古界			托赖岩群	$Pt_1 t$	片麻岩、片岩、大理岩夹石英岩、斜长角闪片岩	分布于互助县大通河及支沟地带；化隆县尕吾山、阿什努及合群峡等地带；循化县古石群、小积石山一带
			湟源群	$Pt_1 l$	上部为大理岩，角闪黑云母石英片岩；下部为石榴子墨云母石英片岩，绿泥石英片岩	分布于平安区小峡一带；乐都区湟水北岸下杨家、上杨家、大峡等地；民和县莲花台、宽都兰、楼子沟一带
				$Pt_1 d$		

续表 2.2.1

地层系统			地层名称	代号	岩性	分布位置
界	系	统				
古元古界	长城系		湟中群	Chm	厚层砾岩夹砂岩,含砾砂岩,棕黄色泥岩夹砾岩	分布于平安区石壁;乐都区高店沟、帐房沟等低山丘陵带
				Chq		
			托来南山群	Chn		
古生界	寒武系	中	黑茨沟组	$\in_2 h$	中基性火山岩夹砂岩、灰岩、硅质岩;灰岩夹板岩	互助县东北部五峰山、龙王山一带零星出露
			深沟组	$\in_2 s$		
		下	六道沟组	$\in_3 l$	砂岩、板岩、灰岩互层	拉脊山南北坡广泛出露
	奥陶系	上	花抱山组	$O_1 h$	砾岩、砂岩	分布于拉脊山北坡的阿夷山花抱山一带,呈近东西向狭条状
			阿夷山群	$O_1 a$	中—酸性火山岩夹碎屑岩	
			阴沟组	$O_1 y$	中—基性火山岩夹灰岩、板岩	互助县北部,呈北西-南东条带状分布,构成北部中高山区
		下	茶铺组	$O_2 c$	中—基性火山岩夹碎屑岩	分布于拉脊山查甫北山及雄先北沟一带
			大梁组	$O_2 d$	千枚岩、板岩、页岩及砾岩	出露于互助县北部龙王山南北两侧
	志留系	上	巴龙贡噶尔组	$S_1 b$	灰绿色变长石石英砂岩夹片状砾岩透镜体,下部片状砾岩,有时相变为砂岩	分布于南大山、马场山,组成一向斜构造
			肮脏沟组	$S_1 a$		互助县北部出露,构成县境北部中高山区
	泥盆系	下	老君山群	$D_3 l$	紫红色砂岩、含砾砂岩夹砾岩	大通河左岸小范围出露
	二叠系			P	变质砂岩、粉砂岩、泥质板岩	分布于循化县南部岗察的恰金—果尔宗略一带

续表 2.2.1

地层系统			地层名称	代号	岩性	分布位置
界	系	统				
古生界	三叠系	上	南营儿群	T_3n	杂色砾岩，页岩、砂岩互层	零星分布于引胜沟新堡子，上李家；加吾贝中低山区
		中	隆务河组	$T_{1-2}l$	碎屑岩夹灰岩	循化县南部岗察、夕昌沟至达里加山一带大面积分布
			古浪堤组	$T_{1-2}g$	杂砂岩夹砾岩、灰岩	
		下	鄂拉山组	T_1e	中基—中酸性火山岩夹砂岩	
	侏罗系	中—下	窑街组	$J_{1-2}y$	砂岩、页岩，底部有砾岩	互助县、平安区西部，拉脊山东段等地零星出露
	白垩系	上	民和组	K_2m	棕红色泥岩夹绿色细砂岩	沙塘川、中坝谷上游低山丘陵区后缘大面积分布
		下	下沟组	K_1g	砖红色、暗红色含砾砂岩，砂岩，泥质砂岩，顶部为砾岩	化隆县阿玛岔、宗吾、占群等地段；民和县东部的磨湾子、武家台，北部的协拉、文家寺东南部地区均有分布
			河口组	K_1h		
新生界	古近系	古新统	西宁组	Ex	橘黄色泥岩、泥砂岩、砂砾岩	广泛分布于湟水两岸低山丘陵区，出露面积较大
	新近系	上新统	临夏组	N_2l	浅红、橘红色砾岩，含砾砂岩，中粗粒砂岩，细砂岩	循化县、化隆县等广大丘陵区均有分布，构成丘陵山体与河谷的基底
		下新统	咸水河组	N_1x	橘红色泥岩夹石膏，砂岩	中坝沟、沙塘川、哈拉直沟、红崖子沟等沟谷一带的丘陵区广泛分布，构成丘陵山体与河谷的基底

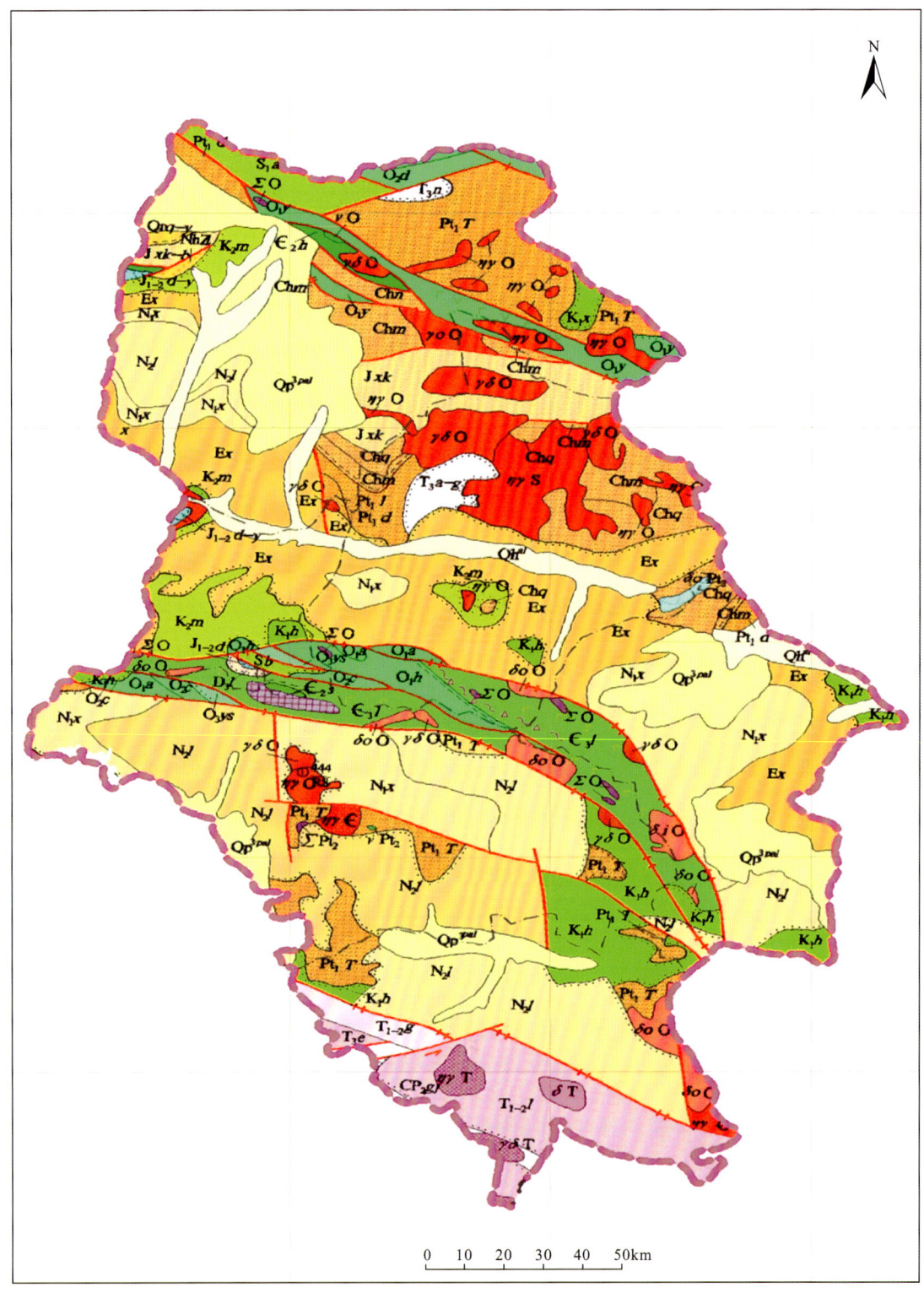

图 2.2.1　海东市地质略图

2. 第四纪地层

海东市境内出露的第四纪地层有中—下更新统（Qp_{1-2}），上更新统（Qp_3）和全新统（Qh）。

1）中-下更新统（Qp_{1-2}^{gl}）

分布在丘陵区黄土底部，为冰水—洪积相沉积，岩性为一套青灰色、褐黄色砂卵砾石层，大小混杂，分选性不佳，颗粒上细下粗，砂钙质半胶结，其上部被上更新统风积黄土所覆盖，厚1～50m。

2）上更新统（Qp_3）

（1）上更新统风积黄土（Qp_3^{eol}）

分布于中低山区及低山丘陵区Ⅲ级以上阶地顶部，土黄色，颗粒均匀，质地疏松，粉土含量达70%以上，具大孔隙，垂直节理发育，具湿陷性，矿物成分以长石、石英、云母为主，在管状孔隙里充填有白色钙质斑点，厚度不一，一般厚10～35m。黄土所构成的斜坡和边坡稳定性差，也是区内泥石流的主要物源。

（2）上更新统冲积物（Qp_3^{al}）

分布于湟水、黄河及各支沟河谷两岸Ⅲ级阶地之上。阶地高出河床30～40m，具二元结构。上部为黄土状土，稍密，灰黄色，具大孔隙，垂直节理发育，含白色和黑色斑点，厚5～12m。下部砂砾卵石层，厚4～20m，灰白色，松散，砂粒以中粗砂为主，含量约30%。卵砾石成分主要为砂岩、石英岩、白云岩及变质岩等，含量70%，分选较好，磨圆度较好，一般粒径5cm，大者30cm。

（3）上更新统冲洪积物（Qp_3^{pal}）

分布化隆县北部山前洪积平原，其岩性为砂砾石，分选及磨圆度差，粗细混杂堆积，在水平方向上离山区越远，砂砾石层数越多，在垂向上层理明显。

3）全新统（Qh）

全新统（Qh）成因复杂，可划分为冲积层，残坡积层，滑坡和泥石流堆积层。

冲积层分布于Ⅰ、Ⅱ级阶地及河漫滩上，其上部为黄土状土，下部为砂砾石层，厚2～15m。

残坡积层主要分布于斜坡地带及冲沟两侧，为碎石及黄土状土。

滑坡堆积主要分布于丘陵前缘及冲沟内的各滑坡体上，结构疏松；泥石流堆积分布于泥石流沟口，呈扇状覆盖于河谷阶地上，其岩性变化取决于各冲沟所流经的地层岩性，具多次沉积的特点，厚度不等。

3. 侵入岩

海东市境内侵入岩的分布受构造控制，主要发育在市境东北部达坂山、中部拉脊山及尕吾山，以及东南部的中高山区，多在断裂带附近出露，呈不规则椭圆形，岩体的长轴方向与区域构造线方向一致。

达坂山、拉脊山一带的侵入岩主要为加里东期侵入岩，其侵入时期主要划分为加里东中期和晚期。中期岩类型较单一，均为中酸性侵入岩，规模大，其岩性主要为花岗岩、花岗闪长岩、石英闪长岩，呈灰白色，块状，中粗至不等粒结构，岩体以岩株形式产出。晚期为基性侵入岩,规模小,仅分布于龙王山北侧措龙沟一带,其岩性主要为辉长岩,灰绿色,中粗辉长结构,岩体以岩枝形式产出,各岩体风化裂隙和构造裂隙较发育,风化壳厚度大于20m。

循化县东南部的中高山区,有两个侵入岩带,即东部加里东期侵入岩带和南部燕山期侵入岩带,两个岩带皆以中—酸性岩为主,基—超基性岩次之。

三、区域地质构造

海东市大地构造位置处于秦祁昆复合造山带的东段,主要的地质构造单元是南祁连地块,由北向南依次为达坂山隆起带、湟水河谷凹陷带、拉脊山隆起带、尖扎-临夏拗陷带4个次级构造单元(图2.2.2)。

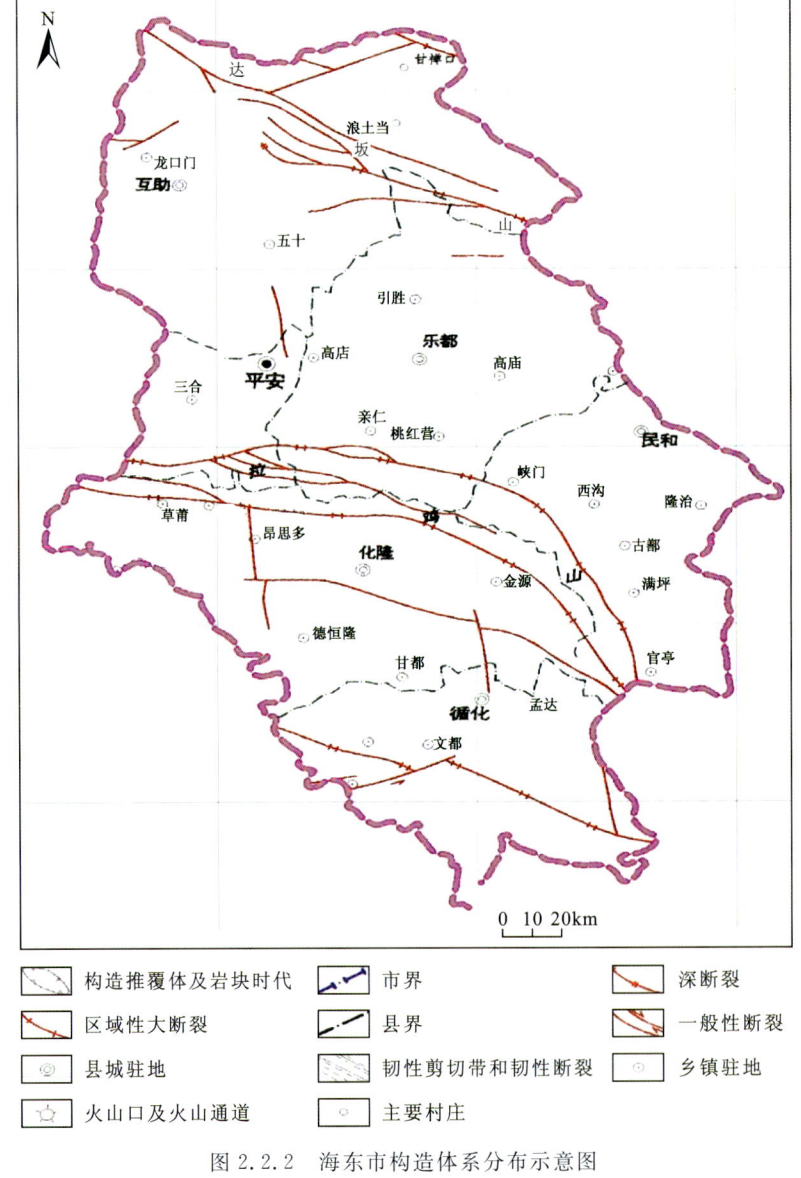

图 2.2.2 海东市构造体系分布示意图

1. 达坂山隆起带

达坂山隆起带为由元古宇、寒武系及加里东侵入岩体及褶皱和断裂等构造形迹组成的东西向挤压带,该构造带的地层和岩体均呈东西向带状展布,其主体构造与非主体构造在构造形式、展布方位及规模上截然不同。

2. 湟水河谷凹陷带

湟水河谷凹陷带在古近纪初期急剧下降堆积了巨厚的浅黄棕色泥岩夹砂砾岩等碎屑岩,盆地内褶皱运动发展不均衡,盆地北缘靠近北部深断裂带,地层褶皱强烈,甚至倒转,轴面多倾向老基岩,为盆地边缘断块山强烈隆升而形成。

3. 拉脊山隆起带

拉脊山隆起带由元古宇、寒武系、奥陶系和相应时代的岩浆岩及少部分中新界碎屑岩组成。这些地层经过加里东期、燕山期和喜马拉雅期等构造运动的影响,其褶皱轴和相应时代的侵入岩体的长轴方向均呈北西西向延伸,褶皱两侧断裂构造发育,断裂走向与褶皱轴延伸方向大致相平行。这些断裂多以逆断层为主,并经过多次构造运动的叠加和复活,断裂带宽度几米至百余米,断层倾角 40°~60°。

4. 尖扎-临夏拗陷带

尖扎-临夏拗陷带在漫长的地质历史时期中经历了多次地壳(造山)运动和多期构造变形,使不同构造阶段、不同构造期次或不同构造体作用下形成的不同样式的构造组合相互拼贴、叠置一起,构成了现今本区复杂的地质构造形迹和地质构造图像。总体上看,其主体构造线方向以北西-南东为主,控制着全局构造格架。

四、新构造运动与地震

1. 新构造运动

参照《中国环境地质分区图》说明书,海东市属于青藏高原环境地质区(Ⅵ)柴达木-共和盆地地质环境亚区(Ⅵ$_2$)。共和盆地地质环境亚区(Ⅵ$_2$)属于中-新生代强烈隆起区,盆地内海拔在 2675~3900m,挽近期活动断裂发育较广,主要分布在山前地带或者沿河展布。区内断裂活动强烈,一般活动速率大于 6mm/a。

海东市地处西宁盆地东南部,其新构造运动受到贵德、西宁盆地与青藏北缘演化过程的控制与影响。根据王成善等(2004)的研究,贵德、西宁盆地的构造演化与青藏高原北缘同时期显示相近的特征,巩云鹏(2018)将西宁-乐都盆地构造演化分为 4 个阶段(图 2.2.3)。

第一阶段:新近纪以前(指古近纪),古水流方向由南向北,西宁盆地为一个发育于东昆仑山前的前陆盆地,沉积物来源于东昆仑。这一时期欧亚板块与印度板块碰撞,应力传递到青藏高原东北缘,东昆仑山开始隆升,为盆地沉积提供了丰富的物质来源,西宁、贵德盆地开弯折发育。从始新世中期到渐新世晚期,古水流方向没有明显变化,构造相对稳定。

第二阶段:中新世早期,构造活动较为明显,拉脊山隆起,并截断盆地为贵德、西宁两段。与此同时,青藏北缘快速隆升,断层向盆地内部扩张,小型断裂、褶皱大量发育,盆地强烈弯折。根据张楗钰等(2010)的研究结果,在中新世中后期,青藏北缘至贵德地区均属于湖相-三角洲前缘交替沉积相,构造相对稳定。

第三阶段:上新世时期,青藏北缘向周边扩张,拉脊山强烈隆升,边缘断裂向盆地扩展,伴随着大量褶皱、断层的发生。贵德、西宁盆地由湖相转变为盆地边缘的山麓洪积相和盆地中央的辫状河流相。

第四阶段:晚新近纪以来,研究区进入新构造时期,区内新构造运动以振荡式间歇性垂直升降运动为主,其显著标志为山区形成夷平面、河流下切形成多级阶地。研究区内新构造运动可分为湟水南北部山区由元古宙地层构成的隆升带和盆地中部由新生代地层构成的相对下陷带。其中,山区削高填低,形成夷平面,而河流快速下切,形成多级阶地分布于湟水及支流两侧。第四纪黄土被抬升侵蚀基准面上数十米后,被湟水侵蚀形成各形各态的塬、梁、峁地貌。低山丘陵区的边坡以黄土、黄土状土为主,土质疏松,容易形成崩塌、滑坡,侵蚀基准面加之沟谷大量松散堆积物为河谷型泥石流的形成提供了物质基础。

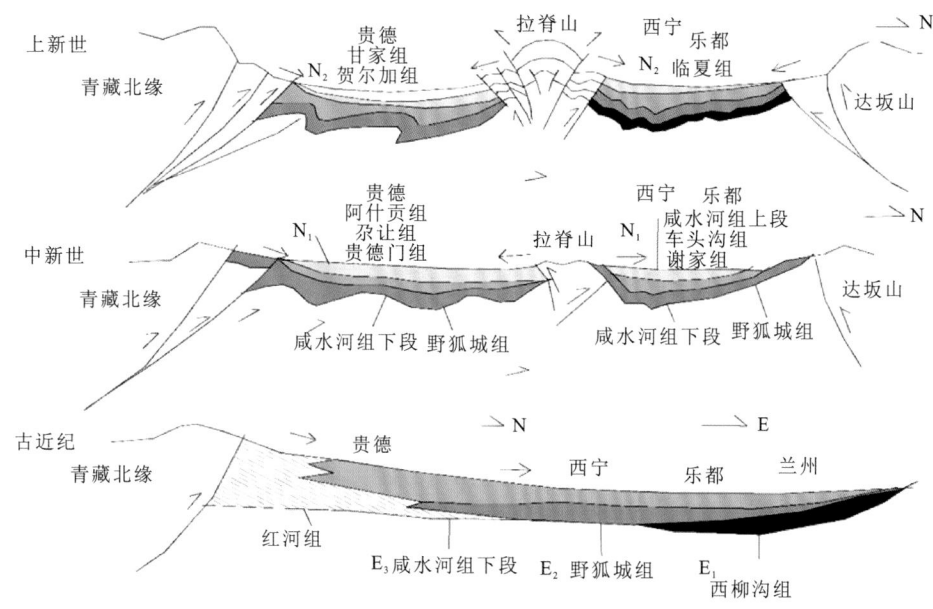

图 2.2.3 西宁-乐都盆地构造演化阶段示意图

2. 地震

海东市属青藏高原北部地震区祁连山地震亚区,祁连山地震带1927年发生古浪8级地震,7级以上强震均在甘肃境内。地震多与走滑型、逆倾滑型断层有关,并伴有正断层活动。该地震带存在活跃、平静交替特征,较大地震一般发生在活跃期,目前处于平静应变积累期。

根据《中国及邻区地震震中分布图》,研究区及周边较大的地震多分布于断裂带上,地震的发生多与断裂带的活动有关。研究区及周边历史较大地震的震中均位于湟水盆地周边北东向断裂带附近,这与自晚第四纪以来,湟水盆地内部的断裂带除北东向断裂带仍显示活动外,其余大多处于衰亡过程的现象相吻合,某种程度上也印证了王进寿等(2006)"西宁盆地构造与历史地震之间存在密切联系"的观点。

据统计资料,海东市境内有记录的地震有几十次之多,境内及周边震级在4级以上有10次以上(表2.2.2)。据《中国地震动参数区划图》(GB 18306—2015)附录A、附录B,海东市境内地震动峰值加速度为0.1~0.15g。海东市地震动峰值加速度图如图2.2.4所示,地震动峰值反应谱特征周期图如图2.2.5所示。

表2.2.2 海东市及周边超过4级的地震统计

地震日期	纬度/(°)	经度/(°)	震源深度/km	震级 M	参考位置
2023/12/18	35.7	102.8	10	6.2	青海民和积石山
1995/07/22	36.5	103.0	10	5.8	甘肃永登
1968/12/22	36.2	101.9	7	5.4	青海化隆西
1963/12/26	36.8	102.5		4.7	青海互助附近
1961/04/12	37.0	104.0		4.8	甘肃景泰西南
1959/01/31	37.0	104.0		5.3	甘肃景泰附近
1927/04/10	36.4	102.6		5.3	青海西宁东Ⅶ
1923/08/12	36.2	103.7		5.0	甘肃兰州Ⅵ
1893/06/01	36.6	101.8		5.5	青海西宁南Ⅶ
1892/03	36.5	102.4		4.8	青海乐都Ⅵ
1890/02/17	36.5	102.0		5.3	青西宁东Ⅵ
1819/02/24	36.1	102.3		5.8	青海化隆Ⅶ
1629/03	36.1	103.7		5.5	甘肃兰州Ⅶ
1590/07	36.5	102.7		5.0	青海乐都Ⅵ
1440/12/25	36.3	103.4		5.5	甘肃永登Ⅶ
1440/11/04	36.7	103.3		6.3	甘肃永登Ⅷ
1125/09/06	36.1	103.7		7.0	甘肃兰州一带Ⅸ
372/08	36.6	101.8		5.0	青海西宁西北Ⅵ
318/05/26	36.6	101.8		4.8	青海西宁Ⅵ

图 2.2.4 海东市地震动峰值加速度图

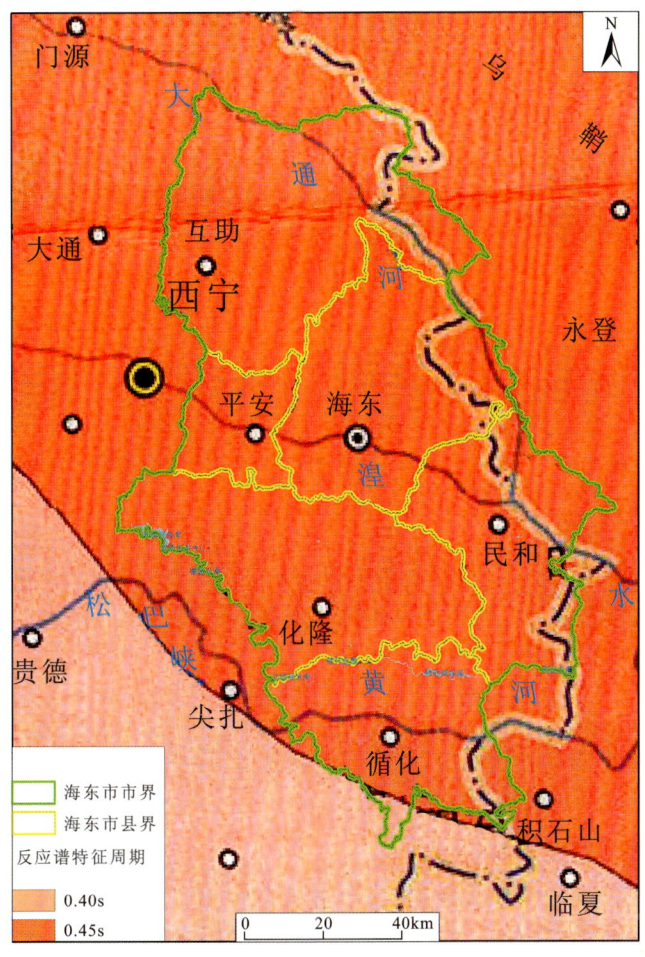

图 2.2.5 海东市地震动反应谱特征周期图

五、工程地质岩组

根据岩土体成因、结构及其力学性质,将海东市内的岩土体划分为岩体和土体两大类。按照岩体建造类型、结构类型、力学强度,将岩体进一步划分为:坚硬块状侵入岩岩组、坚硬—较坚硬层状变质岩岩组、较坚硬碎屑岩岩组、软弱层状碎屑岩岩组。土体按工程地质特征进一步划分为:单一结构黄土类土(粉土)、砂卵砾类土(砾石土)、混杂堆积类土(黏性土)及冻土4种类型(表2.2.3)。

1. 工程地质岩组及特征

1)坚硬块状侵入岩岩组

该岩组分布于中高山区,由加里东期花岗岩、花岗闪长岩组成,岩石坚硬,节理裂隙发育。新鲜岩石单轴抗压强度 $\sigma_{cd}=120\sim180$ MPa,软化系数 $K=0.75$。

野外调查表明该岩组常在陡坡或岩壁下形成小型崩塌。

表 2.2.3　工程地质岩组及特征

岩土体类型与工程岩组		建造类型	结构类型	强度或状态	分布范围
岩体	坚硬块状侵入岩岩组	火成岩	块状结构	坚硬	下伏于全区土体下部,沿湟水河谷及各支沟出露
	坚硬—较坚硬层状变质岩岩组	陆相沉积	中厚层状结构	坚硬、较坚硬	
	较坚硬碎屑岩岩组	陆相沉积	层状结构	较坚硬	
	软弱层状碎屑岩岩组	陆相碎屑沉积	层状结构	半坚硬—软弱	
土体	黄土类土(粉土)	风积	柱状块裂结构	半干硬—可塑	低山丘陵区梁峁地带
	砂卵砾类土(砾石土)	河流冲积	层状结构	松散	湟水及较大支沟中发育
	混杂堆积类土(黏性土)	残坡、崩滑堆积	层状结构	松散	沟谷两侧靠山边地带
冻土	土体	3873m 以上	非均质层状结构	松散	分布在 3873m 以上的高寒区
	岩体	火成岩,陆相沉积	块状、层状	坚硬	分布在 4000m 以上高寒区

2) 坚硬—较坚硬层状变质岩岩组

该岩组分布于盆地周边中低山区,主要由古元古界、寒武系、奥陶系、志留系、三叠系的各类变质岩组成,其岩性主要为灰岩、板岩、砂岩、粉砂岩、片岩等,岩石较坚硬,工程地质条件总体良好。由于岩体节理、裂隙、构造面存在,其力学强度具明显的差异性。单轴抗压强度 $\sigma_{cd}=38\sim110\mathrm{MPa}$,软化系数 $K<0.3$。

坚硬—较坚硬层状变质岩岩组形成的高陡斜坡前缘常发育崩塌、滑坡,且沿陡崖崖面易发育危岩体。

3) 较坚硬碎屑岩岩组

该岩组主要为白垩系的砂砾岩、泥质砂岩、砾岩、泥岩夹细砂岩等。岩石结构较致密,成岩程度较好,呈层状。砂岩和砂砾岩较坚硬,单轴抗压强度 $\sigma_{cd}=35.0\sim57.3\mathrm{MPa}$,软化系数 $K=0.1\sim0.7$。

较坚硬的碎屑岩岩组属区内地质灾害较发育地层之一。

4) 软弱层状碎屑岩岩组

该岩组主要分布于黄河、湟水河谷两侧低山丘陵区,由第三系泥岩、砂岩、砾岩夹石膏岩组成。泥岩强度低,遇水易软化和泥化,岩层产状平缓,风化裂隙发育,在临空条件下形成崩塌或危岩,遇水与其上覆黄土易形成滑坡。泥岩的内聚力 $c=0.21\sim1.32\mathrm{MPa}$,摩擦角 $\varphi=35°\sim41°$,单轴抗压强度 $\sigma_{cd}=23.7\mathrm{MPa}$,软化系数 $K=0.5$。砂岩内聚力 $c=0.21\mathrm{MPa}$,摩擦角 $\varphi=40°$,单轴抗压强度 $\sigma_{cd}=20.0\mathrm{MPa}$。

软弱层状碎屑岩岩体中由于软弱结构面的存在,崩塌(含危岩体)、滑坡等不良地质现象局部发育。

部分岩石物理力学试验指标如表2.2.4所示。

表2.2.4 部分岩石物理力学试验指标

试样定名	单轴抗压强度 (天然状态)/MPa	软化系数/K	内摩擦角 $\varphi/(°)$	内聚力 c/MPa
南营组砂岩	38.5	0.19	40.0	0.21
大理岩	100.8	0.88	31.1	23.4
板岩	68.0	0.18	42.0	16.7
片岩	65.2	0.15	39.0	15.0
石英岩	143.9	0.82	53.0	48.2
闪长岩	81.2	0.75	49.0	37.6
泥岩	23.7	0.5	38.0	1.08

2. 土体类型与工程地质特征

1)黄土类土(粉土)

该土体广泛分布于丘陵区顶部,由黄土和黄土状土组成。厚度一般10~30m,局部达50m。颗粒成分以粉粒为主,矿物成分主要为石英、长石,黏土矿物含量少。黄土原生结构为均质结构,土体结构松散,垂直节理及孔洞发育,具湿陷性。天然状态下土体力学强度较高,但遇水后强度急剧降低,具崩解性和湿陷性。塑性指数8.59~10.9,液限指数0.07,压缩系数0.12~0.23MPa^{-1},压缩模量8.95~16.14MPa,黏聚力0.015~0.019kPa,内摩擦角20.0°~30.58°。

黄土湿陷引起变形破坏,形成塌陷坑、落水洞等地貌,为降水的汇集和快速入渗提供了通道,常导致崩塌、滑坡等地质灾害的发生。

2)砂卵砾类土(砾石土)

该土体分布在黄河及其一级支流Ⅰ、Ⅱ阶地与各支沟沟口,由晚更新世冲积、洪积砂卵砾石层组成;具双层或多层结构,主要由砾卵石、中砂、粗砂、粉砂、细砂等组成;粉质亚砂土充填;巨砾零星分布。上部为土黄色、浅褐色亚砂土层,厚度一般0.5~3m不等。下部为砂卵砾石层,粒径一般5~35cm,磨圆度较好,由花岗岩、灰岩、石英岩组成,厚度一般大于20m。由于河谷区多为常年性流水,卵砾石土大部位于潜水面以下,呈饱和状态,中密,表层个别地段呈松散状态。

对于一般工程而言,中砂地基承载力较高,可作为天然地基,但粉砂、细砂地基承载力则偏低,通常不被采用。砂卵砾石土主要分布于河谷区,地势开阔、低缓,一般不易产生地质灾害。

3)混杂堆积类土(黏性土)

该土体分布于湟水一侧以及蒲台沟、虎狼沟、清水沟、街子沟支沟、比唐沟两侧坡麓地带,主要由晚更新世与全新世残积、坡积亚砂土或亚黏土层组成。颗粒成分以粉粒(粒径

0.05~0.001mm)为主,占60%以上。砾石粒径一般1~5cm,个别达10cm,砾石多为次圆状,含量占15%左右。土黄色、灰黄色亚砂土,厚度10m左右,微细层理。黏性土湿陷系数平均值介于0.018~0.036之间,具有轻—中等湿陷性,其允许承载力最大值为333kPa,最小值117kPa,平均值225kPa。

混杂堆积类土一般满足多层民用建筑承载力要求,但对于重要构筑物,需做地基处理。

3. 冻土工程地质特征

该土体分布于高山区3800m以上地带,表层由第四系坡积、坡洪积及局部冰碛碎石土夹少量砂、亚砂土组成。受坡向、土质、水分、植被及人为因素的影响,冻土呈弱冻胀性,融沉系数≤1%。冻岩在低温环境内出现较微的收缩变形,多为少冰或不含冰冻岩,局部区域还可见到流石坡、倒石锥和乱石滩。

六、水文地质条件

1. 地下水类型及基本特征

根据地下水赋存条件、含水介质、水理性质及水力特征,将工作区内地下水划分为松散岩类孔隙水、碎屑岩类裂隙孔隙水及承压水、碳酸盐岩裂隙岩溶水、基岩裂隙水及冻结区地下水5种类型。

1)松散岩类孔隙水

该类型地下水分布于河谷平原及低山丘陵区冲沟内,含水层以第四系砂砾卵石层为主,主要包括两类,分别是砂卵砾石层潜水、丘陵区黄土底部砾石层水。

以乐都区下石嘴湟水河谷水文地质剖面(图2.2.6)为例,砂卵砾石层潜水主要分布在湟水干流及其支流的河漫滩,Ⅰ、Ⅱ级阶地的砂卵砾石层中,各自形成相对完整独立的从补给、径流到排泄的水文地质单元,单井涌水量从大于5000m³/d至100m³/d由内而外呈环状分布。潜水含水层以含泥质砂卵砾石为主,透水性好。一般情况下,泥质含量与渗透系数大致呈正相关。研究区内含水层厚度与富水性也近似呈正相关。

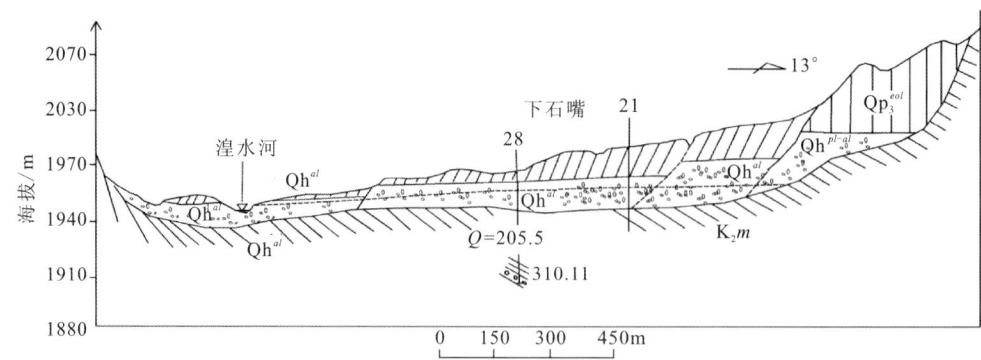

K_2m.民和组细砂岩;Qh^{al}.冲积物砂卵砾石;Qp_3^{eol}.风积黄土;Qh^{pl-al}.全新统冲洪积砂砾石层

图2.2.6 乐都区下石嘴湟水河谷水文地质剖面

丘陵区黄土底部砾石层水特征可以乐都区引胜沟王家庄水文地质剖面图(图2.2.7)为例予以说明。丘陵区黄土底部砾石层水流量一般小于$10m^3/d$，主要分布在河谷两侧低山丘陵地带，地势平缓，透水含水层多为更新统冰碛冰水沉积的砂卵砾石。研究区内支沟上游地形侵蚀弱，地层连续性较好，潜水分布较大连续面积。沟谷中下游冲刷强烈，地形破碎，破坏潜水含水层。

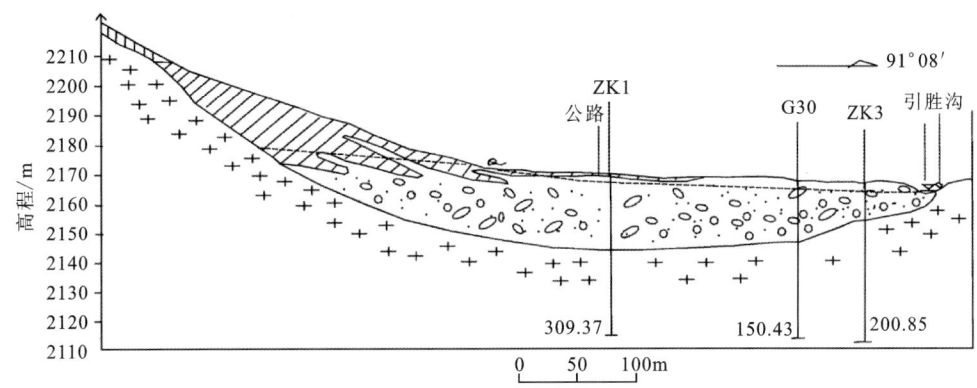

图2.2.7　乐都区引胜沟王家庄水文地质剖面

2) 碎屑岩类裂隙孔隙水及承压水

该类型地下水分布在中新生代盆地的储水构造中，含水层岩性为侏罗系、白垩系和古近系砂砾岩。区域上构成封闭或半封闭的承压自流盆地，水文地质结构和富水性极不均一，尤其是深层承压自流水的富水程度受储水构造、岩性、补给和排泄条件的控制，一般单井涌水量小于$1000m^3/d$。盆地中部由于碎屑岩沉积层增厚，地下水多处于深藏封闭的含水层中，排泄困难，具有高水头、高矿化度、水量较小等特点。盆地中裸露的碎屑岩层风化裂隙带内赋存着裂隙孔隙潜水，含水层厚度一般较薄，水量贫乏，单泉流量小于$0.1L/s$。

3) 碳酸盐岩裂隙岩溶水

该类型地下水主要分布于互助县东北部康烈尖山至五峰山一带，地下水补给来源主要为大气降水及冰雪消融水，含水层岩性主要为寒武系白云岩、灰岩、结晶灰岩夹斜长玄武岩、硅质岩及新元古界结晶灰岩。该地区岩溶发育，为大气降水的下渗补给提供了有利条件，单泉流量$0.09\sim0.201L/s$，单井涌水量$100\sim1000m^3/d$，矿化度小于$0.5g/L$，属HCO_3-Ca·Mg型水。

4) 基岩裂隙水

该类型地下水分布于中高山区，根据含水层岩性结构，分为层状岩类裂隙水和块状岩类裂隙水。层状岩类裂隙水含水层岩性主要为古元古界、奥陶系、志留系深变质岩，断裂与构造裂隙极为发育，地下水主要接受大气降水及冰雪融水渗入补给，因受地形和地表水切割的影响，近河谷两侧或山体前缘，山体较破碎，地形坡角大，不利于大气降水的渗入，单泉流量小于$0.1L/s$。随地势增高，地形破碎程度减弱，有利于大气降水的渗入和地下水富集，单泉流量一般为$0.1\sim1.0L/s$，大者可达$2.0L/s$，地下水类型属HCO_3-Ca·Mg型水。块状岩类裂隙水含水层岩性为加里东期花岗闪长岩及花岗岩等，地下水赋存于风化裂隙及构造裂隙中，单泉流量一般 0.1～1.0L/s,矿化度 0.2～0.3g/L,水化学类型多属 HCO_3-Ca 型水。

5)冻结区地下水

该类型地下水分布于拉脊山中高山区,含水层主要为变质岩、火成岩。局部地段为第四系中、上更新统冰碛、冰水松散堆物。冻结区地下水主要为基岩冻结层水、松散岩类冻结层水,因分布范围太小,图上不便表示,因此不再划分亚类。冻结区地下水补给来源主要为降水和融雪水。

2. 地下水补给、径流、排泄条件

海东市域内地下水的补、径、排条件,主要受气候、地形地貌、岩性、构造、人类工程活动等因素的制约。

中高山区海拔高,岩石风化强烈,裂隙发育,地形坡降大,降水较充沛,有利于接受大气降水的入渗。基岩裂隙水接受补给后,地下水在基岩裂隙中经短暂的运移、径流,一部分以泉形式排泄于沟谷,形成地表水;另一部分以隐蔽形式补给丘陵区碎屑岩类孔隙裂隙水和河谷平原区松散岩类孔隙水。

丘陵区由于水文网切割,地形支离破碎,各沟谷独自形成补给、径流、排泄系统,地下水主要依靠有限的大气降水渗入补给,因地形条件限制,仅有少量降水下渗补给黄土底砾石层潜水及碎屑岩风化壳裂隙水,大部分则以蒸发形式就地消耗或以地表径流形式汇集于沟谷流出丘陵区。丘陵边缘地层多以不整合或断层与周边山区地层相接,山区基岩裂隙水通过接合部位的裂隙孔隙或断层破碎带以隐蔽形式补给丘陵区含水层,少量补给山前倾斜平原潜水,大部分补给深部含水层而形成承压自流水。

河谷区地下水主要来源于河水渗漏或侧向径流补给,其次有大气降水入渗补给,最终以地表或地下径流形式汇入黄河干流或其一级支流湟水干流。

3. 地下水化学特征

1)基岩山区水化学特征

花岗岩和石英岩基岩裂隙水多属 TDS=0.1～0.5g/L 的 HCO_3-Ca·Mg 型水。当地侵蚀基准面以上,受降水制约的季节性泉水的水化学成分接近雨水成分,绝大多数属矿化度为 0.1g/L 左右的 HCO_3-Ca 型超淡水。当地侵蚀基面附近出露的长年性泉水,径流过程中与含水岩层(体)的岩石有较长时间的接触,离子总量虽有增加,但变量幅度不大,未能达到改变它的淡水性质和主要阴、阳离子的含量优势,多属矿化度小于 0.5g/L 的 HCO_3-Ca 型或 HCO_3-Ca·Mg 型水。

2)岩溶区水化学特征

岩溶区水主要分布于互助县东北部康烈尖山至五峰山一带,地下水补给来源主要为大气降水及冰雪消融水。该地区岩溶较发育,为大气降水的下渗补给提供了有利条件,单泉流量 0.09～0.201L/s,单井涌水量 100～1000m³/d,矿化度小于 0.5g/L,属 HCO_3-Ca·Mg 型水。

3)黄土红层丘陵区潜水的水化学特征

研究区海拔 3000m 以下地区基岩顶部多被残留的第三系红层和大面积黄土覆盖,大气降水渗入补给基岩裂隙水的过程中,因对黄土红层中所含盐分的溶滤作用,水中的 SO_4^{2-}、Cl^- 和 Na^+ 成分明显增加,常形成矿化度小于 1.0g/L 的 SO_4-Ca·Na、SO_4-Na·Mg·Ca、Cl·SO_4-Ca·Mg、Cl-Na·Mg 等多种类型的淡水。

黄土红层丘陵区地下水的化学成分主要来源于大气降水及对黄土红层中所含盐分的溶滤。盆地边缘及山前地带,由于地形切割较强烈,降水量大,含水层所经受的溶滤作用较强,故潜水多以矿化度小于 1.0g/L 的 HCO_3-Ca、HCO_3·SO_4-Ca·Mg 型淡水为主。盆地中心的低山区,特别是含有膏盐的白垩系、第三系中的潜水,随着降水量向盆地中心的递减,矿化程度急剧增高,矿化度由小于 1g/L 的淡水,向 1~3g/L 的微咸水、3~10g/L 的咸水和 10g/L 以上的盐水过渡。地形切割强烈、沟壑纵横、降水量小于 400mm,含膏盐丰富的红层裸露区,多为矿化度大于 10g/L 的盐水,显示出气候及岩性与潜水矿化度的密切关系。这一地区水化学作用的基本特征表现为潜水离子成分以 SO_4^{2-}、Cl^-、Na^+ 和 Mg^{2+} 等占绝对优势,其水化学类型多以 SO_4·Cl-Na·Mg、Cl·SO_4-Na 型水为主。

4) 河谷潜水的水化学特征

河谷潜水的化学成分及水质好坏在很大程度上受制于河水的化学成分。接受两侧低山丘陵区较高矿化的地表、地下径流补给的河谷潜水,由于其补给、循环条件与含盐量较高的红层联系程度不同,它们的水化学特征也有较大差异。

就整个河谷区潜水而言,水质较差,多属矿化度小于 1 的 HCO_3·SO_4-Ca·Mg、SO_4·HCO_3-Ca·Mg、SO_4·Cl-Ca·Na 型淡水或者是微咸水或半咸水,局部地区矿化度为 3~10g/L 的咸水。

漫滩、低阶地直接受河水及地下径流补给的地段,常有淡水体分布。基座阶地出露地下水补给河水的地段,高阶地上的潜水受来自两侧丘陵区含有较高盐分的地表、地下径流以及渠系渗漏水的补给,具有较高的矿化度。靠近河床的Ⅰ级阶地范围内因受地表水的直接补给,地下水水质较好,矿化度一般低于 1g/L。而远离河床的Ⅲ级阶地后缘的地下水矿化度可高达 3g/L,呈咸水存在。

湟水两侧支流河谷潜水的水化学特征,在湟水北岸一般多为水质较好的淡水,尤其是较大的支流,如引胜沟等,均以较强的径流、较淡的水质侵入干流河谷,在沟口的扇形地形成规模不等的舌状淡水体。迭尔沟、岗子沟、虎狼沟等淡潜水径流基本上可抵达谷口附近。其余众多支流的潜水在沟谷上游段水质较好,多属矿化度小于 1.0g/L 的 HCO_3-Ca 或 SO_4-Ca 型水,径流至中游段开始由淡水逐渐转化为微咸水乃至咸水,水化学类型由重碳酸盐型递变为硫酸盐、氯化物混合型。

七、不良地质现象

海东市外动力地质现象较为发育,主要表现为不稳定斜坡、滑坡、泥石流、崩塌。以民和县为例,截至 2024 年 5 月初,共有威胁农户的地质灾害隐患点 304 处,其中滑坡 192 处,崩塌 96 处,泥石流 14 处,地面塌陷 2 处,此外还有威胁公路、农田、水利设施、旅游景区等的地质灾害隐患点 87 处。"12·18"甘肃积石山 6.2 级地震发生后,新增地质灾害隐患点 45 处,导致原有灾害点加剧变形 28 处。

水土流失是湟水干支流两侧山丘区普遍存在的外动力地质作用现象,也是城区主要的环境地质问题之一。研究区内水土流失主要受自然条件、生态环境影响,而近些年来人类不断加剧的工程活动进一步导致了这一现象的增多。黄土、红层低山区为受流水强烈侵蚀而形成的峁梁状沟壑发育区,沟壑宽度3~7km,土壤侵蚀模数达5000~10 000t/(a·km^2)。地表径流携带着风化岩屑、土粒顺流而下汇入河流,使河水在雨洪季节呈现红色,含沙量增大。近年西北地区绿化工程的实施、种草植树工程等治水保土工程的建设,在某种程度上逐步控制和减少了水土的流失,不断改善着区内的生态环境条件。

黄土湿陷坑(落水洞)集中分布于湟水两侧高阶地陡坎前缘、低山丘陵边沿地带的黄土分布区。一般数个集中组成出现,构成一个小洞群,并呈串珠状沿带状分布。单个洞径一般1~5m,最大者可达10m;洞深一般1~3m,最深者可达7m(图2.2.8)。例如,平安区富硒产业示范园就发育3处黄土湿陷坑(编号为SX01、SX02、SX03),平面形态呈半圆形、葫芦形、圆形,直径5.8~9.5m,洞深2.5~3.5m,面积45~52m^2(图2.2.9)。

图2.2.8 乐都区典型黄土落水洞和黄土坡面塌陷坑

图2.2.9 平安区富硒产业示范园区黄土湿陷坑

八、人类工程活动特征

1. 对地质环境不利的人类工程活动

城镇的发展,人口的增加,工农业建设和生产生活活动,会对自然环境产生各种影响,尤其会使当地脆弱的地质环境更趋恶化,从而诱发许多地质灾害。人们一方面扩大耕地、毁坏植被,造成水土流失;另一方面开挖坡脚建房造地,严重挤占沟道,侵占行洪断面。还有在丘陵斜坡前缘切坡修路,挖沟埋设电缆以及布设输(变)电线路等,降低了斜坡稳定性。部分农灌渠道破损,个别涝池无防渗措施,致使渠水渗漏。上述人为活动均诱发滑坡、崩塌灾害,使地质环境发生恶变,导致灾害发生。具体而言,研究区内人类工程经济活动对地质环境的破坏主要表现在如下几方面。

1)随意削坡取土、人工开挖坡脚

研究区人口分布相对较集中,宜建设地较少,平整的空闲地稀少,当地农民普遍有削坡取土、挖坡建房的习惯,从而人为破坏了斜坡结构,极易导致斜坡失稳。主干公路两侧爆破或人工切坡,水库周边缺乏坡脚或坡体维护设施,流水侵蚀作用、物理风化作用、交替冻胀作用等加剧改变了原岩(土)结构,破坏了原岩(土)体的整体性,为地质灾害的形成和发展提供了条件。

2)不合理的耕作模式

因区内人口多,耕地少,古(老)滑坡常被辟为耕地,坡角大于 $25°$ 的自然斜坡地带已大量地被人为改造成陡坡耕地,雨水极易渗入地下,为滑体的再次滑动提供了条件。此外,因1958—1968年大炼钢铁、开荒、采樵等,研究区生长茂盛的灌木林几乎全被砍尽,工作区变成荒山秃岭。种种行为使工作区林草植被遭到严重破坏,水土流失现象严重,为地质灾害的发生创造了有利条件,现虽已退耕还草,但仍为滑坡、泥石流提供了孕育条件。

3)大规模的工程活动

随着西部大开发战略实施、旅游区开发、高速公路施工、水库修建等一系列人类工程活动的空前发展,本就很脆弱的地质环境受到了一定程度的破坏,地质灾害发生的数量及频率呈现出总体增加态势。

4)矿产资源开发

海东市南部的化隆县南部铜镍成矿远景区及拉脊山南坡铜金远景成矿带,发现镍、铜、钴、金、铅、锌、砂铂、砂金、铁、黄铁矿、煤、萤石、重晶石、石墨、石膏、岩棉、玄武岩、石灰岩、硅石、钾长石云母、砖瓦黏土等多处矿产资源,现已开发的矿产资源主要有金矿、镍矿、石灰岩、丹麻萤石、重晶石等。此外,石墨、石膏矿等有小规模民采。虽然矿产资源的开发还处于初级阶段,但采矿随意堆弃的废渣可能成为泥石流物源,加剧泥石流灾害。

2. 对地质环境有利的人类工程活动

近些年,针对人口集中地附近的滑坡(潜在滑坡)、崩塌(潜在崩塌)、泥石流等灾害及隐患点进行了一定的工程治理。对于规模较大、危险性大、威胁城镇或居民聚居区(相对集中安置点)、社会影响较大、不宜实施搬迁安置的地质灾害隐患点,通过经济、技术对比,论证可行性,集中有限资金进行了工程治理。通过工程治理,原有灾害的稳定性得到提高,其发生的概率有所降低。

第三章 地质灾害发育特征与致灾机理

第一节 2019—2023年海东市地质灾害统计

青海是全国地质灾害较为严重的省份之一,地质灾害具有范围广、数量多、群发突发、灾情严重、治理难等特点。截至2023年5月,青海省共有地质灾害隐患点(即威胁人员的地质灾害隐患)6735处,其中,滑坡2281处、崩塌2509处、泥石流1743处、不稳定斜坡189处、地面塌陷12处、地裂缝1处,对28.56万人和124.79亿元财产安全构成不同程度威胁[《青海省2023年度地质灾害防治方案》(青政办函〔2023〕95号,2023年7月3日)]。

根据《青海省2022年度地灾灾害防治方案》(青政办函〔2022〕123号,2022年7月31日),青海省地质灾害重点防范区包括全省33个地质灾害高易发县(市、区、行委)(表3.1.1)。

表3.1.1 青海省地质灾害重点防范区一览表

重点防范区	相关县(市、区、行委)
湟水流域中下游地区	西宁市城东区、城西区、城中区、城北区、大通县、湟中县、湟源县;海东市平安区、乐都区、民和县、互助县
黄河流域玛尔挡下游地区	海东市循化县、化隆县;海南州同德县、兴海县、共和县、贵德县、贵南县;果洛州玛沁县;黄南州尖扎县、同仁市
黑河及大通河流域中游山区	海北州祁连县、门源县
柴达木盆地周缘地区	海西州格尔木市、德令哈市、都兰县、乌兰县、大柴旦行政委员会
青南高原东部峡谷区	玉树州玉树市、称多县、囊谦县;果洛州班玛县、久治县

湟水流域中下游地区:地质环境条件复杂,黄土、泥岩广泛分布,人口和设施稠密,人类工程活动逐年增加,加之近年来极端降雨天气增多,青海省每年近65%的突发性地质灾害灾

(险)情发生于该区域,是全省地质灾害防治形势最严峻的地区,海东市下辖的平安区、乐都区、民和县和互助县即属此区。

黄河流域玛尔挡下游地区:黄河及其支流侵蚀下切导致高陡土质斜坡、深切沟谷等十分发育,加之工程活动相对频繁、极端强降雨较多等因素影响,地质灾害多发、频发,青海省每年近20%的突发性地质灾害灾(险)情发生于该区域,海东市循化县和化隆县即属此区。

由此可见,海东市全市属于青海省地质灾害重点防范区。根据以往地质灾害调查排查结果和海东市2022年地质灾害风险普查成果,海东市市内地质灾害类型主要为滑坡、崩塌、泥石流,其次为地面塌陷、地裂缝,部分县(区)存在地下水位浅埋和河流塌岸等不良地质现象。

一、2019 年地质灾害统计

根据青海省自然资源厅《2019年全省地质灾害隐患排查方案》,海东市境内发育的地质灾害类型主要为滑坡、崩塌、泥石流,全市各类地质灾害隐患点共计1184处,其中平安区58处、民和县107处、乐都区518处、互助县276处、循化县72处、化隆县153处。根据2019年地质灾害隐患排查结果,全市重大地质灾害隐患点(段)共计85处,分布地区为:平安区1处、互助县11处、乐都区27处、民和县15处、化隆县13处、循化县18处。

二、2020 年地质灾害统计

海东市自然资源和规划局制定的《海东市2020年度地质灾害防灾预案》(东政办〔2020〕126号,2020年7月15日)中数据显示,2020年海东市境内地质灾害类型主要为滑坡、崩塌、泥石流和地裂缝,全市发育的重大地质灾害隐患点(段)共计84处,分布地区为:平安区1处、乐都区26处、互助县10处、民和县15处、化隆县14处、循化县18处。

三、2021 年地质灾害统计

海东市自然资源和规划局制定的《海东市2021年度地质灾害防灾预案》(东政办〔2021〕55号,2021年7月2日)中数据显示,2021年海东市境内地质灾害类型主要为滑坡、崩塌、泥石流和地裂缝,部分县(区)存在地下水位浅埋、河流塌岸等不良地质现象。

经排查,2021年海东市境内发育地质灾害隐患点共1552处,其中重大地质灾害隐患点(段)共计134处,分布地区为:乐都区42处、循化县33处、互助县19处、民和县19处、化隆县17处、平安区4处。

四、2022 年地质灾害统计

根据2022年海东市地质灾害风险调查成果[见《青海省海东市地质灾害风险调查评价成果报告》(青海工程勘察院有限公司,2023年3月)],全市共发育4302处地质灾害及隐患点。其中,滑坡(潜在滑坡)1952处,占地质灾害及隐患点总数的45.37%;崩塌(潜在崩塌)1343处,占总数的31.22%;泥石流1000处,占总数的23.25%;地面塌陷7处,占总数的0.16%(表3.1.2,图3.1.1)。

表 3.1.2 海东市地质灾害发育类型及数量表

地质灾害类型	数量/处							占比/%
	互助县	平安区	乐都区	民和县	化隆县	循化县	合计	
滑坡(潜在滑坡)	287	106	530	557	323	149	1952	45.37
崩塌(潜在崩塌)	370	145	372	156	234	66	1343	31.22
泥石流	183	83	283	99	162	190	1000	23.25
地面塌陷	4	0	0	3	0	0	7	0.16
合计	844	334	1185	815	719	405	4302	100.00

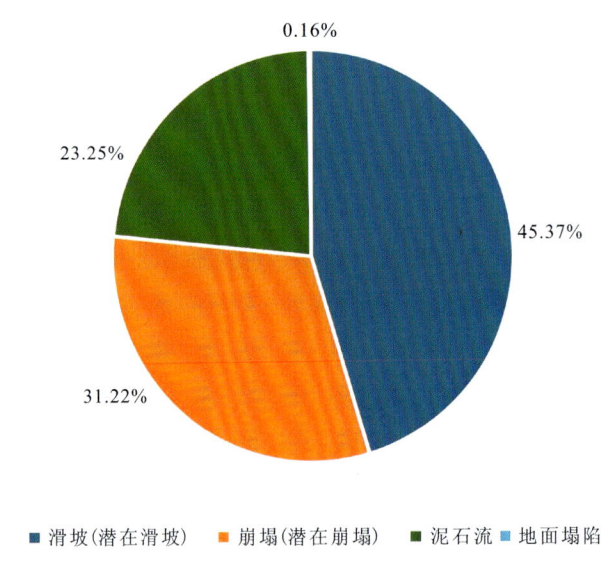

图 3.1.1 海东市地质灾害类型统计饼状图

五、2023 年地质灾害统计

根据《关于做好 2024 年度地质灾害治理和避险搬迁工作的通知》(东政办〔2024〕18 号)(2024 年 3 月 16 日)提供的统计数据,经过全面摸排、核定,截至 2023 年底,海东市境内地质灾害隐患点共 2084 处,其中乐都区 707 处、化隆县 395 处、民和县 404 处、互助县 314 处、循化区 176 处、平安区 88 处。

全市受地质灾害、切坡建房、临崖建房等风险威胁亟需进行避险搬迁群众共 7653 户,其中乐都区 1375 户、化隆县 1260 户、民和县 2616 户、互助县 2199 户、平安区 203 户。

第二节 地质灾害分布规律

海东市地处青藏高原和黄土高原过渡区，广泛分布湿陷性黄土和泥岩等易滑地层，人口密度相对较大，切坡建房、修路普遍，特别是近年来青藏高原暖湿化气候条件下极端降雨频发，崩塌、滑坡、泥石流等地质灾害多发、频发，是青海省地质灾害最为高发和严重的地区。

受控于地质环境、降水以及人类工程活动影响，市域内发育的崩塌、滑坡、泥石流等地质灾害均表现出一定的空间和时间分布特征。

一、空间分布特征

海东市地质灾害分布规律严格受自然地质条件和人为因素的制约，地质灾害在空间上有相对集中和条带状展布的分布规律（图 3.2.1）。

1. 河流两岸及主要支沟两侧斜坡呈线性分布

地形条件是滑坡、崩塌等地质灾害产生的必要条件。根据调查资料统计，研究区地质灾害调查点大多数分布于河谷两侧，并沿着河谷两侧斜坡呈线性分布。其余大部分为人工切坡建房、修路等工程活动引发形成的。

滑坡（潜在滑坡）及崩塌（潜在崩塌）分布密度和致灾作用与河流及沟谷的发育期密切相关。沟谷上游及源头以垂直侵蚀作用为主，沟谷两侧崩塌、滑塌频发，多数规模较小，但由于早期沟谷内人烟稀少，一般不致灾，属自然地质现象。沟谷中下游则以侧蚀为主，河流两侧边坡风化、卸载作用强烈，处于河流侵蚀岸的斜坡易发生滑坡、崩塌，在人口居住及存在工程基础设施地段产生灾害。在宽阔的（即成型）河谷，如湟水河谷，自然条件下低山丘陵前缘老滑坡总体较稳定，在风化和卸载作用下，以剥落和局部变形为主。由于成型河谷区地形平坦开阔，人口、工程和基础设施密集，河谷边坡区因人类不合理工程活动强烈，人为引发的滑坡、崩塌灾害也时有发生。

2. 低山丘陵区植被条件差的区域集中分布

据调查资料统计，海东市地质灾害由低山丘陵到中低、中高山区，地质灾害分布密度由大到小，活动强度由强到弱。低山丘陵区沟壑发育，地形切割强烈，主河道大部分地段谷坡上覆黄土厚度较薄，基岩出露较多。次一级沟谷谷坡大部由披覆的黄土组成，基岩多在沟底出露。强烈的切割作用往往形成高陡的斜坡，斜坡带自然植被覆盖率低，水土流失严重，为滑坡、崩塌的发育提供了地形地貌条件。

中高山区地形波状起伏，天然次生林大面积覆盖，自然植被较好，整体覆盖率大于60%，水土流失程度较弱，重力侵蚀对谷坡的破坏较轻，沟壑密度较小，坡积物层厚度不大，山梁部位多见基岩出露，谷坡完整性较好，地质灾害发育程度较低。由于基岩风化严重，常发育小型崩塌及泥石流。

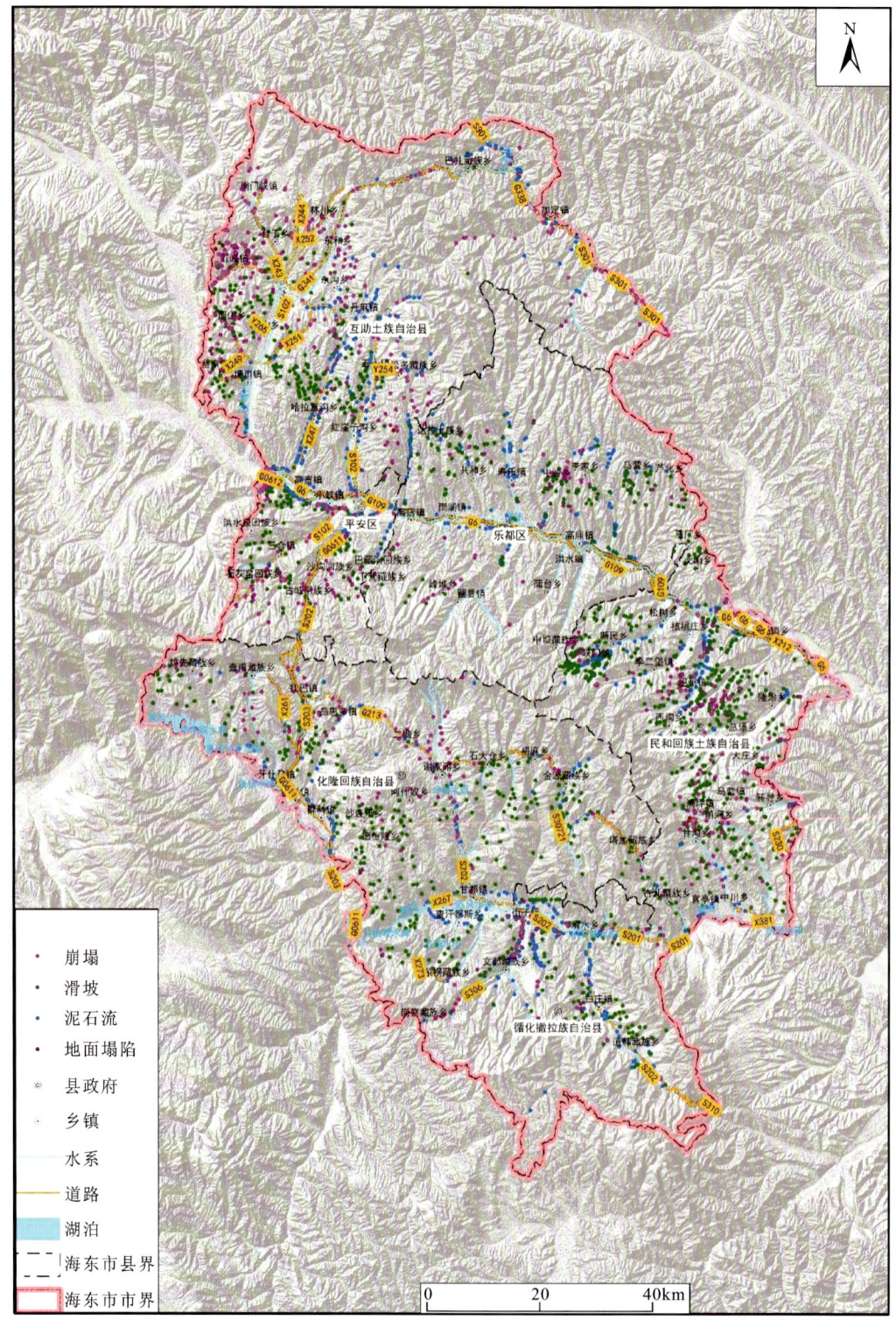

图 3.2.1 海东市地质灾害隐患点分布图

3. 易滑或易崩地层岩性组合区域相对集中

区内易滑地层或软弱结构面主要为古近系红色泥岩层、黄土和黄土状土、泥岩顶部风化层与黄土接触面,以及基岩中的风化破碎带。易崩地层为黄土和花岗岩、砂砾岩等基岩的风化破碎带。

黄土垂直节理发育,在高陡边坡部位,卸荷裂隙和风化裂隙更甚,故黄土高陡边坡地段,黄土崩塌及不稳定斜坡密集。基岩高陡边坡地段,由于差异性风化,致使泥岩层风化形成岩腔,砂岩地层悬空,裂隙萌生并发展,加之河流侧蚀、人工切坡等原因,崩塌较为集中。

4. 人口密集、人类工程活动强的地区地质灾害分布相对集中

海东市境内不规范的人类工程活动是诱发地质灾害的主要因素之一,地质灾害的分布与人类工程活动密切相关。人口密集、不规范的人类工程活动强度大的地区,也是地质灾害的多发区,反之地质灾害发生频率也低。

二、时间分布特征

地质灾害在时间上也呈现出集中分布的规律。主要表现为:地质历史时期,滑坡在晚白垩世末期和新生代以来不仅活动强烈而且也相对集中;人类历史时期,滑坡、崩塌、泥石流等地质灾害在人类活动强烈的时期相对集中;具体到一年的时间内,滑坡、崩塌、泥石流等地质灾害则在雨汛期相对集中。

1. 晚白垩世末期和新生代以来相对集中发育

新生代以来,青藏高原与黄土高原区构造运动总体主要为以上升为主的振荡性升降运动。自更新世,黄土开始堆积,同时伴随着侵蚀,但堆积速度远远大于侵蚀速度。随着晚更新世、全新世黄土高原的整体隆升,尤其是黄河的贯通,各支沟的侵蚀切割作用增强,侵蚀速度远远大于黄土堆积速度,水土流失严重,沟谷、河流的下切与侧蚀作用十分强烈,致使滑坡、崩塌频发。目前发育的滑坡绝大部分就是这一时期形成的,表现为在地质历史时期滑坡、崩塌在全新世初期相对集中。

2. 现代人类经济活动强烈的时期相对集中发育

海东市2022年调查统计表明,1970年以来发生的滑坡、崩塌大部分是由人类工程活动诱发,表现为滑坡、崩塌在人类活动强烈的时期相对集中,这是因为不合理的人类工程活动破坏了斜坡的结构,使斜坡应力场发生变化,导致斜坡失稳发生滑坡、崩塌等地质灾害。

3. 雨汛期相对集中发育且具有周期性规律

调查资料统计表明,滑坡、崩塌、泥石流的发生频次均与同期的月平均降水量呈良好的正相关关系,可见集中降水是本区地质灾害发生的主要诱发因素之一,降水较多的年份,地质灾害的发生频次也明显偏高。

海东市每年5—9月份降水相对集中,市域内滑坡、崩塌、泥石流等地质灾害也多在5—9月发生。尤其是泥石流灾害,每年7—9月降水高峰期更为集中,具体发生时间大多和降水同步或短期滞后,与降水的关系表现得最为突出。

朱科旭等(2024)根据2008—2020年青海省45个县(区)洪涝灾害数据以及中国气象局陆面数据同化系统(CMA land data assimilation system,CLDAS)2017—2020年降水资料分析表明,洪涝灾害都出现在5—10月,集中发生于7—8月,且基于年平均灾损指数的高风险区位于海东市—西宁市区域,这一发现也印证了海东市境内发育的崩塌、滑坡和泥石流等地质灾害多集中于5—9月的内在机理。

第三节 滑坡发育特征

一、滑坡特征

根据2022年海东市地质灾害风险调查成果,海东市滑坡(潜在滑坡)发育共1952处,基于此资料分别从坡体物质、形态特征、诱发因素等方面总结滑坡发育特征。

1. 坡体物质

在海东市发育的1952处滑坡(潜在滑坡)中,岩质斜坡共计311处,占滑坡(潜在滑坡)总数的15.9%;土质斜坡共计1641处,占滑坡(潜在滑坡)总数的84.1%。

2. 形态特征

滑坡表面微地貌形态多样。后缘是滑坡体的最高点,由于滑体下滑后形成反倾坡面,较陡后壁与反倾后缘间形成封闭的槽地,降水在槽地汇集,积水较多时,向滑体两侧排泄,形成"双沟同源"现象。槽地内潜蚀发育,特别当滑坡体有复活运动趋向时,导致坡体结构疏松,落水洞发育。落水洞直径数十厘米,深$0.5 \sim 0.8m$,并向两侧延伸。

滑坡主要为牵引式滑动,其地貌特征表现为自前缘到后壁分别逐级滑落,在滑坡体表面自下而上可见逐级的错台陡坎。坎高多为$2 \sim 5m$,坡角陡峭或近于直立,台坎宽$0.5 \sim 1m$,顺坡向下倾,坡角$10°$左右或近于水平。

新近发生的滑坡保留着典型的滑坡特征。后壁与侧壁粉土裸露,壁面新鲜明晰,滑坡体基本没有被侵蚀。滑体前缘,因滑体前行受阻,形成前缘鼓胀,两侧发育有数厘米宽的张剪裂缝。滑坡后向两侧扩散,形似田垄地埂。

3. 诱发因素

据资料统计,海东市域内发育的1952处滑坡(潜在滑坡),由人类工程活动(切坡建房和修建道路)导致的有1158处,占潜在滑坡灾害总数的59.3%;降水等自然因素诱发的滑坡有794处,占滑坡灾害总数的40.7%。

二、滑坡形成机理

从滑坡岩土体、剪出口以及滑动面3个方面,分别按照黄土型滑坡、黄土-泥岩型滑坡和泥岩-砂岩型滑坡3种类型对海东市市内发育的滑坡形成机理进行分析。

1. 黄土型滑坡

海东市境内发育的滑坡类型以黄土型为主,该类型滑坡自黄土层内剪出,滑动面分布于黄土中,剪出口也位于黄土层。

黄土型滑坡的整体坡角较大,受地形影响较大,坡面形态上缓下陡。滑坡前缘受河谷侵蚀、人工开挖等影响,坡体前部形成较大临空面,呈现出陡峭斜坡状。海东市降水多集中于7—9月,常出现强降雨,雨水入渗不仅增大静水压力,且软化土体,显著降低土体抗剪强度,诱发滑坡产生。

黄土型滑坡坡体主要为风积黄土(Qp_3^{eol}),黄土垂直节理发育,为雨水入渗提供了良好通道。降水沿黄土垂直节理入渗,导致黄土土体自重增加,抗剪强度降低,坡体沿圆弧状滑动面向下滑动变形。加之坡体前部受河谷流水侧蚀作用,前缘形成较陡临空面,导致坡脚剪应力急剧集中,不利于坡体稳定。当滑动面全部贯通后,坡体整体失稳,形成滑坡。

2. 黄土-泥岩型滑坡

黄土-泥岩型滑坡为黄土和黄土状土直接与基岩(古近系泥岩、砂质泥岩)接触,滑坡体沿基岩面剪出。

黄土-泥岩型滑坡的原始坡角多集中在25°~40°,坡体前部受流水侵蚀或人工开挖影响,形成临空面,直立性良好。滑坡体主要为风积黄土(Qp_3^{eol}),下伏第三系泥岩、砂岩,岩层倾向与滑坡方向基本一致。

海东市降水多集中于7—9月,强降雨沿着黄土中发育的垂直节理入渗,由于下伏的第三系泥岩、砂岩为相对隔水层,入渗的雨水在黄土-泥岩界面处汇聚。受雨水浸泡作用,泥岩不断软化并形成软弱带,坡体沿其向下滑动变形。该类坡体前部因人工开挖或者河流侵蚀作用形成陡倾斜坡段,前缘形成较陡临空面,导致坡脚应力急剧集中,当坡体中因泥岩软化形成的滑动面全部贯通时,坡体整体失稳,形成滑坡。

3. 泥岩-砂岩型滑坡

海东市境内发育的泥岩-砂岩型滑坡相对较少,该类型滑坡沿着坡体中泥岩形成的软弱带剪出,剪出口距沟谷底部的位置较低,为数米至10m间,滑体多以强风化泥岩层居多。

泥岩-砂岩型滑坡地形上受流水侵蚀影响,坡体前部形成较陡临空面,斜坡呈现出陡峭坡形。坡体主要为第三系泥岩、砂岩,部分斜坡上部披覆风积黄土(Qp_3^{eol})。泥岩地层产状近水平,表层风化强烈,多呈碎块状、散体状。岩体发育两组优势节理:一组节理面平行于坡面,倾角近垂直,在泥岩层面间不连续,分布密集,使得泥岩风化强烈,沿节理面垂直剥离;另一组节理垂直于坡面发育,倾角近垂直,节理延伸较长,节理开度较大,无充填。

海东市降水多集中于7—9月,常出现强降雨,雨水沿泥岩中发育的节理入渗,不仅增大坡体静水压力,还显著降低泥岩抗剪强度,诱发滑坡产生。

三、滑坡成灾模式

海东市境内滑坡的成灾模式以中浅层低速蠕滑模式为主,无高速远程滑坡。滑坡类型主要为黄土型滑坡和堆积层滑坡,基岩滑坡较少;多为中浅层滑坡,以中小型滑坡为主;老滑坡则为大型、特大型,整体失稳的较少。

滑坡的滑动面主要分布于黄土层、黄土-泥岩界面以及泥岩层。黄土型滑坡和泥岩-砂岩型滑坡的剪出口多位于斜坡坡脚处,黄土-泥岩型滑坡的剪出口位于斜坡前缘土-岩界面处。

滑坡的运动方式以牵引式为主,诱发因素主要为集中强降雨和人类工程活动。研究区内的斜坡前缘通常较陡或局部临空,加之斜坡坡角较大,在降水及人类工程活动等外力因素作用下,斜坡体应力分布发生调整,前缘坡体形成软弱结构面(带),导致坡体前缘滑动,后缘坡体失去支撑并产生拉张裂缝。变形积累之下,斜坡逐渐出现前缘及整体的中浅层变形破坏。

四、典型滑坡

1. 周家滑坡(风积黄土滑坡)

周家滑坡位于乐都区瞿昙镇,地理坐标为:东径102°22′14″—102°23′00″,北纬36°21′18″—36°22′10″,为牵引式黄土型滑坡。该滑体最早于1973年7月发生滑动,1989年前缘再次发生滑动,至1996年滑体中部又发生滑动,总共造成7户村民28间房屋被毁,直接经济损失约18万元(图3.3.1)。

图 3.3.1 周家滑坡远眺

1)滑坡基本特征

(1)滑坡周界及形态特征

周家滑坡平面上呈簸箕状,两侧以冲沟为界,滑坡周界范围清晰。滑体上宽下窄,中间厚且突出,两侧稍低,整体倾向310°,坡体上缓(15°~22°)下陡(18°~29°),整体坡角22°。周家滑坡平面图如图3.3.2所示。

滑坡后缘局部可看到因滑体下错形成的陡壁,壁面粗糙,有少许擦痕,壁高一般8~12m,坡角45°。

滑坡中上部发育两级平台,一级平台台面较平坦、开阔,一般宽50~150m,最宽处190m,台面高程2650m,目前住有周家村3社部分村民,前缘呈斜坡状,坡角28°,坡高30m;二级平台分布于滑坡中部,台面平缓、略向沟床倾斜,坡角12°,宽30~70m,近沟底处见剪出口,剪出口高于沟底1.5m左右。

滑坡体中前缘部发育两条较大侵蚀冲沟,冲沟呈"树枝"展布,断面呈"V"字形,沟长小于500m,沟谷切割深5~20m,受雨水及洪水不断侵蚀、切割,沟岸崩塌、坍落较为严重,堆积体积数十立方米至数百立方米,水土流失严重。

滑坡体中上部有多处黄土落水洞,落水洞呈椭圆形,规模3.5m×1.7m×2.6m。滑体后部发育裂缝,裂缝断续分布发育,长0.5~2m,宽10~20cm不等,可见深度0.5~1.5m不等,现大部被填充、夯实。

滑体前沿由于修房开挖形成陡坎,陡坎高5~10m,形成大的临空面。

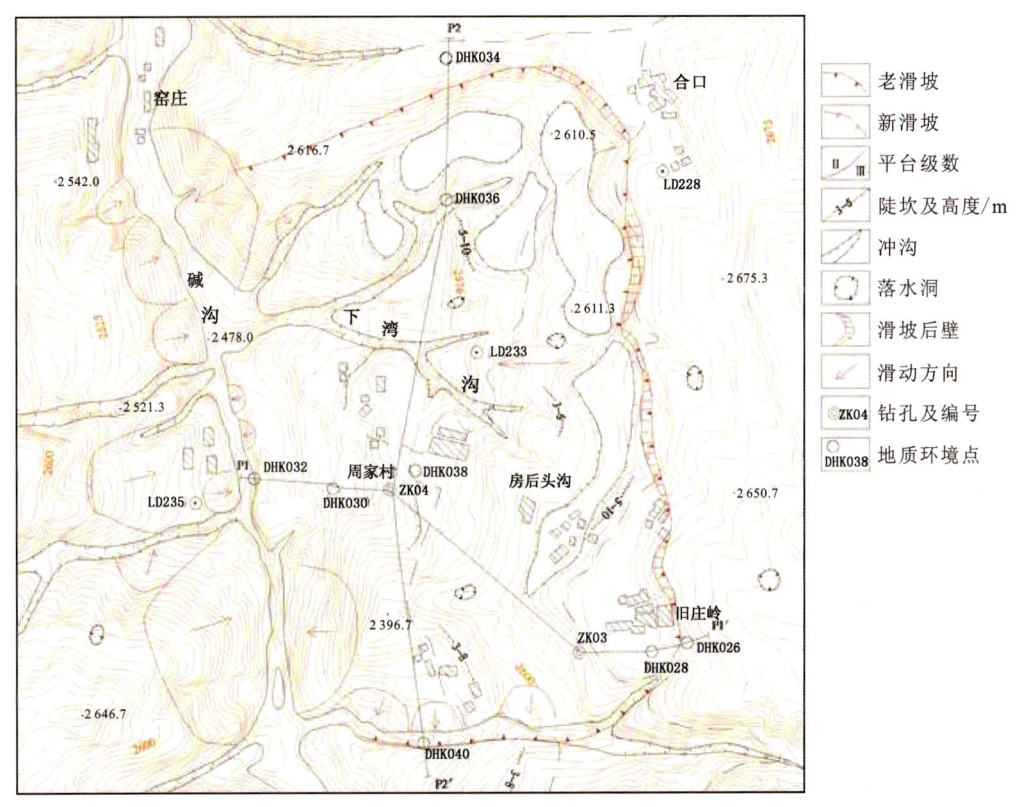

图3.3.2 乐都区瞿昙镇周家滑坡平面图

(2)滑体物质结构特征

周家滑坡为黄土老滑坡,物质结构单一,滑坡体为风积黄土(Qp_3^{eol}),散乱,灰黄色—浅黄色,疏松,垂直节理发育。滑体前部多次产生崩滑,土体破碎松散。

滑床以古近系—新近系泥岩为主,泥岩呈橘红色,坚硬,遇水易泥化、软化,稳定性较差。泥岩近水平产状,层序正常,产状36°∠5°,出露地表及沟岸两侧的基岩表面受风化作用,颜色混杂,较为破碎。

滑带为黄土—基岩接触面,滑带土结构破碎,呈碎裂状或块裂状,表面粗糙,擦痕不清晰。经钻探揭露,滑带土依不同部位物质成分与厚度亦有所不同:滑体前部,滑带为5~25cm厚碎石土,扰动带厚1.5m左右,为基岩在风化以及上覆土体巨大推力作用下形成的破碎带;中后部滑面则沿基岩与黄土接触面剪出滑动,滑带位于强风化泥岩中,为1~20cm厚的含砾碎石土,砾石层粒径0.2~3cm,砂土充填,推测扰动带厚2.0m。

周家滑坡的滑体以及滑带土的物理力学参数如表3.3.1、表3.3.2所示。

表3.3.1 滑体土物理力学性质指标统计

岩土名称	物理力学指标/单位	样本数/个	最大值	最小值	平均值
黄土 Qp_3^{eol}	天然含水量 $W/\%$	4	24.2	4.8	12.1
	天然重度 $\rho/(kN \cdot m^{-3})$	4	22.6	10.5	16.3
	干重度 $\rho_d/(kN \cdot m^{-3})$	4	18.1	11.4	15.5
	比重 G_s	4	2.72	2.70	2.71
	孔隙比 e_0	4	1.35	0.64	0.88
	饱和度 $S_r/\%$	4	96.3	51.4	72.7
	液限 $W_L/\%$	4	36.3	21.3	28.6
	塑限 $W_P/\%$	4	21.6	14.2	18.2
	塑性指数 I_P	4	16.6	8.8	11.6
	液性指数 I_L	4	0.53	0.01	0.27
	压缩系数 $Ea_{0.1-0.2}/MPa^{-1}$	4	0.17	0.09	0.12
	压缩模量 $Es_{0.1-0.2}/MPa^{-1}$	4	21.5	13.0	17.2

表 3.3.2　滑带土物理力学性质指标统计

岩土名称	物理力学指标/单位		样本数/个	最大值	最小值	平均值
含砾碎石土	天然含水量 $W/\%$		6	20.1	8.1	16.4
	天然重度 $\rho/(kN \cdot m^{-3})$		6	21.7	19.0	20.2
	干重度 $\rho_d/(kN \cdot m^{-3})$		6	19.4	16.0	17.4
	比重 G_s		6	2.72	2.71	2.72
	孔隙比 e_0		6	0.69	0.40	0.57
	饱和度 $S_r/\%$		6	61.2	48.0	56.7
	液限 $W_L/\%$		6	31.9	26.7	28.9
	塑限 $W_p/\%$		6	17.8	16.0	17.2
	塑性指数 I_p		6	14.7	10.5	12.7
	液性指数 I_L		6	0.4	0.1	0.2
	固结快剪	内摩擦角 $\varphi/(°)$	6	29.0	21.0	26.5
		内聚力 C/kPa	6	29.0	15.0	22.4
	饱和固结快剪	内摩擦角 $\varphi/(°)$	6	23.4	15.7	20.4
		内聚力 C/kPa	6	18.2	8.8	12.7

2）形成机理分析

周家滑坡的形成主要受微地形地貌、地层岩性、降水以及人类工程活动影响。

周家滑坡处于湟水南部黄土丘陵区,地形切割强烈,具典型的沟梁相间地形地貌。滑坡前缘碱沟为侵蚀性沟谷,坡脚受雨洪水不断冲刷侵蚀,高耸的黄土斜坡在重力作用下向沟谷方向变形,产生位移,前缘形成较大临空面,导致坡脚应力急剧集中。

坡体上覆黄土,大孔隙,垂直节理发育,坡体下伏基岩为古近系—新近系泥岩,风化剥蚀强烈,卸荷裂隙发育。雨水沿节理、裂隙渗入,不断软化坡体内部形成软弱带,当坡体软弱带构成的滑带全面贯通时,坡体整体失稳,形成滑坡。

另外,人类工程活动开挖坡脚建房、修筑道路等,改变了坡体应力状态,降低了坡体稳定性,滑体前部经人工削坡修建平台,在上部岩土体推力以及雨水或人工加载作用下具有失稳可能。

目前,老滑坡体前缘及侵蚀冲沟两侧内有多处小型崩、滑体及地面开裂变形,说明该滑坡处于蠕动变形阶段,遇暴雨或强降雨易失稳引起滑动。

周家滑坡($P_1—P_1'$)实测纵剖面图如图3.3.3所示,实测横剖面图如图3.3.4所示。

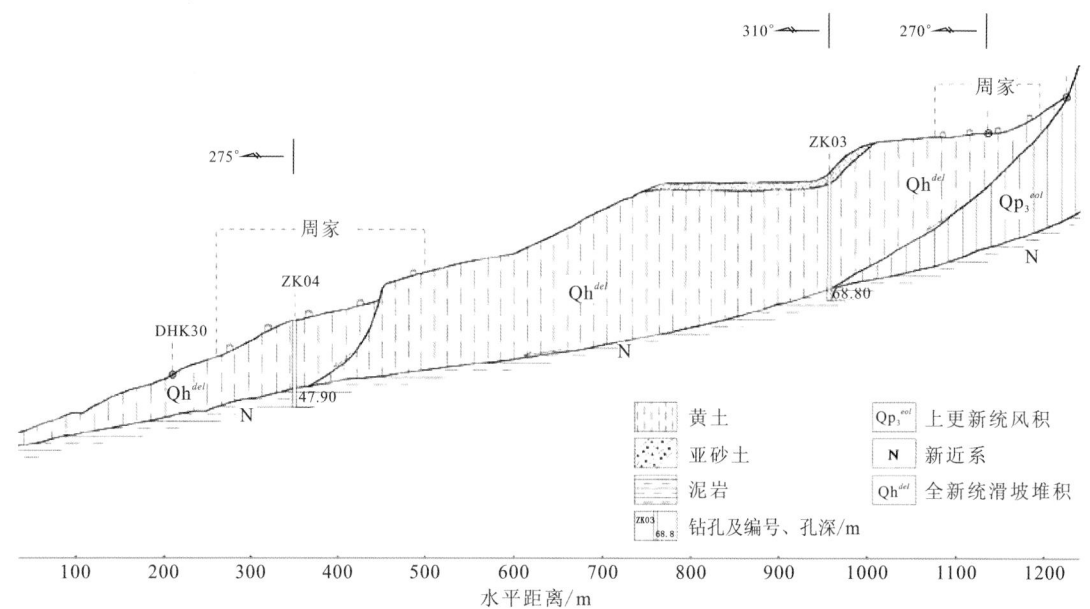

图3.3.3　周家滑坡($P_1—P_1'$)实测纵剖面图

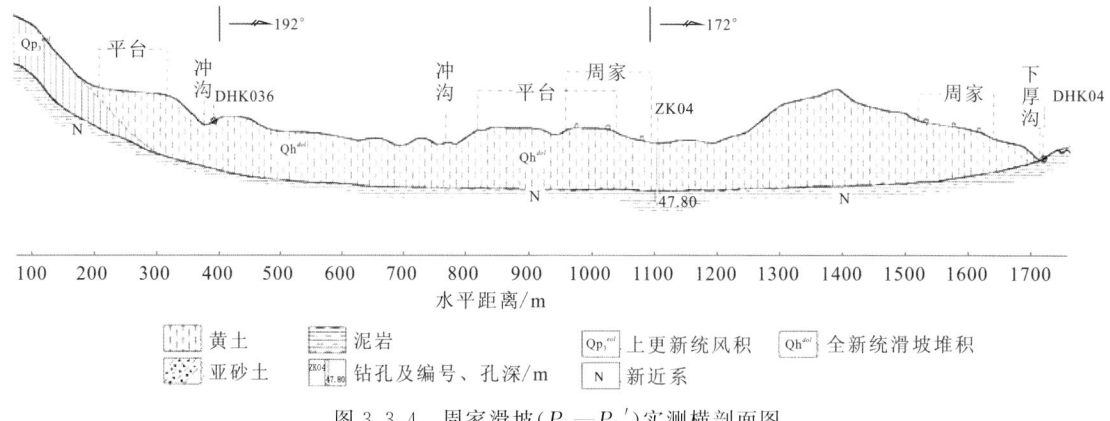

图3.3.4　周家滑坡($P_1—P_1'$)实测横剖面图

3)滑坡稳定性评价

选取代表性$P_1—P_1'$剖面,采用Bishop法分析滑坡稳定性,按照天然、饱和和地震(地震水平加速度峰值采用0.10g)3种工况分别计算稳定系数。

稳定性分析时,岩土体物理力学参数如表3.3.3所示,稳定性计算结果见表3.3.4。

表3.3.3　周家滑坡岩土体物理力学参数

岩土体	条件	容重 $\gamma/(kN \cdot m^{-3})$	黏聚力 c/kPa	摩擦角 $\varphi/(°)$
黄土	天然	11.9	15.0	28.0
	饱和	18.1	11.5	23.0
滑带土	天然	18.2	22.4	26.5
	饱和	21.7	12.7	20.4
泥岩	天然	23.5	29.0	37.9
	饱和	27.8	24.0	30.1

表3.3.4　周家滑坡稳定性计算结果

剖面	工况	稳定系数
P_1-P_1'	天然	1.056
	饱和	0.940
	天然+地震	0.866

周家滑坡为老滑坡体，滑坡体结构松散，堆积混杂，力学强度差。滑坡体下滑力主要集中于滑体中上部，前缘坡体则缺少抗滑力，故易诱发老滑坡复活。

据现场勘查资料，周家村所在坡体地面及房屋出现两组拉张裂缝及多条鼓胀裂缝，裂缝之间的块体有明显下错现象，滑坡中部冲沟两侧可见土体被推移、拉裂，前缘坡体见有地下水泄出痕迹，土体有被推出并顺坡滑落迹象。沟岸被冲刷、侵蚀、坍塌严重，并有向后部扩大趋势。由此可以看出，坡体目前处于活动阶段，稳定性较差。

稳定性分析表明，该滑坡天然状态下整体稳定系数为1.056，饱和状态下整体稳定系数为0.940，天然+地震条件下整体稳定系数为0.866，目前整体处于不稳定状态。

2. 山丹坡滑坡（堆积层滑坡）

山丹坡滑坡位于虎狼沟中上游西岸中坝乡山丹坡村，地理坐标为：东经102°29′06″—102°30′15.6″，北纬36°18′08″—36°19′08″。滑坡西起山丹坡村西山近坡顶处，东抵虎狼沟洪（水）中（坝）公路坡脚处，滑坡东西长1600m，南北宽1900m，厚约47.0m，体积$1.08×10^8 m^3$，属巨型堆积层滑坡。由于未受人工改造，滑体大部完整，现山丹坡村村民居住于此。乐都区中坝乡山丹坡滑坡平面图如图3.3.5所示，其实测纵剖面图如图3.3.6所示。

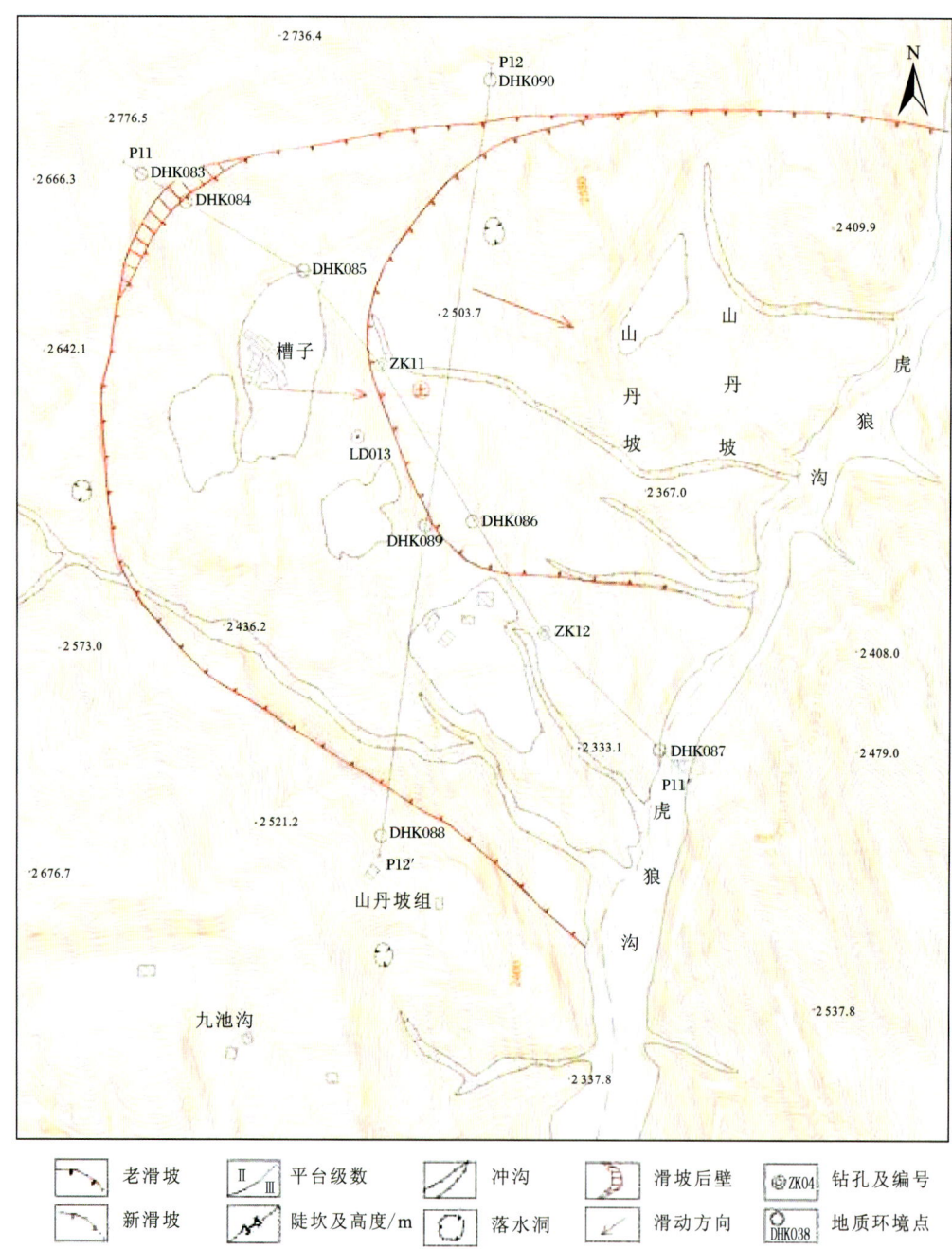

图 3.3.5 乐都区中坝乡山丹坡滑坡平面图

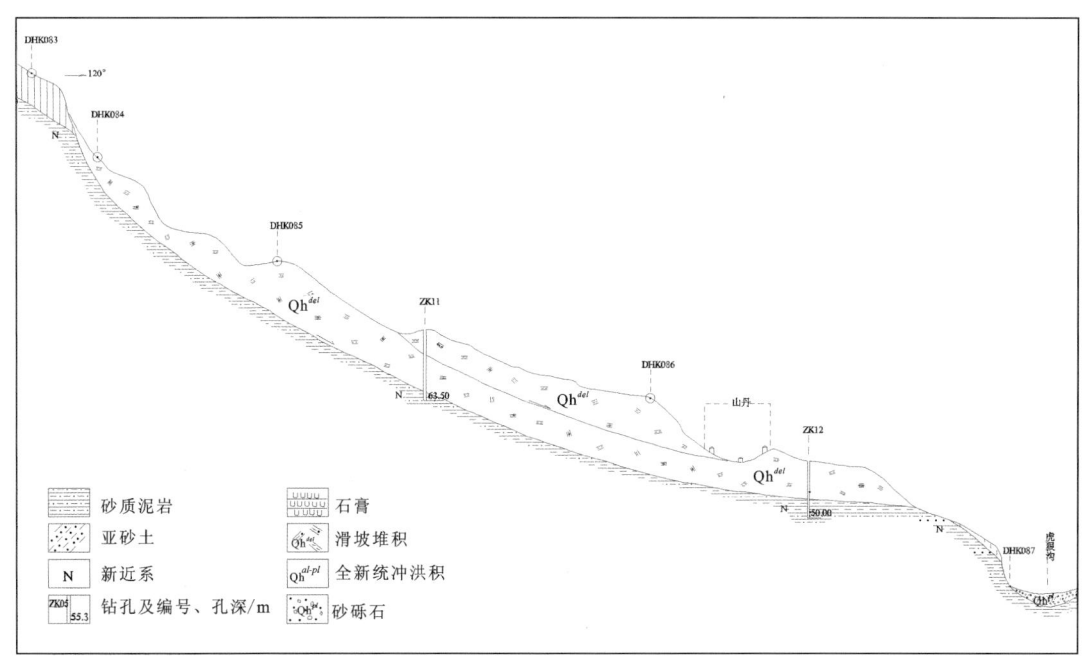

图 3.3.6　乐都区中坝乡山丹坡滑坡（P_{11}—P_{11}'）实测纵剖面图

1）滑坡基本特征

(1) 滑坡周界及滑体特征

山丹坡滑坡在平面上呈"不规则"状，两侧以冲沟为界，滑坡周界范围清晰。滑体剖面为凸形，坡向120°，整体坡角32°。滑体中后部较陡，前部因人工修整土地建房而趋于平缓。

滑坡后壁呈"围椅"状，壁面粗糙，见有擦痕，壁高12～45m，坡角47°。坡中部上滑坡中部发育有两级较大平台，一级平台规模小，宽70～85m，前缘略向沟床倾斜，台面坡高87m，坡角33°，分布有部分耕地及村级道路；二级平台平缓，台面宽210～280m，前缘为沟岸陡坎，高15～45m，坡角63°。

受雨洪水不断侵蚀，滑坡中前缘冲沟纵横分布，冲沟呈"V"字形，底宽一般不足5m，沟岸坡角70°左右，局部近直立，切深5～38m，最大切深达48m。沟内地形破碎，无植被覆盖，随着雨洪水冲刷侵蚀，两岸小型滑塌发育，堆积体积数立方米至数十立方米不等，并有逐渐向上、向两侧扩展的趋势。

(2) 滑坡物质结构特征

滑坡体物质结构由古近系—新近系泥岩、砂质泥岩夹少量砂岩发生崩塌后堆积组成。古近系—新近系泥岩，紫红色，较坚硬，近水平产状，产状45°∠18°，可辨层序；砂质泥岩呈灰白色—灰黄色，坚硬，近水平产状，出露地表的基岩表面受风化作用较为破碎。

经钻孔揭露，本滑坡滑带可分为上、下两部分，其物质成分与厚度各不相同（图3.3.7）。滑带上部为12～25cm厚强风化泥岩，扰动后呈碎裂状；下部滑带为15～45cm厚含砾黏土，砾石层粒径0.2～5cm，砂土充填，推测扰动带厚1.0m。

2）滑坡形成机理

虎狼沟为湟水一级较大支流，斜坡段为虎狼沟侵蚀岸，坡脚被季节性洪水不断冲刷侵蚀，高耸的岩土斜坡在重力作用下向沟谷方向变形，产生位移，前缘形成较大临空面，导致坡脚应力急剧集中。

坡体下伏基岩为古近系—新近系泥岩和砂砾岩，泥岩风化剥蚀强烈，节理裂隙发育。雨水渗入，不断软化坡体内部形成软弱带，当坡体软弱带构成的滑带全面贯通时，坡体整体失稳，形成滑坡。

另外，人类工程活动开挖坡脚建房、修筑道路等，改变了坡体应力状态，降低了坡体稳定性，滑体前部经人工削坡修建平台，在上部岩土体推力以及雨水或人工加载作用下具有失稳可能。

图 3.3.7　滑带钻孔岩芯（左：钻孔 ZK11；右：钻孔 ZK12）

山丹坡滑带土物理力学性质如表 3.3.5 所示。

表 3.3.5　山丹坡滑带土物理力学性质指标统计表

物理力学指标/单位	含砾黏土			
	样本数	最大值	最小值	平均值
天然含水量 $W/\%$	4	22.1	2.6	11.9
天然重度 $\rho/(kN·m^{-3})$	4	20.6	13.3	17.1
干重度 $\rho_d/(kN·m^{-3})$	4	17.2	12.9	15.2
比重 G_s	4	2.72	2.70	2.71
孔隙比 e_0	4	1.05	0.54	0.78
饱和度 $S_r/\%$	4	80.5	21.9	63.9
液限 $W_L/\%$	4	38.1	23.0	27.8
塑限 $W_p/\%$	4	22.6	13.2	17.0
塑性指数 I_p	4	15.5	7.0	10.9
液性指数 I_L	4	0.43	0.0	0.07

续表 3.3.5

物理力学指标/单位		含砾黏土			
		样本数	最大值	最小值	平均值
固结快剪	内摩擦角 $\varphi/(°)$	4	30.2	27.6	29.0
	黏聚力 c/kPa	4	10.4	5.8	8.5
饱和固结快剪	内摩擦角 $\varphi/(°)$	4	29.2	27.4	28.0
	黏聚力 c/kPa	4	9.2	5.8	7.0

3)滑坡稳定性分析

该处为老滑坡体,老滑坡体结构松散,堆积混杂,力学强度差。滑坡体下滑力主要集中于滑体中上部,前缘坡体则缺少抗滑力,故易诱发老滑坡复活。

据现场勘查资料,山丹坡村所在坡体地面及房屋出现两组拉张裂缝及多条鼓胀裂缝,裂缝之间的块体有明显下错现象,滑坡后缘可见土体被推移、拉裂,前缘土体有被推出并顺坡滑落现象。坡体目前处于变形蠕动阶段,坡体稳定性差。加之,坡体雨水与地下水入渗,坡脚受水浸润、软化,有局部或整体复活的可能。

3. 牙什尕镇参果滩滑坡(堆积层古滑坡)

化隆县牙什尕镇参果滩滑坡位于牙什尕镇西黄河康杨水电站库尾左岸。东西两侧以冲沟为界,前缘距库区6m,地理坐标为:东经101°53′22″,北纬36°08′04″。滑坡中前部现为参果滩村,且分布直岗拉卡水电站的村公路。

1)滑坡基本特征

(1)滑坡形态及边界

牙什尕镇参果滩滑坡平面形态呈长条形,整体倾向西南,南北纵长2200m,东西宽900m,平均厚35m,面积$198×10^4m^2$,体积$0.69×10^8m^3$,属于特大型堆积层古滑坡。

滑坡体剖面呈凹形,表面呈阶梯形,上陡下缓,上部坡角33°,下部坡角1°~2°。滑坡后壁呈圈椅状,高达75m,滑壁倾向西南,倾角73°,滑壁下分布有崩积物。

滑坡共发育三级平台。中上部为第一级平台,台长410m,宽40~60m,台西缘地层反翘形成近北西向陡坎,陡坎高15m,东缘较缓,倾角5°~6°;二级平台宽70~120m,呈不规则状,台面前缘反翘,使二级平台形成北西向凹地,平台中部发育有深15~20m的冲沟,该台阶曾于1985年发生错动,使滑坡中后部原滑坡堆积物挤压变形;三级平台宽60~100m,呈北西向展布,台西缘地层反翘形成高20m的陡坎,东缘较平缓,台面发育小"V"字形冲沟,冲沟宽15~25m,深10~15m,沟底有地下水溢出。

滑坡前缘宽约1.5km,表部呈疙瘩状,且发育一个北东向滑坡洼地,呈不规则状,长110m,宽80m,前缘反翘,滑体覆盖于黄河Ⅱ级阶地面上,可见砾石层被挤压拖带现象。现前缘高出康杨水电站库区水位约7.0m,滑坡顶部距滑坡前缘高差586m。

（2）滑坡物质结构特征

参果滩滑坡坡体岩性组成较复杂，除母岩泥岩、砂岩、砂砾岩混杂堆积外，还有滑坡后壁高处的黄土及底砾石介入，无规律可循。

根据钻孔揭露的滑体堆积物及冲沟出露岩性分析，后缘至前缘大多数堆积体混杂堆积，滑坡中后部局部地段块体完整性较好，无方向、无层次与其他堆积体混杂堆积。

滑带土依不同部位厚度亦有不同。滑坡前缘和中部区，滑带位于Ⅱ级阶地表部，因上覆土体巨大的推力作用，滑带土呈软塑状，稍湿，擦痕不明显，厚0.5～4.4m；滑坡后部区，滑带位于强风化泥岩中，滑带厚0.6～1.0m，滑带土结构破碎，呈碎裂状。

参果滩滑坡工程地质平面图如图3.3.8所示，其Ⅰ—Ⅰ′工程地质剖面图如图3.3.9所示。

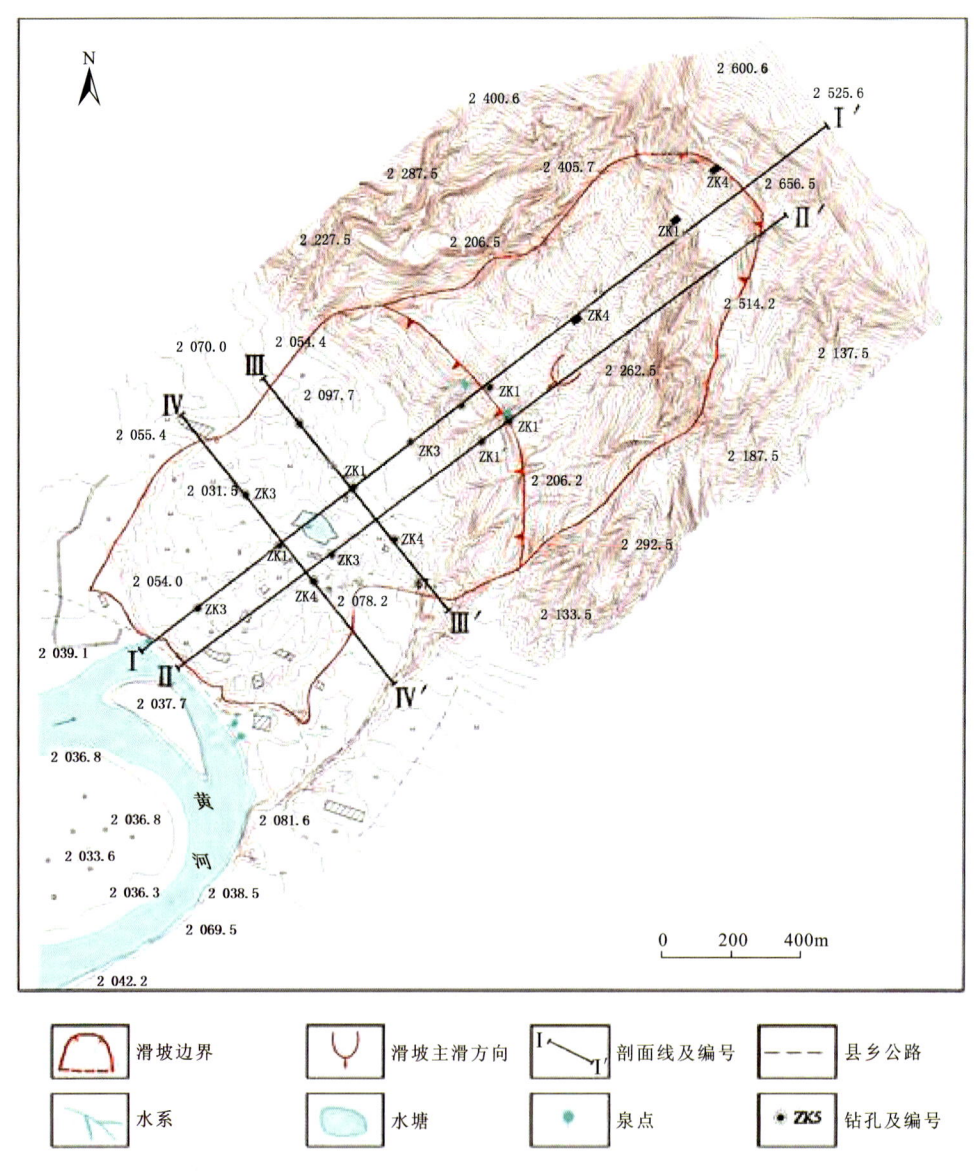

图3.3.8 参果滩滑坡工程地质平面图

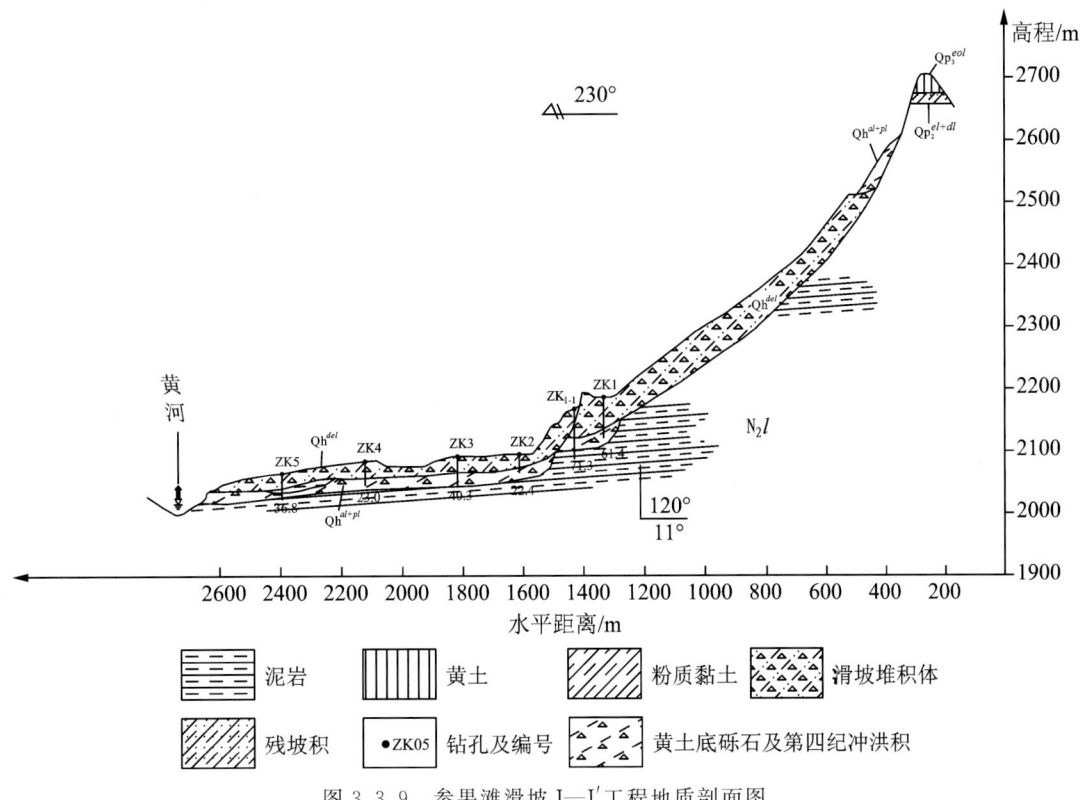

图 3.3.9 参果滩滑坡 I—I′ 工程地质剖面图

2)滑坡形成的机理分析

根据滑坡区区域地质构造和水文地质特征分析,参果滩滑坡曾发生过两期滑动变形破坏。

第一期滑动破坏发生于区内黄河Ⅲ级阶地形成之前,证据为:①滑坡体前缘分布黄河Ⅲ级阶地;②钻孔 ZK1 揭露砾石层及东侧冲沟内出露泉点,此处应该为早期滑坡发生滑动后的剪出口位置。

此后,黄河河水不断侵蚀滑坡前缘,并形成Ⅲ级阶地。Ⅲ级阶地前缘高出河水位43m,致使滑坡前缘形成高差近100m的临空面。具较大势能的滑坡体在重力作用下向河谷方向变形,坡脚应力集中急剧增加,加之降水在坡体表部汇集,沿裂隙入渗,不仅增大了坡体的重力,而且形成软弱带,软弱带与坡体应力集中区贯通,坡体整体失稳,在重力作用下沿软弱带滑动,并在坡脚处剪出,形成第二期滑动破坏。参果滩滑坡整体滑动面与局部滑动面示意图如图 3.3.10 所示。

根据第二期滑坡滑床位于黄河第二级基座阶地台面推断,参果滩滑坡第二期滑动破坏发生的时间不晚于黄河Ⅱ级阶地的形成时期。

3)滑坡稳定性评价

化隆县牙什尕镇参果滩滑坡为堆积层古滑坡,滑坡体主要为黄土、砂砾石及泥岩碎块形成的崩滑堆积层,故采用毕肖普法分析滑坡稳定性。

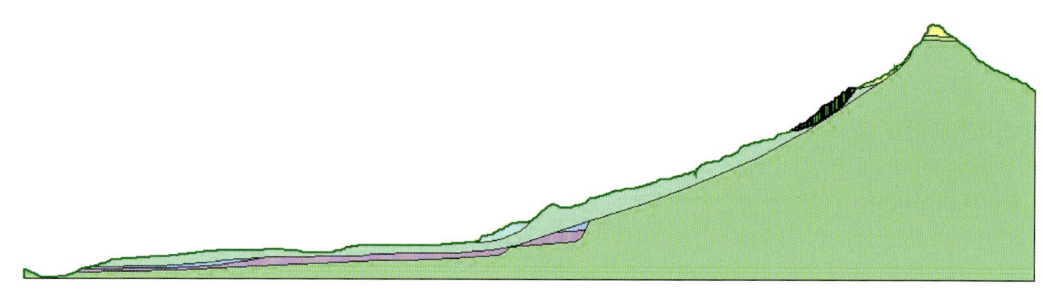

图 3.3.10 参果滩滑坡整体滑动面与局部滑动面示意图

进行稳定性分析时,岩土体物理力学参数根据室内岩土物理力学测试、滑动面参数反演并结合地区工程经验综合确定,具体参数如表 3.3.6 所示。

表 3.3.6 参果滩滑坡稳定性分析岩土体物理力学参数

岩土体	条件	容重/(kN·m^{-3})	c/kPa	φ/(°)
黄土	天然	18.0	15.0	20.0
	饱和	19.3	4.5	13.4
滑体	天然	17.5	50.0	33.0
	饱和	19.2	30.0	27.0
粉质黏土	天然	17.0	25.0	26.0
	饱和			
泥岩	天然	23.5	290.0	30.8
	饱和			

选取滑坡 I—I′ 剖面,按天然、饱水和地震(地震水平加速度采用 $a=0.1g$)3 种工况采用毕肖普法进行稳定性分析,所得结果如表 3.3.7 所示。

表 3.3.7 参果滩滑坡 I—I′ 剖面稳定系数计算结果

计算剖面	计算工况	稳定系数	安全系数
I—I′	天然(自重)	1.334	1.30
	饱和(饱和自重)	0.970	1.25
	天然(自重)+地震($a=0.1g$)	1.121	1.15

化隆县牙什尕镇参果滩滑坡形成时间早,目前未发现明显的失稳变形迹象。根据勘察资料,该滑坡的主滑段较长,但阻滑段较短,说明滑坡目前仍蓄有一定的势能。滑坡Ⅰ—Ⅰ′剖面的稳定性计算结果表明:①天然状态下,稳定系数为1.334,滑坡整体处于稳定状态;②饱和状态下,稳定系数为0.970,滑坡整体处于不稳定状态;③天然+地震条件下,稳定系数为1.121,滑坡整体处于基本稳定状态。

根据滑坡潜在滑动面搜索结果,该滑体中部和后缘区的一级平台阶陡坎为(局部)最危险滑面。

4. 牙扎滑坡(基岩老滑坡)

牙扎滑坡(图3.3.11)位于平安区城南东21km白沈家沟河谷右岸沙沟支沟东侧山坡,地理坐标为:东经102°03′40″—102°04′03″,北纬36°21′19″—36°21′34″。

牙扎滑坡东起斜坡分水岭,西抵沙沟沟边,两侧以侵蚀冲沟为界。滑坡顶部标高2860m,坡脚标高2700m,相对高差160m,滑体东西长710m,南北宽700m,平均厚54.4m,面积49.0×10^4m²,体积2665.5×10^4m³,为基岩滑坡。

牙扎村少数村民居住于滑坡下部,且村级道路沿滑坡前缘穿过。

牙扎滑坡大规模滑动大约发生于1949年6月15日,由于居住人员稀少且分散,造成1人死亡,摧毁水磨房2间,直接经济损失0.7万元。根据微地形地貌判断,该滑坡为远程高速滑坡,滑体瞬间下滑冲抵沟对岸,堵塞沟道,形成堰塞湖,经后期洪水多次冲刷,坝体溃决,沟道恢复原状,但滑体冲抵对岸堆积物依稀可辨。

图3.3.11 平安区沙沟乡牙扎滑坡远眺

1)滑坡基本特征

(1)滑坡形态及边界

牙扎滑坡在平面上近似半圆形,滑坡界线明显。后缘可看到明显的因滑体下错形成的陡壁,壁面光滑,擦痕明显,壁高12~28m;滑坡两侧以冲沟为界,沟谷呈"V"字形,沟内有季节性流水,两沟在后缘联通,形成"双沟同源",南侧支沟沟谷走向60°,切割深度5~25m,北侧沟谷走向120°,切割深度3~35m,支沟两侧小规模滑塌发育;滑体剖面为凹形,坡向255°,整体平缓,坡角20°。

滑坡滑体中后部形成两级台地,台地形似椭圆状,宽15~50m不等。滑体土因滑动而强烈扰动,鼓丘、半封闭洼地遍布,张裂隙发育密集。主要裂隙有两组,走向分别为60°和20°,宽3~12cm,可测深1.8m,最大达3.2m。

滑坡中前缘发育一陡壁,壁高2~15m,坡角65°,壁面新鲜清晰,见有少许擦痕,无长草,再往前为陡坡地形,坡角34°,坡面波状起伏,由滑坡次级滑动所致。

(2)坡体物质结构特征

牙扎滑坡为岩质滑坡,物质结构单一,由出露的白垩系砂岩、砂质泥岩互层组成。砂岩呈紫红色,泥岩呈浅红色—灰白色,坚硬、近水平层状,单层厚0.1~0.4m,出露于地表的基岩受风化作用较为破碎。

老滑坡滑动后,中前缘受雨洪水冲刷侵蚀,发生次级滑动。次一级新滑坡发育于老滑体中部陡坡地段,物质结构由第四系(Qp_3^{del})残坡积物滑动后的混杂堆积而成。母岩为白垩系泥岩、砂岩,颜色浅红色-灰白色混杂,节理发育,岩体破碎,厚度为0.2~7.8m。

滑带分为上、下两部分,物质成分各有不同。上部滑带为12~32cm厚的强风化泥岩,泥岩呈紫红色、灰白色,松散破碎,结构紊乱;下部滑带为5~45cm厚碎石土,被上覆滑体错动挤压成泥状,暗红褐色,含水量较大,有错动痕迹,呈不规则状碎块。

滑体下伏基岩,层序正常,产状40°∠5°,无扰动迹象,滑体沿白垩系泥岩、砂岩层内错动带发生滑动,由此底部基岩构成滑坡滑床。

2)滑坡形成机理

牙扎滑坡属基岩滑坡,滑坡原始坡角45°,为陡坡地段,坡体下部发育冲沟。冲沟不断下切侧蚀,坡体前部形成较大临空面,为滑坡提供了滑动临空面。坡体因坡脚受侧蚀重心向外迁移,稳定性降低。在雨水入渗、风化及卸荷作用下,坡体受重力作用发生剪切破坏,岩体内部形成剪切滑移面;当中后部坡体剪切滑移面与前部软弱带贯通时,坡体整体发生滑动形成滑坡。

滑坡中前部发生次级滑动的原因是原坡体经扰动已显疏松,坡体坡角较陡,原滑体剪节理发育,产状260°∠48°,构成老滑体内潜在滑动面。加之坡脚处人工开挖斩坡和建房,使原滑体前部形成较陡临空面;雨水入渗增加坡体重力,引发新滑坡。

3)滑坡稳定性分析

牙扎村所在山前坡体及居住房屋,自1998年起也出现不同程度变形迹象,其中有2户房屋围墙与地面开裂。裂缝主要发育2组:第一组墙体裂缝,呈半张开状,走向290°,缝宽2~12cm,大者达15cm,裂缝已上下贯通;第二组地面裂缝,走向265°,缝宽5~25cm,断续分布,无填充,缝长15m,测深0.2~1.1m不等,错距25~40cm。

根据前人勘察资料,牙扎滑坡所在坡体地面及房屋出现两组拉张裂缝及多条鼓胀裂缝,裂缝之间的块体有明显下错现象,滑坡后缘可见岩块、碎石坠落,前缘土体有被推出并顺坡滑落现象。坡体目前处于变形蠕动阶段,稳定性差。

加之坡体受雨水与地下水入渗,坡内岩土在水的浸润、软化作用下,可形成内部软弱带,若软弱带贯通,有发生局部滑动的可能。

牙扎滑坡工程地质平面图如图 3.3.12 所示,其实测纵剖面图如图 3.3.13 所示。

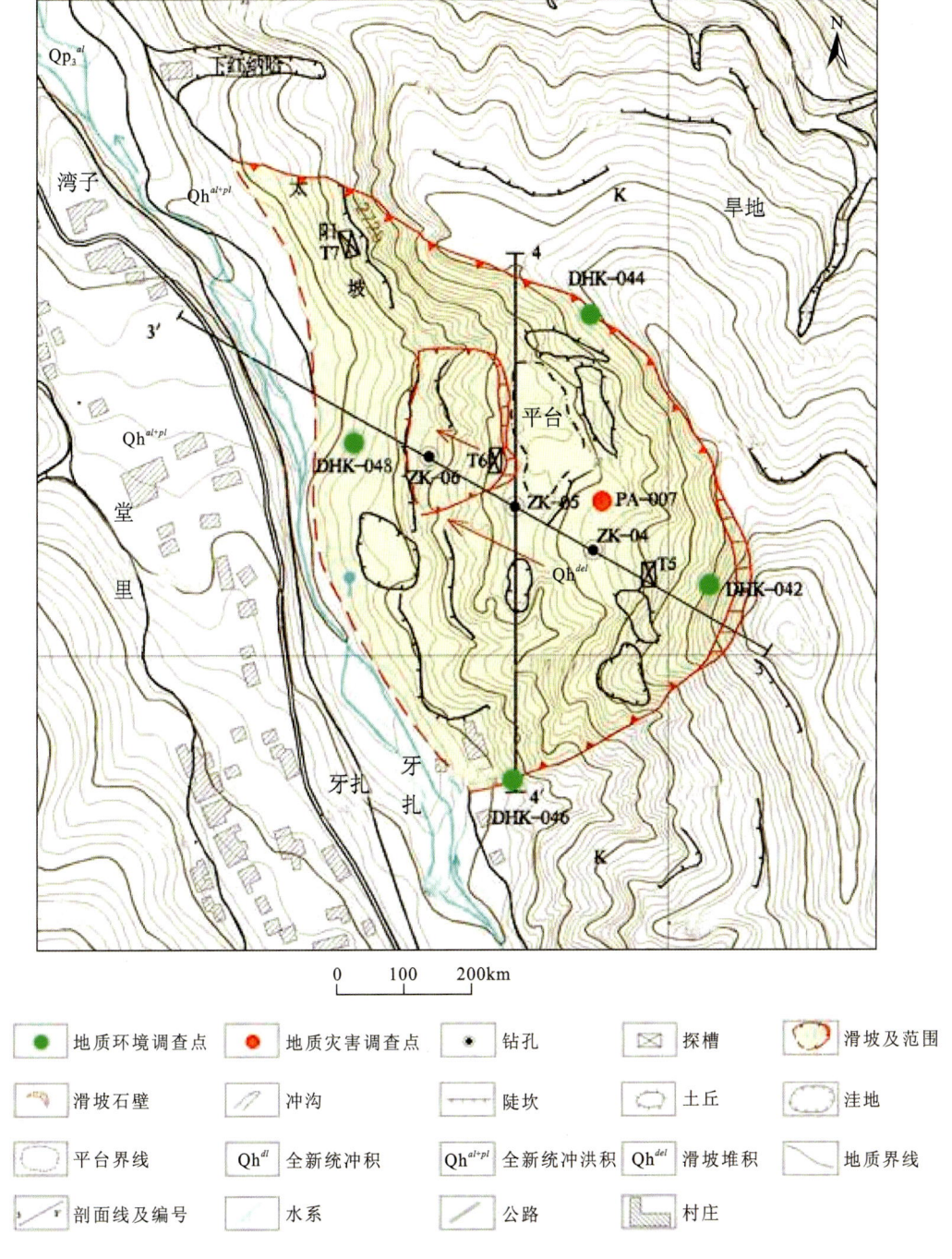

图 3.3.12　平安区沙沟乡牙扎滑坡工程地质平面图

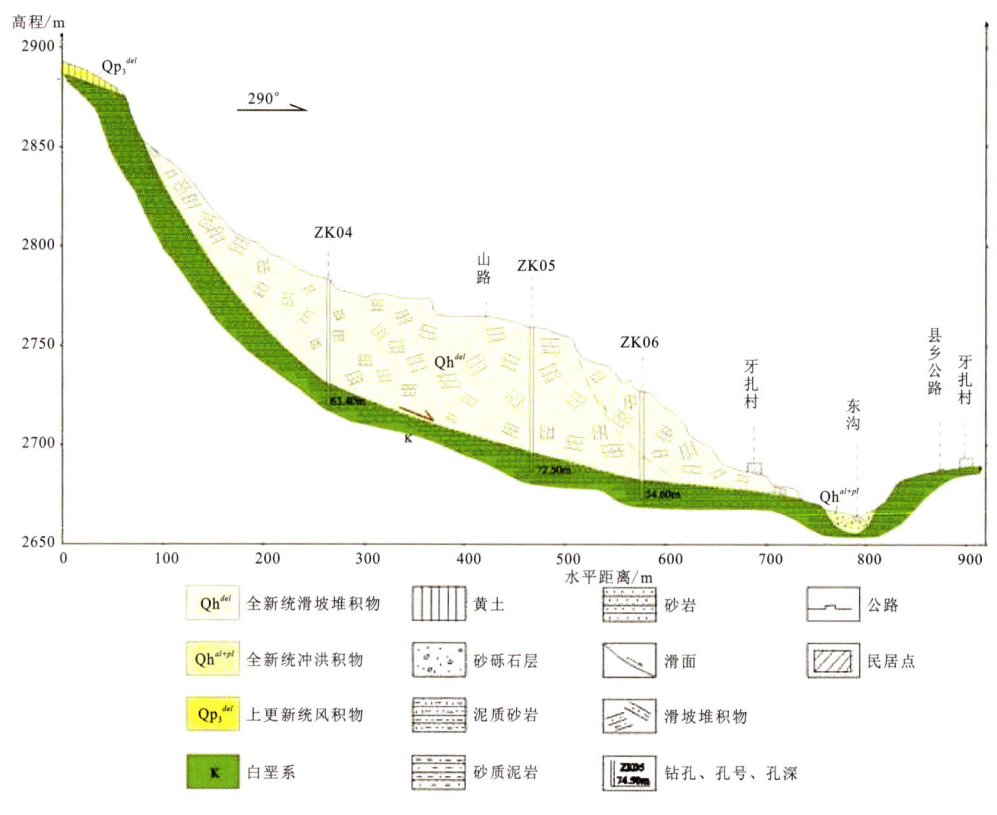

图 3.3.13 平安区沙沟乡牙扎滑坡实测纵剖面图

5. 比唐沟水库滑坡(基岩老滑坡)

循化县比唐沟水库滑坡位于黄河南侧支沟-比唐沟近沟口丘陵山坡,属基岩老滑坡。滑坡西起丘陵山坡分水岭,东抵比唐沟底,南北两侧以冲沟为界。地理坐标为:东经 101°57′30″—101°59′50″,北纬 35°57′41″—35°59′50″。

比唐沟为黄河一级支沟,由南向北汇入黄河,属季节性沟谷。沟谷断面呈"V"字形,两岸斜坡坡角近 50°,沟底宽 5～20m,相对高差 350m。

比唐沟水库滑坡为远程高速滑坡,势能较大,滑体大部完整,前缘滑动后冲抵沟对岸,返回堆积形成堰塞湖,经后期人工改造,目前辟为比唐水库(又称"红旗水库")。该滑坡残留体局部曾于 1961 年 11 月 14 日发生滑动,淹没水磨 1 座,死亡 1 人,造成直接经济损失 0.5 万元。

1)滑坡基本特征

(1)滑坡周界及形态特征

比唐沟水库滑坡平面呈簸箕状,两侧以冲沟为界,滑坡周界范围清晰。滑体上宽下窄,中间厚且突出,两侧稍低,整体倾向北东,呈后陡前缓地貌形态。滑体东西长 1500m,南北宽 2300m,平均厚 48m,面积 $233.19 \times 10^4 m^2$,残留体积 $1.12 \times 10^8 m^3$。

滑坡区总体地势西高东低,坡体上陡(25°～42°)下缓(15°～29°),整体坡角 22°。滑坡后壁呈半圆弧形,壁高50～120m,地形坡角达55°,壁面见有少许擦痕。后壁底部发育一冲蚀沟,沟长150m,走向175°,沟宽小于5m,沟深2～15m。滑壁与残留体之间的凹地被后期剥落及坍塌所充填,并有一系列台阶状陡坎、拉裂及卸荷裂隙发育。

本滑坡为披覆式滑坡,滑体中部形成两级较大平台。一级平台台面较平坦,宽225m,台面高程2345m,前缘略向沟床倾斜,坡角12°,坡高80m;二级平台分布于近前缘部位,规模较小,因后期人类活动陡坎不明显,呈斜坡地形,坡角22°,高差60m。

近沟底处见剪出口,剪出口高于沟底1.5m左右。

滑坡体中部发育3条较大侵蚀冲沟,冲沟呈"树枝"展布,断面呈"V"字形,沟长小于500m,沟谷切割深10～35m,沟内地形破碎,基本无植被覆盖,水土流失严重。

(2) 滑体物质结构特征

滑体物质结构以古近系—新近系(N)泥岩、泥质砂岩或砂质泥岩互层为主。泥岩呈紫红色-灰白色,砂岩呈灰白色,坚硬,近水平层状,出露地表及沟岸两侧的基岩表面受风化作用,颜色混杂且较为破碎。古近系—新近系泥岩、砂质泥岩遇水易泥化、软化,稳定性较差。

经钻探揭露,滑坡下部泥岩、砂岩互层中可观察到滑带土。滑带土依不同部位物质成分与厚度亦有所不同。滑体前部,滑带为5～25cm厚碎石土,扰动带厚1.5m左右,为基岩在风化、上覆土体巨大推力作用下形成的破碎带;滑体后部滑带位于强风化泥岩中,为1～20cm厚的含砾碎石土,砾石层粒径0.5～5cm,砂土充填,推测扰动带厚2.0m。滑带土结构破碎,呈碎裂状或块裂状,表面粗糙,擦痕不清晰。

滑体下伏基岩以古近系—新近系(N)泥岩、泥质砂岩或砂质泥岩互层为主,层序正常,产状40°∠5°,与下部碎石土共同构成滑床。

2) 滑坡形成的机理分析

滑坡段为比唐河侵蚀岸(凹岸),坡脚在河水不断侵蚀下,高耸的古近系—新近系(N)泥岩斜坡在重力作用下向河谷方向变形,产生位移,坡脚应力集中急剧增加,形成较大临空面;加之降水在地表汇集,沿垂直节理面入渗,增大了坡体的重力,且在基岩裂隙接触面上形成饱和层,致使上覆岩体抗剪强度降低,并不断软化形成坡体内部的软弱带。

软弱带于坡体应力集中区贯通,坡体整体失稳,在重力作用下沿其滑动,并在坡脚处剪出形成滑坡,致使河水南移,形成目前的凸岸现状。该滑坡运动方式属突发性整体滑动。从滑坡残体前缘与比唐沟在此段的展布形态分析,比唐沟水库滑坡破坏后堵塞沟谷,形成堰塞湖。

3) 滑坡稳定性分析

比唐沟水库滑坡为推移式巨型滑坡,后壁坡陡,在重力与雨水浸润共同作用下,局部失稳,曾发生次一级小规模滑动。滑坡中前缘大部堆积物呈披覆状,势能降低较大,前缘坡体平缓无起伏,坡角较小,且没有明显的临空面,目前无失稳变形迹象。

根据纵向工程地质剖面图,该滑坡具有主滑段短、阻滑段长的特点。滑体滑动形成的龙岗、洼地,大大削减了滑体荷载,增加了坡体稳定性与安全性,滑坡整体发生滑动的可能性小。另外,滑体中前缘大部分堆积体经人工清理修整,开辟成比唐沟水库,库容$12\times10^4 m^3$,功能主要用于防洪、灌溉,由于水库淤积作用,较大地减轻了滑坡体前缘以及上游沟道冲刷、侵蚀强度,对该滑坡整体稳定性是有利的。

比唐沟水库滑坡工程地质图如图3.3.14～图3.3.16所示。

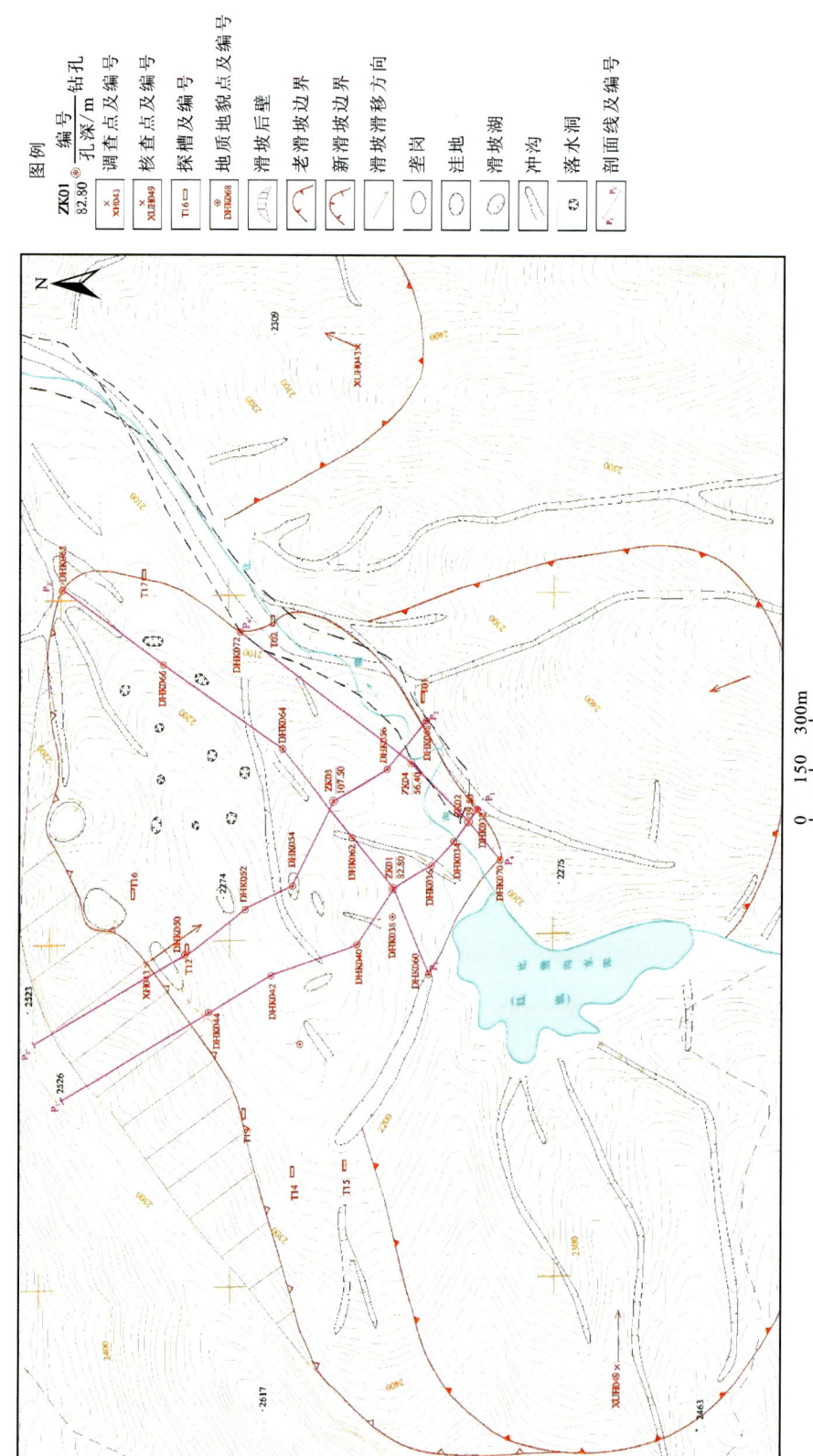

图 3.3.14 比唐沟水库滑坡工程地质平面图

第三章 地质灾害发育特征与致灾机理

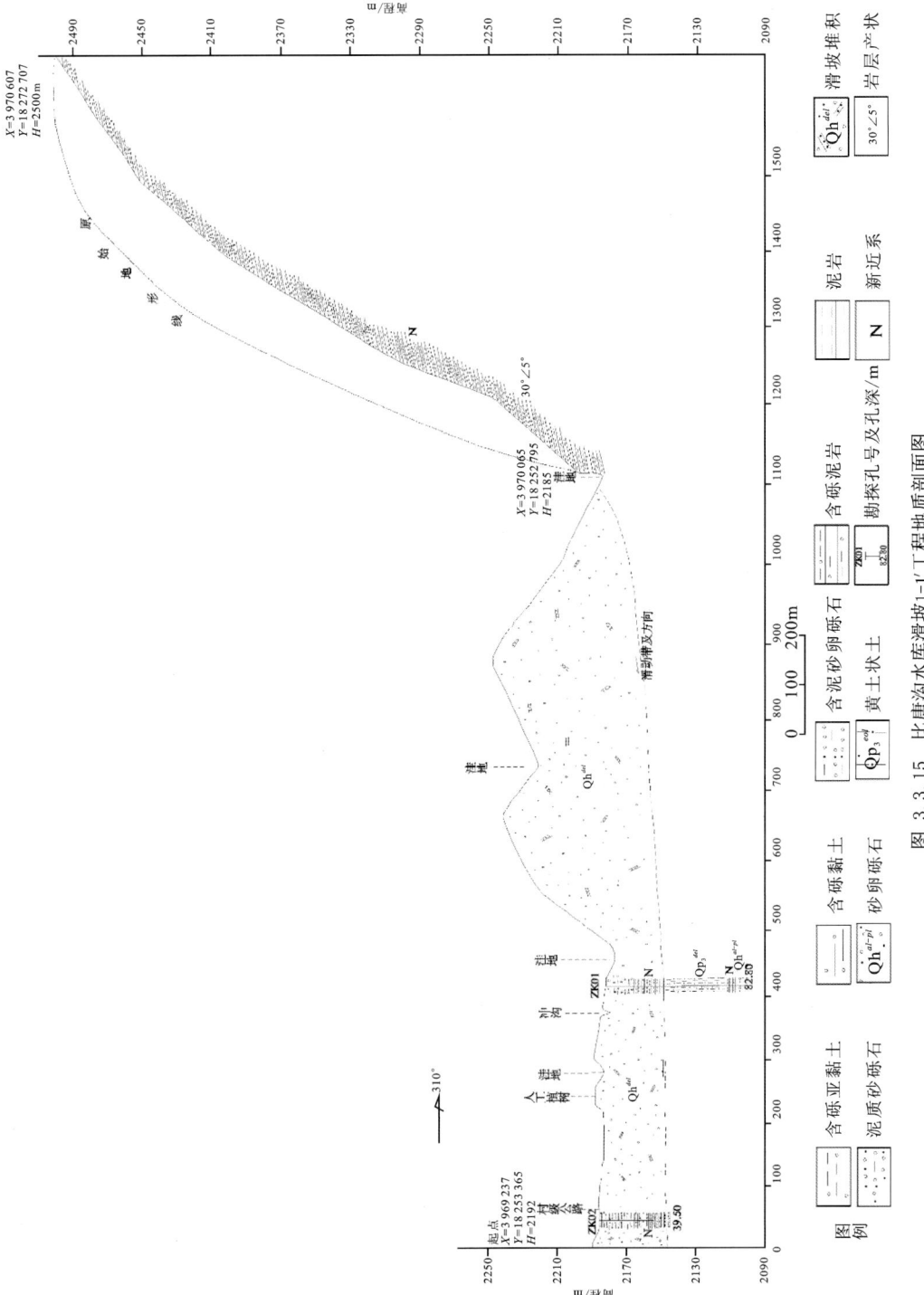

图 3.3.15 比胚沟水库滑坡 1-1′ 工程地质剖面图

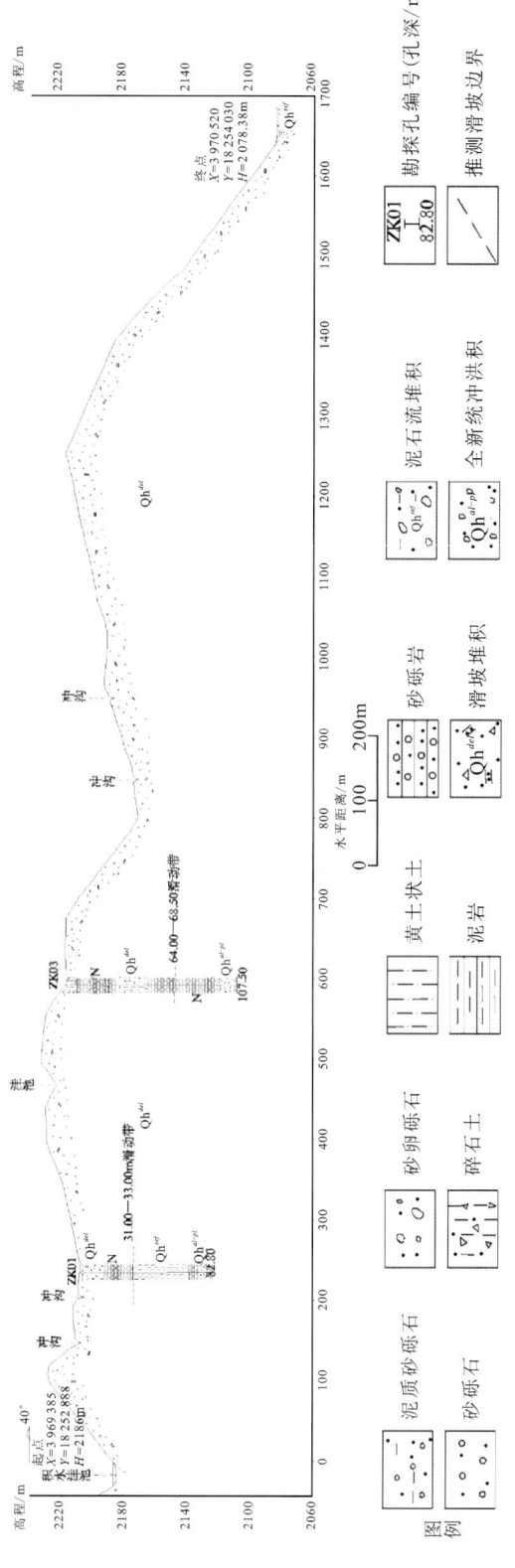

图 3.3.16 比唐沟水库滑坡 3-3' 工程地质剖面图

6. 合然滑坡(黄土-泥岩老滑坡)

合然滑坡位于循化县尕楞乡合然村比唐沟谷西坡,地理坐标为:东经102°14′11″—101°14′51″,北纬35°47′25″—35°47′46″,属黄土-基岩老滑坡。

合然滑坡坡顶标高2660m,坡脚标高2400m,相对高差260m。滑坡体东西长1365m、南北宽1601m,平均厚51m,面积63×10^{5}m^2,堆积体积3210×10^{4}m^3。滑坡坡顶标高2660m,坡脚标高2400m,相对高差260m。由于未受人工改造,滑体大部完整,现合然村村民居住于此。

1)滑坡基本特征

(1)滑坡周界及滑体特征

合然滑坡周界范围清晰,两侧以冲沟为界,平面呈矩形,剖面呈后陡前缓地貌形态,表面呈阶形,平均坡角31°,滑向120°。

滑坡后壁呈半圆弧形,经后期人工平整土地,壁面不甚清晰,壁高20~40m,坡角40°。

滑坡中部发育有两级平台。一级平台较小,台面略有起伏,宽15~40m,前缘略向沟床倾斜,坡角10°,坡高50m,目前分布有合然村部分住户与耕地;二级平台台面,宽阔平坦,台面宽50~90m,坡角2°~3°,合然村大部分住户居住与此。

滑坡前缘抵至比唐沟,沟岸近直立,岸坡高约50m,坡角70°左右。沟内地形破碎,无植被覆盖,随着雨洪水冲刷侵蚀,两岸小型滑塌发育,堆积体积数平方米至数十平方米不等。

(2)滑坡物质结构特征

合然滑坡为黄土-基岩接触面老滑坡。经钻孔揭露,本滑坡滑带可分为上、下两部分,其物质成分与厚度各不相同。滑体上部为0.5~1.0m厚强风化泥岩,泥岩呈紫红色,较坚硬,近水平产状,产状40°∠13°,扰动后成碎裂状;下部滑面则切穿黄土沿基岩与黄土接触面剪出。

滑床主要由古近系—新近系泥岩、砂质泥岩及第四系上更新统风积黄土组成。

2)滑坡形成机理

合然滑坡可划分为两期滑动。比唐沟为黄河一级较大支流,斜坡段为比唐沟侵蚀岸(凹岸),坡脚在季节性洪水的不断冲刷侵蚀下,高耸的岩土斜坡在重力作用下向沟谷方向变形,产生位移,前缘局部地段冲刷、侵蚀强烈,形成较大滑坡临空面,坡脚应力急剧增加;加之降水在地表汇集,且沿垂直节理面、风化裂隙面入渗,不仅增大了坡体重力,而且在黄土-基岩界面附近形成饱和区,不断软化岩土体从而形成软弱带,当滑动面(软弱带)贯通,坡体整体失稳,在重力作用下沿滑动面发生第一期较大规模的滑动,并经推移、堆积形成目前的主滑坡体形态。

经过第一期滑动后,滑坡体后壁高陡,稳定性降低,在降水等外部因素作用下,沿上部不稳定坡体软弱带再次发生次一级小规模滑动,形成第二期滑动。

3)滑坡稳定性评价

选取具有代表性的5—5′剖面,采用极限平衡法进行稳定性分析。稳定性计算时,滑坡体和滑带土参数根据室内测试并结合反演结果综合确定(表3.3.8、表3.3.9)。

表 3.3.8　合然滑坡岩土体物理力学参数

岩土体	含水量状态	容重/(kN·m^{-3})	c/kPa	φ/(°)
滑体	天然状态	20.0	8.5	29.0
	饱和状态	24.5	7.0	28.0
滑带土	天然状态	18.5	7.7	30.2
	饱和状态	20.5	4.3	26.0

表 3.3.9　合然滑坡5—5′剖面稳定性计算结果

计算剖面	计算工况	稳定系数	安全系数
5—5′	天然（自重）	1.334	1.30
	饱和（饱和自重）	1.085	1.25
	天然（自重）＋地震（$a=0.1g$）	1.146	1.15

尕楞乡合然滑坡工程地质平面图如图 3.3.17 所示，其剖面图如图 3.3.18 所示。

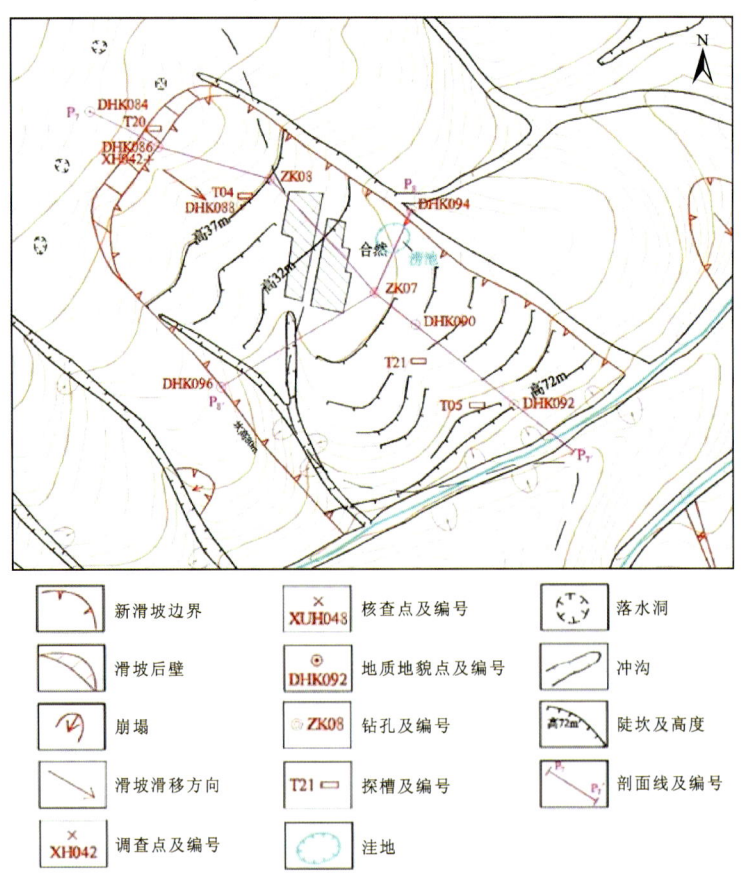

图 3.3.17　尕楞乡合然滑坡工程地质平面图

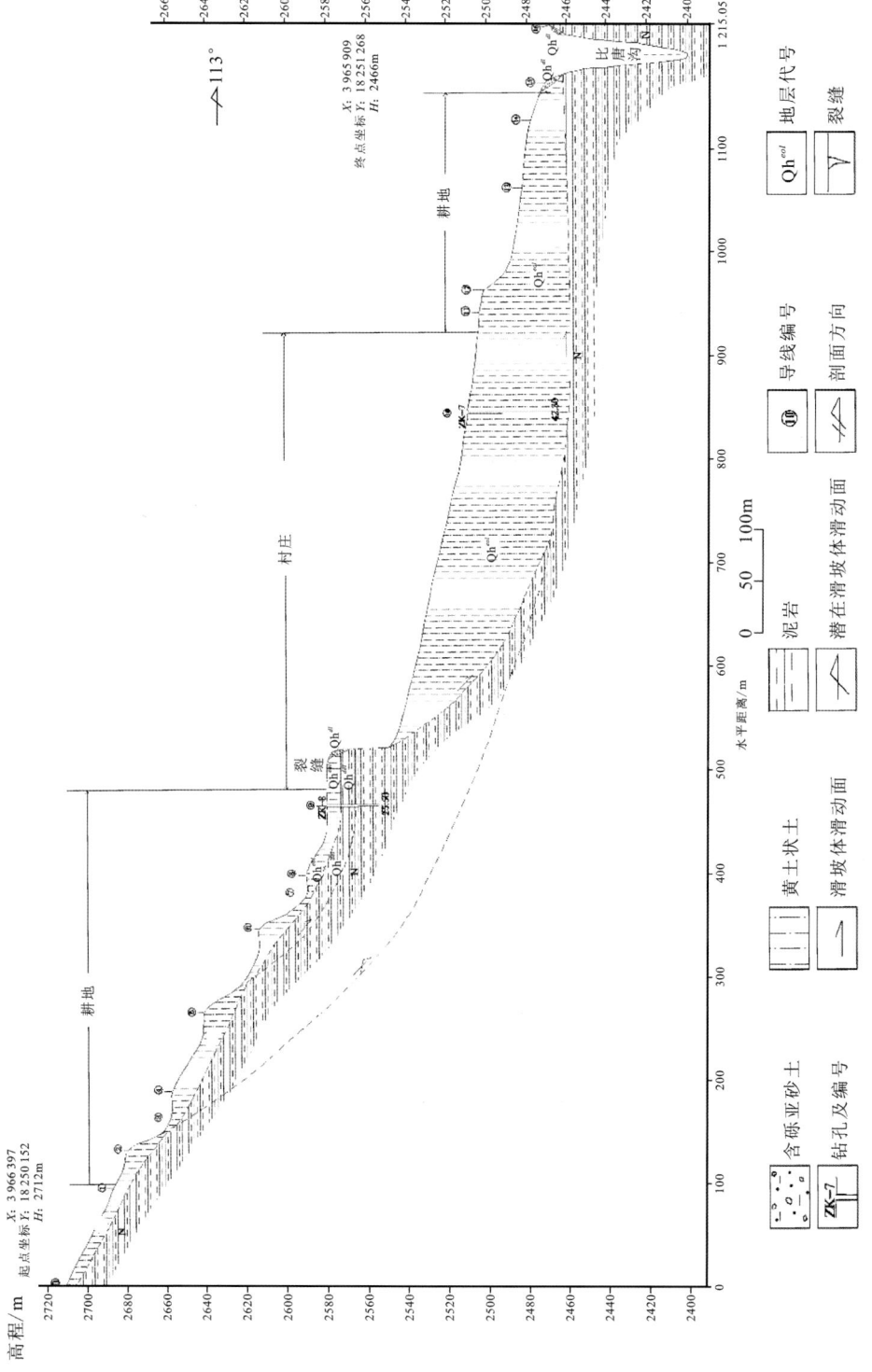

图 3.3.18 尕楞乡合然滑坡工程地质剖面图(7—7')

合然滑体中后部由于人工建房、平整土地,已形成四级平台,大大削减了滑体荷载,增加了坡体稳定性与安全性,滑坡整体处于稳定状态。

由于滑坡前缘受雨水冲刷、侵蚀,临空面逐渐加大,沟岸滑塌不稳定变形体随之增多,坡体稳定性降低。加之坡体坐落有合然村涝池,年久失修,池水渗漏,坡脚受水浸润、软化,故坡体在雨季或暴雨期,有局部或整体复活的可能,对合然村39户村民,196人生命财产构成威胁,受威胁资产约200万元。

合然滑坡极限平衡法计算示意图如图3.3.19所示。

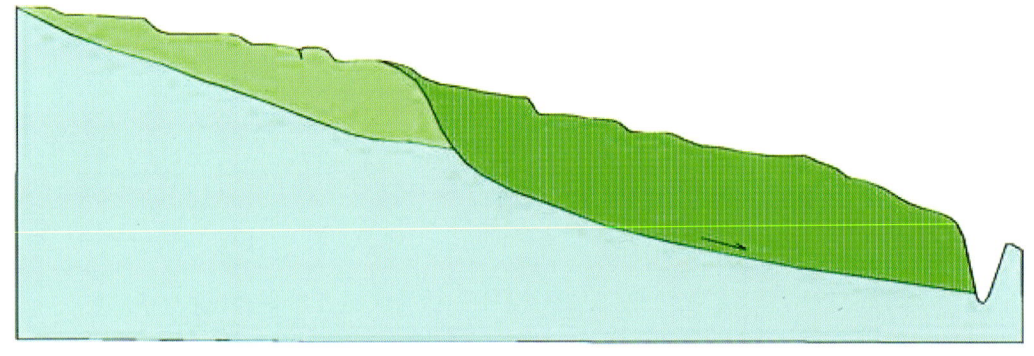

图 3.3.19　合然滑坡极限平衡法计算示意图

滑坡稳定性计算结果表明,合然老滑坡天然状态时,整体稳定系数为1.33,处于稳定状态;饱和状态时,整体稳定系数为1.085,处于基本稳定状态;天然+地震状态时,稳定系数为1.146,处于基本稳定状态。

第四节　崩塌发育特征

一、崩塌特征

根据2022年海东市地质灾害风险调查成果,境内崩塌(危岩体)发育共1343处,占地质灾害隐患点总数的31.22%。大部分崩塌分布于公路旁的陡崖,部分分布于村民屋后斜坡。

1. 发育坡角较陡

坡角是影响区内崩塌(潜在崩塌)发育的主要因素之一。据资料统计,崩塌(潜在崩塌)发育坡角分布区间为70°～90°,但主要集中于75°～85°,共计874处,占崩塌(潜在崩塌)总数的65%;坡角大于85°的247处,占崩塌(潜在崩塌)总数的18.4%;坡角小于75°的222处,占崩塌(潜在崩塌)总数的16.6%。根据已有资料,区内坡角小于45°的坡体也存在不稳定的情况,这与坡体的内部结构和变形模式有关,如存在顺层结构面情况,开挖坡脚时,将降低坡体稳定性,致使坡体逐渐发展为灾害隐患。

2. 主要因人工开挖形成

海东市境内1343处崩塌（危岩体）主要是人工切坡诱发，特别是切坡筑路，削坡采矿。据已有资料统计，所有的崩塌（潜在崩塌）中，由人类工程活动导致的有1127处，占崩塌（潜在崩塌）总数的83.9%，诱发方式主要是修建道路切坡；自然形成的崩塌（潜在崩塌）为216处，占总数的16.1%。

3. 变形破坏特征

海东市境内发育崩塌的斜坡坡体较陡，上部植被不发育，岩体节理裂隙发育，在雨水或重力作用下裂隙不断扩展，最终发生崩塌。区内崩塌（潜在崩塌）的变形特征主要表现在以下几个方面：①由于修建公路，斜坡表层发生了小规模的垮塌；②由于受风化卸荷影响较大，斜坡岩体较破碎，在公路开挖形成高陡边坡时，容易形成崩塌地质灾害，如公路两侧的斜坡多属此类情况；③斜坡表层由于风化破碎严重，有些地段甚至为全风化层，斜坡体原来所处的平衡一旦被打破，其表层可能会发育新的崩塌。

二、崩塌形成机理

海东市境内发育的崩塌按照岩土体类型划分以土质崩塌为主，其次为岩质崩塌，破坏模式主要有滑移式崩塌、坠落式崩塌和倾倒式崩塌等类型。

研究区发育的崩塌土体以风积黄土（Qp_3^{eol}）为主，因人工切坡建房或修路，边坡坡角65°~85°，局部形成陡峭的临空面，坡高10~90m。风积黄土（Qp_3^{eol}）垂直节理发育，为雨水入渗提供了良好通道。集中强降雨沿黄土中发育的垂直节理入渗，坡体容重增加，抗剪强度降低，导致滑移式崩塌。当黄土斜坡坡角较大，近似垂直时，由于黄土中垂直节理发育，在降水压力和自重作用下，坡体脱离母体形成倾倒式崩塌。

海东市境内的岩质崩塌主要发育于古元古界片岩和古近系—新近系砂岩，部分为加里东期花岗岩。崩塌发育的斜坡主要分布于峡谷地带或道路切坡地带，部分为加里东期花岗岩斜坡地带。斜坡高差从几十米到几百米不等，边坡坡角60°~85°。斜坡岩体通常发育两三组优势节理（部分地段甚至发育5组优势节理），间距20~50cm，节理张开度1~2cm，无充填，节理裂隙的发育导致斜坡岩体破碎，部分岩体外凸悬空，极不稳定，形成危岩带。

发育于古元古界片岩和加里东期花岗岩中的岩体因多组优势节理切割，且裂隙张开度较大无充填，集中强降雨入渗会形成较高的静水压力。在不断增大的外倾力矩作用下，岩体追踪节理裂隙形成危岩体，危岩体达到极限平衡状态，发生拉裂变形，最终发生倾倒式崩塌。还有部分岩体在降水和自重作用下形成较大的剪应力，追踪节理裂隙产生滑移变形，最终形成滑移式崩塌。

发育于古近系—新近系泥岩、砂岩中的岩体，由于泥岩层和砂岩层抗风化能力差异较大，泥岩层易形成岩腔。雨季或暴雨天气，雨水不仅使岩体重力增大，还使泥岩层抗拉强度降低，导致岩体追踪平行坡面的节理发生张拉变形，最终形成坠落式崩塌。坠落式崩塌通常发育于近似直立的斜坡，或者外凸形斜坡。古近系—新近系泥岩、砂岩斜坡受斜坡形态以及优势节理控制,还会出现滑移式崩塌或倾倒式崩塌,其机理与古元古界片岩中发育的崩塌类似,在此不赘述。

三、崩塌成灾模式

海东市境内发育的崩塌(危岩体)地质灾害按照破坏模式以滑移式崩塌、坠落式崩塌和倾倒式崩塌为主,岩土体类型以风积黄土(Qp_3^{eol})、古近系—新近系泥岩、砂岩和古元古界片岩为主,部分为加里东期花岗岩。

黄土斜坡形态多受人工开挖影响,坡角65°~85°,局部形成临空面。降水沿黄土中垂直节理入渗,导致黄土土体自重增加,抗剪强度降低,坡体下部土体沿软弱面向下滑移变形,上部土体逐渐失去支撑,发生整体崩塌。

黄土倾倒式成灾模式主要发育于陡直黄土斜坡,且多处形成临空面。黄土垂直节理发育的坡体在自重作用下土体内形成垂向剪切力,且处于孤立临界状态,一旦受外力影响(降水、外界人为扰动)将脱离母体垂直错落向下,发生崩塌。

古近系—新近系泥岩、砂岩斜坡发育两三组优势节理,其由一组节理平行于斜坡坡面。泥岩层和砂岩层抗风化能力差异较大,泥岩层因风化形成岩腔,导致岩腔上部岩体失去支撑,在降水和自重作用下,追踪平行于斜坡的节理面产生张拉变形,最终发生坠落式崩塌。部分古元古界片岩以及加里东期花岗岩斜坡由于局部坡形外凸也可以发生坠落式崩塌,只不过这种崩塌主要是岩体追踪平行于斜坡的节理面产生剪切变形所致。

古近系—新近系泥岩、砂岩,古元古界片岩及加里东期花岗岩形成的斜坡,坡角较大,局部近似直立。斜坡岩体节理发育(2~5组节理),雨季或暴雨天气,降水入渗节理裂隙形成静态裂隙水压力,易导致岩体出现拉裂变形,从而发生倾倒式崩塌。部分岩体下部岩桥相对较长,在降水和自重作用下,岩体下部剪应力逐渐集中、增大,从而导致滑移式崩塌。

四、典型崩塌(危岩)体

1. 刚家洼崩塌(风积黄土倾倒式崩塌)

刚家洼崩塌位于中岭乡梅家洼村1社西侧山坡坡脚处,为倾倒式崩塌。地理坐标为:东经102°30′21″,北纬36°30′06.7″。崩塌原坡体由于人工挖坡辟地与建房,形成高12.0m、宽90m、坡角75°的土质边坡。

该崩塌最早发生于1976年,当时毁房并压死2人。2002年4月,崩塌再次发生,崩塌体长30m,宽60m,平均厚3.0m,崩塌体方量约5400m³。毁坏房屋6间,掩埋骡1头、羊6只,直接经济损失6.5万元。目前,梅家洼村1社6户(27人)村民的房屋仍坐落在此段高边坡近坡顶与坡脚处。

该崩塌体后壁陡峭,近于直立。后壁裂缝极其发育,裂缝长7~10m,宽5~8m,深2~3m,且现已基本贯通,一旦下暴雨,有可能再次向下崩塌,目前处于不稳定状态。刚家洼斜坡前缘垮塌如图3.4.1所示,剖面示意图如图3.4.2所示。

图 3.4.1 刚家洼斜坡前缘垮塌

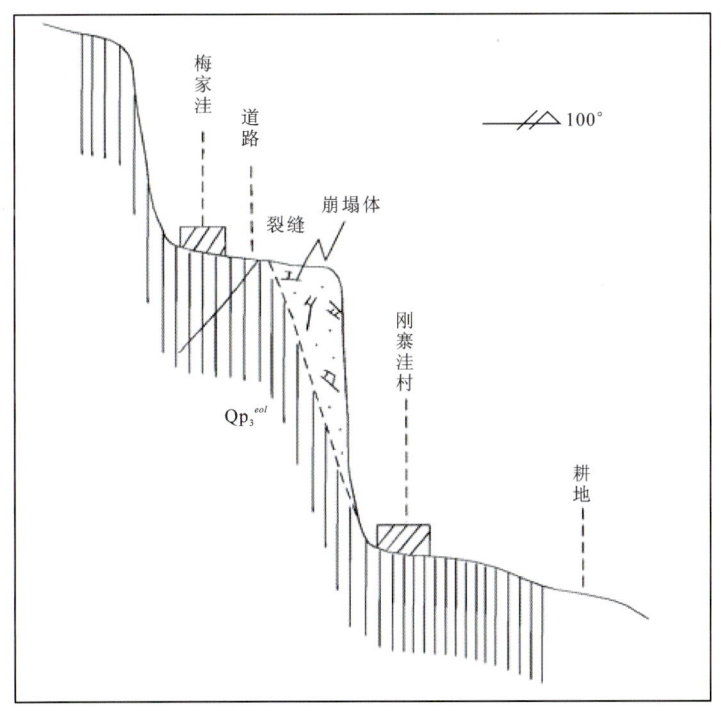

图 3.4.2 刚家洼崩塌剖面示意图

1) 崩塌基本特征

崩塌坡体发育于低山丘陵区土质斜坡中,原始坡高 12m,坡角 75°,坡体由风积黄土(Qp_3^{eol})组成。风积黄土颜色浅黄色—褐色混杂,土质疏松,垂直节理发育,遇水易湿陷。

崩塌体为村民建房沿坡体上、下部分阶切坡而成,崩塌坡体坡向280°,坡角75°,后壁陡峭,近于直立。后壁裂缝极其发育,裂缝长7~10m,缝宽5~8cm,深2~3m,最大测深3.45m,且已基本贯通,一旦下暴雨,有可能再次向下崩塌。

2)崩塌形成机理

崩塌坡体为人工建房切坡而成,边坡高差12m,坡角75°,坡体上部土体外凸,下部近于悬空。土体在重力作用下向外侧产生拉力,坡肩部位发育张拉裂隙。雨季或暴雨天气,雨水使坡体重力增大,降低土体强度,加之裂隙水压力作用,坡体发生拉裂变形,从而形成倾倒式崩塌。

3)崩塌稳定性评价

崩塌发生后,形成直线形坡,整体坡角陡峭,依然存在崩塌隐患,滑动范围一旦向周围扩展,可进一步加剧坡体的不稳定性,对梅家洼村1社6户(27人)村民生命财产安全构成威胁。建议加强坡体表面排水,进行削坡治理,清除崩塌堆积。

2. 白庄上下科洼村崩塌(冲积层崩塌)

1)崩塌体概述

白庄上、下科洼村崩塌(图3.4.3)位于循化县白庄镇上、下科洼村东侧夕昌沟内,地理坐标为:东经102°31′50″,北纬35°43′06″。

夕昌沟为起台沟的一级支流,受常年性流水的冲刷、侵蚀,近沟口处谷地切割,形成次一级冲沟。冲沟呈"V"字形,沟底宽1~2m,切深15~35m,最深可达38m,沿沟西侧岸坡上居住着上、下科洼村部分村民。

夕昌沟沟边缘小型坍塌、剥落极为发育,危及坡顶两村31户165村民生命财产安全,威胁财产155万元。

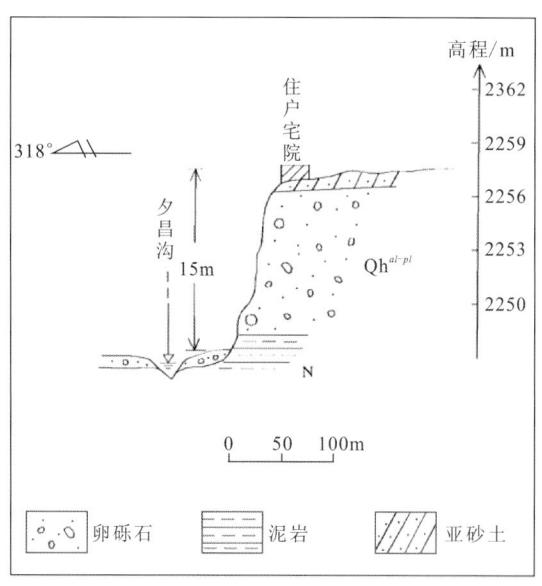 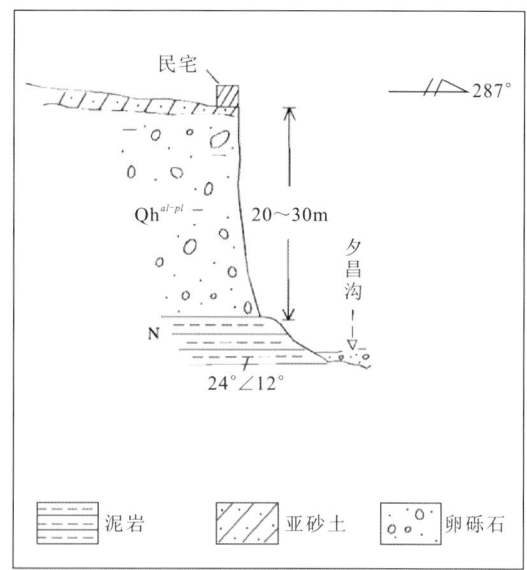

图3.4.3 上科洼(左)和下科洼(右)崩塌

2)不稳定斜坡特征

夕昌沟斜坡为碎石土质边坡,主要由第四系全新统冲积(Qh^{al})卵砾石,局部含漂石组成。斜坡段长2000m,斜坡坡向318°~325°,坡角陡达75°,局部近直立,坡高40m,呈凸形坡。

斜坡上部土层厚1~1.2m;下部为卵砾石,局部含漂石,最大漂石1.0m;下伏古近系—新近系泥岩、砂岩。卵砾石颜色浅灰、土黄混杂,砾石成分比较复杂,砾径多介于5~15cm,大者为20~35cm,多呈次浑圆状、椭圆状、扁圆状。泥砂含量15%~20%,无胶结,松散堆积,密实度好。

斜坡边缘因雨洪水冲刷、淘蚀,小型坍塌、垮塌、剥落较发育,致使前缘3户村民处房屋倒塌,幸无人员伤亡,直接经济损失近1.5万元。

3)稳定性评价

白庄上、下科淮村崩塌体所处沟谷为大型冲沟,沟谷溯源侵蚀强烈。在雨水作用下,岸坡土块剥落,塌土现象时常发生,形成上凸下凹坡形整体坡角陡峭,存在崩塌隐患。坡体组成物质卵砾石石层松散,密实度较差。降水易沿斜坡发育的裂隙和砂砾卵石层孔隙入渗,加剧坡体不稳定性。

3. 老鸦峡峡谷北侧危岩带(古元古界滑移式崩塌)

老鸦峡峡谷北侧危岩带发育于乐都区东端湟水老鸦峡京藏公路(G109线K1697km+840m)北侧高陡边坡,地理坐标为:东经102°39′50″—102°41′33.6″,北纬36°23′25″—36°24′23.4″。

湟水老鸦峡峡谷弯曲,走向近东西向,峡谷长约13.5km,沟底宽15~35m,最窄处不足10.0m。峡谷两侧陡坡高耸,相对高差50~220m,最高可达350m,坡角75°左右,部分地段近直立,基岩裸露,岩体破碎。

老鸦峡峡谷北侧坡体呈凸形(图3.4.4),京藏公路沿坡脚蜿蜒展布,大部路段为开凿基岩陡坡所建。受物理风化作用及人工凿岩开挖修筑公路等活动影响,风化裂隙、卸荷裂隙十分发育,危岩体沿坡体陡壁发育,局部稳定性差,危及下部公路上过往车辆与人员生命财产安全。

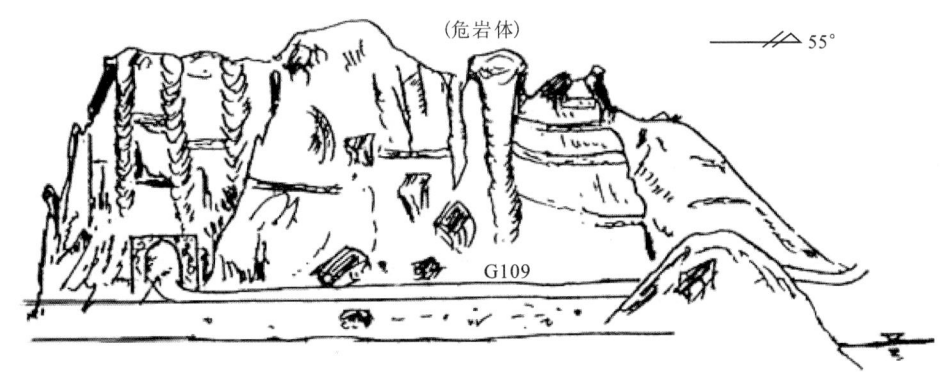

图3.4.4 老鸦峡峡谷北侧高陡斜坡素描图

1)危岩带特征

老鸦峡峡谷北侧坡体长 2.8km,宽 35～85m,坡高 45～78m,坡向 75°,坡角陡达 80°,坡面形态呈凸形,为自然-人工共同作用形成的不稳定斜坡。

斜坡出露基岩为古元古界砂质板岩、灰岩、石英岩、片岩互层,颜色青灰色—浅黄色混杂,局部夹薄层状片岩。灰岩颜色青灰色,坚硬,块状,单层厚 1.2～4.3m,产状 354°∠25°;板岩颜色灰黑色,较硬,单层厚 0.3～0.7m,岩石风化程度中—强,表面呈褐黄色。

受区域构造及流水侵蚀切割作用,斜坡岩体发育 5 组优势节理:第一组优势节理产状 325°∠50°,第二组优势节理产状 98°∠48°,第三组优势节理产状 270°∠80°,第四组优势节理产状 17°∠32°,第五组优势节理产状 37°∠78°。

老鸦峡峡谷北侧斜坡岩体发育的 5 组节理隙宽 11～22cm,宽者 37cm,最宽达 46cm。节理裂隙的发育导致斜坡岩体破碎,部分岩体外凸悬空,极不稳定,形成危岩带。

据调查,斜坡东段沿坡脚公路旁有 9 处岩块崩塌碎石堆,5 处滚石坠落。碎石堆呈锥形,堆积体积 10～500m³ 不等。滚石呈不规则状,最大直径小于 5.0m。

斜坡西段为三叠系砂砾岩,紫红色,坚硬,风化程度中等,表部破碎,岩体层理沿坡体外倾,风化岩块易沿坡体滚落,坡体稳定性较南段好。

老鸦峡峡谷北侧斜坡危岩体典型工程地质剖面如图 3.4.5 所示。

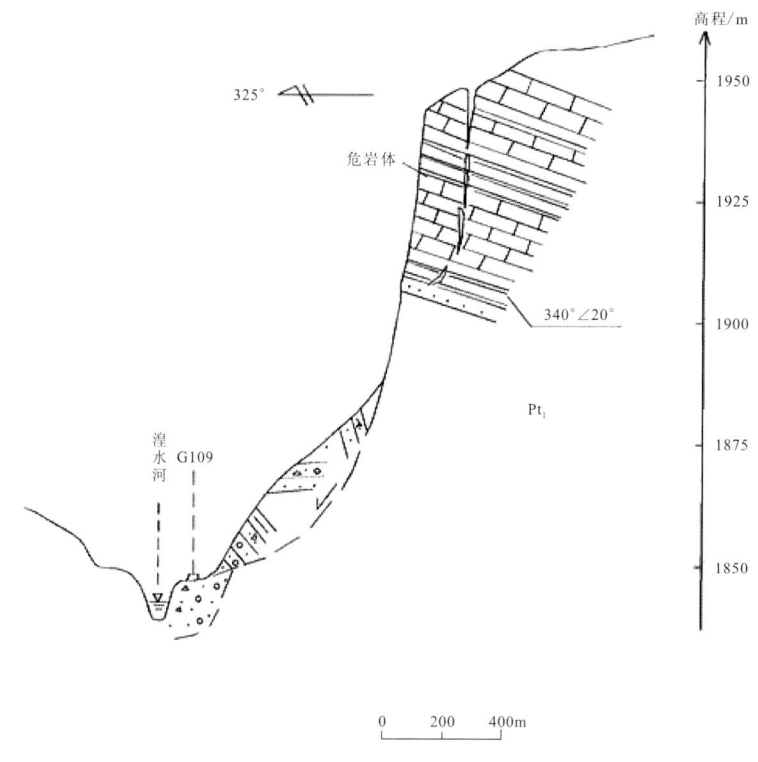

图 3.4.5 老鸦峡峡谷北侧斜坡危岩体典型工程地质剖面图

2)稳定性评价

老鸦峡峡谷北侧斜坡在长期外力地质作用下,形成高陡边坡,稳定性差。斜坡岩体风化作用强烈,表层剥蚀严重,滚石、掉块、坍塌现象时有发生。坡体岩体垂直节理发育,形成卸荷裂隙,继而发展成为拉张裂隙,形成危岩带。雨季或暴雨后,雨水渗入,破碎岩块滚落,直接威胁底部公路上过往车辆人员生命财产安全。坡脚凿岩修建公路,爆破、振动等人为活动,更加剧了坡体不稳定性。

4. 浪士当沟左岸崩塌(古元古界片岩拉裂式崩塌)

浪士当沟左岸崩塌位于互助县加定镇浪士当沟中下游左岸中高山区斜坡前缘,地理坐标为:东经 $102°24'42''$,北纬 $36°55'18''$。

崩塌体所在处的原始斜坡坡高 30m,坡角 75°~80°,坡向 185°。坡体由古元古界片岩、片麻岩构成,坡面形态呈直线形。浪士当沟景区旅游公路自坡脚处通过。浪士当沟左岸崩塌与剖面示意图如图 3.4.6 所示。

 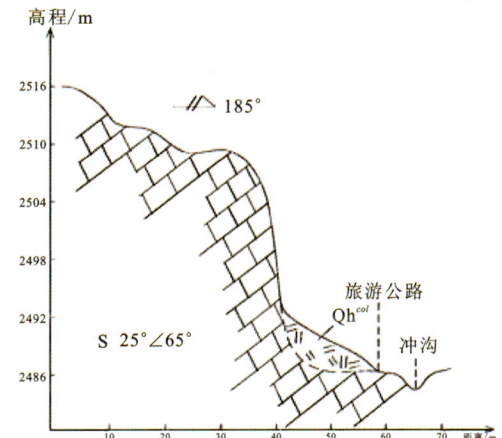

图 3.4.6 浪士当沟左岸崩塌与剖面示意图

1)崩塌体基本特征

浪士当沟左岸崩塌体所在处的斜坡为岩质斜向坡,崩塌源发育于坡体上部约 2/3 处,崩塌堆积体呈锥形堆积于坡脚。崩塌堆积体长 10m,宽 5~20m,平均厚 1.5m,方量约 50m³,物质为片岩、片麻岩碎块,呈青灰色,结构松散,零乱,粒径一般 0.2~0.3m,大者 3.0m。

2)崩塌形成机理

崩塌所处的斜坡出露地层为古元古界片岩、片麻岩,岩层产状 280°∠80°。斜坡岩体风化强烈,节理裂隙发育,共发育 185°∠89°、125°∠75°、100°∠15° 3 组优势节理。

斜坡岩体因片理面和 3 组优势节理相互切割,岩体破碎,局部形成楔形体。随着风化裂隙及拉张裂隙的不断发育,危岩体在拉张作用下逐步向坡体外侧倾斜,当重力产生的拉张力超过岩体抗拉强度时,岩体发生拉裂破坏,形成拉裂式崩塌,直接威胁坡脚处的车辆及行人。

3)崩塌稳定性评价

浪士当沟左岸崩塌所在处的斜坡岩体风化强烈,节理裂隙发育,岩体破碎。雨季雨水易沿裂隙入渗,形成静水压力,有再次失稳的可能,故崩塌体稳定性差。

5. 西山崩塌(古近系—新近系砂岩坠落式崩塌)

西山崩塌位于平安区三合镇三合村西山崖头丘陵前缘陡坡部位,地理坐标为:东经101°56′27″,北纬36°25′49″。山体上部为高40~60m的陡崖,陡崖下部为30°~35°的斜坡。受新构造运动抬升及流水侵蚀、切割作用,坡面基岩裸露,岩石风化剥蚀作用强烈,节理裂隙发育,坡体稳定性较差。西山崩塌工程地质剖面图如图3.4.7所示。

2012年5月5日,陡崖上部发生岩质崩塌,崩塌体长20m,宽12m,平均厚1.5m,规模360m³,崩落的石块最大4.0m×3.5m×3.0m,一般3.0×2.5×1.5m,崩落的石块大部分堆积在斜坡上,最大一石块滚落在农田里。崩积物掩埋陡崖下水渠长40m,致使下游150亩(1亩≈666.7m²)耕地无法灌溉,部分树木被毁,掩埋少量农田,直接经济损失6.5万元。

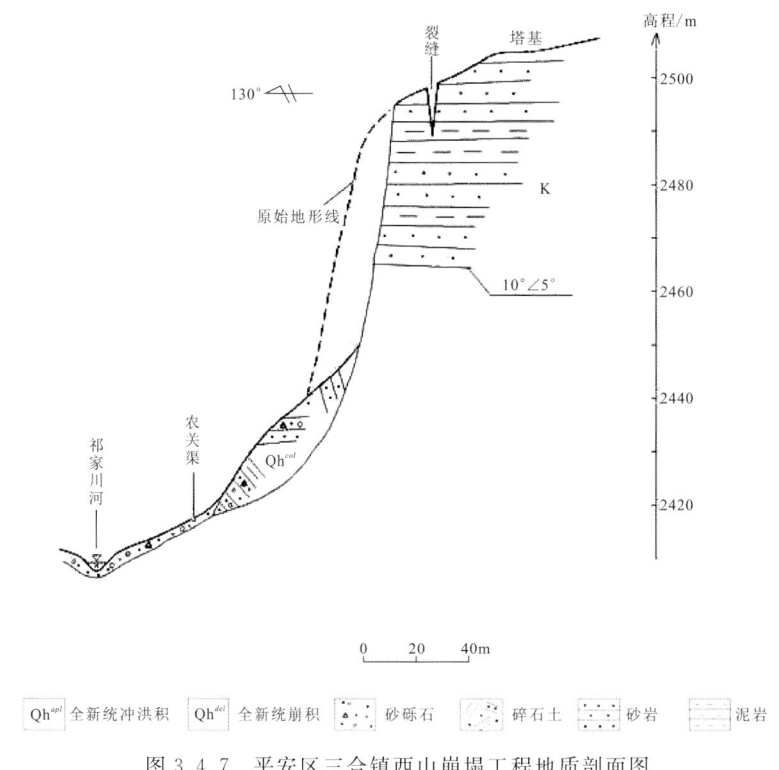

图3.4.7 平安区三合镇西山崩塌工程地质剖面图

1)崩塌体基本特征

西山崩塌体发育于低山丘陵区岩质斜坡中,原始坡高16m,坡长20m,坡角43°,坡向130°。斜坡区出露基岩为古近系(E)棕红色—褐色砂岩、泥岩互层,薄层—中层构造,岩层产状为10°∠7°。

该崩塌体后壁陡峭,近于直立,卸荷裂隙发育。后壁发育优势节理3组,走向分别为195°、225°、242°,裂缝长7~11m,张开度5~22cm,可测深0.3~2.7m,且大部已贯通,一旦突发暴雨,陡崖处有可能会再次向下崩塌,目前仍处于欠稳定状态。

2)崩塌形成机理

西山崩塌体所在的斜坡出露古近系砂泥岩互层,岩体风化严重,节理裂隙发育,坡面形态呈凸形。该崩塌体的形成主要受以下因素控制。

(1)斜坡高差近60m,陡峭近直立,坡肩部位卸荷裂隙发育,加之岩体中发育的两组优势节理,成为降水入渗的良好通道,同时也构成崩塌体的边界。

(2)斜坡下部为薄层砂泥岩互层。泥岩层抗风化能力差,易形成岩腔,致使上部岩体悬空。在自重作用下,岩腔上部岩体追踪原有节理面(或卸荷裂隙),从而形成坠落式崩塌。

(3)降水入渗不仅导致岩体裂隙中的静水压力增大,还使岩体软化、强度降低,不利于崩塌体的稳定。

(4)斜坡坡脚处人工挖坡建设渠道,加剧了坡体的不稳定。

3)崩塌体稳定性评价

西山崩塌体基岩为砂泥岩互层,岩体风化严重,垂直节理裂隙发育,坡面形态外凸。坡体泥岩层抗风化能力差形成岩腔,导致上部岩体悬空,在自重作用下,易追踪竖向节理从而形成坠落式崩塌。受风化和降水作用,崩塌体将加剧变形,甚至破坏,危及坡脚处的灌溉水渠、农田以及部分林木。

6. 积石峡南侧危岩带

1)危岩体特征

积石峡南侧危岩(带)分布于黄河积石峡谷(循化县)清(水)大(河家)公路(S203线K69km+840m)南侧高陡边坡,地理坐标为:东经102°36′07″—102°39′28″,北纬35°49′36″—35°50′32″。积石峡南侧危岩(带)剖面图如图3.4.8所示。

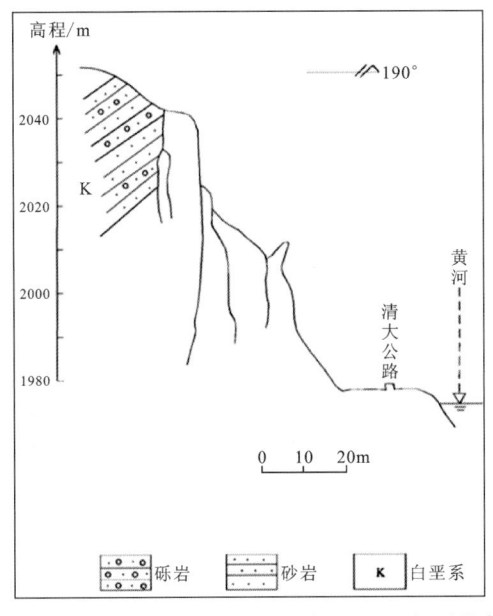 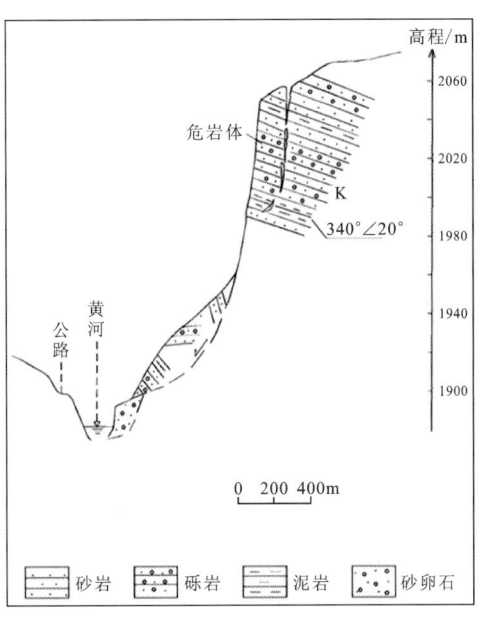

图3.4.8 积石峡南侧危岩(带)剖面图

黄河积石峡峡谷弯曲,走向近东西向,峡谷长约17.5km,沟底宽15~35m,最窄处不足10.0m,局部地段呈现"一线天"景观。沟谷两侧基岩裸露,岩体破碎。沟谷斜坡高耸,坡高50~250m,高者可达400m,坡角75°,部分地段近直立。

积石峡谷南侧坡体呈凸形,清大公路则沿坡体中部蜿蜒展布,大部路段乃开凿基岩陡坡所建。受物理风化作用及人工凿岩开挖修筑公路等活动,斜坡岩体风化裂隙、卸荷裂隙十分发育,沿坡体陡壁形成危岩体(带),局部稳定性差,危及下部公路上过往车辆与行人生命财产安全。

2)危岩体形成机理

积石峡南侧为自然-人工共同作用形成的不稳定斜坡,出露白垩系中厚层状砂岩、砾岩。砂岩颜色呈紫红色—深红色,层厚0.1~1.0m,岩层产状354°∠25°,岩性坚硬;砾岩呈紫红色,层厚0.1~0.5m,较坚硬。斜坡岩体岩石风化程度为中—强风化,表面呈褐黄色。

受区域构造及流水侵蚀切割作用,坡体上张裂隙极为发育,坡面凌乱、破碎。斜坡岩体发育5组优势节理:第一组优势节理产状350°∠42°,第二组优势节理产状5°∠75°,第三组优势节理产状11°∠81°,第四组优势节理产状17°∠32°,第五组优势节理产状37°∠78°。

岩体发育的裂隙开度为2~8cm,大者25cm,最宽达47cm。

由于裂隙切割,斜坡部分岩体已外凸悬空,极不稳定。据调查,斜坡东段沿坡脚公路旁有9处岩块崩塌碎石堆,5处滚石坠落。碎石堆呈锥形,堆积体积10~500m³不等;滚石呈不规则状,最大直径小于5.0m。

坡体西段为白垩系砂砾岩,呈紫红色,岩性坚硬,风化程度中等,表部破碎。岩体层理沿坡体外倾,风化岩块易沿坡体滚落,坡体稳定性较南段好。

3)稳定性评价

斜坡在长期外力地质作用下,形成高陡边坡,稳定性差。坡体受风化作用强烈,表层剥蚀严重,滚石、掉块、坍塌现象时有发生。坡体上岩体垂直节理发育,形成卸荷裂隙,继而发展成拉张裂隙,形成危岩。

雨季或暴雨后,雨水沿节理裂隙渗入,破碎岩块滚落,直接威胁底部公路上过往车辆人员生命财产安全。坡脚凿岩修建公路,爆破、振动等人为活动,更加剧了坡体的不稳定性。

第五节 泥石流发育特征

一、泥石流类型统计

海东市境内发育的1000处泥石流类型划分(表3.5.1)结果如下。

(1)水源类型。泥石流以暴雨性泥石流为主,主要受控于区内盆地与山区相间的特殊地形特征。

(2)流域形态。泥石流以沟谷型泥石流为主,占全部泥石流总数的93.5%。

(3)物质组成。泥石型泥石流、泥型泥石流和水石型泥石流分别占88.7%、8.8%、2.5%。

(4)固体物质来源。以坡面侵蚀、沟谷崩滑堆积体集中补给、沟底洪积物沿程补给为主,分别占 28.5%、39.5%、32%，可见区内泥石流的固体物质补给来源以沟谷崩滑堆积体集中补给为主。

(5)流体性质。以稀性泥石流为主，占 55%。

(6)泥石流发育阶段。处于旺盛期的泥石流相对较多，占 39.8%，处于发育期的占 25.6%，处于衰败期的占 22.7%，处于停歇期的占 11.9%。

(7)泥石流规模。按照泥石流的一次最大冲出固体物质总量(v)划分规模，泥石流以小型泥石流为主，占 59.8%，中型泥石流占 39.8%，大型泥石流占 0.4%。

(8)泥石流易发性。按照泥石流易发性综合评分结果，轻度易发泥石流占 37.6%，易发泥石流占 44.0%，不易发泥石流占 18.3%，极易发泥石流占 0.1%。

表 3.5.1　海东市境内发育泥石流分类表

划分依据	类型	指标	数量/处
水源类型	暴雨型泥石流	由暴雨因素激发形成的泥石流	887
	溃决型泥石流	由水库、湖泊等溃决因素激发形成的泥石流	0
	冰雪融水型泥石流	由冰、雪消融水流激发形成的泥石流	83
	泉水型泥石流	由泉水因素激发形成的泥石流	30
流域形态	沟谷型泥石流	流域呈扇形或狭长条形，沟谷地形，沟长坡缓，规模大，一般能划分出泥石流的形成区、流通区和堆积区	935
	山坡型泥石流	流域呈斗状，无明显流通区，形成区与堆积区直接相连，沟短坡陡，规模小	65
物质组成	泥型泥石流	由细粒径土组成，偶夹砂砾，黏度大，颗粒均匀	88
	泥石型泥石流	由土、砂、石混杂组成，颗粒差异较大	887
	水石型泥石流	由砂、石组成，粒径大，堆积物分选性强	25
固体物质来源	坡面侵蚀	以沟岸两侧坡面侵蚀为主	285
	沟谷崩滑堆积体	以沟岸两侧小型崩滑地质现象为主	395
	沟底洪积物	以沟床侵蚀为主	320
流体性质	黏性泥石流	层流，有阵流，浓度大，破坏力强，堆积物分选性差	450
	稀性泥石流	紊流、散流，浓度小，破坏力较弱，堆积物分选性强	550
发育阶段	发育期泥石流	山体破碎不稳，日益发展，淤积速度递增，规模小	256
	旺盛期泥石流	沟坡极不稳定，淤积速度稳定，规模大	398
	衰败期泥石流	沟坡趋于稳定，以河床侵蚀为主，有淤有冲，由淤转冲	227
	停歇期泥石流	沟坡稳定，植被恢复，以冲刷为主，沟槽稳定	119

续表 3.5.1

划分依据	类型	指标	数量/处
规模	巨型泥石流	$v \geq 50 \times 10^4 \mathrm{m}^3$	0
	大型泥石流	$20 \times 10^4 \mathrm{m}^3 \leq v < 50 \times 10^4 \mathrm{m}^3$	4
	中型泥石流	$2 \times 10^4 \mathrm{m}^3 \leq v < 20 \times 10^4 \mathrm{m}^3$	398
	小型泥石流	$v < 2 \times 10^4 \mathrm{m}^3$	598
易发程度	极易发	泥石流沟综合评判总分≥114分	1
	易发	泥石流沟综合评判总分为84～114分	440
	轻度易发	泥石流沟综合评判总分为40～84分	376
	不易发	泥石流沟综合评判总分为<40分	183

根据调查资料统计结果，海东市境内泥石流主要特征如下。

①泥石流流域面积小于5km²的258条，占总数25.8%；5～10km²的387条，占总数的38.7%；10～100km²的355条，占总数的35.5%。

②主沟纵坡大于12°的251条，占总数25.1%；6°～12°的187条，占总数的18.7%；3°～6°的338条，占总数的33.8%；小于等于3°的224条，占总数的22.4%。

③泥石流沟谷堵塞程度轻微的389条，占总数38.9%；中等的314条，占总数的31.4%；严重的297条，占总数的29.7%。

④泥石流沟沟岸坡角大于32°的445条，占总数的44.5%；25°～32°的有312条，占总数的31.2%；15°～25°的有163条，占总数的16.3%；小于等于15°的有80条，占总数的8.0%。

二、泥石流沟特征

1. 形成区特征

海东市境内发育的泥石流形成区多为物源区，发育于基岩山区和河谷高阶地，山体岩石风化严重，岩性软弱，组成泥石流的固体物质主要是第四系松散层及新近系泥岩风化形成的残坡积物。新近系泥岩遇水极易软化和泥化，在强烈风化作用下，形成的残坡积物极易被洪水冲蚀而成为泥石流的固体物质。沟谷两侧斜坡植被稀疏，坡面冲刷强烈，树枝状冲沟发育，水土流失严重，尤其是强烈的侵蚀下切和侧蚀会导致沟谷两侧斜坡崩塌、滑坡发育。沟岸坍塌发育中等，规模较小，为泥石流提供了丰富的物源。

2. 流通区特征

海东市内发育的泥石流多为沟谷型泥石流。区内盆地与山区相间的地形特点，导致沟谷坡降、相对高差较大，有利于泥石流加速流动。

3. 堆积区特征

海东市域内泥石流的堆积区往往也是承灾区。根据调查,泥石流堆积区均在出山口河谷带状平原,这里也是人口分布相对集中的地区,泥石流的发生往往造成严重的灾害。

泥石流的堆积扇在河流的冲刷下保留不完整,完整性约50%,由砂砾和黏土混杂堆积组成,分选性差,磨圆度差,多呈棱角状,粒径0.2~2cm的颗粒占到60%以上,但堆积扇前缘个别块石最大粒径达0.6m。

三、泥石流形成机理

根据2022年统计资料,海东市境内发育泥石流(沟)1000处,占地质灾害及隐患点总数的23.25%。海东市具备形成泥石流的3个基本条件:①有利于贮集、运动和停淤的地形地貌条件;②有丰富的松散土石碎屑物源条件;③短时间内可提供充足水源的水动力条件。

1. 地形地貌条件

海东市境内发育的泥石流以沟谷型为主(占泥石流总数的93.50%),沟谷上游多为三面环山、一面出口的漏斗状或树叶状,周围山高坡陡,沟谷两侧斜坡坡角多大于30°,植被覆盖率低。

沟谷中游多为陡深的狭谷,沟床纵坡比降大(60‰~300‰),沟道堵塞情况以轻微和中等为主,有利于泥石流的快速运移。

沟口堆积区由于地势变缓,沟道切深变浅,大量的松散物运移至沟口时流速减慢,松散物逐渐堆积下来,形成堆积扇。

2. 物源条件

海东市境内泥石流形成区多为基岩山区和河谷高阶地,组成泥石流的固体物质主要是第四系松散层及新近系泥岩风化形成的残坡积物。

泥石流的固体物质补给形式主要为以沟谷两侧坡面侵蚀以及沟道两侧崩塌、滑坡堆积物为来源的集中补给,以泥石流沟分布的松散洪积物为来源的沿程补给。

3. 水动力条件

海东市降水主要集中于7—9月,降水集中,强度大,且较大暴雨多集中在傍晚或夜间。沟谷流域平面形态呈树枝状,在降水条件下,主、支沟水流能较快速向沟口汇集,具备了激发泥石流的水动力条件。

除此之外,还有山体滑坡堵塞沟道形成堰塞湖,间断性降水使得湖水储量不断增大,堵塞河道的黄土不断被侵蚀造成堰塞湖决堤,从而形成溃决型泥石流,如2020年7月10日碱沟泥石流就是因为碱沟上游堰塞湖决堤。

四、泥石流成灾模式

海东市境内发育的泥石流主要为沟谷型泥石流,分布的地层岩性以第四系松散层及新近系泥岩风化形成的残坡积物为主,水动力条件主要来源于7—9月集中强降雨,故成灾模式主要有:泥石流沟沟谷斜坡崩滑体转化型、坡面松散坡积物冲蚀启动型和沟床启动型。

除上述3种泥石流成灾模式外,还有少量的堰塞湖溃决型,如乐都区碾伯镇碱沟泥石流。乐都区碾伯镇碱沟所处地方于2020年7月4日开始降水,一直持续至7月8日,在沟道970m范围内形成大型黄土滑坡。其中015-H滑坡堵塞沟道形成堰塞坝,堰塞坝发生自然串联式溃决而形成堰塞湖溃决型泥石流,掩埋了部分耕地、林地和简易住房,造成简易房屋不同程度受损。

五、典型泥石流

1. 大沟泥石流(泥石型泥石流)

大沟泥石流(图3.5.1)位于乐都区碾伯镇熊沈家村,湟水右岸,为沟谷型泥石流。沟口地理坐标为:东经102°23′26″、北纬36°27′52″,熊沈家村大部分村民居住在泥石流扇左翼与前缘部位。

因后期建设高速公路与二线铁路等人工改造,沟口泥石流扇保存不完整,堆积扇呈不规则状,覆盖于湟水第二级阶地之上,轴部纵长170m,前缘宽140m,扩散角68°,扇面冲於变幅0.2m,沟口泥位1.2m,沟口至主沟道1150m。

大沟泥石流活动史较长,从20世纪70年代末以来,曾爆发规模较大的泥石流5起,致使沟口居住的部分红崖村民受到危害。其中,遭受泥石流危害较重2次。1979年7月7日17时许,该区强降雨,引发泥石流灾害,冲毁小型桥梁1座,大队部、村医疗室、学校等少数村民房屋86间,於埋农田约150亩,直接经济损失近20万元。2004年7月25日21时许,该区突降大雨,引发泥石流灾害,导致6户村民受灾,毁坏房屋近50间,致於埋农田约100亩,冲失大牲畜10头,毁坏道路300m,直接经济损失近110万元。

图3.5.1 大沟泥石流扇群素描

1)泥石流沟特征

大沟走向近南北,沟谷形态呈"V"字形,流域面积约0.62km²,相对高差150m,主沟纵坡降180‰,沟底上段狭窄,宽2～5m,下段宽5～10m。

沟谷两侧岩性下部为新近系(N)泥岩、砂岩,顶部覆盖风积黄土(Qp_3^{eol})。黄土浅黄色,疏松,垂直节理发育,厚5～30m。泥岩紫红色—砖红色,风化严重,面蚀强烈,表层发育松散坡积物,厚约0.4m。

调查显示,沿主沟与支沟岸坡发育数十处小型崩滑体,体积50～1250m³,部分则直接堆积于沟道内,为泥石流的形成提供了丰富固体物质来源。据估算,沟道松散物储量近6.5×10^4m³,补给段长度占比达65%。

2)泥石流规模、易发程度

根据泥石流扇堆积量判定该泥石流规模为小型。依据泥石流15个因素进行综合评判,得出大沟总分值为107分,泥石流易发程度为易发。

3)泥石流活动性分析

据调查,该泥石流沟前缘分布高速公路及正在建设的兰—新二线铁路,预设排洪口偏离沟口,造成突发降水排泄不畅,诱发泥石流灾害。

大沟泥石流目前处于发展期,汇水区岩土体比较破碎,斜坡坡角较陡,降水作用下残坡积层物质及沟谷中松散物质有可能再次启动。

4)泥石流危害与威胁范围

大沟为湟水次一级支沟,沟内植被稀疏,崩滑不稳定体发育,物源丰富;堆积区部分村民房屋严重挤占泥石流沟道,加之预设排洪口偏离沟口,若遇暴雨或强降雨,极易发生泥石流灾害,对沟口熊沈家村12户54人村民生命财产造成危害,威胁资产90万元,并对沟口分布的高速公路及正在建设的二线铁路等重要工程设施构成威胁。

2. 牛圈庄沟泥石流(泥石型泥石流)

牛圈庄沟泥石流(图3.5.2)位于平安区城区西侧小峡镇下店村,湟水右岸,为沟谷型泥石流,也是小峡段泥石流群中较大的泥石流沟,沟口地理坐标为:东经102°23′26″,北纬36°27′52″。

图3.5.2 小峡镇牛圈庄沟泥石流扇群素描

因 G109 与兰—新二线铁路建设等人工改造,牛圈庄沟泥石流沟口堆积扇保存不完整,呈葫芦形,覆盖于湟水第二级阶地之上,轴部纵长 550m,前缘宽 420m,扩散角 38°,扇面冲淤变幅 0.75m,沟口泥位 1.35m,沟口至主沟道 1750m。原下店村大部分村民居住在泥石流扇左翼与前缘部位。

牛圈庄沟泥石流活动史较长,自 20 世纪 80 年代初以来,几乎每年爆发泥石流灾害,危害程度大小不一。在历史上,该沟爆发规模较大的泥石流 3 起,致使沟口居住的部分下店村民及 G109 公路受到危害。其中,遭受泥石流危害较重 2 次。

1998 年 7 月 8 日 15 时许,该区强降雨,引发泥石流灾害,冲毁村民房屋 30 间,冲失羊 20 只,淤没农田 170 亩,泥石流携带淤泥、碎石涌进村医疗室、国道公路、引灌水渠等,直接经济损失近 90 万元。

2001 年 8 月 13 日 21 时许,该区突降大雨,引发泥石流灾害,导致 6 户村民房屋进水,3.2 万斤(1 斤=500g)小麦受损,淤埋农田约 400 亩,直接经济损失近 16 万元。

1)泥石流沟特征

牛圈庄沟走向 50°,流域面积约 4.5km²,相对高差 250m,主沟纵坡降 220‰。沟谷形态呈"V"字形,沟底上段狭窄,宽 2~5m,下段宽 5~10m。

沟谷两侧出露基岩为古近系(E)紫红色—砖红色砂岩、泥岩互层,岩体风化严重,节理裂隙发育,岩体较破碎。沟谷斜坡顶部覆盖浅黄色风积黄土(Qp_3^{eol}),黄土层厚 2~10m,疏松,垂直节理发育。沟谷两侧均覆盖坡积物,厚约 1.4m。

调查表明,牛圈庄沟主沟与支沟岸坡分布数十处小型崩滑体,体积 50~1250m³,部分崩滑体直接堆积于沟道内,为泥石流的形成提供了丰富固体物源。根据估算,沟道松散物静储量近 $13.3×10^4 m^3$,补给段长度占比达 60%。

2)泥石流规模与易发程度

通过对泥石流扇堆积量计算判定,牛圈庄沟泥石流规模为中型。

依据泥石流 15 个因素进行综合评判,牛圈庄沟泥石流总分值为 117 分,泥石流易发程度为极易发。

3)泥石流活动性分析

据调查,牛圈庄沟泥石流沟前缘有 G109 公路穿越,预设排洪口偏离沟口,造成突发降水排泄不畅,诱发泥石流灾害。

牛圈庄沟泥石流目前处于发展期,形成区和流通区沟谷两侧出露的岩体较破碎,沟谷斜坡较陡。在降水作用下,崩滑堆积体、残坡积层物质以及沟谷中的冲洪积物有可能再次启动。加之堆积区原部分村民房屋严重挤占行洪沟道,将加剧泥石流危害。

4)泥石流危害与威胁范围

牛圈庄沟为湟水次一级支沟,沟内植被稀疏,崩滑体发育,泥石流固体物质来源丰富。加之堆积区部分村民房屋严重挤占行洪沟道以及预设排洪口偏离沟口,若遇暴雨或强降雨,极易发生泥石流灾害,若不及时治理,将会危及沟口的临空工业园区及 G109 公路等重要工程设施。

3. 东沟乡石窝村泥石流（水石型泥石流）

东沟乡石窝村泥石流（图3.5.3）位于东沟乡石窝村3社东北，地理坐标为：东经102°07′47″，北纬36°53′35″，泥石流出沟口后沿固定沟道排入昝扎水库。

2011年8月15日，该泥石流再次爆发，造成石窝村3社村民全毁房屋2间，半毁房屋10间，淹没农田30亩，冲走粮食5000kg，污染饮水源1处，冲走农户建筑备用红砖11万块，直接经济损失约60万元。

图3.5.3　东沟乡石窝村泥石流流通区（左）和堆积区（右）

1）泥石流特征

东沟乡石窝村泥石流发育于石窝村东北侧龙王掌山西南麓，按物质成份划分为水石型泥石流。

泥石流沟汇水面积6.08km²，流域相对高差1100m，形成区呈"瓢"形，主沟长5.2km，纵坡降211‰，沟道呈"V"字形，其流域示意图如图3.5.4所示。

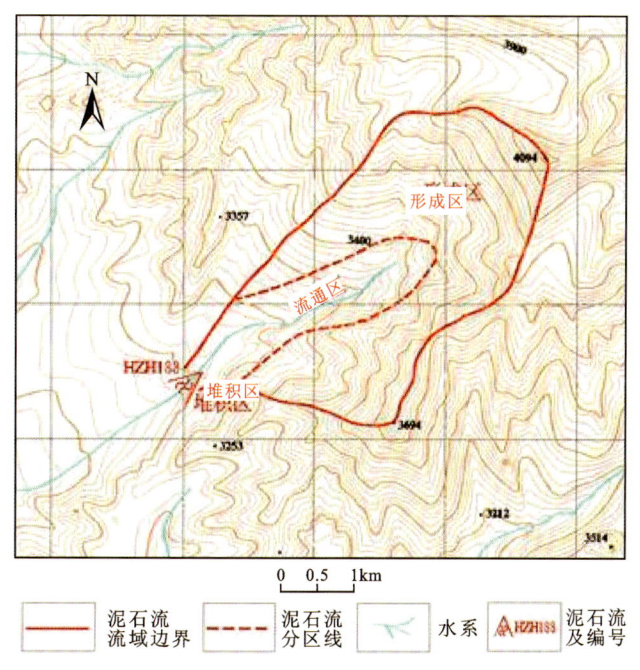

图3.5.4　东沟乡石窝村泥石流流域示意图

泥石流形成区发育 3 条区域逆断层，近沟口处逆断层上盘由古元古界片岩、片麻岩构成，下盘由奥陶系砂岩、砂砾岩构成；中部逆断层上盘由寒武系白云岩、硅质岩夹砂岩、板岩构成，下盘由奥陶系构成；近沟脑处逆断层发育于寒武系中。形成区沟谷岸坡坡角 45°～60°，坡体基岩裸露，风化强烈，节理裂隙发育，完整性较差。

石窝村泥石流出山口后切上更新统（Qp_3^{fgl}）冰积台地及山前冲洪积平原，沿固定沟道排入昝扎水库。

冰积台地长 1000m，宽 200～400m，由泥质碎块石构成，泥质含量约 65%，碎块石岩性以花岗岩为主，砾径 2～3m。沟道呈"U"形，切深 9～15m。沟底上游宽 30～35m，泥位 0.6～1.0m；下游宽 10～25m，泥位 3～4m。沟底沿程见泥石流堆积，堆积物以碎块石为主，含量 60%～70%，砾径 2～3m，其岩性以片岩、片麻岩、花岗岩为主。

山前冲洪积平原上游沟道宽 10～25m，切深 2.0～2.5m；中游沟底宽 3～5m，切深 1～3m；下游沟底宽 5～10m，切深 0.3～0.6m。沟底沿程泥石流堆积较少，沟两岸堆积有溢出沟道碎块石，砾径 0.8～1.0m。

泥石流流经石窝村附近设有 5 道拱形涵洞，涵洞高 2.0m，宽 4.0m。其中，第二道涵洞已淤满，致使泥石流溢出沟道。

2）泥石流规模与易发程度

根据泥石流一次最大冲出固体物质总量判定，石窝村泥石流规模为中型水石流。

依据泥石流易发程度量化表 15 项因素综合判定，该泥石流量化分值为 99 分，易发程度为易发。

据调查，石窝村泥石流沟每遇暴雨或强降雨均暴发泥石流，主要危害方式为冲毁沟道内引水设施，对沟口下游 1.5km 范围内分布于沟道左岸的 4 户 19 人构成威胁。

4. 虎狼城 8 社泥石流（泥型泥石流）

虎狼城 8 社泥石流（图 3.5.5）位于民和县南部黄河左岸的中川乡虎狼城村，泥石流沟流域总面积约 1.7km²，沟口位置为东经 102°48′12.5″，北纬 35°56′27.6″，有一砖厂和居民居住区以及少量耕地。虎狼城 8 社泥石流主沟（左）及沟谷岸坡（右）如图 3.5.6 所示。

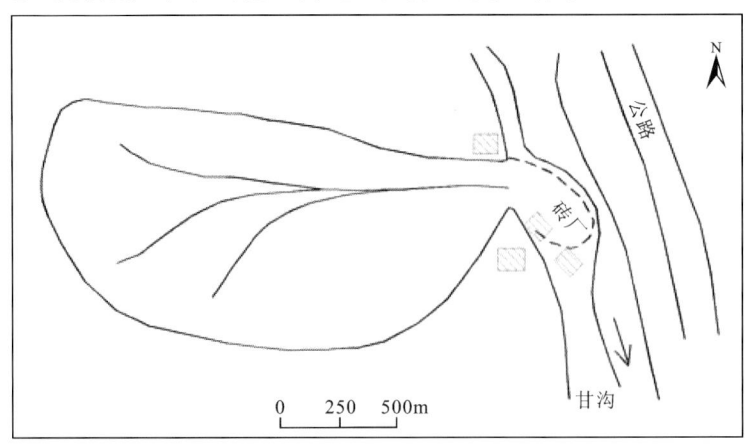

图 3.5.5 虎狼城 8 社泥石流平面示意图

图 3.5.6　虎狼城 8 社泥石流主沟(左)及沟谷岸坡(右)

1)泥石流特征

虎狼城 8 社泥石流发育于低山丘陵区,流域相对高差 340m,主沟长约 2.0km,两侧山体坡角 35°。坡体下部为西宁群泥岩,在沟谷底部出露;上部为上更新统风积黄土。

泥石流形成区由 3 条冲沟组成,呈树枝状。沟谷呈"V"字形,坡体呈梁峁状,冲沟及落水洞较发育。植被稀少,水土流失严重,但滑坡、崩塌发育较少。沟底可见泥石流堆积物,物源主要为河谷岸坡表层松散物及沟底松散堆积物的再次搬运。

泥石流出沟口沿沟道排入大马家河,沟道宽约 20m,切深 2~5m,沟道及两侧堆积物主要由粉土组成,局部可见砾石。

2)泥石流类型

根据物质组成,该泥石流为沟谷型泥流;根据泥石流沟一次最大冲出固体物质总量,规模等级为中型;泥石流沟补给段长度占比为 30%,主沟纵坡降 200‰,植被覆盖率约为 20%,估算松散堆积物储量约为 $5 \times 10^4 m^3$。

3)泥石流发灾史

1991 年 7 月,爆发灾害性泥石流,摧毁农田 6 亩,直接经济损失约 3.6 万元。

2012 年 7 月 28 日,中川乡下暴雨导致泥石流再次爆发,半毁房屋 70 间,冲毁砖厂泥坯等,直接经济损失约 44 万元。

2012 年 8 月 15 日,泥石流再次爆发,摧毁房屋 70 间,冲毁砖厂泥坯及设备,直接经济损失约 40 万。

4)泥石流易发程度与危害性

根据泥石流易发程度量化表 15 项因素综合打分评判,其易发程度得分为 108 分,属于易发泥石流。虎狼城 8 社泥石流沟口有居民居住,威胁约 16 户 64 人,砖房 80 间,共计威胁财产约 48 万元。

5. 南山泥石流(坡面泥石流)

南山泥石流(图 3.5.7)位于循化县县城所在地积石镇,西起下沟,东至尕庄,南到南山一级分水岭,北至黄河南岸草滩坝村,泥石流类型以山坡型泥石流为主,兼有沟谷型泥石流。地理坐标为:东经 102°27′20″—102°27′52″,北纬 35°49′45″—35°52′00″,总面积 10.5km²。其中,重点分

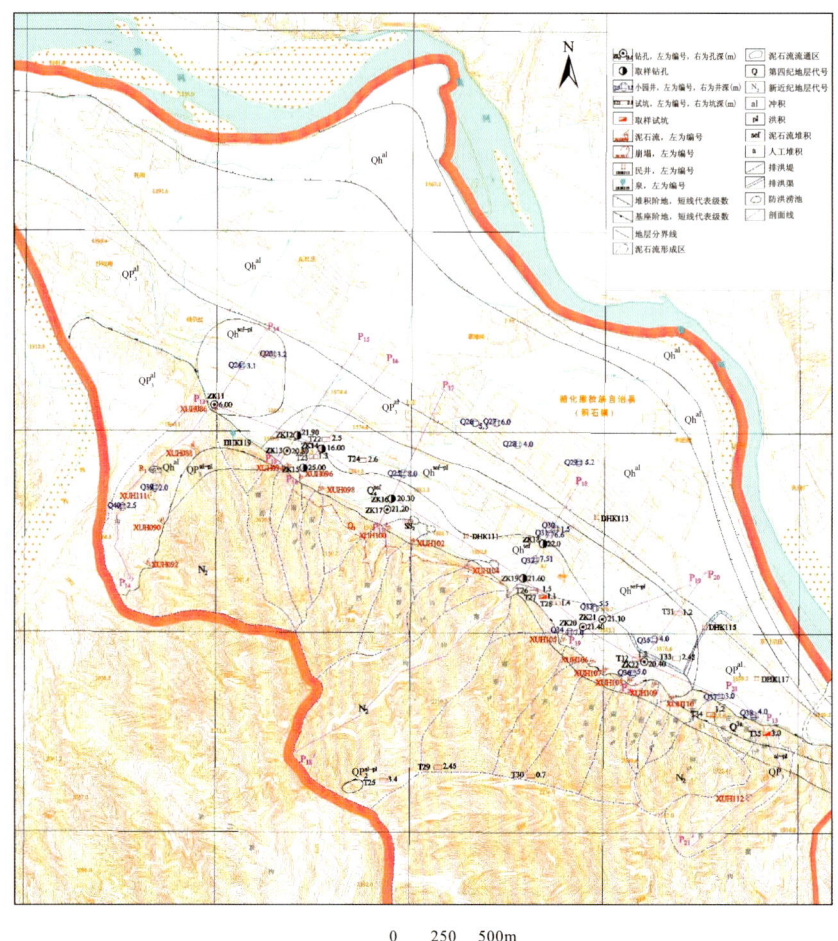

图 3.5.7 南山泥石流灾害平面图

析区西起线尕拉,东至尕庄,南到南山山前各泥石流沟口,北到临平公路南 100m 左右。

1)泥石流沟特征

南山泥石流由多条沟谷及坡面泥石流汇聚而成,形成区和流通区均位于南部基岩山区,且大部分泥石流沟谷的形成区和流通区没有截然分界,堆积区位于黄河谷地第三级阶地的后缘。

(1)形成区

形成区面积 15.038km²,区内地形起伏大,切割强烈,山顶海拔 2100～2400m,最高海拔 2595m,山体相对高差 750m。沿山坡共发育 21 条泥石流沟道,其中一级泥石流沟有 17 条。每一条泥石流沟自成一个小流域,部分流域如南山沟、白土沟、羊圈沟、下沟等,形态三面环山呈"瓢"形,其他沟近似为长条形。各沟流域面积大多数小于 0.66km²,最大的为 12.19km²(羊圈沟),最小的为 0.041km²(南东 6 号沟)。

主沟道短且狭窄,有跌水坎,纵坡降大,长度一般小于 1780m,宽度一般小于 3m,纵坡降平均值一般为 460‰。沟谷呈"V"字形,沟谷两侧斜坡坡角 30～68°,平均 40°,山高坡陡,植被覆盖率不超过5%。坡面被冲沟所切割,局部形成陡坎,沟谷之间的分水岭呈现刃脊状。南山沟以西各支沟沟口两侧呈直立的陡崖,高约50m,形成悬沟;南山沟以东各支沟沟口两侧一般不形成悬沟。

形成区出露地层由古近系—新近系浅红色、橘黄色泥岩夹砾岩、砂岩等组成,属于软弱的层状碎屑岩岩组。该岩组表层风化强烈,0~3m为强风化破碎带;3~15m为弱风化带。强风化破碎带渗透性强、力学强度低,易遭受水流的侵蚀破坏,是泥石流的主要固体物质来源。

形成区沟谷坡陡不稳定,发育有两处崩塌,流域内固体松散物质总量可达 $2293.53 \times 10^4 m^3$。

(2)流通区

流通区较复杂,可划分为3种类型。

①南山沟以西各泥石流沟呈悬沟,沟道中发育有跌水坎,跌水坎高5~7m。沟谷狭窄陡立,长20~30m,宽2~3m,纵坡降大且短,使泥石流迅速直泻,沟道干净。

②南山沟以东各泥石流沟沟道顺直陡立,形成区、流通区与堆积区直接相连,在近沟口段地形稍平缓或拐弯处,泥石流往往就地堆积于沟道中。

③羊圈沟泥石流流通区位于南山山前黄河河谷阶地之上,沟槽不顺直,平面呈"S"形,沟槽形态呈"V"字形,沟岸东侧近直立,沟岸西侧坡角平缓近15°。主沟纵坡降20.7~43.3‰,底宽0.8~2.7m,顶宽3.6~29.0m,深3.70~5.5m,泥痕高度2.6~3.0m。

羊圈沟泥石流流通区南北总长250m,穿越省道临平公路段(南环城路),最终排向黄河。其中,桥涵以上流通段长100m,走向23°。沟岸东侧近直立,沟岸西侧坡角平缓近15°。沟内堆放了大量的生活垃圾,堵塞程度严重,泥石流在此部位经常漫过沟道涌上临平公路,淤埋公路路面,阻塞交通。桥涵以下流通段走向300°,长150m,沟岸近直立,坡角大于60°。上游物质进入该区段后,流速增大,沟床下蚀作用增强,沟底可见跌水坎。

(3)堆积区

南山沟南侧17条泥石流沟,除1条(羊圈沟)泥石流沟堆积区位于黄河河漫滩外,其余16条泥石流沟的堆积区均位于南山山前,堆积区既有老泥石流形成的堆积扇裙和单个的堆积扇,又有新近泥石流堆积物。

南山老泥石流堆积物分布于临平公路以南广大地区,堆积扇前缘现各类建筑物密布,地表形态依稀可辨。堆积扇平面形态为单个圆形或连续分布的扇裙,比降48.5‰~105.3‰,呈南北向展布,单个圆形堆积扇总面积为 $0.1963 km^2$,连续分布的堆积扇裙总面积为 $1.0 km^2$。

新泥石流堆积物沿各自沟口呈龙头状和侧堤式条带状或舌状堆积,老扇面上新沟槽绕龙头堆积两侧发展,流路随机性大,在弯道处仍可见典型的泥石流凹岸淤、凸岸冲的现象。堆积扇的纵横面不连续,堆积长30~270m,宽2.7~170m,分布面积小于 $0.005 km^2$。

工程勘探揭露,南山山前堆积物为泥石流与洪积共同作用下形成。平面上属同期堆积物,扇顶部为泥石流堆积,扇前缘及侧缘则是洪积;垂向上同期堆积物则显示泥石流与洪水共生的沉积韵律。

南山山前泥石流堆积厚度较小,一次堆积厚度小于0.5m,推算新老泥石流累积堆积厚30m左右。堆积扇成分主要为粉质黏土,红色,结构坚硬呈块状,气孔及细小裂纹发育,并见有泥痕残留物。黏土中包裹了大量的球状泥岩团粒、砾石、砂岩块及石膏晶体,渗水性弱,表面易干裂呈龟背网格状。堆积物颗粒在红土沟、白土沟及下沟等稀性泥石流分布的地段,以砂砾石粗砾物质为主,有一定的分选性。

以下沟为例,泥石流堆积扇扇顶为泥质块石、卵石,块石占50%,黏土占40%,砂占10%,粒径一般50~80mm,最大400mm;扇中区粒径变小,以亚黏土为主,混杂有大小不等的泥岩块和卵砾石,粒径10~20mm,最大60mm;扇缘地带则为黏土,可见泥岩团粒包裹体。

南东6号沟以西的13条黏性泥石流分布地段,堆积物颗粒平面上无分选,泥砾混杂堆积,内部无明显堆积韵律,但剖面上可明显分辨不同场次泥石流的沉积韵律层,可以洪积物来划分不同泥石流场次的堆积。根据南西6号泥石流堆积扇中部钻孔揭露,0.80m以上为黏土(Q_4^{ml}),0.80~1.10m为亚黏土(Q_4^{pl}),1.10~1.60m(Q_4^{ml})又为黏土,层位特征较为明显。

2)泥石流的活动史及危害

南山泥石流发灾频率高,且已严重影响了循化县城环境和居民的正常生活秩序,潜在危害性较大。危害地段主要分布于堆积区下游临平公路及其以南的部分地区,危害对象主要是渠道、农田、村庄、道路,危害方式以淤埋、淹没为主。

南山流域内沟壑密集,物源丰富,泥石流活动史较长,自20世纪70年代中以来,发生的主要泥石流灾害如下。

南山沟:1976年发生泥石流灾害,冲毁房屋12间,直接经济损失5万元;1985年发生泥石流灾害,冲倒建筑工程队院墙100m,直接经济损失2万元;2008年8月20日和2008年8月29日发生泥石流灾害,堵塞临平公路桥涵,淤埋公路200m,尕庄村道250m,部分村民门前及院内进水,两次灾害直接经济损失10.5万元。

下沟:发生泥石流灾害时间1987年,造成5头牛死亡,50间房屋全毁,冲毁农田60亩(其中全毁10亩,半毁50亩),冲毁道路800m,直接经济损失29.7万元。

红土沟:1979年发生泥石流灾害,淹没农田40亩,5家农户院里进水,直接经济损失1.6万元;1982年7月发生泥石流灾害,冲毁农田160亩,其中全毁60亩,半毁100亩,冲毁道路100m,直接经济损失6.5万元;2008年8月20日和2008年8月29日发生泥石流灾害(此次包括白土沟),冲毁土渠30m,淤埋公路200m,尕庄村道250m,部分村民门前及院内进水,两次直接经济损失5.1万元。

南西3号沟、南西2号沟:1999年发生泥石流,造成21户院里进水,其中两户院墙倒塌,直接经济损失4万元。

南西6号沟:2008年8月20日和2008年8月29日发生泥石流灾害,堵塞临平公路桥涵,淤埋公路100m,上草滩坝村道100m,淤埋渠道100m,淤埋农田3.3亩,部分村民门前及院内进水,两次直接经济损失13.2万元。

综上,南山泥石流灾害造成直接经济损失小,每年发生泥石流灾害所造成的经济损失总和不超过100万元。

3)泥石流特征值

采用综合评价法判定,白土沟、红土沟泥石流容重小于$1.60\times10^3 kg/m^3$,为稀性泥石流;

其他各沟泥石流容重大于$1.60\times10^3 kg/m^3$,多数为$1.84\times10^3 kg/m^3$,均为黏性泥石流,黏度值1.0~2.0Pa·s,呈稠粥状。

南山各泥石流沟20年一遇泥石流流速最大为2.27m/s(红土沟),最小为0.15m/s(南东4号沟),平均流速为1.29m/s。20年一遇泥石流峰值流量最大为58.35m^3/s(羊圈沟),最小为0.38m^3/s(南东6号沟),平均流量为5.4m^3/s。

南山泥石流爆发频次高,多为两年一次,个别时段一年两次;扇面逐步退缩,规模变小,单个泥石流沟一次冲出固体物源量在1000m^3左右。

4)泥石危险度评价

通过对泥石流扇堆积量计算判定,该泥石流规模为大型。

据对南山沟发育的21条泥石流沟进行15项因素综合评判,泥石流易发程度为易发。

根据《泥石流勘查指南》推荐的泥石流危险度计算公式得到南山各泥石流沟危险状态评价结果如表3.5.2所示。

表3.5.2 南山各泥石流沟计算结果表

泥石流沟名	代号	危险度	危险性评价	泥石流活动特点
下沟	N_1	0.35	轻度危险	能发生小规模、低频率泥石流
南西6号沟	N_6	0.48	中度危险	能发生小规模、高频率泥石流
南西5号沟	N_7	0.46		
南西4号沟	N_8	0.41		
南西3号沟	N_9	0.46		
南西2号沟	N_{10}	0.48		
南西1号沟	N_{11}	0.41		
南东1号沟	N_{13}	0.49		
南东2号沟	N_{14}	0.48		
南东3号沟	N_{15}	0.44		
南东4号沟	N_{16}	0.50		
南东5号沟	N_{17}	0.40		
南东6号沟	N_{18}	0.40		
白土沟	N_{19}	0.49		
红土沟	N_{20}	0.46		
南山沟	N_{12}	0.62	重度危险	能发生中等规模、高频率泥石流
羊圈沟	N_{21}	0.79		

5)泥石流形成机理

南山泥石流固体物源主要来源于坡面侵蚀而不是主沟道两侧的崩塌滑坡。坡面侵蚀厚度一般不超过30cm,多为15cm左右。南山各沟两侧斜坡较陡,多为40°左右,坡面上的残坡积物处于休止临界状态,每逢较大降水时易形成坡面流,顺坡滑移进入沟底,然后与地表汇水混合,冲出沟道在山前形成泥石流堆积扇。

泥石流通过流通区时,对沟谷及侧壁物质刨蚀、裹挟,增加了泥石流的固体物质量,增大泥石流的能量。当泥石流达到沟口后,由于地势开阔而四处发散,能量突然减小,在沟口与山前地带形成扇状堆积。

综上所述,南山区沟壑密集且沟坡陡峻,沟头不断溯源侵蚀,沟坡岩体破碎,面状侵蚀作用强烈,为区内泥石流的发育、形成提供了丰富的物源。加之城镇基础设施建设与规划未能同步进行,建设过程中占据原有自然沟道,所留泄洪沟道少且过水断面小,建房用地向外扩张到泥石流扇中上部,部分地段侵占了泥石流停淤场地等,遇强降雨,坡面与沟谷中的松散物质有可能再次启动,导致泥石流灾害的发生。

第四章　地质灾害孕灾地质条件

第一节　地形地貌

地质灾害的分布与地形地貌的关系十分密切,地貌控制着地质灾害的总体布局,微地貌是产生地质灾害的背景条件,而适宜的地形是滑坡、崩塌(危岩体)及泥石流形成的必要条件,不同类型的地质灾害具有不同的地形地貌条件,诸如相对高差、地形坡角、坡向、坡型的差异导致不同规模和类型的地质灾害的发生,所以地形地貌是地质灾害发育的重要影响因素之一。

海东市境内地表水系发育,沟谷密集,短而深切,坡降大,多呈"V"字形。丘陵区坡体多由粉质黏土和较疏松的红色碎屑岩组成,侵蚀作用十分强烈,进而造成地形破碎,斜坡、冲沟等微地貌相对发育,为滑坡、崩塌、泥石流的形成提供了有利的地形地貌条件。斜坡的几何形态决定着斜坡体应力的大小和分布,并控制着斜坡的稳定性与变形破坏模式。沟谷的几何形态制约着泥石流的形成、运动、规模等。

本节根据野外调查数据,运用统计分析、应力分析等方法,从斜坡的坡面形态、坡角和坡向3个方面分析地形地貌对滑坡、崩塌的控制作用;从沟床比降、相对高差、沟谷斜坡坡角等方面分析了其对泥石流的控制作用。

一、斜坡地质灾害

1. 坡面形态

区内斜坡坡面形态可以划分为5个基本类型,即凸形、直线形、阶梯形、复合形和凹形。阶梯形、直线形及凸形是基本坡形的组合形式,本次调查以最具有代表性的坡段作为基本坡形,对600余处地质灾害点所在斜坡坡形进行统计(见表4.1.1)。

滑坡和崩塌灾害点统计表明,负向类凹形和阶梯形斜坡,由于受到沿斜坡走向方向阻滑作用,应力集中程度减缓,稳定程度明显增高;正向类斜坡则相反,应力集中程度明显提高,稳定程度明显降低。由此可见,坡形对斜坡的稳定性和变形破坏模式具有控制作用,正向类型直线形和凸形斜坡较负向类凹形和阶梯形斜坡更容易失稳。

表 4.1.1 灾害隐患点坡型统计 单位:处

序号	坡形	滑坡	崩塌	合计
1	凹形	338	169	507
2	阶梯形	428	228	656
3	凸形	434	290	724
4	复合形	417	158	576
5	直线形	335	498	833
合计		1952	1343	3295

2. 斜坡坡角

根据海东市 1∶5 万的 DEM 模型提取的斜坡(边坡)坡角数据,比对崩塌和滑坡灾害点随 25m×25m 栅格内坡角变化区间分布,并结合崩塌和滑坡野外调查成果,得出如下结论。

(1)崩塌和滑坡发生的斜坡坡角主要分布于 31°~60°区间,此区间内发生的地质灾害共 1505 处,其中滑坡 1087 处,崩塌 418 处。

(2)坡角小于 10°的斜坡带地质灾害通常不发育。

野外调查统计分析也表明,海东市境内斜坡地带不同坡角区间崩塌和滑坡灾害点的分布除受自然地形、地貌条件的控制外,也与人类工程活动关系密切。

①坡角小于 25°的斜坡地带,人类工程活动通常不会造成较大规模的坡体开挖,对斜坡的稳定性影响相对较弱,崩塌或滑坡地质灾害一般不发育。

②坡角 25°~45°的斜坡地带往往是除河谷平原区以外人类工程活动相对集中的地带。受地形条件限制,房屋建设、乡村道路修建削坡空间不足,多形成人工高陡边坡,对斜坡的稳定性影响相对较强,也更易导致崩塌或滑坡地质灾害的发生。

3. 斜坡坡向

海东市境内侵蚀剥蚀中高山区地形破碎、沟壑纵横,以东南、西南坡向居多,其主要原因是区内地形总体由西南向北东倾斜。受沟谷形态影响,沟谷右岸形成东北向斜坡,沟谷左岸形成西南向斜坡。

统计分析表明,海东市境内发育的 1952 处滑坡和崩塌灾害点:229 处灾害点的斜坡坡向处于 0~90°区间;879 处灾害点的斜坡坡向处于 91°~180°区间;396 处灾害点的斜坡坡向处于 181°~270°区间;448 处灾害点的斜坡坡向处于 271°~359°区间。

据此可知,海东市境内崩塌和滑坡地质灾害主要沿东南或西南坡向分布,且东南向斜坡带分布的灾害隐患点斜坡多于西南向斜坡带,这主要受区内的斜坡坡向特征和人类工程活动的影响,因为东南向斜坡带日照时间充足,往往是居民削坡建房的首选斜坡带。

二、泥石流地质灾害

地形地貌是形成泥石流的内因和必要条件,它制约着泥石流的形成和运动,影响着泥石流的规模和特性。地形地貌对泥石流灾害的控制影响因素主要表现在泥石流沟沟床比降、泥石流沟相对高差、沟谷斜坡坡角等3个方面。此外,沟壑密度对泥石流的发育也有一定的影响。

地形地貌对泥石流灾害的影响分析主要基于海东市境内1000处泥石流(沟)的现场调查和统计分析工作。

1. 泥石流沟沟床比降

沟床比降是泥石流物质由势能转化为动能的必要条件,也是影响泥石流形成和运动的重要因素。沟床比降既表现了沟谷坡面侵蚀与沟道侵蚀的相互关系,又反映出泥石流沟的发育状况。当沟谷处于发展期时,沟床强烈下切且极不稳定,常具有猛冲猛淤的特点,泥石流固体物质往往在较短的时间运移到堆积区,使沟床比降不断进行调整。当沟床比降变缓时,泥石流固体物质难以运移到沟口以下的堆积区,沟床比降处于不冲不淤的均衡状态,泥石流活动将发生显著变化,其间歇期增长,易发性降低,直至衰亡,即由泥石流沟谷变成非泥石流沟谷。

海东市境内共发育1000处泥石流,统计表明,区内泥石流沟的沟床比降介于60‰~150‰,充分说明在此区间的沟床比降对泥石流的形成和运移最为有利。

对于泥石流沟道分布的松散固体物质而言,沟床比降也影响着沟道堆积物的稳定性和启动能力。沟床比降越大,松散固体物质越不稳定,也更易启动。但这并非代表泥石流的易发性越强,因为泥石流的形成不仅要求沟道松散物质启动,同时也需要一定的物质储集过程。若沟床比降大于松散物质的休止角,坡面入沟的松散物质难以积累,则难以形成泥石流;若沟床比降小于沟谷侵蚀下限,沟内松散物质处于稳定状态,也难以形成泥石流。由此可见,形成泥石流的沟床比降,存在一定的界限值,其下限为泥石流的自然停止角,上限可取松散物质的休止角。因此,最有利于泥石流形成的沟床比降应为沟道固体物质的饱和休止角。

2. 泥石流沟相对高差

相对高差主要体现泥石流沟流域的地形起伏程度和切割侵蚀强度,也体现了沟谷的发育程度。海东市境内共发育的1000余条泥石流沟统计表明区内泥石流沟的相对高差为100~800m。

3. 沟谷斜坡坡角

泥石流沟谷斜坡坡角对泥石流的发育影响主要表现为:泥石流沟谷斜坡的陡缓直接影响到固体物质的补给方式与数量,进而影响泥石流的规模;泥石流沟谷斜坡坡角越大,坡面汇流越快,降水形成洪峰所需的时间越短,从而使泥石流更易具备成灾的水源条件。

海东市境内共发育的1000余条泥石流沟统计表明:泥石流发育区的沟谷斜坡坡角介于25°~70°;泥石流沟沟谷斜坡坡角主要集中于35°~60°。

由此可见,泥石流沟沟谷斜坡坡角为 35°~60°时,最有利于泥石流固体物质以坡面侵蚀的方式补给。

第二节 地质构造

海东市境内主要发育西域构造体系、纬向构造体系和河西构造体系,对崩塌、滑坡和泥石流地质灾害发育最具有影响的构造活动为新构造运动。

区内新构造运动以振荡式隆升为主,具明显的继承性、间歇性,新构造运动的隆起、断裂及沉降具清晰形迹。新构造运动的抬升不仅使河谷区形成多级阶地,还导致山前形成冰碛台地,使中、更新世黄土底砾层抬升至侵蚀基准面以上数十米,由于后期流水作用的强烈侵蚀,形成冲沟的地貌景观,为泥石流灾害的发生提供了动能条件和物源条件,也为滑坡的发生提供了动能条件。

地质构造对地貌的发育阶段及过程具有控制作用,地质灾害作为一种微地貌的演化过程,是地貌对构造的响应。地质灾害发育的强度直接反映了构造作用的强度与方式。新构造运动对地质灾害的影响是通过对地貌的改造实现的,最终归结为地形的影响。

综上所述,新构造运动使山地不断抬升,增加了泥石流发生的动能。流水不断下切,斜坡高差不断增加,稳定性不断降低,为滑坡的发生创造了动能条件,同时也使老滑坡堆积体逐步抬高,临空面加大,前缘坡体逐步变陡,导致滑坡失稳形成新的灾害,这也是区内老滑坡不断复活的重要因素之一。河谷两侧发育的滑坡也为泥石流提供了丰富的物源条件。

第三节 工程地质岩组

工程地质岩组是地质灾害发育的物质基础,海东市境内分布的工程地质岩组包括基岩岩组和土体岩组。其中,基岩岩组分为块状坚硬花岗岩、闪长岩岩组,层状坚硬石英岩、灰岩岩组,层状较坚硬砂岩、板岩岩组,层状软弱砂岩、泥岩岩组 4 个类型;土体岩组分为双层结构粉土、砂卵石、砂砾石土,单层结构卵砾石土,单层结构粉细砂,多层结构砂土、黏性土。

地质灾害调查统计分析表明,海东市境内地质灾害及隐患点主要分布于双层结构粉土、砂卵石、砂砾石土,多层结构砂土、黏性土及层状软弱砂岩、泥岩岩组中,其他岩组地质灾害发育相对较少。其中,双层结构粉土、砂卵石、砂砾石土主要发育在区内河流及其支沟阶地上;层状软弱砂岩、泥岩岩组在区内广泛分布,岩体由泥岩、砂砾岩等组成。

一、易滑地层

根据海东市崩塌和滑坡地质灾害分布与地层岩性关系分析可知,古近系—新近系泥岩砂岩以及第四纪黄土(晚更新世和全新世)为易滑地层。

1. 古近系—新近系泥岩

1)地层岩性特征

新构造运动的不断发展,使得整个青藏高原及其以西地区形成了区域性的隆起或局部的凹陷,在此期间,西宁盆地开始了全面的沉积。西宁盆地在大地构造上属祁连加里东褶皱系祁连中间隆起带,晚印支运动在元古宇结晶基底上形成的断陷盆地,盆地中堆积中—新生代红色含盐碎屑岩。

海东市古近系—新近系以泥岩夹石膏岩为主,第一、二级阶地地区古近系—新近系分布于第四系全新统冲积黄土及卵砾石土层下部,埋深一般10~20m。低中山区古近系—新近系主要分布于第四系上更新统风积黄土及冲积卵砾石土下部。泥岩以棕红色、灰绿色为主,层状构造,泥质结构,成岩作用差,夹灰绿色石膏岩及盐岩。石膏岩与泥岩呈互层状,以灰色、灰白色、灰绿色为主,纤维状结构,层状构造,成分以石膏、蒙脱石、芒硝为主,味咸苦,成岩作用差(张启龙,2010;张晓宇,2011)。

2) 物理力学性质

古近系—新近系泥岩夹石膏岩天然密度为2.10~2.83g/cm^3,平均2.41g/cm^3,天然密度值较小。吸水率平均值为0.94%,天然含水率为0.7%~18.1%,平均7.95%,含水率较小。泥岩单轴抗压强度为0.51~11.00MPa,平均3.93MPa,属于极软岩。

3) 工程地质性质

(1) 崩解性

古近系—新近系泥岩夹石膏岩为干旱环境下形成的内陆湖相沉积碎屑岩,形成时代较晚,成岩程度不高,膨胀性黏土矿物含量相对较高,失水易收缩开裂、遇水则膨胀湿化崩解,且裂隙和孔隙比较发育。古近系—新近系泥岩夹石膏岩的软化崩解与风化程度有密切关系,岩石风化程度越深则越易于崩解破坏(吴启红等,2010)。随着岩石风化程度的加深,岩石抗软化崩解能力降低,岩体的工程性能明显变差。现场钻探也表明,完整的柱状泥岩夹石膏岩岩芯在刚施钻完后锤击不易碎,但在空气中暴露数天后,很快就会崩解成碎块状、土状。

海东市斜坡地带的古近系—新近系泥岩夹石膏岩产状近水平,通常发育两组垂直节理。由于泥岩夹石膏岩含硫酸盐及岩盐,溶蚀后形成大量空洞,经风化作用,崩解后在坡脚地带形成大量崩塌、危岩落石、滑坡、岩堆等堆积物,构成不良地质发育带。

(2) 膨胀性

古近系—新近系泥岩夹石膏岩膨胀性试验数据显示,自由膨胀率为41%~90%,平均为60%;蒙脱石含量为7.0%~15.6%,平均为10.43%;阳离子交换量为82~231mmoL/kg,平均值为156mmoL/kg。根据《铁路工程地质勘察规范》,判定古近系—新近系泥岩夹石膏岩具弱膨胀潜势;根据《膨胀土地区建筑技术规范》,判定其具弱、中膨胀潜势。

由于成岩作用,古近系—新近系泥岩夹石膏岩颗粒之间有较强的连通性,这种连接通过机械破碎不能完全破坏,因此膨胀岩的自由膨胀率较低,但泥岩夹石膏岩中亲水矿物蒙脱石含量较高。海东市分布的古近系—新近系泥岩膨胀力试验结果表明,膨胀力数值为581~2100kPa,膨胀力值较大。结合自由膨胀率试验数据,可判定泥岩夹石膏岩为膨胀岩。

(3) 腐蚀性

由于古近系—新近系泥岩夹石膏岩化学成分中含有硫酸盐结晶体及岩盐,易溶盐分析表明,试样的pH值为7.56~9.0,SO_4^{2-}含量8884~232 175mg/kg,HCO_3^-含量118~647mg/kg,Cl^-含量810~25 075mg/kg,Mg^{2+}含量26~189mg/kg。按《岩土工程勘察规范》,该试样对混凝土结构具硫酸盐强腐蚀性;对钢筋混凝土结构中的钢筋具强腐蚀性。物探资料显示,泥岩夹石膏岩的电阻率小于20Ω·m,对钢结构具强腐蚀性。

由于水—岩相互作用,古近系—新近系泥岩夹石膏岩分布区的地下水水质一般较差,也反映了泥岩夹石膏岩的一些特性及成分。此外,由于石膏层在有水的情况下易发生溶蚀,使其强度降低、变形增大,并产生对混凝土有腐蚀的水溶液,因此应该在工程中考虑泥岩夹石膏岩的腐蚀性,其判定结果也应参考泥岩夹石膏岩的岩土分析结果(张晓宇,2012)。

综上所述,海东市分布的古近系—新近系泥岩成为易滑地层的原因主要在于其特定的地质特征和物理力学性质。该岩层具有低塑性和较低的抗压强度,泥岩的含水率和吸水率相对较高,使其在含水条件下容易崩解。同时,含有硫酸盐及岩盐的泥岩在溶蚀作用下形成空洞,进一步削弱其结构稳定性。此外,该岩层的膨胀性和腐蚀性也导致其在地下水渗透时产生变形和强度下降,增加了崩塌和滑坡发生的概率,同时不利于地灾防治工程结构的抗腐蚀性。

2. 第四纪黄土

1)地层岩性特征

第四纪黄土是海东市广泛分布的一类特殊性土,由上更新世及全新世风积冲洪积物组成,湿陷性黄土直接影响着黄土斜坡的稳定性(罗传庆等,2016)。

黄土是以粉土颗粒为主、富含碳酸盐、具有大孔性的黄色松散沉积物,岩层结构特征以黄土粉质黏土为主,颗粒较均匀,虫孔和植物残体较普遍,无层理,垂直节理发育(高英等,2019)。

2)物理力学性质

青海地区湿陷性黄土的干密度范围为$1.32×10^3 \sim 1.43×10^3 kg/m^3$,孔隙比区间为$0.8 \sim 1.1$,粒度成分以粉土颗粒($0.05\sim0.005mm$)为主,占总量的$38\%\sim88\%$,黏土颗粒($<0.005mm$)占总量的$5\%\sim36\%$,砂土颗粒($>0.05mm$)占总量的$7\%\sim20\%$。颗粒组成上,青海地区湿陷性黄土与我国其他地区的黄土主要差别在黏土含量上,青海地区黄土的黏土含量相对较多。

青海地区湿陷性黄土的压缩系数(a)大部分为$0.01\sim0.05MPa^{-1}$,以中等压缩性为主,其次为高压缩性,仅有小部分具低压缩性。

湿陷性黄土的液限较小。液限是稠度的指标之一,反映了水对黄土性状的影响,也是决定黄土力学性质的一个重要指标。当液限$Wp \geqslant 30\%$时,黄土的湿陷性较弱,且多为非自重湿陷性;液限$Wp<30\%$时,湿陷性较强。

此外,青海地区湿陷性黄土的塑性指数较小,多属于粉土范畴。天然含水量分布区间较大,且较分散,无明显的集中区段,这可能与场地的地下水水位埋深和年平均降水量有关(曲淑艳,2011)。

3)工程地质性质

(1)可塑性

海东市不同地段的多组黄土实验资料统计分析显示,该地区的黄土主要为低塑性土,局部地段则表现为中塑性土。这一特征表明,大部分黄土在水分变化时的变形能力较弱,容易受到外力影响而发生变形或崩解,而中塑性土的存在则意味着某些区域可能具备更高的塑性和适应能力,但整体上仍需关注其稳定性与湿陷性风险。

(2)崩解性

海东市黄土具有几个显著特征:黏粒含量相对较低,导致黏聚力不足,易于崩解;孔隙发育良好,使水分快速渗透,从而降低有效应力,增加脆弱性易于崩解;塑性较低,形变能力有限,难以适应应力调整带来的变化而崩解。

(3)颗粒组分特征

海东市湿陷性黄土的颗粒组分含量为:黏粒14%左右、粉粒55%左右、砂砾23%左右。颗粒组分随黄土试样所处的地貌部位不同而有差异,由低阶地向高阶地、洪积群、黄土丘陵过渡黏粒含量减小,粉粒含量和砂砾含量增高。这一结果说明,海东市的湿陷性黄土是粉质土,且低阶地一般为粉质黏土,高阶地为粉质亚砂土,黄土丘陵为粉土。

(4)湿陷强度

海东市的湿陷性黄土,以中等湿陷强度为主,强湿陷性黄土次之,仅有少部分弱湿陷性黄土,湿陷强度在平面上受控于其所处的微地貌位置及成因。一般河谷高阶地上的黄土以弱湿陷为主,低阶地的以中等湿陷为主,洪积裙及黄土丘陵边坡地带的以强湿陷为主。在垂向上,湿陷强度随深度的增加而减弱,呈现不规则的递减趋势。湿陷系数的峰值一般出现在黄土深度1.5~2.5m和6.5m左右。黄土深度10m左右,湿陷系数小于0.015。

(5)湿陷类型及等级

根据《湿陷性黄土地区建筑标准》(GB 50025—2018),海东市的湿陷性黄土湿陷类型、湿陷等级划分为:河谷低阶地的湿陷性黄土一般为Ⅰ—Ⅱ级非自重湿陷,高阶地多为Ⅱ级非自重湿陷,洪积裙多为Ⅰ—Ⅱ级自重湿陷,黄土丘陵边缘地带多为Ⅰ级自重湿陷(张丰雄,2008)。

综上所述,海东市分布的第四纪黄土成为易滑地层的原因在于黏粒含量较低,导致黏聚力不足,易于崩解;孔隙发育良好,使水分快速渗透,从而降低有效应力,增加脆弱性;塑性较低,形变能力有限,难以适应应力调整带来的变化,这些都不利于黄土斜坡的稳定。因此,黄土的成因、物理特性和斜坡区水文地质条件的综合作用使海东市晚更新世(风积黄土)和全新世(湿陷性)黄土斜坡极易发生滑坡,成为易滑地层。

二、斜坡地质灾害

海东市广泛分布双层结构粉土、砂砾卵石岩组,其下伏基岩均为软弱层状碎屑岩。粉土结构疏松,孔隙比大,表层土体松散,降水极易下渗。下伏新近系泥岩夹薄层状粉砂岩,透水性较差,遇水易软化。降水入渗后进入软弱接触带,造成土体饱和、重量增大,同时也显著降低了接触带处土体的抗剪强度,进而形成滑带,在后期的如降水、地震及人类工程活动等诱因作用下极易形成土质滑坡。

研究区古近系—新近系划分为软弱层状碎屑岩岩组,岩性主要为巨厚层泥岩,厚度3~5m,下部为泥岩、砂岩。泥岩层抗风化能力弱,易形成岩腔,从而导致崩塌或者危岩体。同时,泥岩层也是软弱层,易形成岩质滑坡的滑动面,一些老滑坡就发育于古近系—新近系软弱层状碎屑岩岩组。

三、泥石流地质灾害

海东市境内泥石流主要分布在侵蚀剥蚀中高山区。泥石流形成区多出露砂岩、板岩、石英岩、灰岩等较坚硬岩组、坚硬岩组,表层覆盖约50cm的碎石土,结构松散,构成易冲、易滑地层,是泥石流固体物质集中补给的主要来源。

泥石流流通区通常为山前斜坡带,主要为双层结构的粉土、砂卵石、砂砾石土,是泥石流沟道沿程补给的重要来源。因此,此类岩组在地形条件适宜的条件下发生泥石流的可能性较大。

第四节　降水与地下水

水是引发地质灾害的重要因素之一,降水和地下水对地质灾害的孕育和发生起着至关重要的作用。

(1)降水

海东市境内年降水少,但近几年总体呈增多趋势。年平均降水量319.2～531.9mm,但降水量年内分配极不均匀,多集中在7—9月,占全年降水量的83.7%。此时段雨强较高、日降水量大、降水集中,多夜雨、暴雨。年最大降水量491.5mm,24小时最大降水量53.5mm。

据调查资料,海东市境内地质灾害主要发生在6—10月,其中又以7、8月最多。地质灾害与降水量以及降水特征关系密切。区内近年发生滑坡、崩塌频次与多年月平均降水量呈明显的正相关关系。降水沿着黄土或基岩构造节理、卸荷与风化裂隙、落水洞、陷穴等空隙下渗甚至灌入,在相对隔水部位形成饱水带,软化滑动带。降水增大岩土体重力,甚至形成孔隙水压力,降低岩土体强度,从而触发滑坡、崩塌。降水的多少直接影响地质灾害的发生频率,每年的雨季同时也是地质灾害的高发季节,其他月份发生的地质灾害则明显减少。因此,降水是地质灾害的主要诱发因素之一。

(2)地下水

地下水作为一种地质因素,是地质环境中最为活跃的成分,对岩土体的力学性质的影响作用不可忽视,主要表现为3方面:一是地下水通过物理的、化学的作用改变岩土体的结构,从而改变岩土体的抗剪强度参数;二是地下水通过孔隙静水压力作用,影响岩土体中的有效应力而降低斜坡的抗滑作用力;三是地下水渗流过程中对岩土体施加渗透力,从而降低岩土体的稳定性。

一、斜坡地质灾害

1. 对土质滑坡和崩塌灾害的影响

海东市境内广泛分布侵蚀剥蚀中高山区,植被稀少,水土流失较严重,地下水贫乏。少量地下水活动也可通过对岩土体物理作用和水化学作用的相互作用,改变岩土体的结构性而影响其力学性能,降低碎石土强度,改变坡体应力状态,常常触发斜坡变形失稳。据相关研究资料,当碎石土含水量小于18%时,碎石土力学强度较高,坡体在直立的状态下也可保持稳定;但如果含水量大于20%,则强度降低很快,坡体稳定性亦变差。故地下水活动对斜坡变形失稳的影响作用比较明显。

研究区土质滑坡体和崩塌体主要由粉土、砂砾卵石构成。当强降雨和连续降水时,降水下渗,有的甚至直接从坡面上发育的裂隙中灌入坡体深部而转化为潜水,造成岩土体力学性质发生改变,强度显著降低,导致坡体失稳而发生滑坡灾害。区内地下水贫乏,分布不均,灾害规模多为小型,土质滑坡和崩塌受地下水影响不明显。

2. 对岩土复合、岩质滑坡和崩塌灾害的影响

岩土复合斜坡是下部为基岩,上覆松散堆积物的斜坡(图4.4.1)。海东市侵蚀剥蚀中高山区下伏基岩为新近系泥岩夹薄层状粉砂岩,上覆第四系松散堆积物主要为上更新统冲洪积粉土、砂砾卵石。

调查统计,区内沟谷切割较深或人类工程活动强烈的区域,岩土复合斜坡较为发育。上覆第四系松散堆积层结构相对松散,有利于降水入渗,下伏泥岩为相对隔水层,当遇持续降水时,上部第四系松散堆积层土体容重增大,从而引发斜坡失稳。同时,泥岩遇水易软化,持续降雨条件下易在下覆接触面形成滑面,使上覆第四系松散堆积物沿泥岩面发生滑动后形成滑坡。

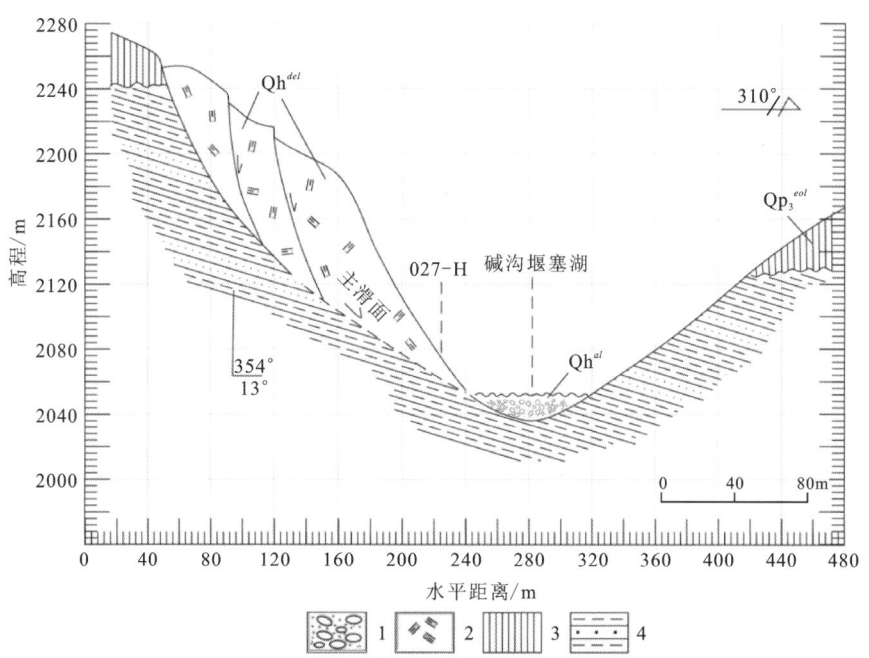

1.第四系全新统冲洪积砂砾石;2.第四系全新统滑坡堆积;
3.第四系上更新统风积黄土;4.古近系西宁群砂岩、泥岩。

图4.4.1 碱沟滑坡横剖面图

二、泥石流地质灾害

地下水对泥石流的间接影响主要是通过对形成区斜坡稳定性的影响,造成沟谷两侧坡体局部地段发生崩(垮)塌,进而控制松散固体物质补给量来产生作用。由于本区地下水相对贫乏,因此地下水对泥石流影响不明显。

第五章 地质灾害风险评价

第一节 易发性评价方法与模型

一、评价方法

地质灾害易发性评价是进行危险性和风险评价的基础,是对一个地区已发生地质灾害类型、数量、密度、空间分布特征和影响易发性的因素进行分析评价,用一定的模型对地质灾害发生空间分布与相关地质灾害影响因素建立关系模型,重点分析评价一个地区地质灾害已经发生的程度,并预测未来发生地质灾害的倾向性。着重强调静态地质灾害易发条件和灾害发生的空间概率统计分析评价。核心内容包括地质灾害特征、空间密度、易发条件和潜在易发区预测评价。

地质灾害易发性评价因包含的影响因素众多,且部分影响因素还没有成熟的方法予以量化,评价难度大。目前,地质灾害易发性评价的确权方法主要为层次分析法(analytic hierarchy process,即 AHP 法),评级模型有综合指数法、模糊综合评判法、多目标现行加权函数法、灰色评估法、反向传播(back propagation,BP)人工神经网络法等。这些方法均具有很强的探索性,尚未形成较为统一的方法体系。

层次分析法是美国匹茨堡大学教授 Saaty 在 20 世纪 70 年代提出的一种定性与定量相结合的多准则决策方法。层次分析法是对非定量事件作定量分析的一种简单、有效的方法,具有较强的逻辑性、实用性和系统性,也是目前城市工程地质环境质量评价中确定权重最常用的方法之一。该方法根据问题的性质和预期的总体目标,将问题分解为不同的组成因素,按照因素间的相互关联度及隶属关系,将指标按不同层次聚集组合,形成一个多层次的分析结构模型,最终将系统分析归结为最底层相对于最高层的重要性权值的确定过程(图 5.1.1)。

层次分析法的基本构思是:先将复杂问题分解成各个组合因素,按照支配将这些因素分组,使其成为有序的递阶层次结构,然后通过两两比较的方式判断各层次中诸因素的相对

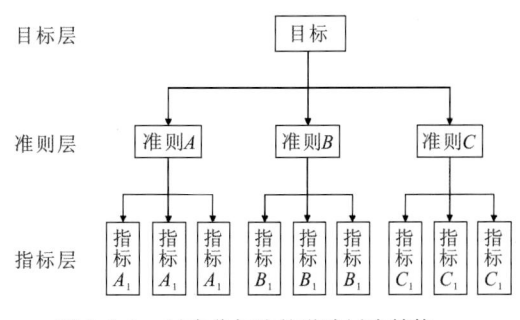

图 5.1.1 层次分析法的递阶层次结构

重要性,再综合这些判断确定诸因素在决策中的权重。

二、基于层次分析法的要素指标权重确定

进行地质灾害易发性评价时,评估指标权重系数的确定是评估模型研究的一个重点也是难点。准确、科学、合理地确定权重系数是保证评估模型符合各要素之间、要素评估目标之间关系的关键。

目前权重的确定方法主要有主观赋权法和客观赋权法。主观赋权法如专家调查法、二项系数法、环比评分法、层次分析法等;客观赋权法是对各指标根据一定的规则进行自动赋权的一类方法,如主成分分析法、熵技术法、均方差法、多目标规划法等。

根据地质灾害易发性评价的特点,针对工程地质条件、水文地质条件和社会经济条件等积累的较多经验,指标体系适合采用层次分析法和专家调查法。地质灾害易发性评价的要素复杂多样,采用层次分析法有利于明确影响要素的分析和指标体系的建立。通过两两比较矩阵,确定评估指标权重,可将人为的主观判断的定性分析进行定量化,帮助决策者保持思维过程的一致性,将各种评估指标之间的差异进行数值化,从而为确定这些评估指标的权重提供相对合理的依据。

层次分析法分为4个步骤(图5.1.2)。

(1)建立递阶层次结构。要达到地质灾害易发性评价的总目标,首先将地质灾害孕灾环境看成一个系统,然后将影响地质灾害易发性的因素分解成不同的元素,并按参评指标的隶属关系及相互关联度将参评指标按不同的层次聚集组合,形成一个多层次结构模型。层次结构一般分为3层,从上到下依次为:目标层(地质灾害易发性评价)、准则层(地质灾害易发性评价)、具体参评指标层。

(2)采用 Saaty 提出的1~9标度法构造两两比较判断矩阵。根据分层结构模型,对于 B 层和 C 层将同一层指标分别以上一层子指标为准则采用1~9的比率进行两两比较(表5.1.1),对每一层中各项指标相对重要性给出一定的判断,得到 B 层对 A 层的判断矩阵 $B_1—A, B_2—A, \cdots, B_n—A$,$C$ 层对 B 层的判断矩阵 $C_1—B_1, C_2—B_2, \cdots, C_n—B_n$。

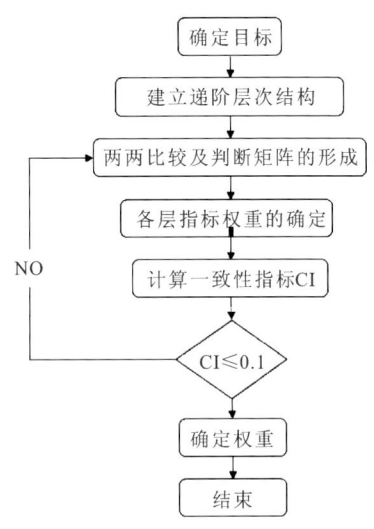

图 5.1.2 层次分析法流程

表 5.1.1 层次分析法的标度含义

标度	含义
1	表示因素 i 与因素 j 相比,具有同等重要性
3	表示两个因素相比,i 因素比 j 因素稍微重要

续表 5.1.1

标度	含义
5	表示两个因素相比，i 因素比 j 因素明显重要
7	表示两个因素相比，i 因素比 j 因素更为重要
9	表示两个因素相比，i 因素比 j 因素极端重要
2、4、6、8	上述两相邻判断之中值
若因素 i 与 j 比较得到判断 r_{ij}，则因素 j 与因素 i 比较的判断为 $1/r_{ij}$	

(3)根据 **B—A** 和 **C—B** 判断矩阵计算评价因子的相对权值。现以 **B—A** 层的权重计算为例说明计算步骤。假定 $\boldsymbol{R}\in M_{m\times n}$ 为 **A—B** 判断矩阵，$r_{ij}\in\boldsymbol{R}, i=1,2,\cdots,n; j=1,2,\cdots n$。特征向量就是 $B_1, B_2, \cdots, B_n$ 对 **A** 的权向量，$\boldsymbol{W}=(w_1, w_2, \cdots, w_n)$，当 **R** 的阶数很大时，可用式(5.1.1)计算求得：$\overline{w_i}=(W_1, W_2, \cdots, W_n)$，为所求得的特征向量的近似值，即为各指标的权重。

$$w_i = \frac{\left(\prod_{j=1}^{n} r_{ij}\right)^{1/n}}{\sum_{i=1}^{n}\left(\prod_{j=1}^{n} r_{ij}\right)^{1/n}} \tag{5.1.1}$$

式中：R_{ij} 为比较判断矩阵 **R** 的第 i 行第 j 列的元素。

$\lambda_{\max}$ 为矩阵的最大特征值

$$\lambda_{\max} = \frac{1}{n}\sum_{i=1}^{n}\frac{(\boldsymbol{RW})_i}{w_i} \tag{5.1.2}$$

式中：w_i 为权重向量 **W** 的第 i 个元素；**R** 为比较判断矩阵；n 为比较判断矩阵的阶数。

(4)进行一致性和随机性检验。为了降低判断思维出现的不一致性偏差，要对判断矩阵的不一致性和随机性进行检验。

$$\text{CI} = \frac{(\lambda_{\max} - n)}{n-1} \tag{5.1.3}$$

$$\text{CR} = \frac{\text{CI}}{\text{RI}} \tag{5.1.4}$$

式中：CI 为一致性指标；$\lambda_{\max}$ 为权重向量的最大特征根；n 为矩阵阶数；RI 为平均随机一致性指标(表 5.1.2)；CR 为随机一致性比率。

表 5.1.2 平均随机一致性指标值

n	1	2	3	4	5	6	7	8	9
RI 值	0.00	0.00	0.58	0.90	1.12	1.24	1.32	1.41	1.45

如果随机一致性比率 CR<0.10，则判断矩阵具有满意一致性，所求权重值比较合理，否则重新调整判断矩阵的取值再进行两两比较判断。

三、模糊综合评判法

易发性的准则组与地质要素之间的作用效应与空间作用类型、岩土体、地下水条件等组合方式密切相关，且情况复杂、变异性较大，直接给出判断矩阵较困难，可以结合模糊综合评判法。

模糊综合评判法是应用模糊关系合成的特征，从多个指标对被评价事物隶属等级状况进行综合评判的一种方法，它把被表述事物的变化区间做出划分，又对事物属于各个等级的程度做出分析，这样使得对事物的描述更加深入客观，模糊综合评判法流程如图 5.1.3 所示。

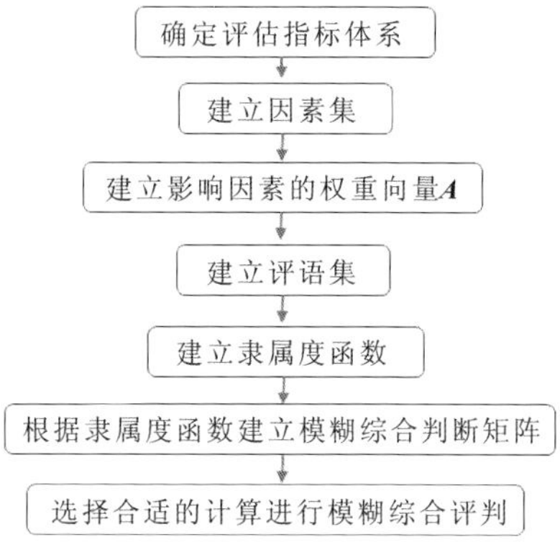

图 5.1.3　模糊综合评判法流程

设 $U=\{u_1,u_2,\cdots,u_n\}$ 为评价指标集，$V=\{v_1,v_2,\cdots,v_n\}$ 为评语集，评价指标集与评语集论域之间的模糊关系用矩阵 R 表示

$$R = \begin{bmatrix} r_{11} & r_{12} & \cdots & r_{1n} \\ r_{21} & r_{22} & \cdots & r_{2n} \\ \vdots & \vdots & \vdots & \vdots \\ r_{m1} & r_{m2} & \cdots & r_{mn} \end{bmatrix} \tag{5.1.5}$$

式中：$r_{ij}=\mu(u_i,v_j)$ $(0\leqslant r_{ij}\leqslant 1)$，表示就指标 u_i 而言被评为 v_j 的隶属度；矩阵 R 中第 i 行 $R_i=(r_{i1},r_{i2},\cdots,r_{in})$ 为第 i 个评价指标 u_i 的单指标评判，它是 V 上的模糊子集。

由于各评价指标在评价过程中起的作用大小不同，需考虑各指标在评价过程中的权重。假定 $a_1,a_2,\cdots,a_m$ 分别为 $u_1,u_2,\cdots,u_m$ 的权重，且满足 $a_1+a_2+\cdots+a_n=1$，则 $A=(a_1,a_2,\cdots,a_m)$ 为反映指标权重的模糊集。

$$B = AR = (a_1,a_2,\cdots,a_n) \begin{bmatrix} r_{11} & r_{12} & \cdots & r_{14} \\ r_{21} & r_{22} & \cdots & r_{24} \\ \cdots & \cdots & r_{ij} & \cdots \\ r_{n1} & r_{n2} & \cdots & r_{n4} \end{bmatrix} \tag{5.1.6}$$

通过模糊运算可得 $AR=B=(b_1,b_2,\cdots,b_n)$ $(0\leqslant b_j\leqslant 1)$，根据最大隶属度准则，$b_{i_0}=\max\limits_{1\leqslant j\leqslant n}\{b_j\}$ 所对应的评语 V_{30} 即为评判结果。

地质灾害易发性评价往往涉及众多的评价指标，且各指标有层次、类别之分，需要进行多级别模糊综合评判。即将低层次指标评判结果所得的 $B_i=(b_{i1},b_{i2},\cdots,b_{im})$ 作为上一级评价指标的单指标评判，分级评判，得到最终结果。

第二节 地质灾害易发性评价指标体系

一、基础数据来源

本次研究收集了精度为 30m 的海东市数字高程模型(DEM)、1∶20 万海东市地质图、1∶20 万海东市地貌图、1∶20 万水系图、NDVI 数据、海东市雨量站点降水量数据、道路矢量数据、滑坡点数据等。其中,海东市数字高程模型下载自地理空间数据云平台,地貌图提取自 ISRIC 数据,地质图和水系图通过 Bigemap 下载获取,NDVI 数据来源于资源环境科学数据注册与出版系统,降水量数据取自海东市普查数据,道路矢量数据提取自 OSM 数据,滑坡点数据来源于海东市 6 县(区)1∶5 万地质灾害风险调查评价成果报告。除此之外,本书还搜集了研究区基础地质环境及地质灾害调查等基础数据。指标分类及其数据来源如表 5.2.1 所示。

表 5.2.1 指标分类及其数据来源表

主 类	序号	亚 类	数据来源
地形地貌	1	高程	DEM 提取
	2	坡角	
	3	坡向	
	4	坡形	
	5	地形起伏度	
岩性	6	工程地质岩组	Bigemap 下载
土壤	7	地形湿度指数	DEM 计算
植被	8	植被覆盖度	资源环境科学数据注册与出版系统
降水	9	台风暴雨	海东市普查数据
人类工程活动	10	距道路距离	OSM 数据提取

二、评价单元选取

地质灾害,特别是滑坡灾害评价单元是一种用于识别、评估和预测滑坡灾害可能性的工具,可用于灾害可能性评价、技术性灾害风险管理和灾害预防等目的。评价单元作为各类地质、地理信息的载体,对于地球浅表层自然实体或对象的表达至关重要,选择合理的易发性评价单元对评价结果精度有着重要的影响(Rossi, et al., 2017)。常见的滑坡灾害易发性评价单元有地貌单元、栅格单元、斜坡单元和行政单元4种(Fausto Guzzetti, et al., 1999)。

(1)地貌单元是以地貌形态为依据的评价单元,它可以从地貌特征和岩性结构的角度来分析滑坡灾害的发生可能性。

(2)栅格单元将评价区域划分为等大小的栅格单元,对每个单元进行评价。它是以地理信息系统(GIS)栅格数据为基础的评价单元,可以从地形特征和地表特征的角度来分析滑坡灾害的发生可能性。这种划分方式适用于地形坡角比较平缓,地形起伏不大的区域。

(3)斜坡单元将评价区域按照斜坡单元进行划分,对每个斜坡单元进行评价。它是以地质体整体为单元、以斜坡角度为依据的评价单元,可以从空间尺度和地形特征的角度来分析滑坡灾害的发生可能性。这种划分方式适用于地形坡角较大,地形起伏较大的区域。

(4)行政单元是以行政区域为依据的评价单元,它可以从社会经济状况和人口密度的角度来分析滑坡灾害的发生可能性。

与其他评价单元相比,栅格单元处理速度快,结果较准确。结合研究区实际情况,将栅格单元作为滑坡易发性评价的评价单元,具有更为明确的地质意义。广泛使用的网格确定公式如下

$$G_s = 7.49 + 0.006S - 2.0 \times 10^{-9}S^2 + 2.9 \times 10^{-15}S^3 \qquad (5.2.1)$$

式中:G_s 表示网格大小;S 表示基础地形图等高线精度分母。

常见格网规格为 $5m \times 5m$、$10m \times 10m$、$20m \times 20m$、$30m \times 30m$ 和 $40m \times 40m$ 等,根据上述公式并结合研究区实际情况,栅格单元定为 $10m \times 10m$。

三、评价因子相关性分析

选取合适的评价指标对于区域滑坡灾害易发性评价的准确性有着直接影响。选择评价指标不是越多越好,而是要考虑它们之间是否存在相关性。

评价指标相关性分析是指对评价指标之间的相关性进行研究和分析,以了解它们之间的关系,从而更好地理解评价指标对所研究对象的影响。通常情况下,评价指标的相关性分析是在建立指标体系之前进行的,目的是确定指标体系的合理性和可行性,以及避免指标之间的重复和冗余。

评价指标相关性分析通常采用相关系数分析的方法,主要包括以下步骤。

(1)确定分析的指标:根据研究的目的和领域,确定需要分析的评价指标,并将其进行编码和分类。

(2)收集数据:收集与所选指标相关的数据,可以通过调查问卷、实地观测、数据库等方式获取。

(3)数据预处理:对收集到的数据进行处理,包括数据清洗、数据转换、数据缺失值处理等。

(4)计算相关系数:使用合适的相关系数方法(如 Spearman 相关系数或 Pearson 相关系数)计算指标之间的相关系数。

(5)解释和分析结果:根据相关系数的取值范围和显著性检验结果,对指标之间的相关关系进行解释和分析。

评价因子相关性分析方法包括皮尔逊相关系数法、斯皮尔曼相关系数、条件指数法、方差

膨胀因子和容差等。本次采用Spearman相关系数法(Hauke and Kossoweki,2011)来判断指标之间的相关性。当相关性系数$R>0$时,各因子间呈正相关;当$R<0$,各因子间呈负相关;当$R=0$时,则各因子间无线性相关关系。$|R|$越接近于1,则相关性越高。

可通过SPSS软件实现该方法的计算,相关性系数矩阵见表5.2.2。由表可知,各因子的相关性系数绝对值均小于0.5,这表明因子间相关性较低,因此可选取这10个因子作为研究区滑坡易发性评价指标。

表 5.2.2 评价因子相关性系数矩阵

	高程	坡角	坡向	坡形	地形起伏度	工程地质岩组	地形湿度指数	植被覆盖度	降水	人类工程活动
高程	+1									
坡角	-0.05	+1								
坡向	+0.09	-0.03	+1							
坡形	+0.07	-0.01	+0.02	+1						
地形起伏度	-0.06	-0.03	-0.01	0.00	+1					
工程地质岩组	-0.21	-0.02	-0.07	0.00	+0.28	+1				
地形湿度指数	+0.01	+0.01	+0.02	0.00	-0.05	-0.04	+1			
植被覆盖度	+0.26	+0.05	+0.03	0.00	-0.41	-0.47	+0.09	+1		
降水	+0.02	-0.01	+0.06	0.00	+0.22	+0.16	+0.07	-0.26	+1	
人类工程活动	+0.06	-0.05	+0.04	0.00	+0.11	+0.16	-0.04	-0.13	-0.12	+1

四、评价因子的选取

地质灾害易发性评价指标的选取原则主要有以下几点。

(1)与滑坡相关性强:评价指标应该与滑坡的发生、发展、稳定性等方面有着较强的相关性,能够准确反映滑坡的易发性。

(2)客观可靠:评价指标应该是客观的、可重复的、可靠的。指标的选取要基于大量的实验数据和统计分析,确保其科学性和可信度。

(3)易于获取和测量:评价指标应该是易于获取和测量的。如果指标过于复杂或需要昂贵的设备和技术才能获取,那么它可能无法得到广泛应用。

(4)灵敏度高:评价指标应该具有较高的灵敏度,能够对滑坡易发性变化做出快速、准确的反应。

(5)实用性强:评价指标应该具有较强的实用性,能够为滑坡的防治提供可靠的依据和决策支持。指标的选取应该综合考虑经济、社会和环境等方面的因素。

因此,地质灾害易发性评价指标的选取应该综合考虑与滑坡相关性、客观可靠性、易获取和测量性、灵敏度和实用性等多方面因素。在评价指标的选择过程中,应该进行综合权衡和比较,选择最合适的指标,以便能够准确地、全面地评价滑坡的易发性,并为滑坡的防治提供有效的支持。常见的滑坡易发性评价指标包括地形因素、地质因素、水文因素、人类活动因素等。在实际应用中,需要根据具体情况进行选择和调整。

本次以海东市各区县的地质灾害点为基础数据,从地质灾害的孕灾因素和诱发因素两方面切入,选取高程、坡角、坡向、坡形、地形起伏度、工程地质岩组、地形湿度指数、植被覆盖度8个基础地质环境条件因素,选取降水和人类工程活动两个诱发因素,共计10个评价因子作为海东市地质灾害易发性评价因子。

1. 高程

地表高程是地质灾害形成的重要因素之一,地表高程能够影响地表水流、土壤侵蚀和岩土体的稳定性等。高程可以很好地反映地形的垂直变化,不同高程范围的岩土体具有不同的势能,这将形成不同的风化程度、岩土体类型以及植被类型,因而滑坡在不同高程范围内具有显著的分布差异。因此在进行滑坡易发性评价时,将高程考虑为有效评价因素。

2. 坡角

坡角是地质灾害形成的重要因素之一,是最基本的地形要素,可以反映地形特征对地质灾害的影响程度(Saha et al.,2005)。斜坡坡角是判断滑坡能否发生的一个重要指标,只有当坡角达到一定阈值时,滑坡灾害才能够发生。滑坡多发育在坡角介于 $10°\sim20°$ 和大于 $50°$ 的区域(唐帮兴等,1995)。从应力角度来看,坡角直接影响坡体内的应力分布特征,应力随着坡角的增加而增大。同时,坡角也影响着地表径流、地下水的补给与排泄和土地利用类型等。

3. 坡向

坡向对于地表水分的分布和水分迁移具有重要影响,进而影响坡面的水土流失速率和土壤稳定性。斜坡坡向具有显著的地理环境差异性,不同坡向的斜坡坡面侵蚀、地表蒸发量和植被覆盖等都不同,斜坡地下水孔隙压力分布情况和岩土体物理力学特征也不同,这些因素都影响着斜坡的稳定性。因此,坡向因子被引入滑坡影响因素中,为研究海东市滑坡易发性情况提供了可靠的参考依据。

4. 坡形

坡形是描述地形的重要指标之一,对于滑坡的形成也具有重要的影响。不同的坡形会影响水分在地表的分布和流动,因此不同坡形的地形具有不同的地质灾害易发性。坡形较陡的地区往往会形成较为陡峭的土坡和危岩体,增加了滑坡的易发性。

5. 地形起伏度

地形起伏度是描述地形高低起伏的指标,对滑坡的形成具有重要的影响。地形起伏度较大的地区往往容易形成较为陡峭的坡面和沟谷,加剧了滑坡的易发性。地形起伏度越大,地表水的流动速度越快,土壤的侵蚀和岩体的破坏风险越高,因此地形起伏度也是地质灾害易发性的重要因素。由于滑坡灾害受小区域地形的影响比较大,因此引入反映小区域高程相对变化值的地形起伏度作为滑坡灾害评价因子。地形起伏度表征区域地表的剥蚀和切割程度(郭芳芳等,2008),是在一定区域内最高海拔值与最低海拔值的差值:

$$R = H_{\max} - H_{\min} \tag{5.2.2}$$

式中:R 表示地形起伏度;$H_{\max}$ 表示单位面积最高点海拔高度值;$H_{\min}$ 表示单位面积最低点海拔高度值。

6. 工程地质岩组

工程地质岩组指标是评价地质灾害易发性的重要因素之一。岩组是指构成岩石或岩土体的岩石类型、结构、成分、物性等因素,对地质灾害易发性的影响主要体现在以下几个方面。

(1)岩性:不同岩性对地质灾害的影响不同。比如,花岗岩具有坚硬、耐久等特点,抗风化能力强,易于形成陡峭的岩壁和陡坡,从而容易发生岩石崩塌、滑坡等地质灾害;而页岩、泥岩等软弱岩石则容易受到水分渗透、膨胀等影响,导致坡面滑坡、泥石流等地质灾害。

(2)岩体结构:岩体结构对地质灾害的影响主要体现在岩体的稳定性方面。比如,节理、层理等结构会削弱岩体的整体强度和稳定性,导致岩体崩塌、滑坡等地质灾害。

(3)岩石矿物成分:岩石矿物成分决定了其物理力学特性,如密度、弹性模量、抗压强度等,这些特性会影响岩石的稳定性和变形特性。比如,含有较多黏土矿物的岩石易受到水分影响而产生膨胀、软化等变形,从而发生滑坡、泥石流等地质灾害。

(4)岩土体的空隙连通性:岩土体的孔隙、裂隙等连通性对岩土体的渗透、变形、破坏等过程有很大影响,从而影响地质灾害的易发性。比如,孔隙度大的岩土体容易发生土壤液化、滑坡等地质灾害。

7. 地形湿度指数

Kirkby(1975)提出地形湿度指数(topographic wetness index,TWI)概念。地形湿度指

数反映了某一区域土壤湿度的情况,湿度越大,土壤的黏性和稳定性越强,地质灾害的易发性也会降低。地形湿度指数能够准确刻画地形和土壤特征对土壤水分分布的影响,地表水渗透到斜坡物质中,随着孔隙水压力的增加,抗剪强度降低。

地形湿度指数广泛使用的是 Beven 等(2010)提出的计算公式:

$$TWI = \ln(\alpha/\tan\beta) \tag{5.2.3}$$

式中:TWI 表示地形湿度指数;α 表示上坡汇水面积;β 表示坡角。

本次基于栅格单元进行滑坡易发性评价,α 表示网格单元汇水面积与 DEM 栅格尺寸的比值,$\tan\beta$ 表示对单元网格起作用的坡角(谢高地等,2015)。

8. 植被覆盖度

植被可以有效防止土壤的侵蚀和水土流失,减少地质灾害的发生。植被及其种植方法对斜坡稳定性的影响是多方面的,诸如树木重量和其风载的传递、植物根系的加固作用、深入致密岩石的楔入作用、植物根系的锚固作用、拦截降水作用等。例如木本植物根系加固土体,提高了土体抗剪能力,可以很大程度地抑制滑坡。归一化植被指数公式是由 Norman E. Loeb 于 1981 年提出,之后因其能表征植物健康状态而成为应用最为广泛的通用定量公式(Mutti, et al., 2020; Hansen and Schjoerring, 2003)

$$NDVI = (NIR - R) - (NIR + R) \tag{5.2.4}$$

式中:NDVI 表示归一化植被指数;NIR 表示近红外波段的反射值;R 表示红光波段的反射值。

NDVI 值越大,表示植被生长能力越强,反之则越弱。因此植被覆盖度可以通过 NDVI 值来衡量。

9. 降水

降水是导致地质灾害的主要因素之一。它可以软化侵蚀岩土,降低结构面的强度,增加孔隙水压力,导致处于极限平衡状态的沿岩土体发生不稳定破坏。此外,干湿状态的交替变化会导致岩土体开裂并形成裂隙,使得雨水更易入渗,加速岩土体的变形。因此,降水是导致滑坡灾害的重要触发因素。

降水诱发灾害主要有以下几种作用方式。

(1)降水使岩土体饱和,增大容重,产生动静水压力对边坡起加载作用。

(2)雨水入渗软化岩土体,导致黏土矿物黏聚力降低,甚至消失,改变岩土接触面力学性能。

(3)长期干湿交替导致岩土体开裂,产生大量裂隙,增大了岩土体的渗透性,降低岩土体力学强度。

(4)降水形成的地面径流在坡面上形成冲沟,雨水的入渗会引起坡体容重增加,也会引起岩土体强度降低,从而使边坡的稳定性降低,发生地质灾害。

10. 人类工程活动

研究区内人类工程活动频繁,人类工程活动对地质、自然环境的影响与破坏不可忽视,已经成为地质灾害形成的重要外在因素。如建房切坡、道路建设等人工活动,都会打破原本相对平衡稳定的地质结构,使其变得愈发的不稳定,为地质灾害的发生埋下隐患。人类工程活动对于滑坡的形成和发展也具有重要的影响。例如,挖掘和开采活动、建筑和开发活动、道路和隧道建设等都可能改变土地的稳定性和水文特性,增加滑坡的易发性。因此,在评价地质灾害易发性时,需要考虑人类工程活动对于地质环境的影响。通过分析研究区历史灾害情况,发现人类活动频繁的区域是滑坡灾害的高易发区。

地质灾害孕灾条件分析研究表明,海东市地质灾害发育控制因素主要有:地形地貌条件、地质构造、岩土体类型等;地下水和植被是地质灾害的影响因素;人类工程活动、降水、地震作用等是地质灾害的促发因素。

上述各因素对不同类型的地质灾害形成和影响强度不同,崩塌主要受地形地貌条件、地质构造、地震作用等因素影响;滑坡主要受地形地貌条件、地质构造、岩土体类型、水文地质条件、人类工程活动、降水、地震作用等因素影响;泥石流主要受地形地貌条件、岩土体类型、水文地质条件、植被、降水、地震作用等因素影响。海东市地质灾害影响因素及强度如表5.2.3所示。

海东市地质灾害孕灾地质条件分区如图5.2.1所示。

表5.2.3 海东市地质灾害影响因素及强度

形成因素		崩塌	滑坡	泥石流
控制因素	地形地貌条件	强	强	强
	地质构造	强	强	较强
	岩土体类型	较强	强	强
影响因素	水文地质条件	一般	强	强
	植被	一般	一般	强
触发因素	人类工程活动	较强	强	较强
	降水	较强	强	强
	地震作用	强	强	强

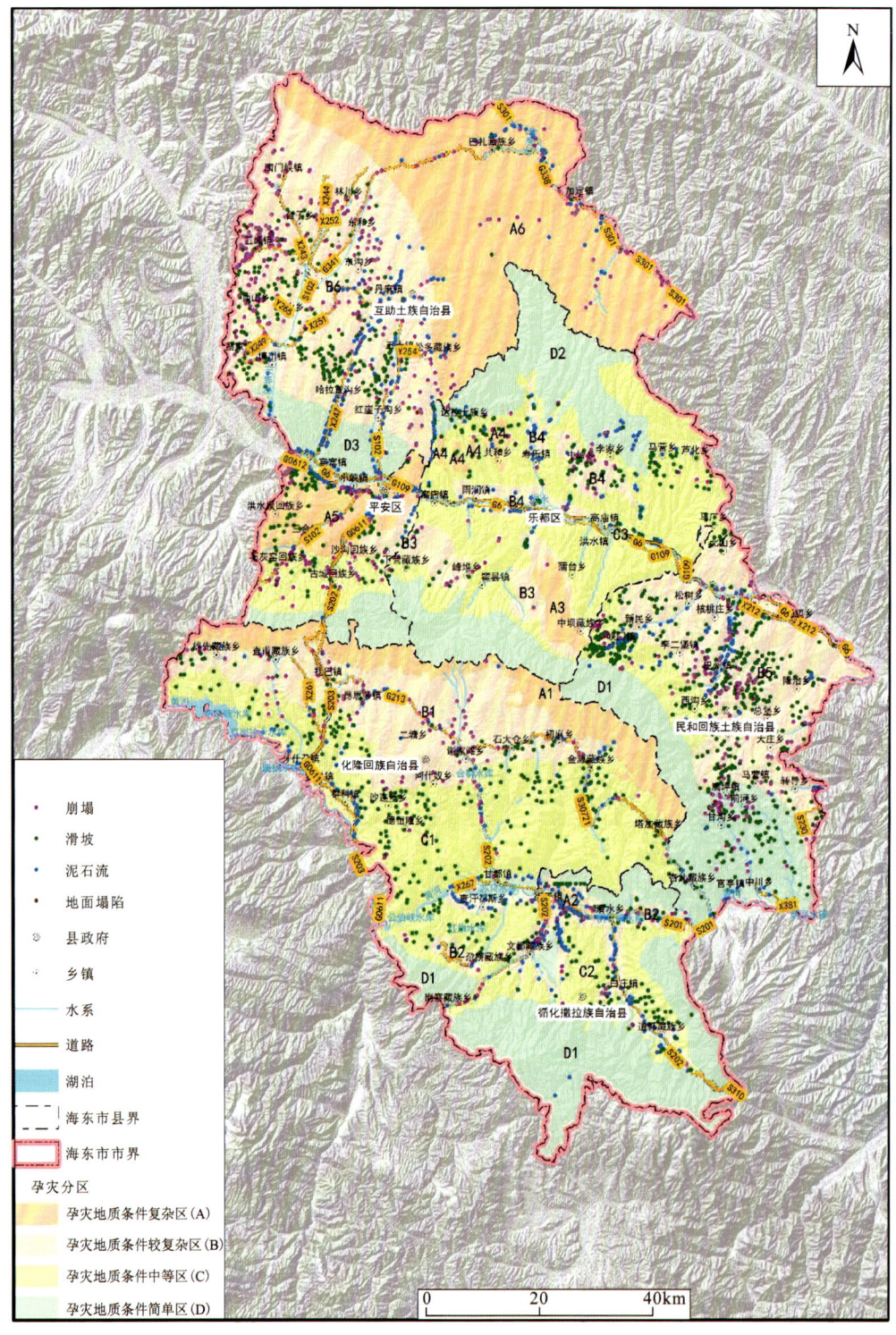

图 5.2.1 海东市地质灾害孕灾地质条件分区

第三节 海东市地质灾害易发性评价结果

本次以海东市各区县的地质灾害点为基础数据，从地质灾害的孕灾因素和诱发因素两方面切入，选取高程、坡角、坡向、坡形、地形起伏度、工程地质岩组、地形湿度指数、植被覆盖度8个基础地质环境条件因素，选取降水和人类工程活动两个诱发因素，共计10个评价因子作为海东市地质灾害易发性评价因子。

对满足独立性检验的独立证据因子，根据贝叶斯法则，按公式计算后验概率。根据证据层后验概率的计算结果，运用GIS叠加分析工具，得到调查区每一个栅格的后验概率叠加值（其值在0~1之间，后验概率越大，表示易发性越高；后验概率越小，表示易发性越低），从而得到海东市地质灾害易发性定量计算成果。

将自然断点法的临界点作为易发程度分区界线值，从而将全区划分为低易发区、中易发区和高易发、极高易发区4个不同等级的区域。

在易发性分区成果集成县（区）→市工程中，以"区内相似、区间相异"为原则，在县（区）界处会出现以线界分割两种易发性分区的结果，在合并时，应考虑实地孕灾地质条件、地质灾害发育特征、人类工程活动强度等因素，适当调整易发性分区面积，避开以县（区）界为易发界线的情况，两种易发性接触时最多相差一个等级。

易发性分区调整时，应站在全市的尺度上，调整其易发性等级。最终，将全市地质灾害易发性划分为高易发区、中易发区、低易发区、非易发区4个区，共13个亚区（图5.3.1和表5.3.1），各区统计结果如下[①]。

(1) 高易发区面积511.68 km^2，占总面积的3.94%，区内共发育地质灾害574处，地质灾害点密度112.18处/100 km^2。

(2) 地质灾害中易发区，面积6 816.8 km^2，占总面积的52.51%，区内共发育地质灾害2910处，地质灾害点密度42.69处/100 km^2。

(3) 地质灾害低易发区，面积2 872.97 km^2，占总面积的22.12%，区内共发育地质灾害516处，地质灾害点密度17.96处/100 km^2。

(4) 地质灾害非易发区，面积2 781.68 km^2，占总面积的21.43%，区内发育地质灾害302处，地质灾害点密度10.86处/100 km^2。

---

① 本书因四舍五入，统计结果存在较少误差。

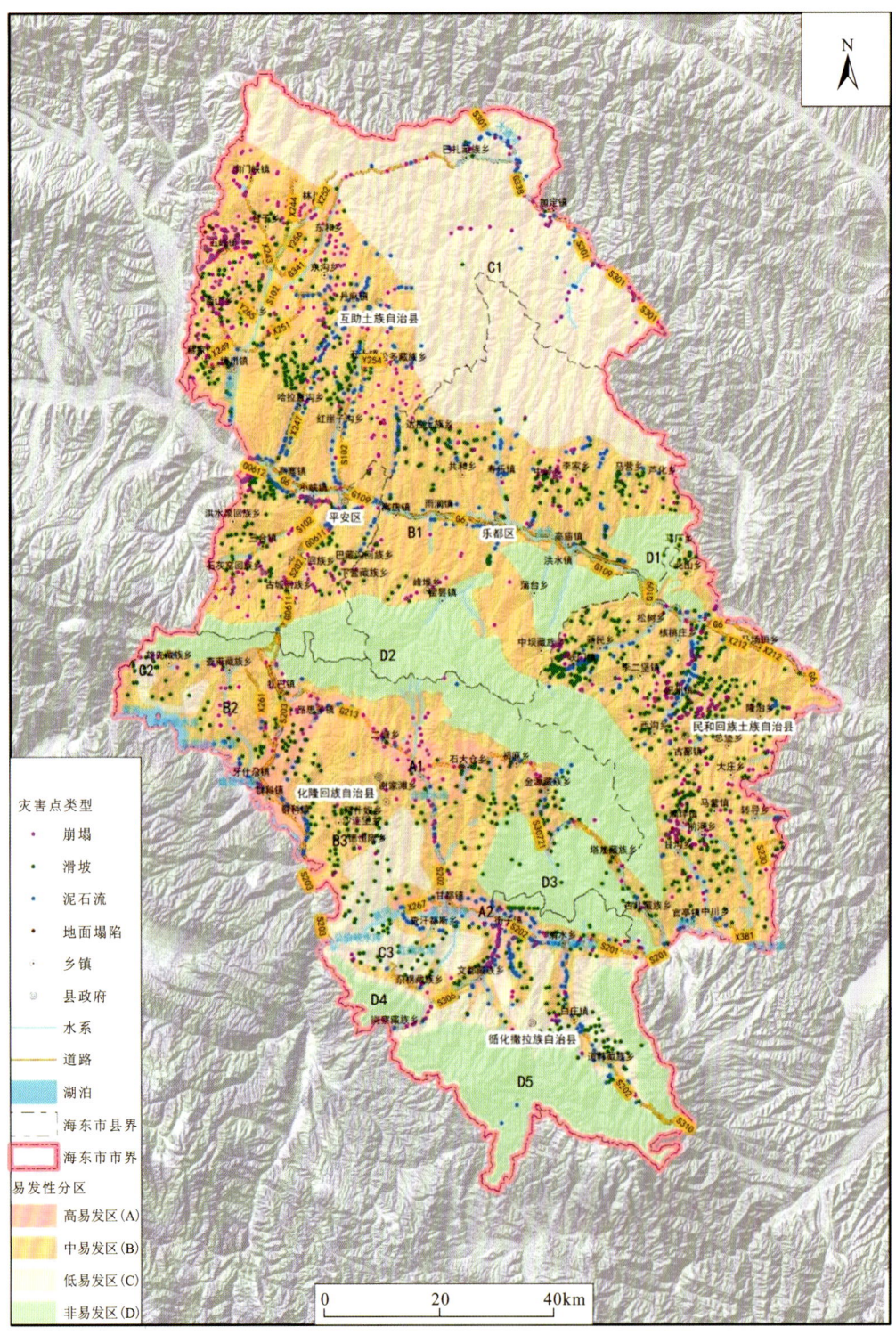

图 5.3.1 海东市地质灾害易发性分区

表 5.3.1 海东市地质灾害易发性分区统计表

序号	易发性	位置及编号	面积/km²	占比/%	地质灾害数量/处						灾点密度/(处/100km²)
					崩塌	滑坡	泥石流	地面塌陷	合计	总计	
1	高易发区(A)	G213、S203 化隆段沿线(A1)	365.65	2.82	86	107	85	0	278	574	76.03
2		S202 循化段沿线(A2)	146.03	1.12	76	99	121	0	296		202.71
3		互助西部、平安中部、乐都中北部、民和中西部(B1)	5 261.66	40.53	749	1120	486	6	2361	2910	44.87
4	中易发区(B)	化隆县楚先藏族乡、查甫藏族乡南部(B2)	506.67	3.90	68	69	33	0	170		33.55
5		化隆县城北部中部、S202 化隆、循化段沿线南侧(B3)	1 048.47	8.08	85	196	97	1	379		36.15
6		互助县东部、乐都区北部(C1)	2 168.90	16.70	104	95	64	0	263	516	12.13
7	低易发区(C)	化隆县楚先藏族乡南部(C2)	52.52	0.40	20	43	20	0	83		158.03
8		化隆县南部(C3)	651.55	5.02	42	97	31	0	170		26.09
9		乐都区东南部(D1)	325.94	2.51	43	38	20	0	101	302	30.99
10		化隆县北部山区(D2)	1 249.79	9.63	20	36	10	0	66		5.28
11	非易发区(D)	化隆县东部山区(D3)	364.78	2.81	6	8	5	0	19		5.21
12		循化县岗查藏族乡北部(D4)	87.73	0.68	14	12	8	0	34		38.76
13		循化县南部、东部山区(D5)	753.44	5.80	30	32	20	0	82		10.88

第四节 地质灾害危险性评价

地质灾害的危险性是指静态因素(如地形条件、地质条件)与动态因素(如降水、地震)发生耦合后区域发生地质灾害的概率大小,描述其具体位置、规模、强度和影响范围等,在进行地质灾害危险性计算时需要考虑到易发性与诱发因子,易发性常作为空间概率,降水以及地震等诱发因素作为时间概率,而定量计算中两者之间常采用相乘或者权重叠加进行联系。

一、危险性评价方法

1. 评价方法与因子选取

地质灾害的危险性 HL 由灾害发生的空间概率(易发因子)、时间概率(诱发因子)和规模概率共同决定,其计算公式如下

$$HL = P(AL) \times P(NL) \times P(S) \quad (5.4.1)$$

式中:$P(AL)$ 为地质灾害规模大小的超越概率;$P(NL)$ 为时间概率,即指不同降水工况下地质灾害发生的超越概率;$P(S)$ 为空间概率,由前述易发性大小决定。

由于研究区大部分为中小型地质灾害,差别化不明显,因此规模大小的超越概率 $P(AL)$ 不考虑;时间概率 $P(NL)$ 采用不同降水工况出现的重现期倒数,由于历史数据编录的局限性,本书采用降水频数体现时间概率,结合研究区降水为主要诱发因素的特点,分为大雨、暴雨、大暴雨、特大暴雨 4 种工况。

2. 评价因子计算

研究区地质灾害诱发因子主要考虑不同降水工况下的重现期概率,按照斜坡单元进行空间分析对危险程度综合评判,确定地质灾害危险性分区。

1)地质灾害发生的空间概率

地质灾害发生空间概率越高,可能造成的财产损失越大。易发性分区反映海东市内不同斜坡单元发生地质灾害的差异性。将易发性值换算成百分制,使值范围隶属[0,100]。区域地质灾害空间概率范围 17.96~68.69(图 5.4.1),其中 52% 斜坡地质灾害发生的空间概率分布于 40%~60%,则空间概率 $P(S)$ 计算公式为

$$P(S) = (Y+1)/2 \times 100 \quad (5.4.2)$$

式中:Y 为易发性值。

2)地质灾害发生的时间概率

地质灾害的发生频率严格受控于区内的降水强度与频率,海东市每年 5—9 月份降水相

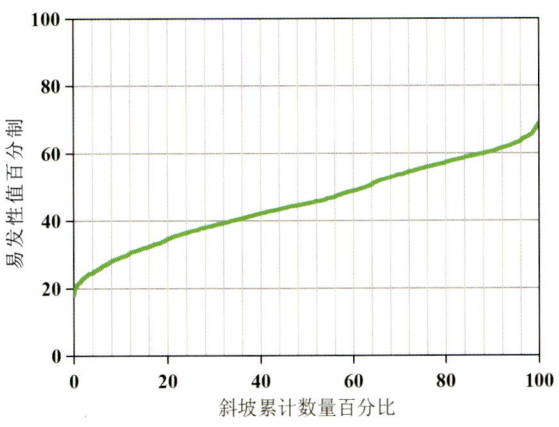

图 5.4.1　地质灾害空间概率分布图

对集中，区内滑坡、崩塌、泥石流等地质灾害也多在 5—9 月发生。尤其是泥石流灾害，在每年 7—9 月降水高峰期更为集中，具体发生时间大多和降水同步或短期滞后，这一点上与降水的关系表现得最为突出。

为降水构成差异化因子，对大雨、暴雨、大暴雨、特大暴雨 4 种工况分别计算时间概率。根据海东市范围内的雨量站监测结果，利用 ArcGIS 的近邻分析工具识别与斜坡最近的雨量站点，并以此站点的降水作为该斜坡地质灾害诱发条件。

考虑到因山区局部小气候，各站点的雨情不相同，大雨以上级别的降水天数不同。为了统一不同降水工况下地质灾害危险系数量纲，划分统一分级标准，体现降水强度越大地质灾害危险性越高的特点，按照式(5.4.3)和式(5.4.4)求取地质灾害发生的时间概率

$$P_i = R_i / T \tag{5.4.3}$$

$$P(NL)_i = 1 - P_i \tag{5.4.4}$$

式中：$P(NL)_i$ 为 i 种雨强情况下地质灾害发生的时间概率；P_i 为第 i 种雨强降雨概率；R_i 为第 i 种雨强降雨频数；T 为统计时间段内自然日数量。

二、危险性评价

1. 危险性指数计算及等级阈值确定

基于 ArcGIS 平台采用上述方法求得每个斜坡单元的空间概率 $P(NL)$、时间概率 $P(S)$，运用公式 $HL = P(NL) \times P(S)$ 计算大雨、暴雨、大暴雨、特大暴雨 4 种工况下斜坡单元的危险系数。

考虑地震动峰值加速度时的地质灾害危险性评价方法与考虑降水工况类似，在此不予以赘述。

为了对比不同工况斜坡危险等级,需统一 4 种工况下危险等级划分标准,依据危险性指数值 HL 将区域划分为低危险、中危险、高危险、极高危险 4 个等级。

依据以往发生历史,按照等距法确定地质灾害危险性指数分界值(地质灾害危险性等级阈值的上限和下限)如下:

$60 \leqslant HL$	地质灾害危险性极高
$50 \leqslant HL < 60$	地质灾害危险性高
$40 \leqslant HL < 50$	地质灾害危险性中
$HL < 40$	地质灾害危险性低

2. 地质灾害危险性评价结果

地质灾害危险性评价采用基于 GIS 的栅格分析法。在易发性评价的基础上,采用降水量及地震动峰值加速度开展地质灾害危险性评价。

降水量及地震动峰值加速度作为证据因子,采用证据权法模型计算权重,在上述证据因子权重计算的基础上,运用 GIS 叠加分析工具,将易发性评价结果与区内降水量及地震动峰值加速度两个证据因子叠加,从而得到海东市地质灾害危险性定量计算成果栅格图件。

经综合研究分析,从危险性评价计算结果图中找出适宜的临界点作为危险程度分区界线值,从而将全区划分为极高危险区、高危险区、中危险区、低危险区 4 个不同等级的区域。

在危险性分区成果集成县(区)→市工程中,以"区内相似、区间相异"为原则,在县(区)界处会出现以线界分割两种危险性分区的结果,在合并时,应考虑地质灾害易发区和承灾体种类及其分布的区域,适当调整危险性分区面积,避开以县(区)界为危险界线的情况,两种危险性接触时最多相差一个等级。

危险性分区调整时,应站在全市的尺度上,调整其危险性等级。最终,将全市划分为地质灾害极高危险区、高危险区、中危险区和低危险区 4 个区,共 14 个亚区(图 5.4.2 和表 5.4.1),各区统计结果如下。

(1)极高危险区面积 701.25km²,占总面积的 5.40%,区内共发育地质灾害 412 处,地质灾害点密度 58.75 处/100km²。

(2)高危险区面积 7 391.91km²,占总面积的 56.93%,区内共发育地质灾害 2845 处,地质灾害点密度 38.49 处/100km²。

(3)中危险区面积 1 343.88km²,占总面积的 10.35%,区内共发育地质灾害 488 处,地质灾害点密度 36.31 处/100km²。

(4)低危险区面积 3 546.09km²,占总面积的 27.31%,区内共发育地质灾害 557 处,地质灾害点密度 15.71 处/100km²。

第五章 地质灾害风险评价

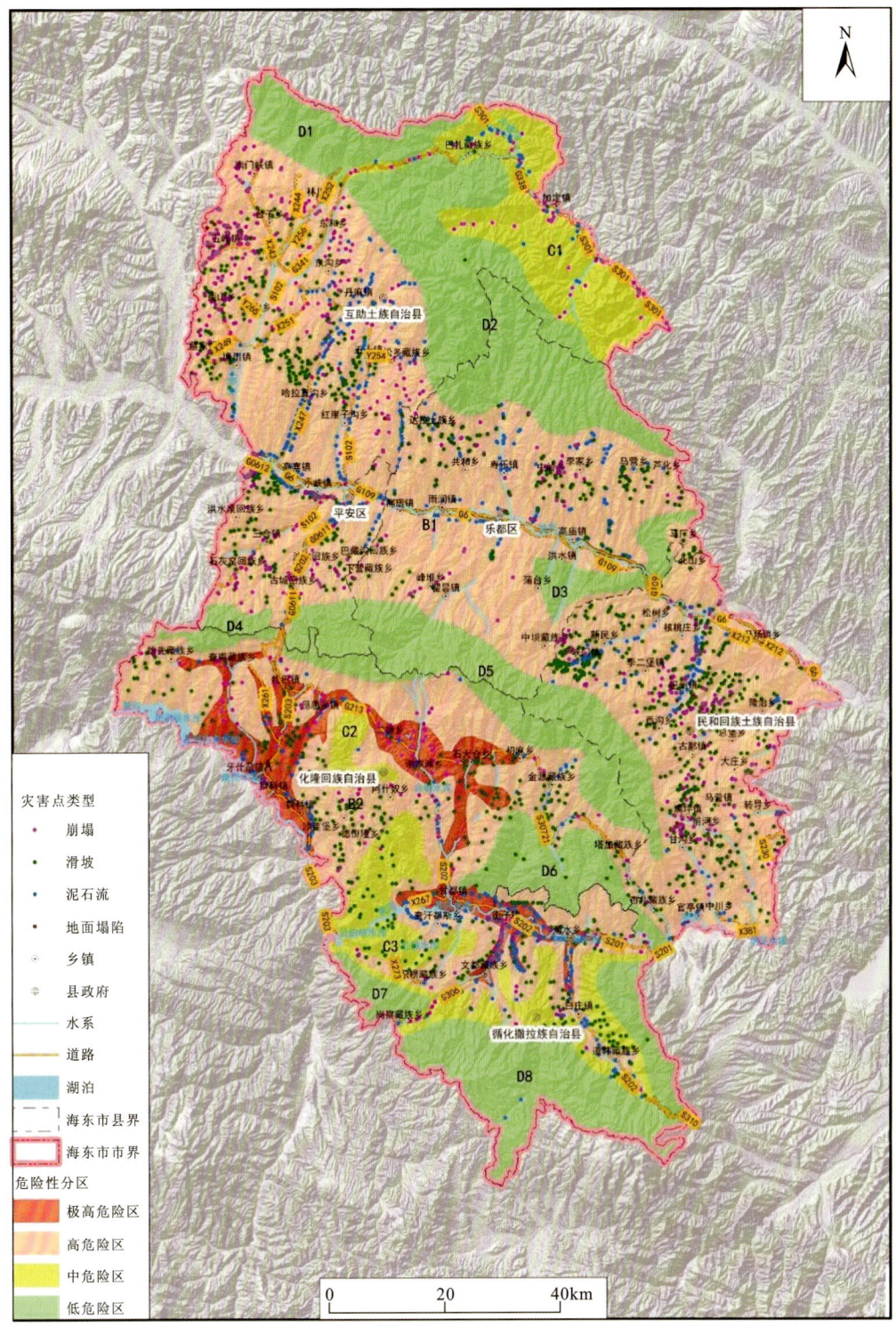

图 5.4.2 海东市地质灾害危险性分区

表 5.4.1　海东市地质灾害危险性分区统计表

序号	危险分区	位置及编号	面积/km²	占比/%	崩塌	滑坡	泥石流	地面塌陷	合计	总计	灾点密度/(处/100km²)
1	极高危险性(A)	G213、S203、S202、S201化隆—循化段(A)	701.25	5.40	107	142	163	0	412	412	58.75
2	高危险性(B)	互助西部、平安中部、民和中东部及化隆北部(B1)	6 524.67	50.26	774	1232	503	7	2516	2845	38.56
3		化隆县坡南侧、S202循化段南侧(B2)	867.24	6.68	78	172	79	0	329		37.94
4	中危险性(C)	互助东部S301沿线西侧山区(C1)	665.27	5.12	106	50	56	0	212	488	31.87
5		化隆县坡及北侧(C2)	79.69	0.62	40	20	20	0	80		100.39
6		循化县城及东西两侧(C3)	598.92	4.61	48	115	33	0	196		32.73
7	低危险性(D)	互助县北端山区(D1)	294.70	2.27	40	41	22	0	103	557	34.95
8		互助中部、乐都北部(D2)	1 092.67	8.42	40	41	21	0	102		9.33
9		乐都区蒲台乡东侧(D3)	162.42	1.25	30	40	19	0	89		54.80
10		化隆县雄先藏族乡北部山区(D4)	98.79	0.76	25	49	24	0	98		99.20
11		化隆县北端山区(D5)	789.99	6.08	20	20	23	0	63		7.97
12		化隆县东部山区(D6)	287.21	2.21	10	5	10	0	25		8.70
13		循化岗查藏族乡北侧山区(D7)	88.17	0.68	5	5	7	0	17		19.28
14		循化县南部、东部山区(D8)	732.14	5.64	20	20	20	0	60		8.20

第五节 地质灾害易损性评价

一、承灾体识别

地质灾害易损性评价首选需要确定承灾体。承灾体指的是受潜在危险源威胁的人员或财产,也即动态的人员、车辆和静态的建筑、基础设施、道路等。风险评价的关键点是对承灾体进行识别。承灾体强调受潜在地质灾害威胁,不受地质灾害威胁的人员和财产不属于承灾体。

海东市承灾体数据来自遥感解译、住建局与测绘资料、地面调查等多种手段,对于重要区段进行无人机现场测量。

二、承灾体价值

1. 人口数量

根据收集的住建局房屋人口资料,辅以野外现场核查,确定房屋对应的人口数量,基于 GIS 平台制作人口分布图。

2. 财产价值

地质灾害带来的经济损失主要由受灾体的价值损失决定,因此对受灾体的价值损失进行相应的计算,是地质灾害经济损失评价的一个重要部分。由于地域经济和受灾体性质不同,在遭受到一定的破坏后,其价值的损失也不相同,对受灾体的价值核算也应采取不同的方法。

1)根据承灾体的成本或者修复的成分进行核算

根据承灾体的成本或者修复的成分进行核算主要是以成本为一个基础变量,依据承灾体的修建成本或恢复成本进行计算,以此评价承灾过程中损失的价值。该方法适用于大部分的承灾体,如房屋、道路、桥梁、水利工程以及室内财产等。该核算方法有如下模型。

(1)承灾体的价值=承灾体成本对应的价值×承灾体的价值损失率

该模型主要针对那些已经建成了但没有采取相应防灾措施的工程以及设备,承灾体的成本价值是指在没有遭受灾害之前的价值。

(2)承灾体受灾损失的价值=承灾体修复过程中的成本

该模型适用于受灾程度不是很高的承灾体,对于那些能够完全修复的承载体该模型中的对等关系能够完全成立。但对于只能部分修复的承灾体,损失的价值应该包括修复部分的成本以及不能修复部分的成本。

(3)承灾体受灾损失的价值=实施了防护措施情况下的承灾体成本价值-没有灾害情况下的受灾体的成本

该模型主要针对已经建成了并且采取了相应防护措施的承灾体,对于没有建成或者制造的工程设备和物品等,也可以适用。

2) 对收益的损失进行核算

对收益的损失进行核算主要是以承灾体在地质灾害中可能出现的收益为基础进行的一种受灾价值的核算，主要适用于农作物因地质灾害造成的损失评价。

3) 利用成本减去收益进行经济损失的核算

利用成本减去收益进行经济损失的核算方法是将承灾体的成本和收益都当作基础进行处理，主要针对土地资源以及地下水资源等在灾害过程中受到的损失进行核算。土地资源和地下水都属于自然资源，针对这两种资源的损失核算目前没有专门的体系结构进行科学和准确的核算。

土地资源的价值高低与自然条件和社会经济条件有很大的关系，可以利用地价的差值来代替土地资源在地质灾害过程中承受的损失。土地的成本价值包括很多方面，如交通、能源等，收益包括商贸、工业等，利用这两个方面的差值可以大致表示土地资源的损失价值。

地下水资源的损失核算，其成本价值的损失是假设地质灾害对水源资源进行破坏之后，从其他途径获取同质量的水资源的成本。收益损失则是在工业、农业等方面的水资源应用中计算得到。

三、易损性评价

采用数学模型定量地评价各类型承载体的抗灾能力，损失值的大小与灾害的类型、强度以及承载体固有特征关系密切。不同区域的承载体所在的自然环境和社会环境差异很大，国内外学者针对不同研究区选择的易损性评价模型及方法各不相同（吴润霖等，2021；张以晨等，2020；许强等，2010）。不同承灾体易损系数各异，很难计算易损系数，一般是定性赋值。

地质灾害的易损程度用生命损失、财产损失两个指标构成的易损性指数来量度，指数值越大，则社会经济易损性越高。

首先对整个区域进行单元划分（根据人口分布统计数据以村为单元进行划分），然后计算每个地质环境分区单元的易损性指数，根据易损性指数进行社会经济易损性分区，做出整个工作区的社会经济易损性分区图。

单个地质灾害评价单元易损性值的计算如下

$$Y_{损j} = \sum_{i=1}^{2} x_{ij} \qquad (5.5.1)$$

式中：$Y_{损j}$ 为 j 单元的易损性值；x_{1j} 为 j 单元的生命损失指标，用人口密度代替（人/km²）；x_{2j} 为 j 单元的财产损失指标，用财产密度代替（万元/km²）。

1. 生命损失

生命损失用人口密度来代替。人口密度越高，地质灾害造成的生命损失可能越大。由于没有大量的流动人口，对工作区人口密度的调查主要采用社会资料收集法和预测计算法。其中社会资料收集法是通过收集历年统计年鉴，得出城、乡镇和居民点的常住人口数，从而得出该单元的人口密度。预测计算法是根据发展规划预测计算人口密度的新方法，适合于县城和重要乡镇所在地未来人口预测，其人口密度可用式（5.5.2）计算

$$X_{j(t)} = \frac{\zeta \cdot A_j}{S_j} \qquad (5.5.2)$$

式中：$X_{j(t)}$为j单元到t年的预测计算人口密度值（人/km²）；ζ为单位规划居住用地人口密度（人/km²）；A_j为j单元的规划居住用地面积（km²）；S_j为j单元的面积（km²）。

$$\zeta = \frac{M_t}{S_t} \tag{5.5.3}$$

式中：M_t为到t年的城镇规划人口总数（人）；S_t为到t年的城镇规划用地总数（km²）。

2. 财产损失

财产损失用财产密度来代替，财产密度越高，地质灾害造成的财产损失可能越大。工作区财产密度的调查主要采用现场调查为主，社会资料收集和预测计算为辅的方法。

（1）现场调查法是根据当地不同财产类型的造价，现场调查不同财产类型的数量，得出调查单元的总资产，除以该单元的面积，即为该单元的财产密度。存在地质灾害威胁区段的此项工作在前面进行经济损失评估时已进行了统计。

（2）社会资料收集法主要收集各个单位的固定资产价值，计算出单元的财产密度。调查时没有统计的财产通过此法计算完成。

（3）预测计算法是用于预测县城规划后财产的密度分布，根据现阶段的不同建筑物的造价，科学合理地预测县城及乡镇规划后的单元财产密度。

预测计算公式如下

$$X_{j(t)} = \frac{K \sum_{i=1}^{n} a_{ij} B_{ij}}{S_j} \tag{5.5.4}$$

式中：$X_{j(t)}$为j单元到t年的预测财产密度值（万元/km²）；a_{ij}为j单元i类财产单价（造价）；B_{ij}为j单元i类财产数量；n为j单元内财产种类数量；S_j为j单元的面积（m²）；K为财产增长系数，$K=1+\beta$，β为财产增长率。β值的大小可根据城镇以往多年财产增长曲线来获得，也可以用当地GDP的增长率来代替。

四、易损性分区

本次将海东市地质灾害易损性划分为3个级别：地质灾害高易损、中易损、低易损。在上述评价指标分析的基础上，运用ArcGIS的空间分析功能，求取研究区各评价区易损性指数。对计算结果按照极高易损区（$Y_损 \geq 0.7$）、高易损区（$0.5 < Y_损 < 0.7$）、中易损区（$0.3 < Y_损 \leq 0.5$）、低易损区（$Y_损 \leq 0.3$）进行分级，得到海东市易损性评价分级结果。

在海东市各县（区）地质灾害易损性评价的基础上，结合地质灾害易发区和承灾体种类及其分布的区域，综合考虑各种因素，在全市划分尺度上，局部进行人工调整（包括删除、合并等），将全市划分为地质灾害高易损区、中易损区和低易损区3个区（图5.5.1），各区统计结果如下：

（1）地质灾害高易损区面积1 457.53km²，占总面积的9.34%。

（2）地质灾害中易损区面积5 241.45km²，占总面积的33.58%。

（3）地质灾害低易损区面积8 907.29km²，占总面积的57.08%。

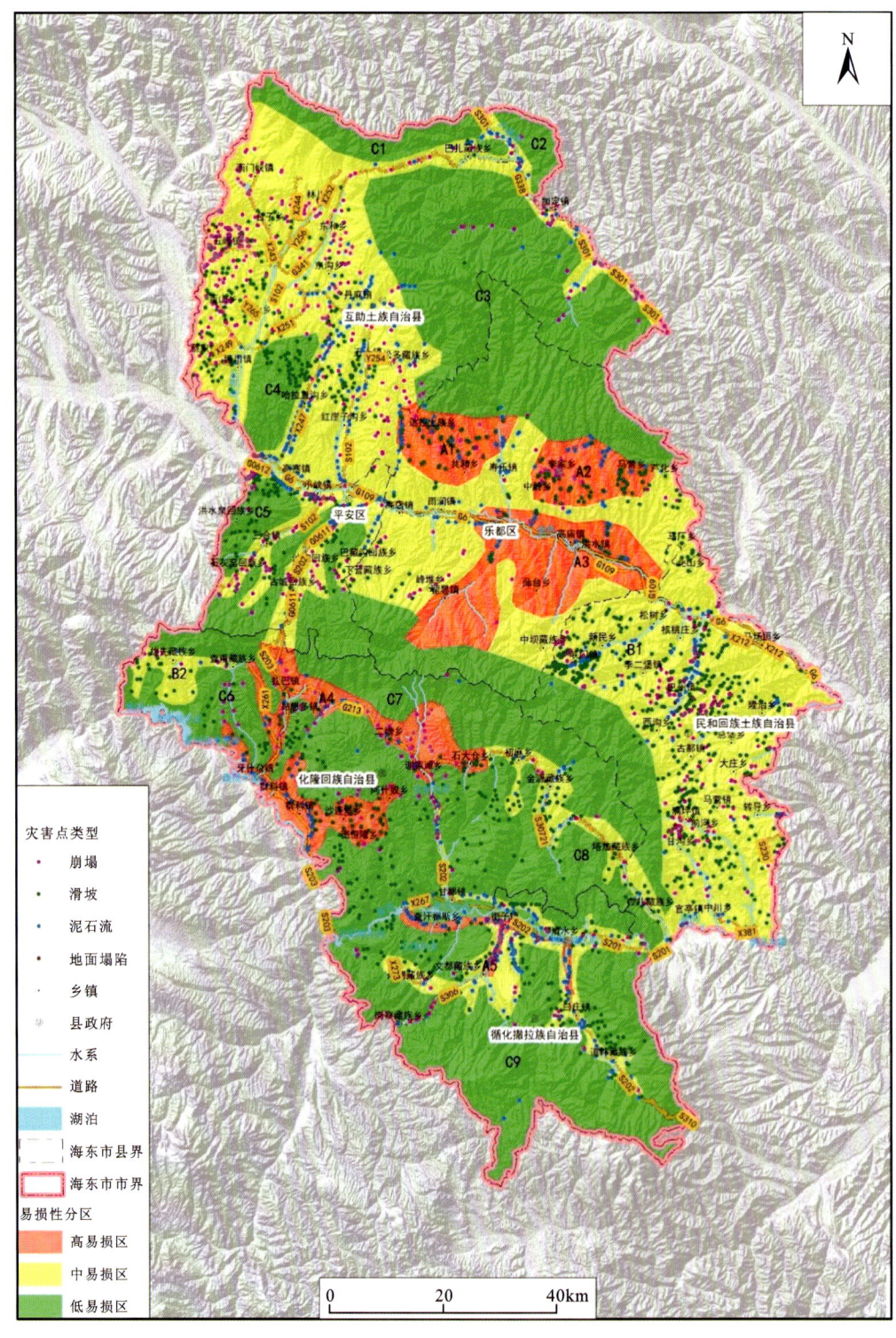

图 5.5.1 海东市地质灾害易损性分区结果

第六节　地质灾害风险区划

一、风险分级

地质灾害风险评价的基础是地质灾害危险性评价和易损性评价，两者构成了地质灾害风险评价体系，从概念上简单理解，风险可以看作是危险性与易损性的乘积。因此，地质灾害风险是由得到的危险性、承灾体易损值共同决定，常用定性、定量计算方法。目前易损性评价是地质灾害评价的技术瓶颈，国内外均未有成熟的评价模型，考虑地方实际情况，采用定性评价方式。

参考自然资源部《地质灾害风险调查评价技术要求》（2020试行版），依据地质灾害风险等级划分建议表的判断矩阵进行风险评价分级（表5.6.1），按照人口、财产承灾体类别确定极高风险、高风险、中风险、低风险区4个等级，而综合风险采取就高原则，即对比地质灾害单元内人口、财产风险等级，取高者为综合风险等级。

表5.6.1　地质灾害风险等级划分建议表

类别	极高危险	高危险	中危险	低危险
极高易损	VH	VH	H	M
高易损	VH	H	M	M
中易损	H	H	M	L
低易损	H	M	L	L

注：VH——风险很高，H——风险高，M——风险中，L——风险低。

二、海东市地质灾害风险分区

本项目GIS分析方法评价区域地质灾害风险性，采用矩阵分析方法对地质灾害的危险性和易损性评价结果叠加运算，得出风险分区。

在风险性分区成果集成县（区）→市工程中，以"区内相似、区间相异"为原则，在县（区）界处会出现以线界分割两种风险性分区的结果，在合并时，应考虑区内地质灾害的发育情况，威胁特征等各种因素，适当调整风险性分区面积，避开以县（区）界为风险界线的情况，两种风险性接触时最多相差一个等级。

风险性分区调整时，应站在全市的尺度上，调整其风险性等级。最终将全市划分为地质灾害极高风险区、高风险区、中风险区、低风险区4个区，共16个亚区（图5.6.1和表5.6.2），各区统计结果如下。

（1）地质灾害极高风险区面积701.25 km²，占总面积的5.40%，区内共发育地质灾害503处，地质灾害点密度71.73处/100 km²。

（2）地质灾害高风险区面积6 464.11 km²，占总面积的49.79%，区内共发育地质灾害2562处，地质灾害点密度39.63处/100 km²。

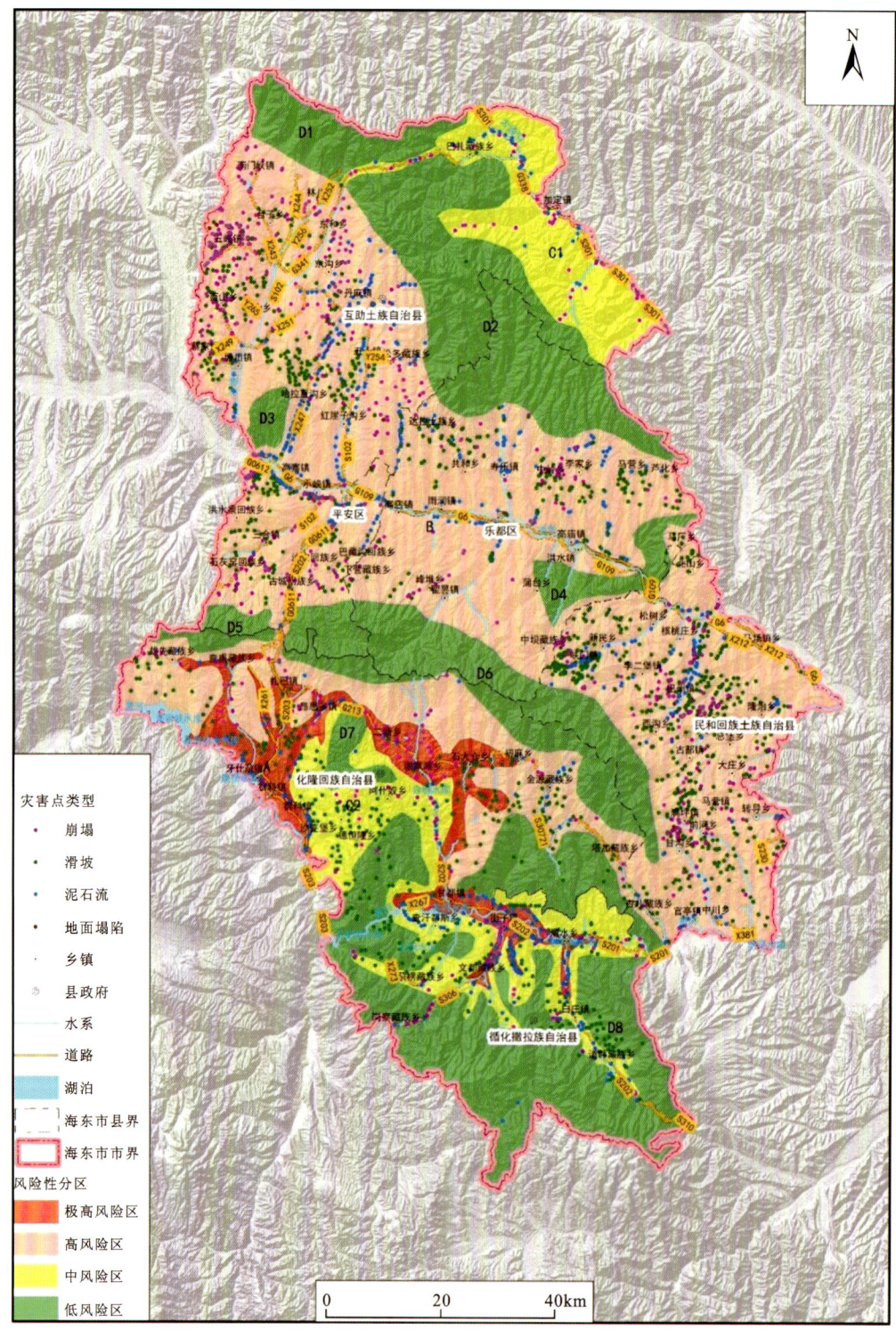

图 5.6.1 海东市地质灾害风险区划图

表 5.6.2 海东市地质灾害风险区划统计表

风险分区	位置及编号	面积/km²	占比/%	地质灾害数量/处				合计	总计	灾点密度/(处/100km²)
				崩塌	滑坡	泥石流	地面塌陷			
极高风险区	G213、S203、S202、S201 化隆—循化段(A)	701.25	5.40	158	142	203	0	503	503	71.73
高风险区	互助西部、平安中部、民和中东部及化隆北部(B1)	6 464.11	49.79	775	1267	513	7	2562	2562	39.63
中风险区	互助东部 S301 沿线西侧山区(C1)	665.27	5.12	144	103	66	0	313	668	47.05
	循化县城及东西两侧(C2)	867.24	6.68	98	174	83	0	355		40.93
	互助县北端山区(D1)	294.70	2.27	42	42	22	0	106		35.97
	互助中部、乐都北部(D2)	1 092.67	8.42	28	41	22	0	91		8.33
	互助县哈拉直沟乡西南部山区(D3)	60.56	0.47	15	19	12	0	46		5.96
	乐都区蒲台乡东侧(D4)	162.42	1.25	20	84	25	0	129	569	9.42
低风险区	化隆县雄先藏族乡北部山区(D5)	98.79	0.76	10	10	14	0	34		4.41
	化隆县北端山区(D6)	789.99	6.08	17	20	10	0	47		5.95
	化隆县城北侧(D7)	79.69	0.61	8	14	12	0	34		4.66
	循化县南部、西部及化隆县南部山区(D8)	1 706.43	13.14	28	36	18	0	82		4.81

(3)地质灾害中风险区面积1 532.51km²,占总面积的11.80%,区内共发育地质灾害668处,地质灾害点密度43.59处/100km²。

(4)地质灾害低风险区面积4 285.25km²,占总面积的33.01%,区内共发育地质灾害569处,地质灾害点密度13.28处/100km²。

第七节　县(区)地质灾害风险区划

基于中国地质调查局下达的"西北黄土高原区地质灾害详细调查"计划项目中的子项目"青海省海东地区地质灾害详细调查"成果,对海东市下辖2区4县,即乐都区、平安区、民和回族土族自治县、互助土族自治县、化隆回族自治县和循化撒拉族自治县进行地质灾害风险区划。

一、乐都区地质灾害风险区划

1. 地质灾害易发性分区

1) 评价模型

乐都区地质灾害易发性分区采用基于GIS的信息量分析模型。信息量分析模型通过计算诸影响因素对斜坡变形破坏所提供的信息量值,作为区划的定量指标,既能正确地反映地质灾害的基本规律,又简便、易行、实用,便于推广。计算原理与过程如下。

(1) 计算单因素(指标)x_i提供斜坡失稳(A)的信息量$I(x_i/A)$。

$$I(x_i, A) = \frac{P(x_i/A)}{P(x_i)} \tag{5.7.1}$$

式中:$P(x_i/A)$为斜坡变形破坏条件下出现x_i的概率;$P(x_i)$为研究区指标x_i出现的概率。

具体运算时,总体概率用样本频率计算,即

$$I(x_i, A) = \lg \frac{N_i/N}{S_i/S} \tag{5.7.2}$$

式中:S为已知样本总单元数;N为已知样本中变形破坏的单元总数;S_i为有x_i的单元个数;N_i为有指标x_i的变形破坏单元个数。

(2) 计算某一单元P种因素组合情况下,提供斜坡变形破坏的信息量I_i。

$$I_i = I(x_i, A) = \sum_{i=1}^{P} \lg \frac{N_i/N}{S_i/S} \tag{5.7.3}$$

(3) 根据I_i的大小,给单元确定稳定性等级。$I_i<0$表示该单元变形破坏的可能性小于区域平均变形破坏的可能性;$I_i=0$表示该单元变形破坏的可能性等于区域平均变形破坏的可能性;$I_i>0$表示该单元变形破坏的可能性大于区域平均变形破坏的可能性。

即单元信息量值越大越有利于斜坡变形破坏。

(4)经统计分析(主观判断或聚类分析)找出突变点作为分界点,将区域分成不同等级。

评价指标的基础数据均为定量描述的数据,须标准化、规格化、均匀化,或采用对数、平方根等数值变换方法统一量纲,方可代入评价模型。

2)评价指标体系

本次地质灾害形成条件选取灾点密度、坡角、坡高、坡型、岩土类型、构造、植被指数、降雨指标和人类工程活动9项主要因素作为评价指标。在地质灾害形成条件分析的基础上,结合前人研究成果,本次参照评价指标贡献率法的计算结果,分析确定了乐都区地质灾害易发程度区划中各个指标的权重(表5.7.1)。

表5.7.1 地质灾害易发程度区划评价指标权重分配表

指标项	灾点密度	坡角	坡高	坡型	岩土类型	构造	植被指数	降雨指标	人类工程活动
权重	0.60	0.09	0.04	0.02	0.07	0.01	0.03	0.04	0.10

3)评价指标量化

评价指标包括定量指标和定性指标。对于定量指标,如斜坡的坡角、坡高、降雨指标等,取其原始观测值,并作适当的数值变换即可;对于定性指标,如岩土类型、坡型等,需要建立一个评价指标的分级划分标准,根据各项指标对不同级别的相对贡献来取值。

本次基于1:5万比例尺数字地形图和地质灾害详细调查数据提取地质灾害定量评价指标。全区面积3050km^2,离散为2924行、2497列,共7 301 228个25m×25m的单元格。

(1)已有滑坡崩塌群体统计指标

已有地质灾害群体统计评价指标理应包括滑坡、崩塌(以及不稳定斜坡)、泥石流自然地质现象的数量和规模。鉴于遥感解译的滑坡、崩塌、不稳定斜坡的规模数据精度不高等原因,在地质灾害易发程度区划时,本次仅采用已有滑坡、崩塌、不稳定斜坡以及泥石流的数量指标,计算单元内已有地质灾害的点密度。统计样本包含了全部遥感解译和调查的物理地质现象点和地质灾害点,旨在客观反映不同区域滑坡、崩塌、泥石流的易发程度。

(2)坡角指标

利用GIS从DEM数据中分别提取调查区的坡角信息,然后进行归一化。由于40°以上斜坡发生滑坡、崩塌的频率很高,本次区划时将40°以上斜坡的易发程度定义为1.0,而10°以下斜坡发生滑坡、崩塌的频率则很低,其易发程度定义为0.0;将10°~40°之间的斜坡的易发程度,按照不同坡角区间滑坡和崩塌自然地质现象发生的概率,进行0.0~1.0的线性归一化,得到坡角指标归一化结果图(图5.7.1)。

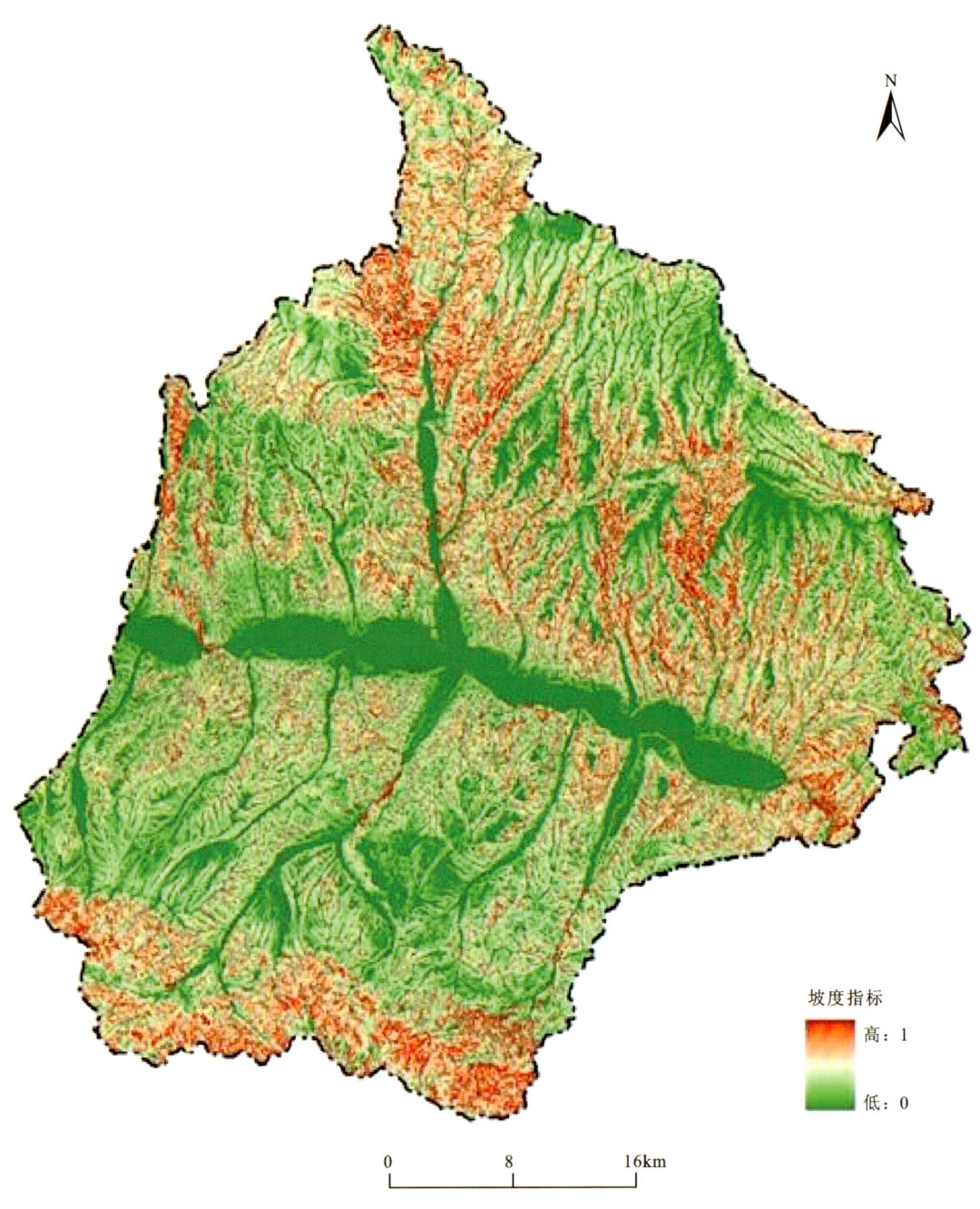

图 5.7.1 乐都区坡角指标归一化结果

(3) 坡高指标

本次研究中,坡高定义为 DEM 数据中相邻 3×3 单元中高差最大值。因此可以利用 GIS 从 DEM 数据中分别提取调查区的坡高信息,然后进行归一化。由于滑坡和崩塌自然地质现象发生的斜坡坡高主要集中在 50～100m,本次将 80m 以上斜坡的易发程度定义为 1.0,而将 0～80m 斜坡的易发程度进行 0.0～1.0 的线性归一化,得到坡高指标归一化结果图(图 5.7.2)。

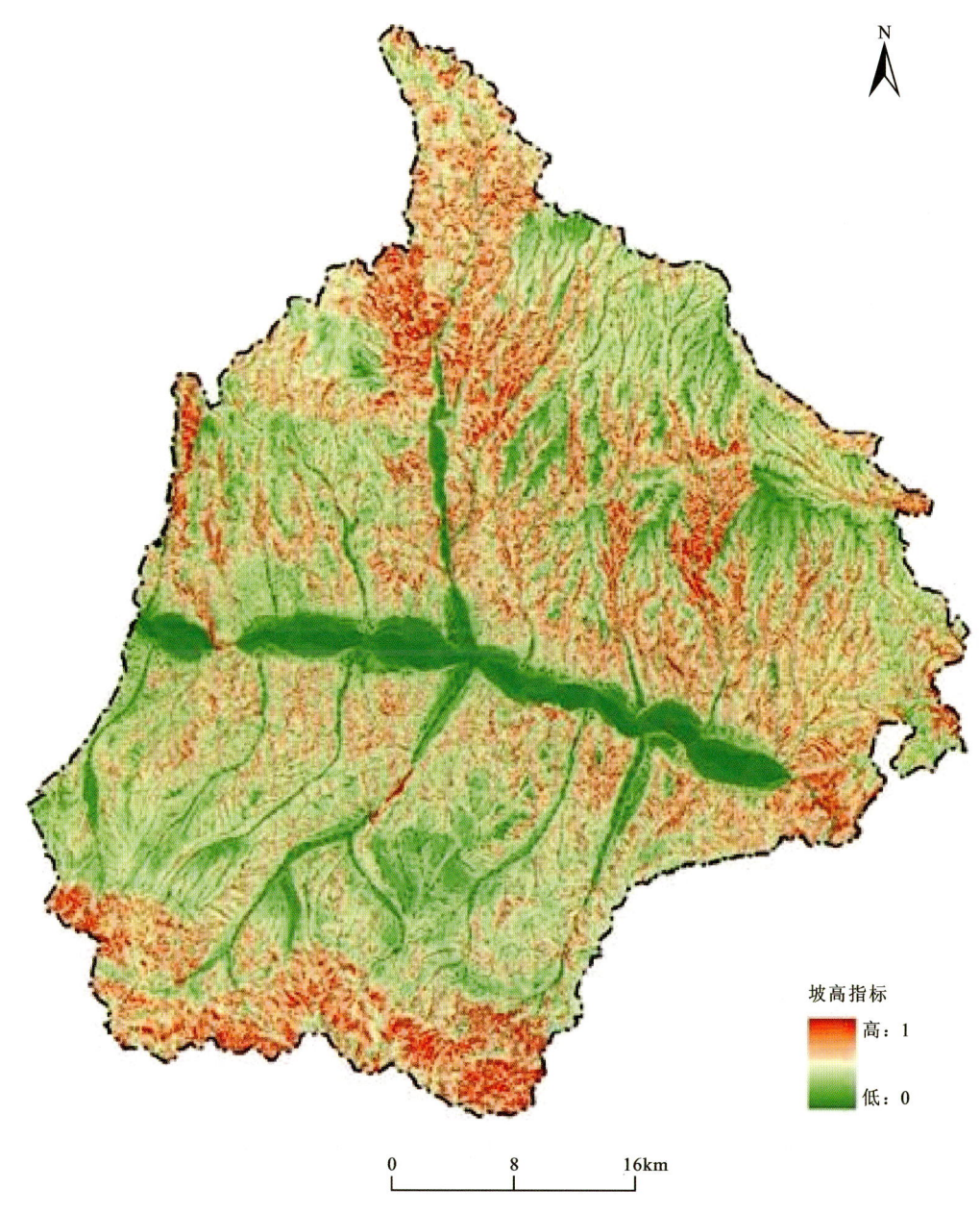

图 5.7.2　乐都区坡高指标归一化结果

(4)坡型指标

利用 ArcGIS 平台从 DEM 数据中分别提取调查区的地表曲率信息,然后进行斜坡坡型的归一化。由于滑坡和崩塌主要发育在直线形斜坡和凸形斜坡上,因此,当曲率<0 时,坡面为凹形或阶梯形,易发程度最低;当曲率>0 时,坡面为直线形和凸形,易发程度较高。按照曲率的大小进行 0.0~1.0 的线性归一化,得到斜坡坡型指标归一化结果(图 5.7.3)。

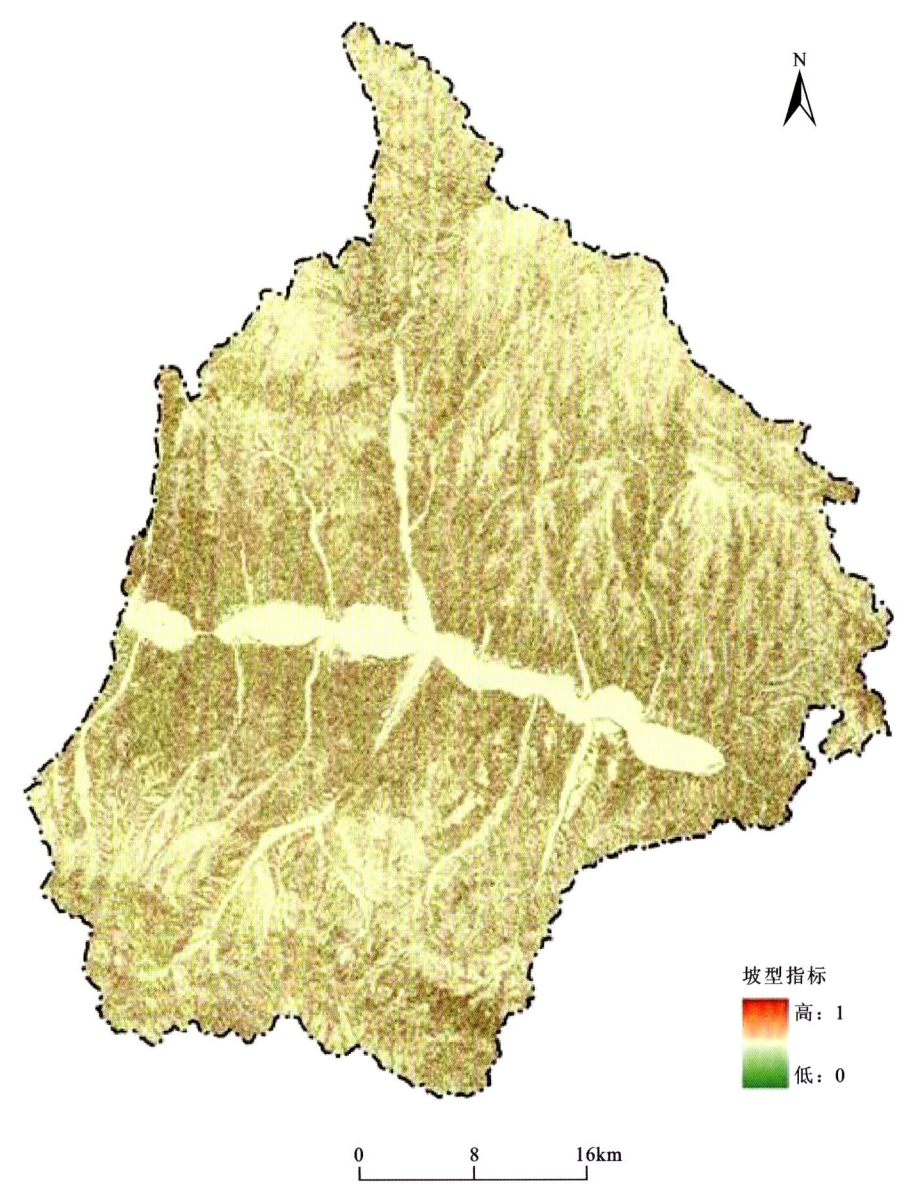

图 5.7.3　乐都区坡型指标归一化结果

(5) 岩土结构指标

本区岩土结构是上部为黄土,下部为基岩,基岩产状和分布近于水平。河流和沟谷的发育程度不同,表现为调查区南北两侧以及不同发育阶段的沟谷切割深度不同,导致坡体的岩土结构差异。

总体而言,南部地区基岩切割深度较浅,坡体上部主要为黄土结构,流水的侧蚀和下切作用明显,有利于崩塌和滑坡及泥石流的发生;而北部地区,流水的前期侵蚀作用强烈,岩体切割深度较大,基岩出露,且位置较高,黄土覆盖在基岩之上,侧蚀和下切作用已经不明显,发生滑坡的可能性相对较小。

本次按照调查区由北向南基岩切割深度逐渐减小的趋势,将岩土结构对滑坡、崩塌及泥石流易发程度的影响进行 0.0～1.0 归一化差值处理(图 5.7.4)。

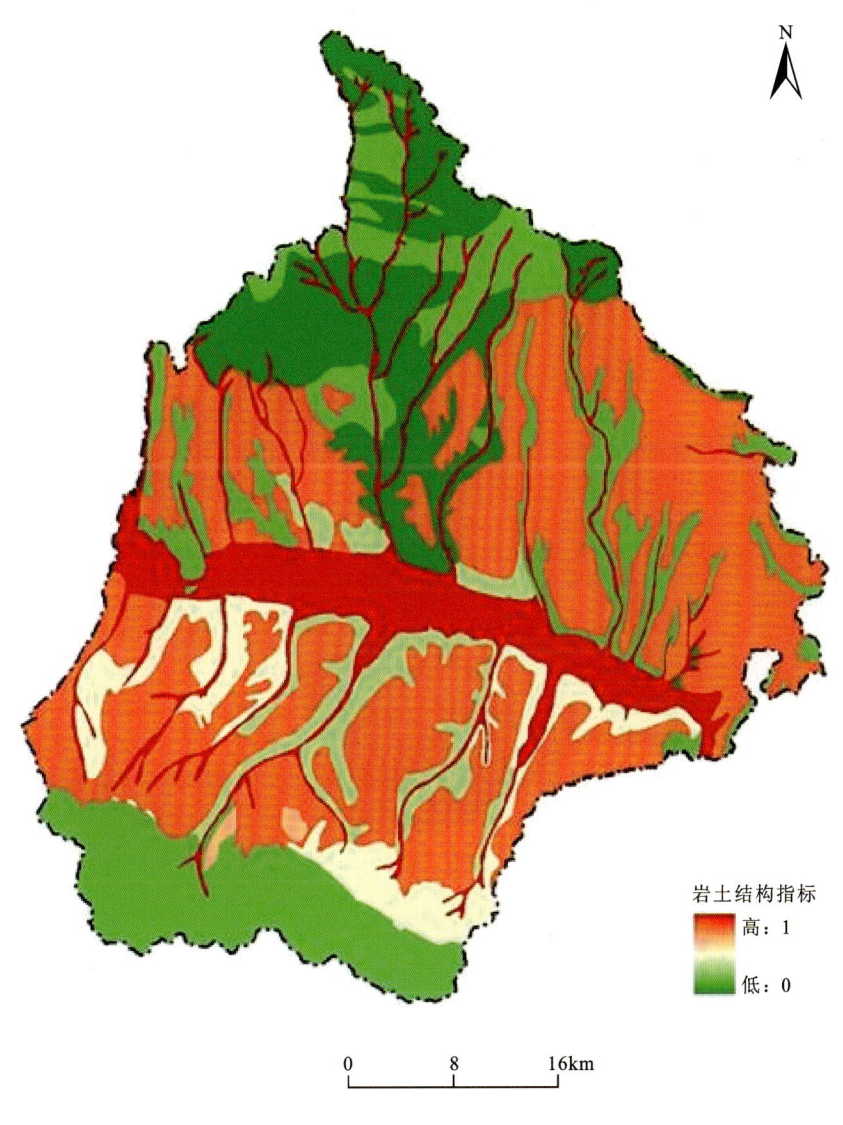

图 5.7.4 乐都区岩土结构指标归一化结果

(6)植被指数指标

采用调查区高精度的 Spot 5 遥感数据计算植被指数,并将全区的植被指数进行 0.0~1.0 归一化差值处理(图 5.7.5)。

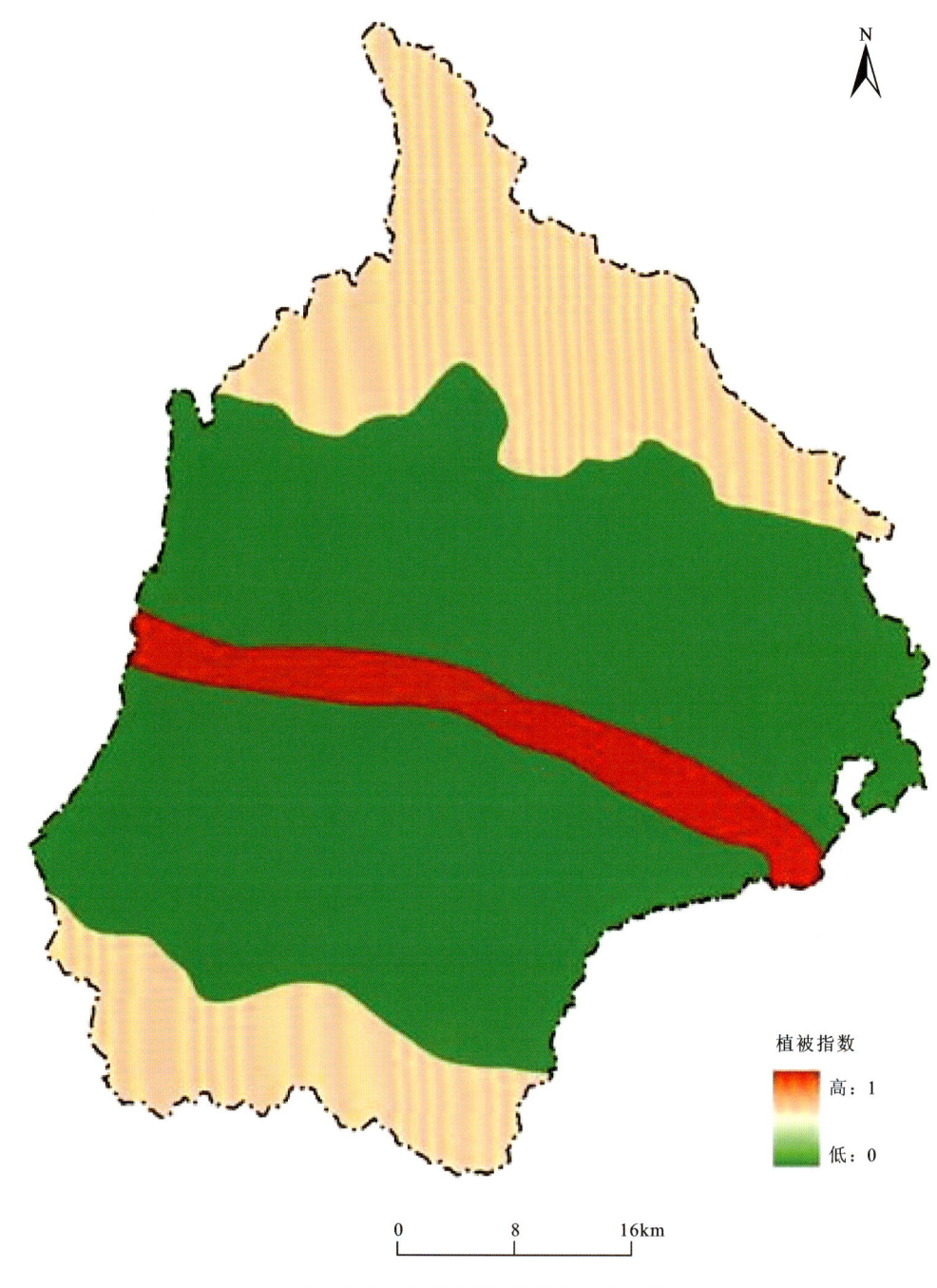

图 5.7.5 乐都区植被指数归一化结果

(7) 降水指标

根据调查区的降水特性,选用降水不均匀系数来量化降水因素,即多年汛期(7月、8月、9月三个月)平均降水量与多年平均降水量之比,该因素能够表征降水的集中程度。将全区降水不均匀系数进行 0.0~1.0 归一化差值处理(图 5.7.6)。

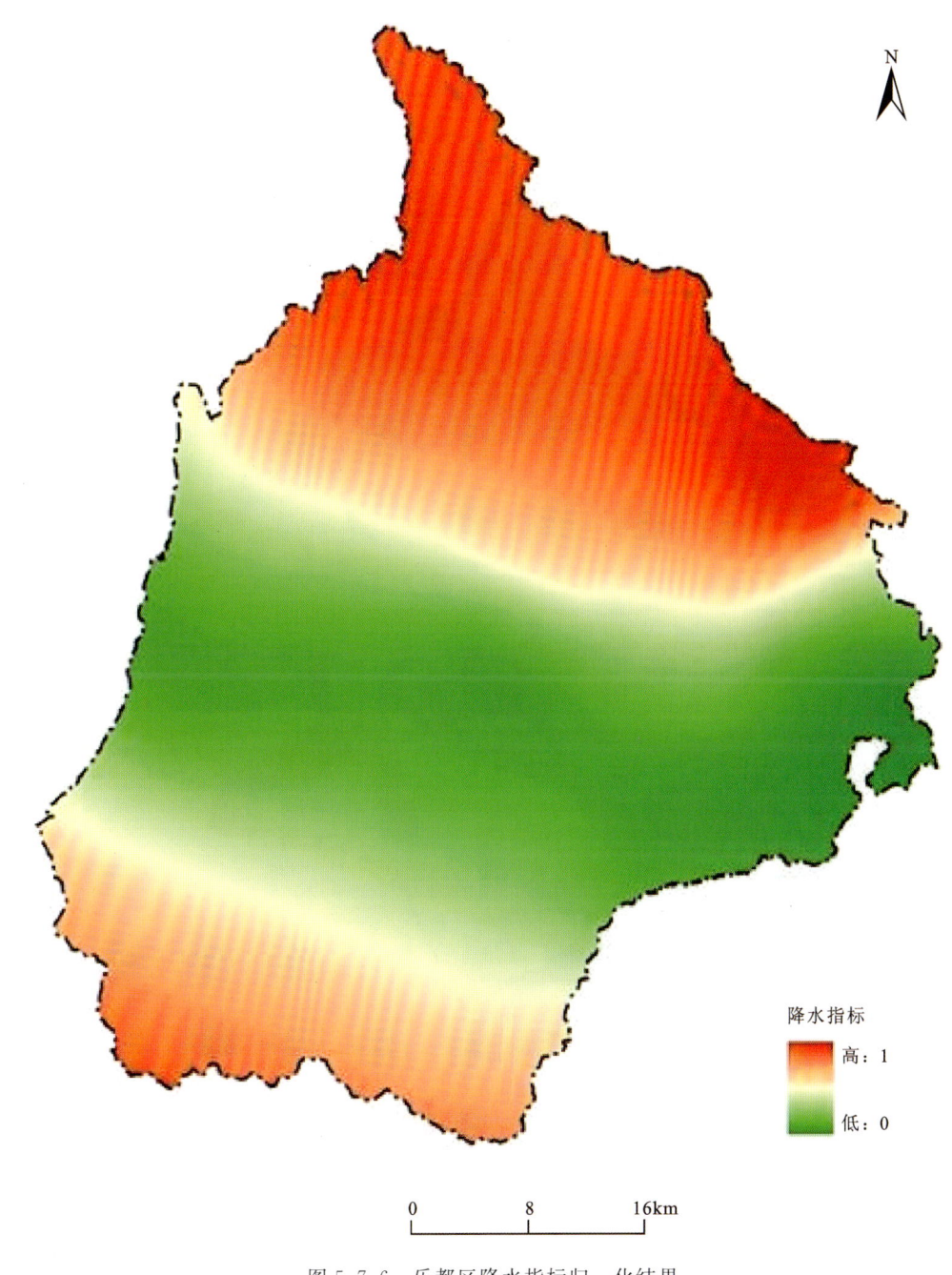

图 5.7.6 乐都区降水指标归一化结果

(8)人类工程活动指标

城镇基础建设、公路铁路交通建设、输电线路铺设、大中型水电站水利建设等是乐都区区内最具代表性的人类工程活动,对灾害影响最明显,且具有贯穿或覆盖全区的特点。

本次人类工程活动的量化以地貌类型为主,结合人类工程活动特点,将全区划分为3个区,再经栅格化和归一化处理,参与评价(图5.7.7)。由于公路、水电站是沿着河流修建,而人类工程活动主要集中在河流以及沟谷的两侧,因此这一量化方式有着实际的物理意义。

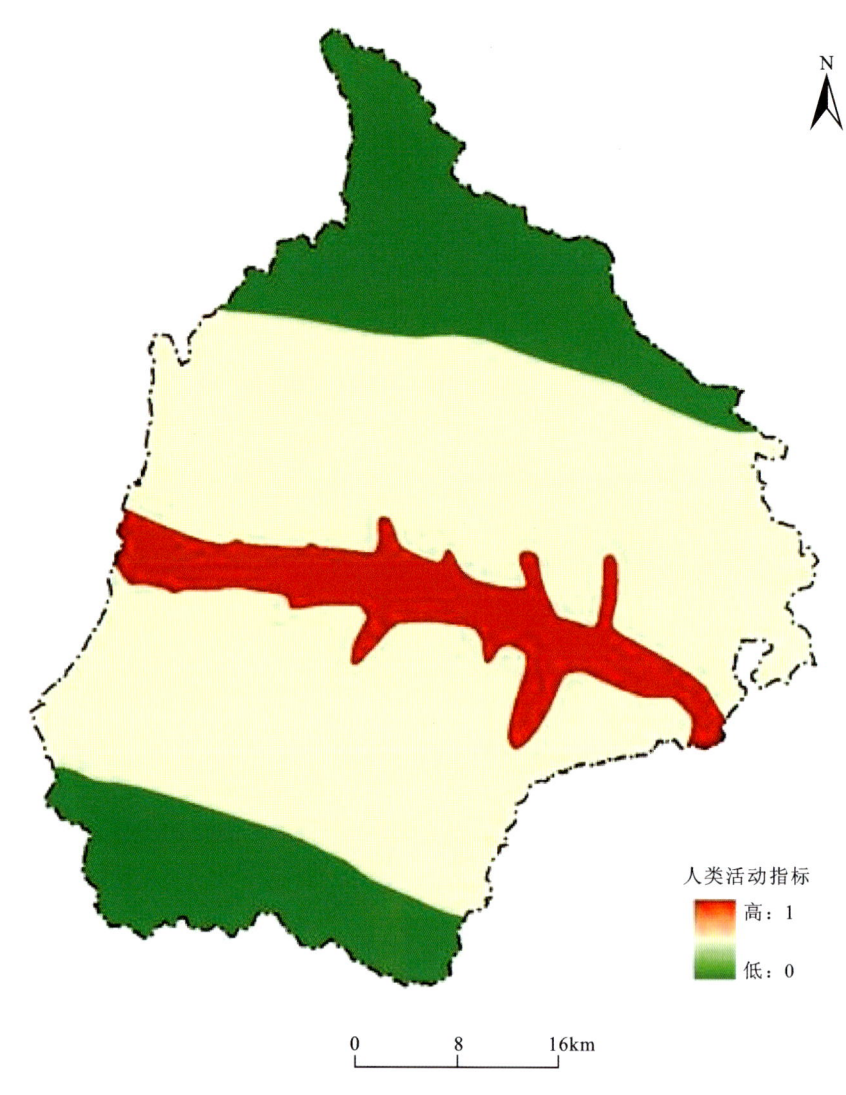

图5.7.7 乐都区人类工程活动价值归一化结果

4)计算单元剖分

地质灾害形成条件中,河流和沟谷的发育阶段对区内滑坡、崩塌、泥石流的形成具有明显的综合控制作用,以幼年期沟谷而划分的斜坡单元能够综合体现各种控制与影响因素的作用。本次以幼年期沟谷斜坡作为评价单元,评价单元以分水线和河谷所限汇水区域,是滑坡、崩塌、泥石流发生的基本地形地貌单元。

本次研究针对乐都区1∶5万比例尺DEM,以幼年期沟谷中的三级支流坳沟、冲沟划分为1991个单元。

5)基于GIS的信息量叠加

在前述评价指标分析和数据归一化的基础上,利用ArcGIS系统的空间叠加与统计功能,统计每一评价单元的所有指标值,得到数字矩阵的计算结果;再利用ArcGIS平台提供的分析计算功能,将研究区各评价单元数据按照权重分配结果进行信息叠加计算。

经过对各个因子信息的叠加计算,分别得到全区地质灾害易发程度计算结果如图5.7.8所示。

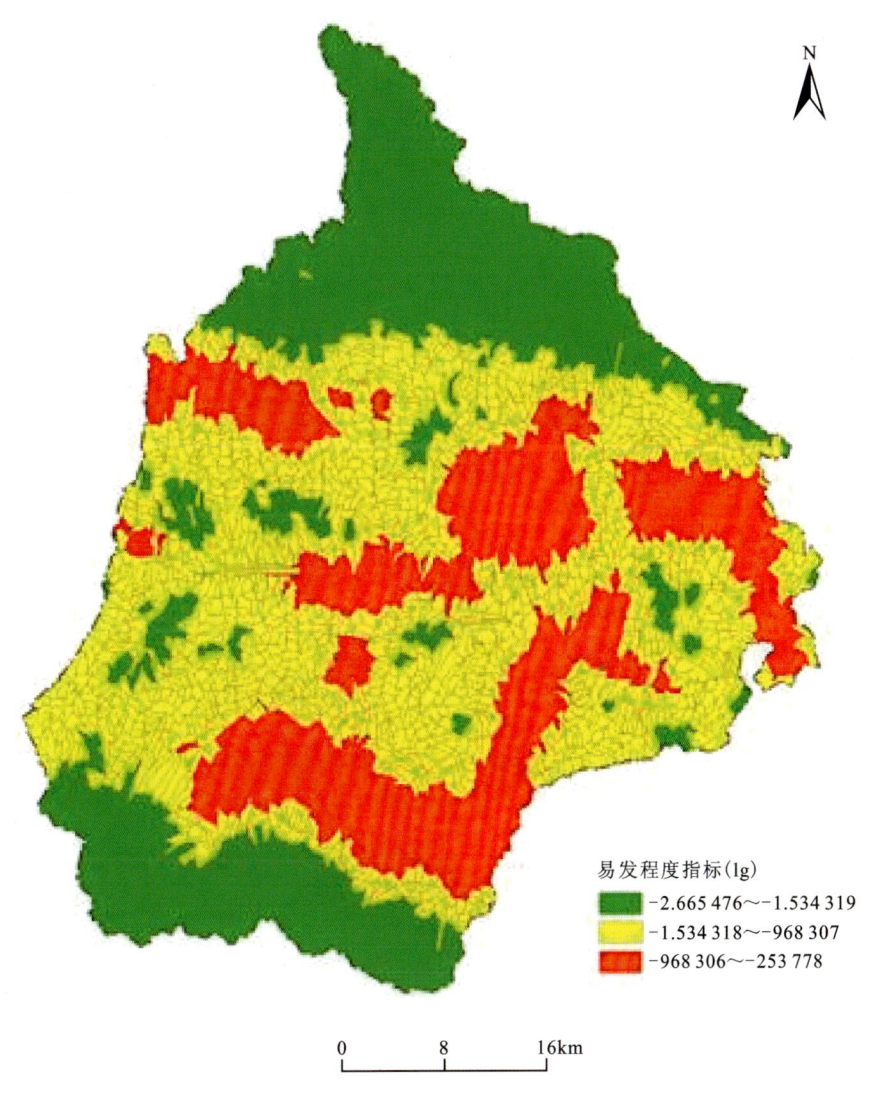

图5.7.8 乐都区地质灾害易发程度计算结果

6)地质灾害易发性分区

本次易发程度分区界线值采用突变点法和等间距法划定。经过统计分析,从中找出突变点作为易发程度分区界线值,将区域划分为低易发区、中易发区和高易发区3个不同等级的区域,并给出各单元确定的易发程度等级标准(表5.7.2)。在定量计算分级分区的基础上,综合考虑各种因素,得出乐都区地质灾害易发程度分区图(图5.7.9)。

表5.7.2 地质灾害易发程度区划评价分区表

等级	低易发区	中易发区	高易发区
标准	0.0～0.40	0.40～0.65	0.65～1.0

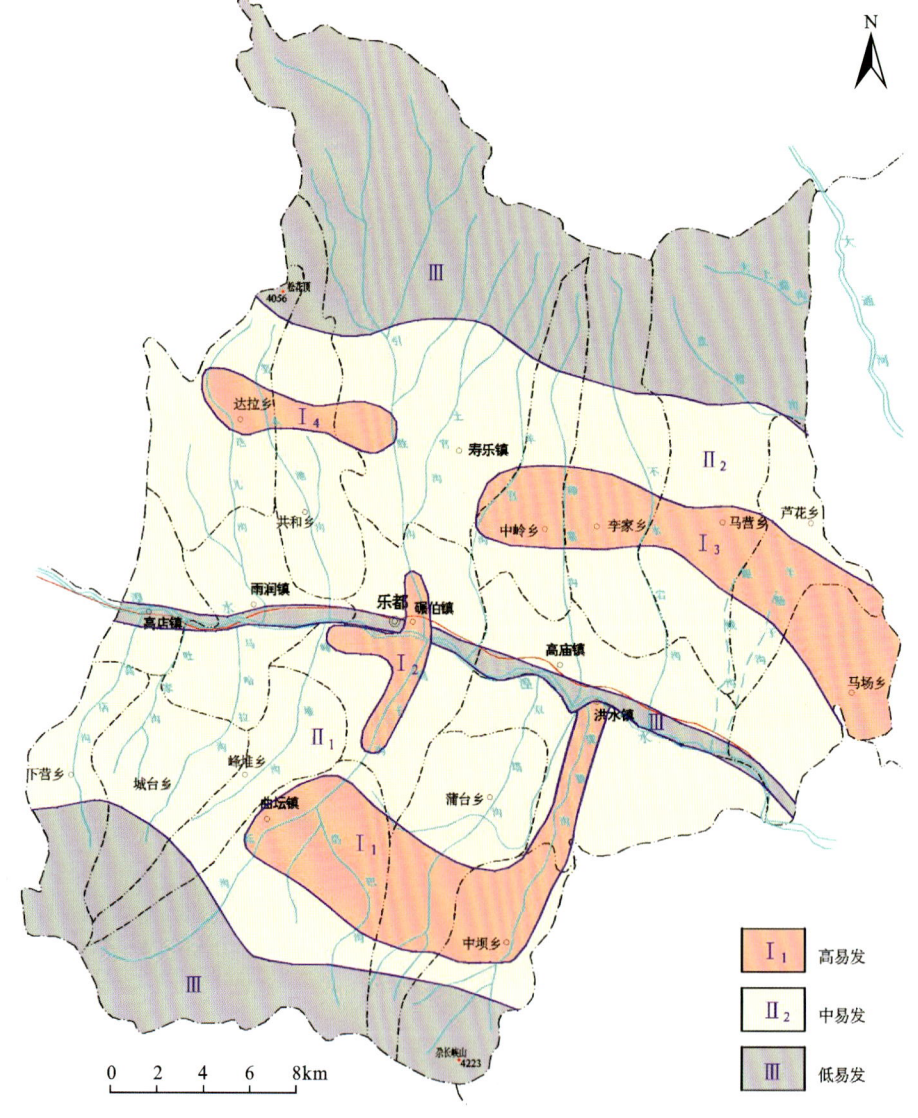

图5.7.9 乐都区地质灾害易发性分区结果

7)地质灾害易发性分区评价

依据地质灾害易发程度区划结果,地质灾害易发程度划分为高易发区、中易发区、低易发区3个级别。

(1)地质灾害高易发区(Ⅰ)

地质灾害高易发区在乐都区中部湟水河谷区、北、南低山丘陵均有分布,境内北端中高山区植被盖度较好,地质灾害不发育。地质灾高易发区主要分布乐都区碾伯镇、曲坛镇、中坝乡、蒲台乡、中岭乡、李家乡、寿乐镇、马厂乡、马营乡、达拉乡、共和乡、洪水镇、高庙镇,总面积约578.81km^2,占乐都区面积的18.98%。

该区主要位于湟水河谷区及其一级支沟低山丘陵区,城镇化建设速度较快,公路、铁路、引灌渠道、电缆、输电线、大中型水电站,施工边坡开挖量大,人类工程活动强烈,暴雨不均匀系数大于50%。沟谷两岸斜坡坡角25°~55°,其中30°~50°居多,斜坡高差在150m以上。岩体多为软弱碎屑岩岩体,土体属松散、中密的黏性土和黄土。岩体节理裂隙发育、土体疏松易碎,特别是丘陵区人工开挖斜坡建房,形成众多不稳定斜坡段。在降水和工程活动影响下易于发生滑坡、崩塌、泥石流灾害。

依地质灾害点集中分布位置,地质灾害高易发区可划分为4个亚区。

①曲坛镇-蒲台乡-中坝乡亚区(Ⅰ$_1$)。曲坛镇-蒲台乡-中坝乡亚区位于调查区东南部,包括曲坛沟、亲仁沟、蒲台沟、虎狼沟流域大部低山丘陵区,西起曲坛镇三岔口向东经蒲台乡,止于中坝乡县境东端,整体呈不规则状展布,面积240.3km^2,占高易发区面积的41.52%。

该亚区内沟谷密集,岩体风化破碎,地形起伏大,地质环境条件脆弱,河谷边缘开挖坡脚建房、取土、筑路等人类活动强烈,致使以崩塌、滑坡、泥石流为主的地质灾害多发、频发。瞿昙镇、蒲台乡、中坝乡大部黄土丘陵地质灾害类型主要滑坡,少数为不稳定斜坡,个别崩塌,规模则以特大、大型为主。洪水镇所在大部河谷地段则以泥石流居多,规模为小型。

②县城南亚区(Ⅰ$_2$)。县城南亚区位于乐都区城南湟水右岸河谷与丘陵交汇地段,主要包括碾伯镇、寿乐镇所辖部分村庄,平面呈花瓣状,面积2.91km^2,占高易发区面积的0.50%。

该亚区内沟壑纵横,高差起伏明显,两岸斜坡坡角30°~55°,高差150~320m,局部达到450m。加之沟口部分村民无序建房堵塞挤占行洪沟道,个别地段饮灌渠道,尤其甘青高速公路与兰新铁路二线设计行洪断面偏离主沟沟口,造成沟道泄洪不畅,遇暴雨或强降雨极易诱发泥石流灾害。地质灾害类型以泥石流为主,少数为不稳定斜坡。

③中岭-李家-马厂亚区(Ⅰ$_3$)。中岭-李家-马厂亚区位于调查区北部黄土丘陵区,主要包括中岭乡、李家乡、马营乡、马厂乡、寿乐镇所辖大部分村庄,以及芦花乡少数丘陵山村,平面呈四边形,面积248.8km^2,占高易发区面积的42.98%。

该亚区内沟壑纵横,高差起伏明显,两岸斜坡坡角25°~45°,高差120~450m,局部达到520m。加之丘陵斜坡区部分村民切坡建房,形成高陡土质斜坡,坡高5~18m,个别地段达32m。人工挖坡易引发崩塌、滑坡灾害等。地质灾害类型以不稳定斜坡为主,少数为滑坡、泥石流,最少为崩塌。

④达拉-共和亚区(Ⅰ$_4$)。达拉-共和亚区位于调查区西北部,主要包括达拉沟、共和沟及引胜沟中上游一带低山丘陵区的达拉乡与共和乡所辖大部分村庄,以及寿乐镇少数丘陵山

村,平面呈条带状,面积 86.8km²,占高易发区面积的 15.00%。

该亚区内两岸斜坡坡角在 25°～50°,地形起伏,高差较大,多数在 280m 以上,地质灾害以不稳定斜坡、泥石流为主,规模则以中、小型为主。

(2)地质灾害中易发区(Ⅱ)

地质灾害中易发区主要分布于湟水两侧的乐都区南、北两山高易发区外围的低山丘陵,马厂乡、洪水镇境内有小面积分布。该区涉及了 19 个乡镇的部分区域,总面积约 1256km²,占乐都区面积的 41.18%。

该区属湟水流域低山丘陵区,修路、架设输电线路、开挖建房、开垦扩地、水利水电建设等活动强烈,其他人类工程活动较强烈。沟谷两岸斜坡为 20°～45°,以 25°～35°居多,地形起伏较大,平均高差 150～370m。岩体大部分属层状软弱碎屑岩体,少部分为较坚硬层状变质岩岩体,土体属松散碎石土。岩体节理裂隙发育、土体疏松易碎,在降水和工程活动影响下易于发生滑坡、崩塌、泥石流。

依据地质灾害点集中分布位置,地质灾害中易发区可划分为 3 个亚区。

①中南部亚区($Ⅱ_1$)。中南亚区分布在乐都区中南部,湟水右岸高易发区外围的低山丘陵地带,平面呈不规则状,涉及了全县 6 乡(镇)境内的部分区域,面积约 516.2km²,占中易发区面积的 41.10%。地质灾害以不稳定斜坡、滑坡为主,少部为泥石流、崩塌,规模多为大、中型。

②中北部亚区($Ⅱ_2$)。中北部亚区分布于乐都区中北部,湟水左岸高易发区外围大部丘陵与少数基岩山区,涉及乐都区 11 乡(镇)境内的部分区域,面积约 449.1km²,占中易发区面积的 35.76%。

该亚区内丘陵为上更新统风积黄土(Qp_3^{eol}),中高山区局部出露古元古界(Pt_1)片岩、片麻岩,岩体风化破碎,局部形成危岩,人类工程活动弱,以泥石流、不稳定斜坡为主,少部为滑坡、个别为崩塌。

③东部亚区($Ⅱ_3$)。东部亚区分布于乐都区东部湟水流域高易发区外围的低山丘陵地带及老鸦峡谷段,涉及乐都区 2 镇 1 乡境内的部分区域,面积约 290.7km²,占中易发区面积的 23.14%。地质灾害以泥石流为主,少数为滑坡、不稳定斜坡,个别为崩塌。

(3)地质灾害低易发区(Ⅲ)

地质灾害低易发区主要分布于乐都区北、南部中高山区与湟水河谷平缓区,主要涉及碾伯镇、高店镇、雨润镇、洪水镇、高庙镇、达拉乡、共和乡、马厂乡、城台乡、峰堆乡、中坝乡等 5 镇 6 乡,面积约 965.2km²,占乐都区面积 31.64%。

该区属基岩山区,山体植被覆盖率高,且区内村庄与固定居住点稀少,人类工程活动较微弱,暴雨不均匀系数小于 30%。湟水河谷发育一、二级支沟,两岸斜坡坡角 15°～35°,地形高差起伏 50～250m,岩性以较坚硬的变质岩为主,局部覆盖黄土松散,在降水和工程活动影响下发生崩塌、滑坡现象较少。湟水宽谷地带远离丘陵斜坡,地势平缓,坡角 2°～5°,是城区与主要乡镇所在地,人类活动集中,区内除 6 处泥石流、3 处不稳定斜坡、1 处滑坡发育外无其他地质灾害发育。

2. 地质灾害危险性分区

1)危险程度评价指标体系

地质灾害危险区是指明显可能发生地质灾害且将可能造成较多人员伤亡和严重经济损失的地区,划分应基于地质灾害演化趋势,采用造成损失的地质灾害点,结合地质灾害形成条件与触发因素、演变趋势与人类工程活动,从而圈定不同区域地质灾害的危险程度。

依据上述地质灾害危险性分区原则,在地质灾害形成条件分析的基础上,采用目标分析方法建立乐都区危险程度评价的三层结构指标体系(图5.7.10)。

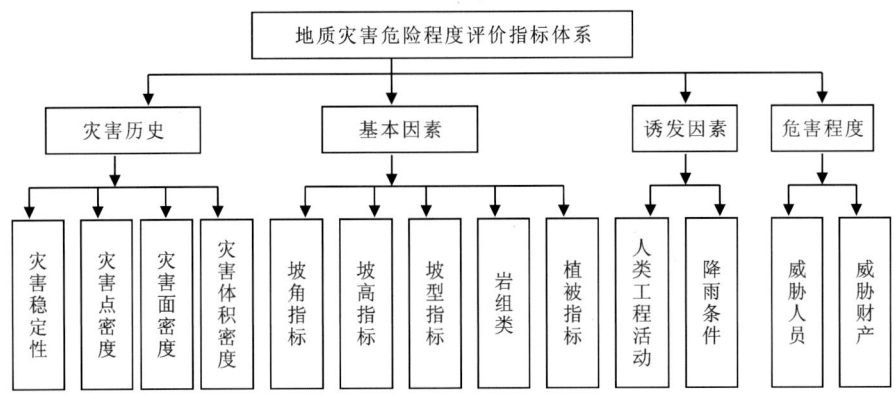

图 5.7.10 地质灾害危险程度评价指标体系框图

(1)灾害历史

灾害历史即已有地质灾害群体统计,主要考虑已有造成损失的滑坡、崩塌、泥石流的数量和规模。鉴于遥感解译而未经调查的滑坡、崩塌,以及不稳定斜坡一般都属于未造成损失的自然地质现象,故本次以已经造成或有潜在危害的实际调查的滑坡、崩塌、不稳定斜坡及泥石流为依据,采用其稳定性(易发程度)、点密度、面密度和体积密度来表征。

(2)基本因素

基本因素指控制和影响地质灾害发生的地质环境条件背景,如坡角、坡高、坡型和岩土体类型等。

(3)诱发因素

诱发因素指诱发(或触发)地质环境系统向不利方向演化甚至导致地质灾害发生的各种外动力和人类活动因素,包括降雨条件和人类工程活动。

(4)危害程度

地质灾害威胁的人员和财产。

2)危险程度等级分区

本次研究经统计分析(主观判断或聚类分析)找出突变点作为分界点,将区域划分为低危险、中危险和高危险3个等级,对地质灾害危险性评判计算结果进行分级。在定量计算分级分区的基础上,综合考虑各种因素,生成乐都区地质灾害危险程度计算结果图(图5.7.11)。

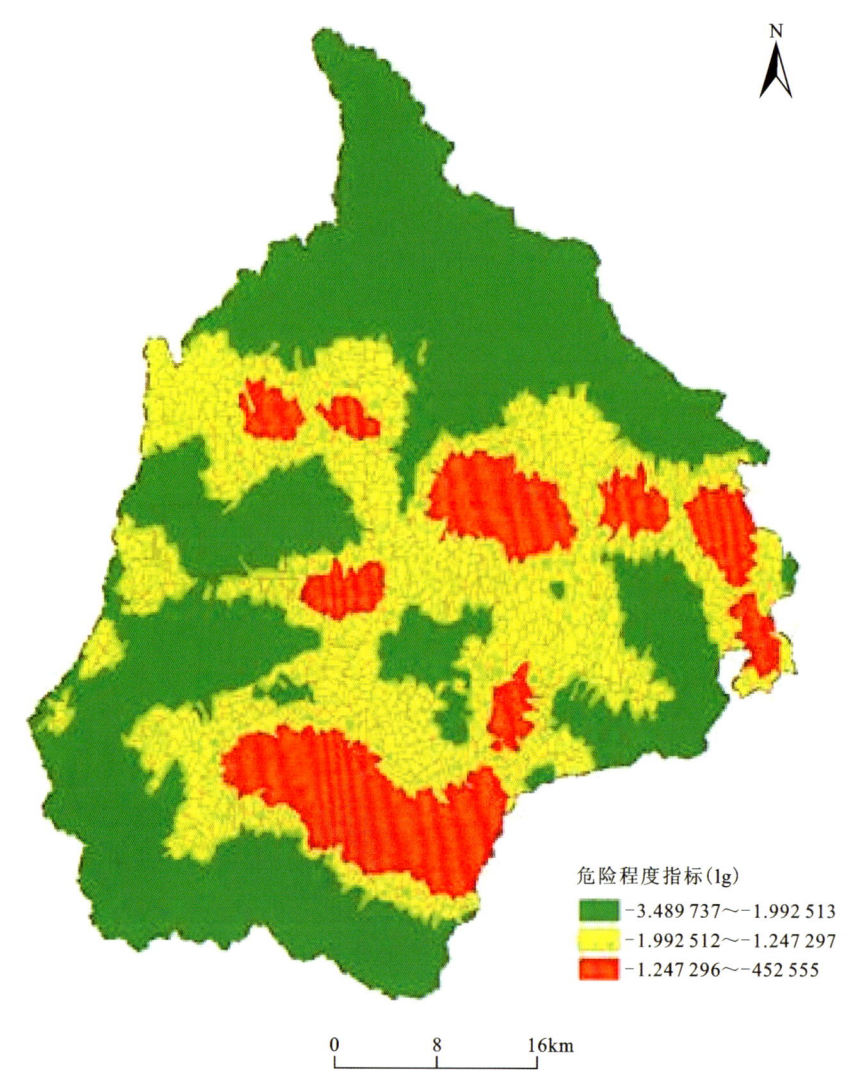

图 5.7.11 乐都区地质灾害危险程度计算结果

3)危险性分区评价

依据地质灾害危险程度区划的评估原则和乐都区地质灾害危险程度的等级分区图,地质灾害危险程度划分为高危险区、中等危险区、低危险区 3 个级别的区域,结合地质灾害易发区和承灾体种类及其分布的区域,进一步划分成 7 个亚区(图 5.7.12)。

(1)高危险区(Ⅰ)

地质灾害高危险区主要分布在湟水流域南、北两侧低山丘陵地带中,集中分布于曲坛-中坝(I_1)、县城南(I_2)、中岭-李家-马厂(I_3)、共和-达拉(I_4)4 个亚区范围内,总面积约 321.7 km²,占乐都区面积的 10.55%。

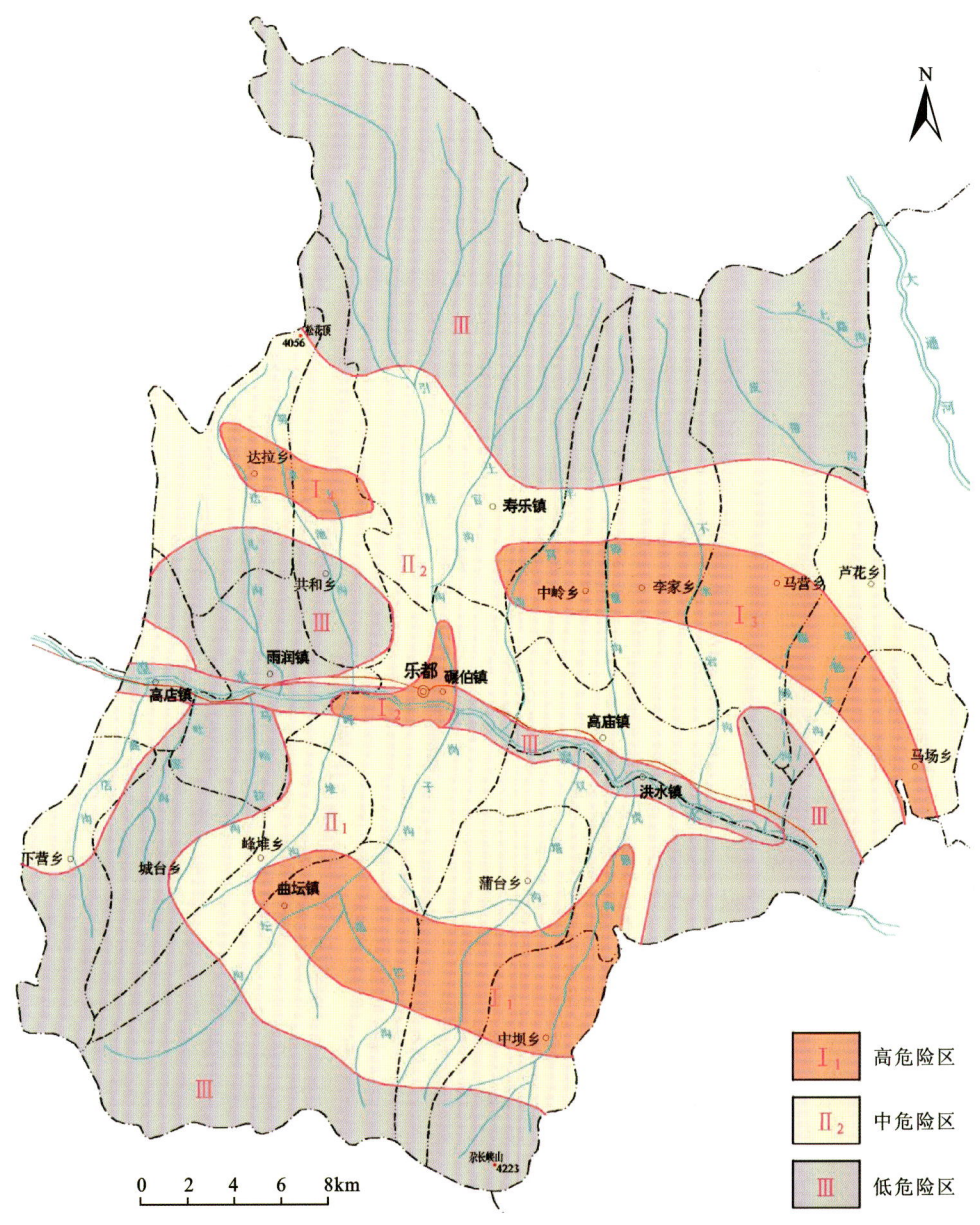

图 5.7.12 乐都区地质灾害危险性分区结果

该区村庄稠密、人口众多，城镇化建设速度较快，城镇化率 10%～25%，分布有铁路、公路、引水渠道、城镇建筑、水利水电等重要的工程设施。划分区域与地质灾害高易发区基本重合。历史灾害发育较多，滑坡、不稳定斜坡是区内最主要地质灾害类型，其次为泥石流灾害。危险程度为危险—次危险的地质灾害点占区内总地质灾害点的 69.6%，瞿昙镇的周家滑坡、红庄滑坡、黑窑洞滑坡、山丹坡滑坡、洪三滑坡、大沙沟泥石流、大沟泥石流群、刚家洼崩塌、荒洼不稳定斜坡等处重要地质灾害点均分布在该区。

①曲坛-中坝(I_1)。该亚区位于乐都区中南部,始于瞿昙镇三岔口西,东经原亲仁乡、蒲台乡,延伸至中坝乡虎狼沟处,面积144.0km²,占高危险区面积的44.8%。

该亚区地形地貌条件复杂,沟谷纵横,雨洪水侵蚀作用强烈,植被覆盖率较低,水土流失严重,加之区内人口密度相对较大,村民建房、修筑公路等不合理工程活动较多,潜在地质灾害发育。

该亚区属乐都区川水与浅山地区,城镇化建设速度较快,城镇化率10%~20%,分布有公路、铁路、水库、特色农业园、引水渠道、城镇建筑等重要的工程设施。地质灾害威胁到1322户5288人的生命、10 576间房屋及公路等财产安全,其资产期望损失7932万元。

②县城南亚区(I_2)。县城南亚区位于调查区中部湟水河谷与丘陵交会部位,面积12.8km²,占高危险区面积的4.0%。

该亚区内沟谷密集,且多为短、浅冲沟,地形起伏较大,植被覆盖率较低,水土流失严重,极易发生灾害,有大沟泥石流群、大沙沟泥石流等重要地质灾害点分布在该区,兰西铁路第二双线与老甘青公路均位于此区。地质灾害威胁到210户1709人的生命,1470间房屋等财产安全,其资产期望损失近2110万元。

③中岭-李家-马厂亚区(I_3)。中岭-李家-马厂亚区位于乐都区中北部,以李家乡上半沟为中心,西起寿乐老官沟,中部沿丘陵向东延伸至李家乡李家沟,止于县境东端老鸦峡附近,面积130.5km²,占高危险区面积的40.5%。

该亚区地形地貌条件复杂,沟谷纵横,河流侵蚀作用强烈,植被覆盖率较低,水土流失严重。分布有村庄,省、县、乡级公路,引灌渠道等工程设施。地质灾害威胁到1289户5156人的生命,10 312间房屋等财产安全,其资产期望损失近7734万元。

④共和-达拉亚区(I_4)。共和-达拉亚区位于乐都区中北部低山丘陵,主要包括达拉乡、共和乡部分村庄以及寿乐镇少数山村,面积34.4km²,占高危险区面积的10.7%。

该亚区内地形起伏较大,沟谷纵横,人类工程活动以挖坡建房、修路为主。地质灾害类型大多为不稳定斜坡,少数为泥石流、滑坡,直接威胁到180户720人的生命,1600间房屋等财产安全,其资产期望损失近1080万元。

(2)中危险区(II)

中危险区主要分布在乐都区北、南部高危险区外围的低山丘陵地带,湟水及一级支沟高店镇、雨润镇乡、洪水镇有小面积分布,该区涉及了14个乡镇的部分区域,总面积约963.4km²,占全区面积的31.59%。

该区所处丘陵山高坡陡,沟谷密集,侵蚀、切割作用强烈,植被覆盖低,水土流失严重,较易发生灾害,区内公路、村民建筑、水库、引干渠道等重要的工程设施零星展布。该区总体与地质灾害中易发区基本重合,地质灾害威胁到2901户、11 073人的生命,25 704间房屋等财产安全,其资产期望损失近17 338万元。高店镇泥石流群和深沟泥石流(图5.7.13)等重要地质灾害点分布在该区。

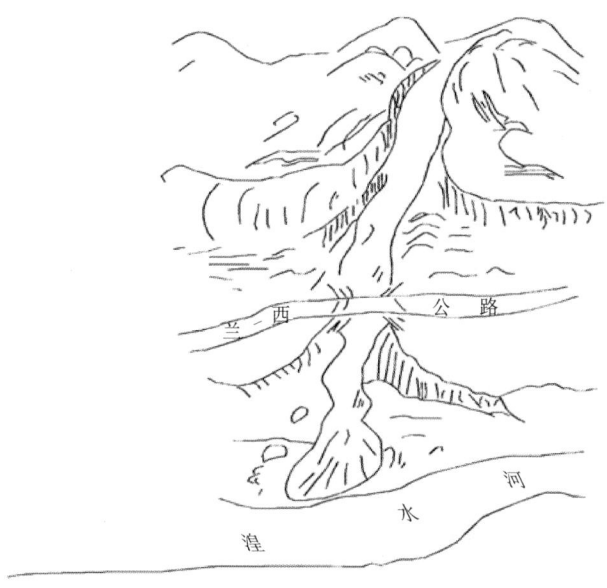

图 5.7.13 深沟泥石流素描

①中南部亚区（Ⅱ₁）。中南部亚区主要分布在乐都区中南部高危险区外围低山丘陵区，包括瞿昙沟、虎狼沟大部村庄，总面积 367.3km²，占中危险区面积的 38.1%。

该亚区局部城镇化建设速度较慢，城镇化率小于 10%，公路、村民建筑、水库、输电线路、水利水电等重要的工程设施亦有展布。地质灾害以不稳定斜坡、滑坡和崩塌为主，威胁 911 户、2776 人的生命，7498 间房屋等财产安全，其资产期望损失近 5470 万元。

②中北部亚区（Ⅱ₂）。中北部亚区位于乐都区中北部，湟水北侧低山丘陵区，面积536.4 km²，占中危险区面积的 55.7%。

该亚区黄土覆盖，沟谷较密集，地形起伏较大，北山区大部村庄以及北山交通大通道均位于此区。地质灾害以不稳定斜坡、泥石流为主，个别为崩塌、滑坡，直接威胁到 1166 户、5001 人的生命，11 612 间房屋等财产安全，其资产期望损失近 6924 万元。

③城台沟亚区（Ⅱ₄）。城台沟亚区位于乐都区西端，沿城台沟谷与丘陵边缘呈条带分布，主要包括高店镇、城台乡部分村庄，面积 59.7km²，占高危险区面积的 6.2%。

该亚区沟谷密集，且多为短、浅冲沟，地形起伏较大，人员活动较强，主要为挖坡建房、采挖砂石。地质灾害类型以泥石流和不稳定斜坡为主，直接威胁到 824 户 3296 人的生命，6594 间房屋等财产安全，其资产期望损失近 4944 万元。

(3) 低危险区（Ⅲ）。低危险区主要分布在乐都区北、南、中部 14 个乡镇大部山区以及湟水河谷宽缓地带，面积约 1 514.9km²，占全区面积的 49.67%。

乐都区北、南部的广大地区为基岩山区和丘陵区，因海拔较高，大多无人居住，仅分布有公路，局部分布有村民建筑、输电线路等重要的工程设施，人类活动强度弱，区内植被覆盖度高。地质灾害点零星分布，以滑坡和泥石流为主，威胁 70 户、280 人的生命，560 间房屋等财产安全,其资产期望损失近420万元。

乐都区湟水宽谷地带远离丘陵斜坡,地势平缓,仅有部分泥石流沟分布,威胁少量村民房屋及农田,危害相对较轻,危害程度属低危险区。

二、平安区地质灾害风险区划

1. 地质灾害易发性分区

1)评价模型

平安区地质灾害易发性分区采用基于GIS的信息量分析模型(见5.7节所述)。地质灾害形成条件选取灾点密度、坡角、坡高、坡型、岩土类型、构造、植被指数、降雨指标和人类工程活动9项主要因素作为评价指标。

在地质灾害形成条件分析的基础上,结合前人研究成果,本次参照评价指标贡献率法的计算结果,分析确定了平安区地质灾害易发程度区划中各个指标的权重(表5.7.3)。

表5.7.3 地质灾害易发程度区划评价指标权重分配表

指标项	灾点密度	坡角指标	坡高指标	坡型指标	岩土类型	构造	植被指数	降雨指标	人类工程活动
权重	0.60	0.09	0.04	0.02	0.07	0.01	0.03	0.04	0.10

基于1:5万地质灾害详细调查数据,以1:5万数据为基础,将平安区742.89km² 境域离散为1388行、1411列,共1 958 468个25m×25m的单元格。

已有地质灾害群体统计采用已有滑坡、崩塌、不稳定斜坡以及泥石流的数量指标,计算单元内已有地质灾害的点密度。统计样本包含了全部遥感解译和调查的物理地质现象点和地质灾害点,旨在客观反映不同区域滑坡、崩塌、泥石流的易发程度。

按照灾点密度、坡角、坡高、坡型、岩土类型、构造、植被指数、降雨指标和人类工程活动9项主要因素各区间的地质灾害(滑坡、崩塌、泥石流)发生概率,将坡角等地质灾害形成条件的9项主要因素进行0.0~1.0之间的线性归一化,然后基于GIS的信息量叠加运算,最终得到平安区地质灾害易发程度结果(图5.7.14)。

易发程度分区界线值采用突变点法和等间距法划定。经过统计分析,从中找出突变点作为易发程度分区界线值,将区域划分为低易发区、中易发区和高易发区3个不同等级的区域,并给出各单元确定的易发程度等级标准(表5.7.4)。在定量计算分级分区的基础上,综合考虑各种因素,给出平安区地质灾害易发程度分区图(图5.7.15)。

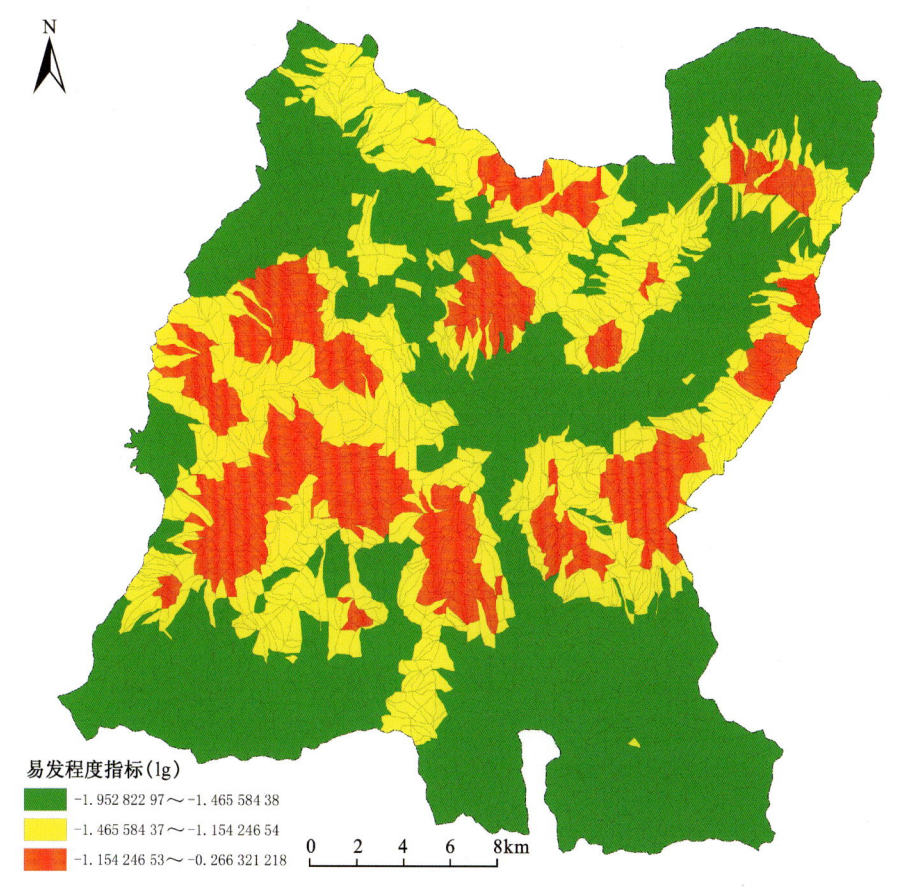

图 5.7.14 平安区地质灾害易发程度计算结果

表 5.7.4 平安区地质灾害易发程度区划评价分区表

等级	低易发区	中易发区	高易发区
标准	0.0～0.29	0.29～0.47	0.47～1.0

2）地质灾害易发性分区评价

依据地质灾害易发程度区划结果，平安区地质灾害易发程度划分为高易发区、中易发区、低易发区3个级别。鉴于本次工作是以1∶5万比例尺地质灾害调查为主体，故针对全区1∶5万比例尺易发区分区描述与评价如下。

（1）地质灾害高易发区（Ⅰ）

受地形地貌、地质构造、降水、植被、人类工程活动等因素的控制与影响，地质灾害高易发区主要分布于平安区境域中部较大支沟两侧低山丘陵，分布洪水泉乡、石灰窑乡、三合镇、沙沟乡、巴藏沟乡、古城乡、小峡镇等村镇，总面积约209.98km²，占全区面积的28.26%。

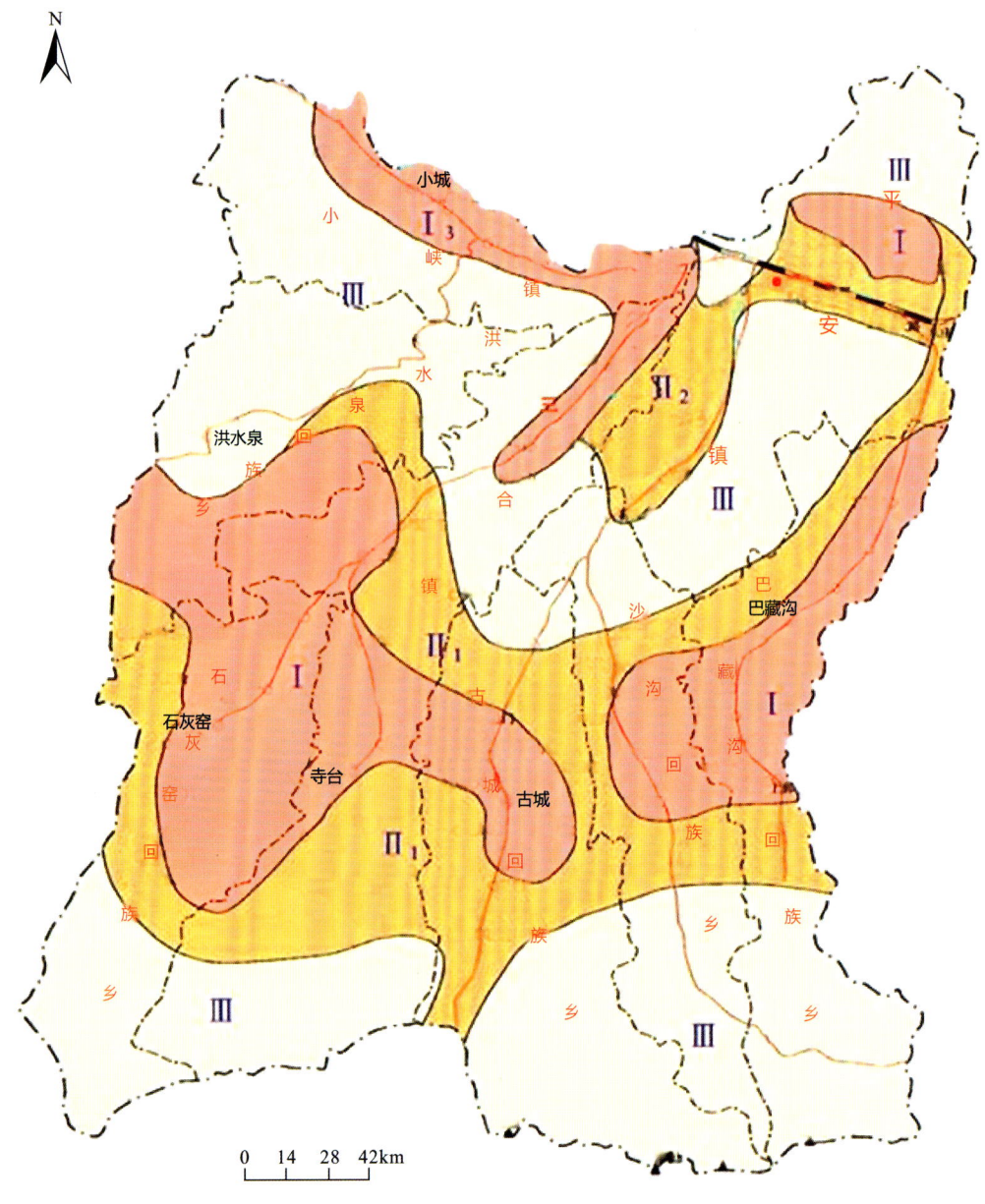

图 5.7.15 平安区地质灾害易发程度分区

地质灾害高易发区属湟水河谷区及其一级支沟低山丘陵区，城镇化建设速度较快，公路、铁路、引灌渠道、输电线、中小型水库、矿山等边坡开挖量大，人类工程活动强烈，暴雨不均匀系数大于50%。沟谷两岸斜坡坡角22°~55°，以30°~50°居多，高差大于150m。斜坡岩土体以软弱碎屑岩岩体、松散中密黏性土和黄土为主。岩体节理裂隙发育，土体疏松易碎，特别是丘陵区人工开挖斜坡建房，形成众多不稳定斜坡段，在降水和人类工程活动影响下易于发生滑坡、崩塌、泥石流等地质灾害。

依地质灾害点集中分布位置,地质灾害高易发区划分为4个亚区。

①洪水泉乡-三合镇-古城乡亚区(I_1)。洪水泉乡-三合镇-古城乡亚区位于平安区中西部,包括祁家川沟、白沈家沟中上游大部低山丘陵区,西起洪水泉乡北岭村镇向东经三合镇、止于古城乡角加村,面积101.85km²,占高易发区面积的48.5%。

该亚区内沟谷密集,岩体风化破碎,地形起伏大,地质环境条件脆弱,河谷边缘开挖坡脚建房、筑路等人类活动强烈,致使以崩、滑为主地质灾害多发、频发;洪水泉乡、三合镇、古城乡大部低山丘陵,地质灾害类型以不稳定斜坡为主,其次为滑坡,个别崩塌,规模则以中、小型为主。典型的三合镇湾子滑坡、索尔干滑坡、洪水泉黄鼠湾滑坡、石灰窑乡索若潜在滑坡等分布于该亚区,为平安区地质灾害重点地段。

②巴藏沟亚区(I_2)。巴藏沟亚区位于平安区境东侧,巴藏沟中上游河谷与丘陵交会地段,主要包括巴藏沟乡、沙沟乡所辖部分村庄,面积49.38km²,占高易发区面积的23.5%。

该亚区沟壑纵横,高差起伏明显,两岸斜坡坡角30°~55°,高差150~380m,局部达到450m。加之丘陵斜坡部分村民挖坡建房,形成高陡土质斜坡,坡高2~22m,个别地段边坡高达28m,易引发崩塌、滑坡地质灾害。

该亚区地质灾害类型以不稳定斜坡为主,滑坡次之,亚区北部因修建巴(藏沟)-平(安)县乡公路挤占行洪沟道,致使泥石流频发。

③小峡亚区(I_3)。小峡亚区位于平安区北部丘陵区与河谷区过渡地带,主要包括小峡镇所辖大部分村庄,及三合镇少数丘陵山村,面积50.17km²,占高易发区面积的23.9%。

该亚区沟壑纵横,高差起伏明显,两岸斜坡坡角25°~45°,高差120~350m,局部达到380m。沟口部分村民无序建房堵塞挤占行洪沟道,个别地段引灌渠道,尤其109国道公路设计桥涵行洪断面偏离主沟沟口,造成沟道泄洪不畅,遇暴雨或强降雨极易诱发泥石流灾害。此外,河谷边缘斜坡因筑路削坡,形成高陡岩质斜坡,一般坡高3~15m,个别地段边坡高达22m,易引发崩塌、滑坡灾害。

该亚区地质灾害类型以泥石流为主,少数为不稳定斜坡。

该亚区西部小峡峡谷长约4.5km,南侧山体高耸,斜坡坡角35°~55°,高差180~400m,局部达到450m;出露地层为白垩系和侏罗系砂岩、泥岩、砂砾岩,岩体节理裂隙发育,岩体破碎,自稳性较差;加之峡谷南侧切坡修建109国道公路,局部形成高陡斜坡或危岩(危石),对紧邻109国道公路上过往行人及车辆安全运行构成严重威胁。

④张家寨亚区(I_4)。张家寨位于平安区西北部,主要包括平安镇张家寨村河谷与丘陵过渡地带,面积8.58km²,占高易发区面积的4.1%。

该亚区沟谷密集,地形起伏大,岩体风化破碎,地质环境条件脆弱。河谷边缘开挖坡脚建房、筑路、取土、采石等人类活动强烈,致使以泥石流为主的地质灾害多发、频发,规模则以中、小型为主。

(2)地质灾害中易发区(Ⅱ)

地质灾害中易发区主要分布于平安区中部高易发区外围的低山丘陵地带,在北部平安镇境内有小面积分布。该区涉及了 7 个乡镇的部分区域，总面积约 195.97km², 占全区面积的 26.38%。

该区属湟水流域低山丘陵区，修路、架设输电线路，开挖建房、开垦扩地、水利水电建设等人类工程活动较强烈。沟谷两岸斜坡为 25°～50°，以 30°～42°居多，地形起伏较大，平均高差 120～380m。岩体大部属层状软弱碎屑岩岩体，少部较坚硬层状变质岩岩体，土体属松散碎石土。岩体节理裂隙发育、土体疏松易碎，在降水和工程活动影响下易于发生滑坡、崩塌、泥石流。

依据地质灾害点集中分布位置，地质灾害中易发区划分为 2 个亚区。

①中南部亚区（Ⅱ₁）。中南部亚区分布在平安区中南部，湟水右侧高易发区外围的低山丘陵地带，平面沿条带展布，涉及了全县 6 乡（镇）境内的部分区域，面积约 156.14km²，占中易发区面积的 79.68%。

该亚区地质灾害以不稳定斜坡、滑坡为主，少部为泥石流，规模多为中、小型。

②中北部亚区（Ⅱ₂）。中北部亚区分布于平安区中北部，白沈家沟下游河谷与丘陵边缘地带，主要涉及了平安镇境内的部分区域，面积约 39.83km²，占中易发区面积的 20.32%。

该亚区丘陵上部为上更新统风积黄土，下部出露古近系泥岩、砂岩，坡体人工开挖建房、修路，局部形成潜在不稳定斜坡，人类工程活动较强烈，地质灾害类型以不稳定斜坡、泥石流为主，少量为滑坡。

(3) 地质灾害低易发区（Ⅲ）

地质灾害低易发区主要分布于平安区南端中高山区与中部中易发区外围的低山丘陵区，县境东北区域有小面积分布，主要涉及洪水泉乡、石灰窑乡、古城乡、沙沟乡、平安镇等 1 镇 4 乡，面积约 363.05km²，占全区面积的 48.87%。

该区属基岩山区，植被覆盖率高，且区内村庄与固定居住点稀少，人类工程活动较微弱，暴雨不均匀系数小于 30%，山坡坡角 15°～45°，地形高差起伏 200～550m。区内分布的岩土体为较坚硬变质岩岩组，局部为松散的黄土岩组。降水和工程活动影响发生的崩塌、滑坡现象较少。区内除 1 条泥石流沟，1 处不稳定斜坡发育外，尚无其他地质灾害。

2. 地质灾害危险性分区

1）地质灾害危险性分区概述

平安区地质灾害危险性分区方法和流程同乐都区地质灾害危险性分区。本次经统计分析（主观判断或聚类分析）找出突变点作为分界点，将区域划分为低危险、中危险和高危险 3 个等级，对地质灾害危险性评判计算结果进行分级。在定量计算分级分区的基础上，综合考虑各种因素，生成平安区地质灾害危险程度计算结果图（图 5.7.16）。

2）地质灾害危险性分区评价

依据地质灾害危险程度区划的评估原则和平安地质灾害危险程度等级分区图，平安区地质灾害危险程度划分为高危险区、中等危险区、低危险区 3 个级别的区域，结合地质灾害易

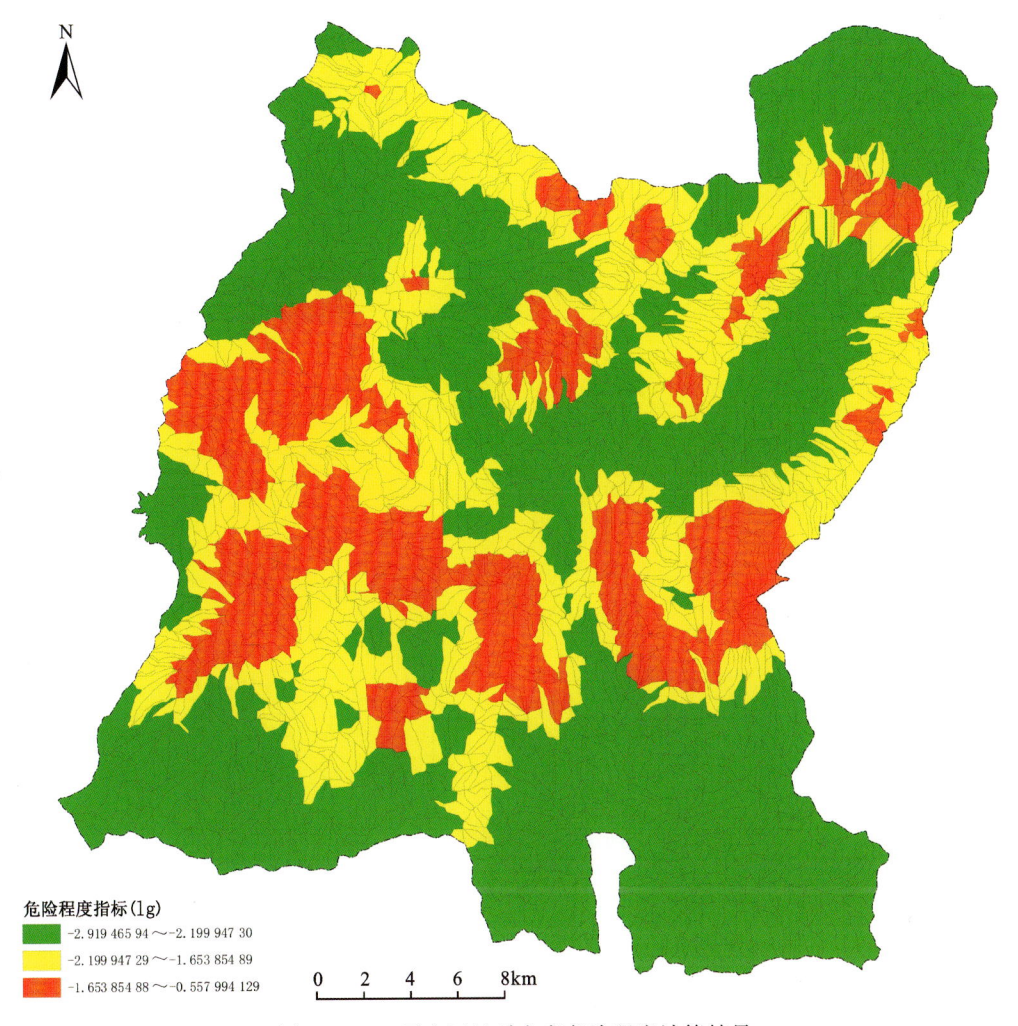

图 5.7.16 平安区地质灾害危险程度计算结果

发区和承灾体种类及其分布的区域,进一步划分成 6 个亚区(图 5.7.17)。

(1)高危险区(Ⅰ)

地质灾害高危险区主要分布在平安区境域中部低山丘陵区以及河谷边缘地带,集中分布于洪水泉-三合-古城($Ⅰ_1$)、沙沟-巴藏沟($Ⅰ_2$)、小峡($Ⅰ_3$)、张家寨($Ⅰ_4$)4 个亚区范围,总面积约 156.53 km²,占全县面积的 21.07%。

该区村庄稠密、人口众多,城镇化建设速度较快,城镇化率为 10%～25%,分布有铁路、公路、引水渠道、城镇建筑、水利水电等重要的工程设施,划分区域与地质灾害高易发区基本吻合。有史记载,区内地质灾害发育较多,滑坡、不稳定斜坡是区内最主要地质灾害类型,其次为泥石流。地质灾害威胁 327 户、1171 人的生命财产安全,2618 间房屋等财产安全,其资产期望损失近 2591 万元。

三合镇湾子滑坡、翻身村滑坡、索尔干滑坡、洪水泉乡黄鼠湾滑坡、北岭滑坡、阿吉营滑坡、石灰窑乡索若潜在滑坡、窑庄滑坡、处处沟泥石流等处重要地质灾害点均分布在该区。

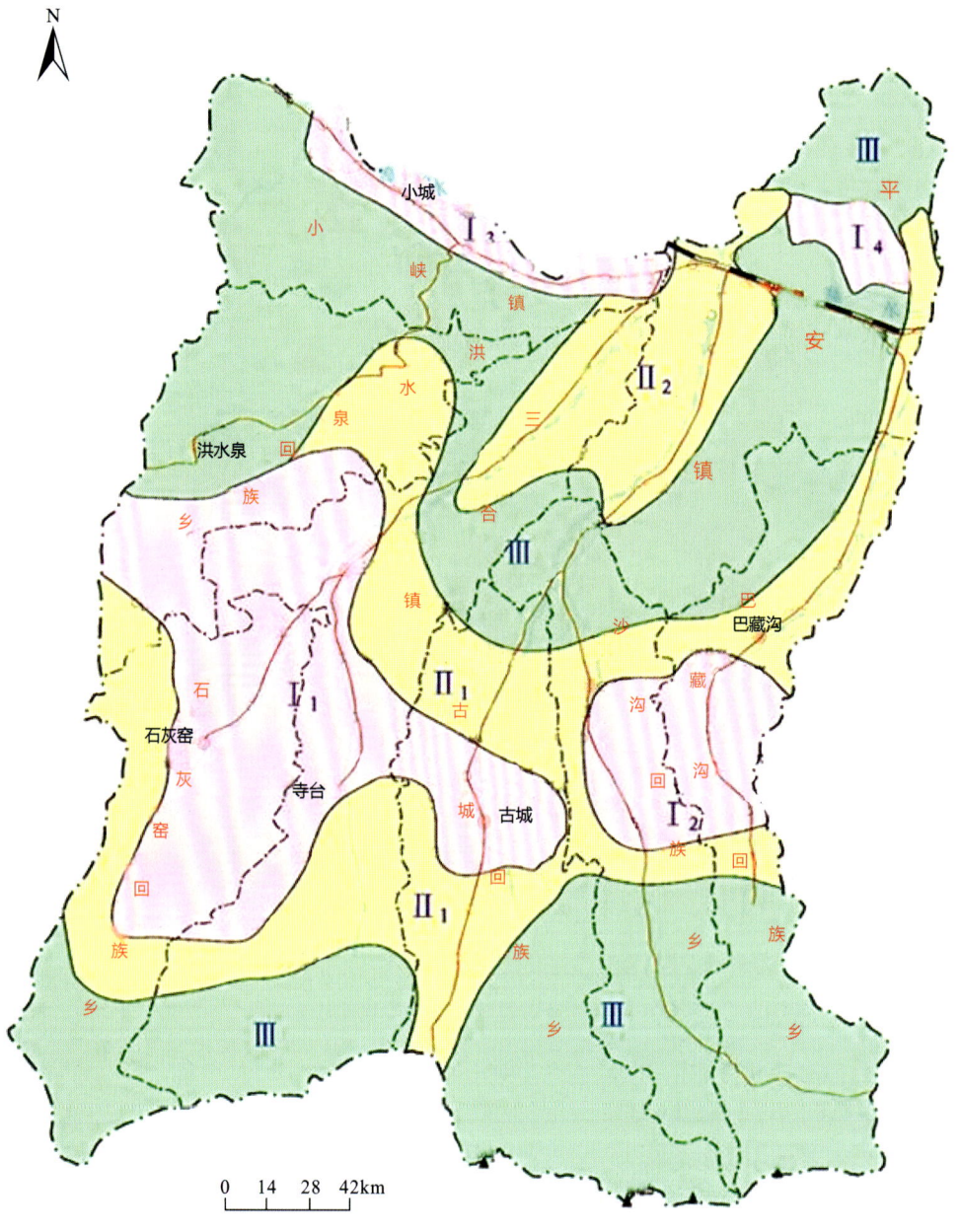

图 5.7.17 平安区地质灾害危险程度分区

①洪水泉-三合-古城亚区(I_1)。洪水泉-三合-古城亚区位于平安区中南部,始于洪水泉乡沙义岭村,向东经三合镇,延伸至古城角加村,向南扩展至石灰窑乡索若村附近,面积85.85km²,占高危险区面积的54.85%。

该亚区地形地貌条件复杂,沟谷纵横,雨洪水侵蚀作用强烈,植被覆盖率较低,水土流失严重。加之区内人口密度相对较大,村民建房、修筑公路等不合理工程活动较多,潜在地质灾害发育。该亚区属平安区浅山地区,城镇化建设速度较快,城镇化率为10%~20%,分布有公路、水库、输电线路、引水渠道、城镇建筑、旅游景区等重要的工程设施,地质灾害威胁到196户616人的生命、1568间房屋及公路等财产安全,其资产期望损失1239万元。

②沙沟-巴藏沟亚区(I_2)。沙沟-巴藏沟亚区位于平安区中东部较大支沟两侧丘陵及河谷边缘部位,面积36.95km²,占高危险区面积的23.61%。

该亚区沟谷密集,且多为短、浅冲沟,地形起伏较大,植被覆盖率较低,水土流失严重,极易发生灾害,地质灾害类型以滑坡、不稳定斜坡为主,规模多为大、中型。有尔官滑坡、牙扎滑坡、下郭尔滑坡、李家滑坡等重要地质灾害点分布在该区。地质灾害威胁到125户524人的生命,990间房屋等财产安全,其资产期望损失近711万元。

③小峡亚区(I_3)。小峡亚区位于平安区北部,以小峡镇驻地为中心,西起三十里铺沟口沿湟水河谷向东延伸原柳湾村,止于祁家川沟口石家营村附近,面积26.12km²,占高危险区面积的16.69%。

该亚区地形地貌条件复杂,沟谷纵横、河流侵蚀作用强烈,植被覆盖率较低,水土流失严重,发育地质灾害以泥石流为主,少数为不稳定斜坡、滑坡。该区属平安区川水地区,城镇化建设速度较快,城镇化率20%~40%,分布有109国道公路、兰—新铁路第二线、输电线路、引灌渠道、城镇建筑、工业园区等重要的工程设施。地质灾害威胁到2户5人的生命,18间房屋等财产安全,其资产期望损失近433万元,并对青海临空工业园区构成重大威胁。

④张家寨亚区(I_4)。张家寨亚区位于平安区东北部丘陵与河谷交汇部位,主要包括平安镇张家寨村,面积7.61km²,占高危险区面积的4.85%。

该亚区地形起伏较大,沟谷纵横,人类工程活动以挖坡建房,修路为主,地质灾害类型均为泥石流,规模多为中、小型。区内分布有村庄,109国道公路,县、乡级公路,引灌渠道、采石采沙场、砖厂、小型加工厂等工程设施。地质灾害威胁到4户26人的生命,42间房屋等财产安全及1处小型采石采砂场,其资产期望损失近208万元。

(2)中危险区(Ⅱ)

地质灾害中危险区主要分布在平安区中部高危险区外围的低山丘陵地带,祁家川沟、白沈家沟中下游地段有小面积分布,该区涉及了7个乡镇的部分区域,总面积约246.21km²,占全区面积的33.14%。

该区所处丘陵山高坡陡,沟谷密集,侵蚀、切割作用强烈,植被覆盖率低,水土流失严重,较易发生灾害。区内公路、村民建筑、水库、引干渠道、矿山等重要的工程设施零星展布,总体与地质灾害中易发区基本吻合,地质灾害类型以滑坡、崩塌、不稳定斜坡和泥石流为主。地质灾害威胁61户、247人的生命,493间房屋等财产安全,其资产期望损失近1420万元。直沟泥石流群、瑶房不稳定斜坡等处重要地质灾害点分布在该区。

①中南部亚区(Ⅱ$_1$)。中南部亚区主要分布在平安区中南部高危险区外围低山丘陵区,包括祁家川沟、白沈家沟、巴藏沟大部村庄,总面积176.19km²,占中危险区面积的71.56%。

该亚区大部城镇化建设速度较慢,城镇化率小于15%,公路、村民建筑、水库、输电线路、引灌渠道等重要的工程设施亦有展布。发育地质灾害类型以滑坡、不稳定斜坡和泥石流为主,规模以中小型为主。地质灾害威胁36户、136人的生命,288间房屋等财产安全,其资产期望损失达 702 万元。

②中北部亚区（Ⅱ₂）。中北部亚区位于平安区北部，祁家川沟、白沈家沟中下游丘陵与河谷交汇部位，面积 70.02km², 占中危险区面积的 28.44%。

该亚区城镇化建设速度较快，主要人类工程活动为挖坡建房、修路、建引灌渠道等。区内黄土覆盖，沟谷较密集，地形起伏较大，三合、平安镇部分村庄以及平（安）—达（里加）公路、通乡公路均位于此区，地质灾害类型以不稳定斜坡为主，少数为泥石流，个别为崩塌、滑坡。地质灾害直接威胁到 25 户、111 人的生命，205 间房屋等财产安全，其资产期望损失近 718 万元。

(3) 低危险区（Ⅲ）

地质灾害低危险区主要分布在平安北、南、中部，涉及 5 个乡镇大部中高山区以及少部低山丘陵区，面积约 366.26km², 占全区面积的 49.30%。

平安区南部的广大地区为基岩山区，因海拔较高，大多无人居住，仅分布有公路、局部分布有村民建筑、输电线路、小型矿山等重要的工程设施，人类活动强度弱，区内植被覆盖度高，地质灾害点零星分布。中部低山丘陵地带，沟壑纵横，地形起伏较大，崩、滑外动力地质现象多见，水土流失严重，因可供人类居住地形条件有限，且无重要工程设施，仅有个别不稳定斜坡、泥石流灾害，威胁少量村民房屋及农田，危害相对较轻。地质灾害威胁 4 户、21 人的生命，32 间房屋等财产安全，其资产期望损失近 35.0 万元。

三、互助县地质灾害风险区划

1. 地质灾害易发性分区

1) 评价模型

互助县地质灾害易发性分区采用基于 GIS 的信息量分析模型（见 5.7 节）。地质灾害形成条件选取灾点密度、坡角、坡高、坡型、岩土类型、构造、植被指数、降雨指标和人类工程活动 9 项主要因素作为评价指标。

在地质灾害形成条件分析的基础上，结合前人研究成果，本次参照评价指标贡献率法的计算结果，分析确定了互助县地质灾害易发程度区划中各个指标的权重，见表 5.7.5 所示。

表 5.7.5 地质灾害易发程度区划评价指标权重分配表

指标项	灾点密度	坡角指标	坡高指标	坡型指标	岩土类型	构造	植被指数	降雨指标	人类工程活动
权重	0.50	0.06	0.04	0.03	0.30	0.01	0.02	0.02	0.02

基于 1∶5 万地质灾害详细调查数据，以 1∶5 万数据为基础，将互助县 3424km² 境域离散为 2864 行、3399 列，共 9 734 736 个 25m×25m 的单元格。

采用已有滑坡、崩塌、不稳定斜坡以及泥石流的数量指标，计算单元内已有地质灾害的点密度。统计样本包含了全部遥感解译和调查的物理地质现象点和地质灾害点，旨在客观反映不同区域滑坡、崩塌、泥石流的易发程度。

按照坡角、坡高、坡型、岩土类型、构造、植被指数、降雨指标和人类工程活动8项主要因素各区间的地质灾害(滑坡、崩塌、泥石流)发生概率,将坡角等地质灾害形成条件的8项主要因素进行0.0~1.0之间的线性归一化,然后基于GIS的信息量叠加运算,最终得到互助县地质灾害易发程度结果(图5.7.18)。

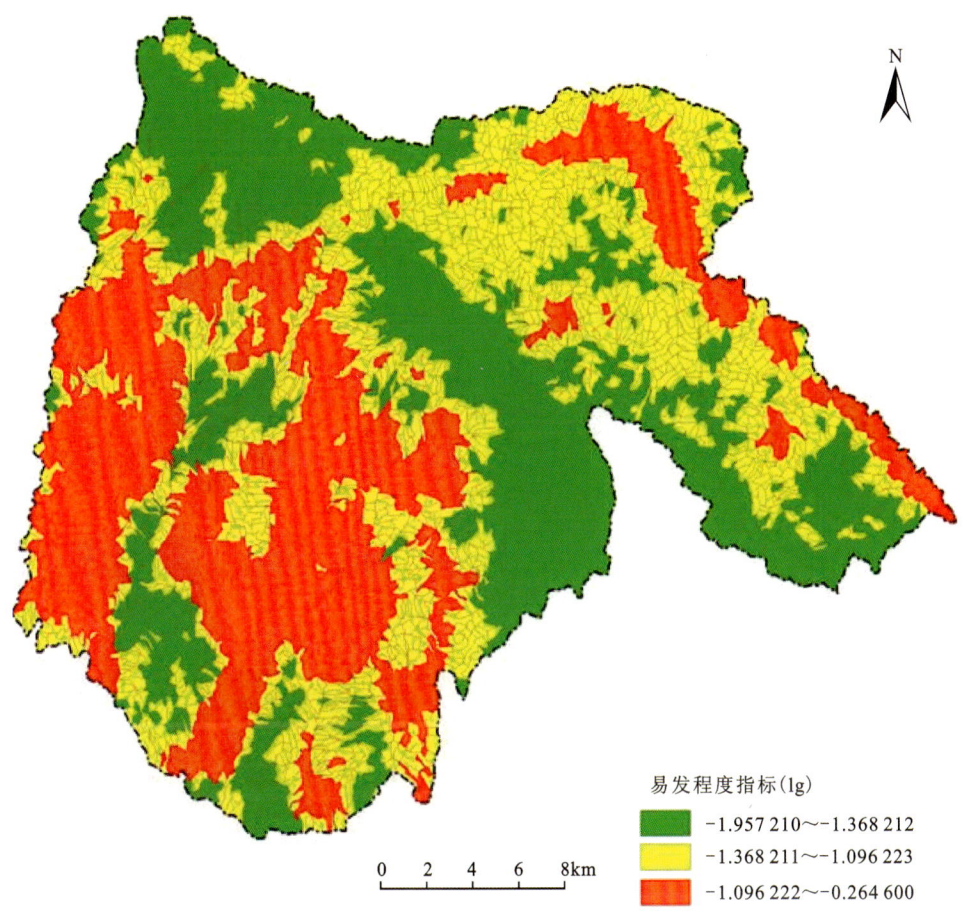

图5.7.18　互助县地质灾害易发程度计算结果

易发程度分区界线值采用突变点法和等间距法划定。经过统计分析,从中找出突变点作为易发程度分区界线值,将区域划分为低易发区、中易发区和高易发区3个不同等级的区域,并给出各单元确定的易发程度等级标准(表5.7.6)。在定量计算分级分区的基础上,综合考虑各种因素,给出互助县地质灾害易发程度分区图(图5.7.19)。

表5.7.6　互助县地质灾害易发程度区划评价分区表

等级	低易发区	中易发区	高易发区
标准	0.0~0.32	0.32~0.49	0.49~1.0

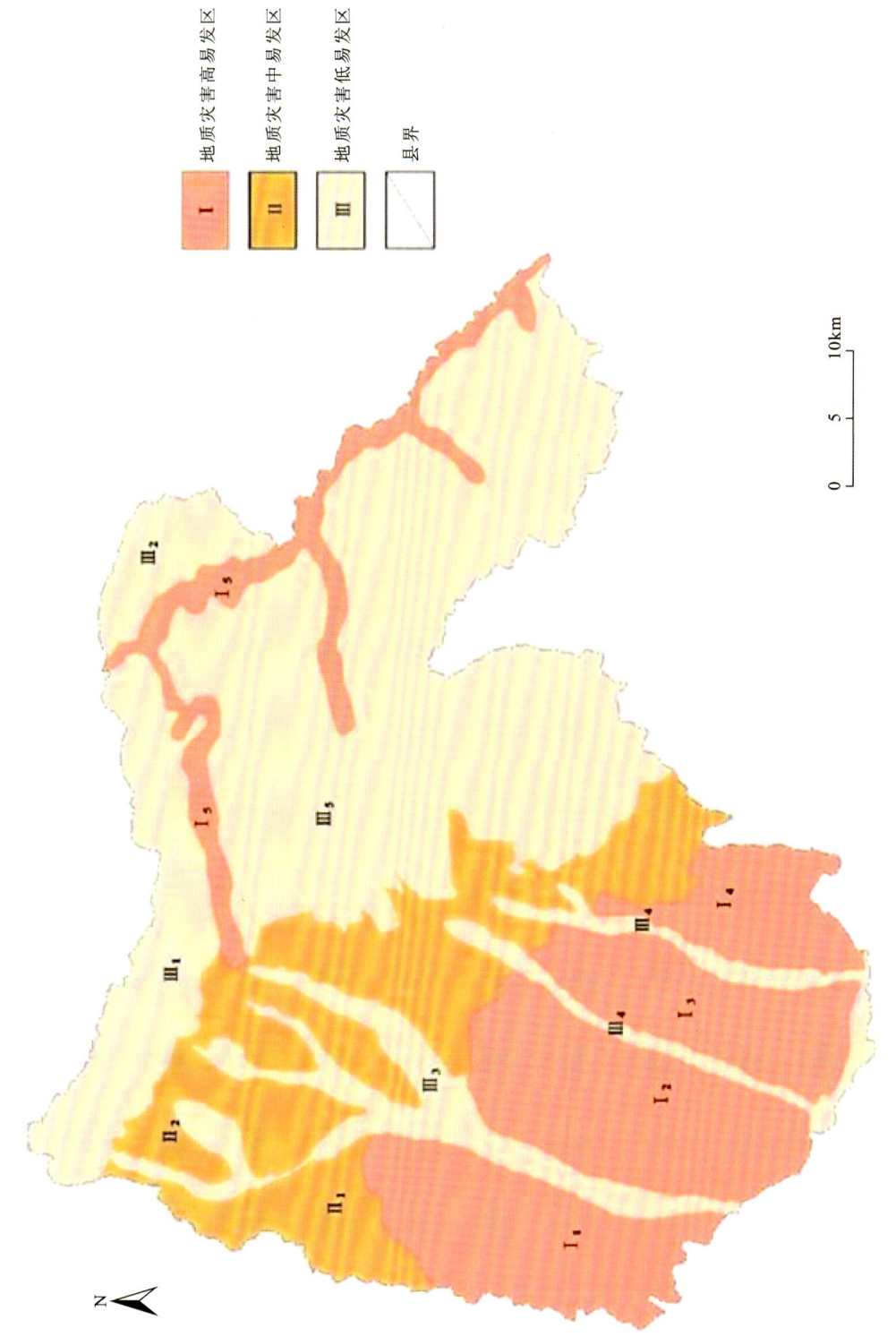

图 5.7.19 互助县地质灾害易发程度分区图

2)地质灾害易发性分区评价

依据地质灾害易发程度区划结果,互助县地质灾害易发程度划分为高易发区、中易发区、低易发区3个级别。鉴于本次工作是以1:5万比例尺地质灾害调查为主体,故针对全县1:5万比例尺易发区分区描述与评价如下。

(1)地质灾害高易发区(Ⅰ)

受地形地貌、岩土体类型、降水、植被、人类工程活动等因素的控制与影响,地质灾害高易发区主要分布于县境西宁盆地低山丘陵区中前缘、东部中低山区及县境东北部省道岗(子口)—青(青石嘴)公路沿线。地质灾害高易发区包括五峰镇、西山乡、蔡家堡乡、塘川镇、东山乡、哈拉直沟乡、丹麻镇、高寨镇、五十镇、红崖子沟乡丘陵区深切割等地及东北部加定镇、巴扎乡部分中高山区,面积1 032.565 km^2,占全区总面积的30.73%。

地质灾害高易发区中的低山丘陵区相对高差200~500 m。梁与深沟相间,沟谷两岸谷坡坡角多大于40°,坡体由白垩系及古近系—新近系红色碎屑岩构成,表部植被覆盖率多低于10%;东部中低山区相对高差200~400 m,主要由新元古界变质岩组成,山体坡角大于30°,流水侵蚀强烈,沟谷狭窄;东北部岗(子口)—青(石嘴)省级公路所在中高山区相对高差500~1000 m,主要由元古宇变质岩组成,山体坡角30°~50°,地形陡峻,流水侵蚀强烈。

地质灾害高易发区人类工程活动强烈,降雨条件下易发生崩塌、滑坡、泥石流等地质灾害。本区滑坡灾害较为发育,其次为泥石流。根据区内地质灾害的发育及分布进一步划分为5个亚区。

①五峰镇南—蔡家堡乡亚区(I_1)。五峰镇南—蔡家堡乡亚区位于县境西宁盆地沙塘川西侧低山丘陵区中前缘,包括西山乡、蔡家堡乡及五峰镇南部地区,面积251.755 km^2,占高易发区面积的24.38%。

该亚区沙塘川右岸(侵蚀岸)一、二级支沟发育,沟谷切割深度30~200 m不等,斜坡坡角多大于40°。出露地层岩性为新近系泥岩,上覆上更新统风积黄土。受水流侧蚀作用,沟谷两侧斜坡岩土体不断崩滑,故滑坡、崩塌灾害较为发育,地质灾害类型以大中型滑坡为主,其次为小型不稳定斜坡。

②东沟乡南—高寨镇西亚区(I_2)。东沟乡南—高寨镇西亚区位于县境西宁盆地沙塘川中下游以东,哈拉直沟中下游以西低山丘陵区,包括东山乡、东沟乡、哈拉直沟乡、塘川镇、高寨镇部分地区,面积294.27 km^2,占高易发区总面积的28.50%。

该亚区哈拉直沟右岸(侵蚀岸)一、二级支沟发育,沟谷切割深度30~150 m,斜坡坡角大于40°。出露地层岩性为古近系—新近系泥岩,上覆上更新统风积黄土。受水流侵蚀作用,黄土覆盖较厚的沟谷中游地区两侧坡体形成众多滑坡。地质灾害类型主要为大中型滑坡,其次为中小型泥石流及不稳定斜坡。

③丹麻镇南—高寨镇东亚区(I_3)。丹麻镇南—高寨镇东亚区位于县境西宁盆地哈拉直沟中下游以东及红崖子沟中下游以西低山丘陵区,包括丹麻镇、哈拉直沟乡、红崖子沟乡及高寨镇部分地区,面积181.59 km^2,占高易发区总面积的17.59%。

该亚区红崖子沟右岸(侵蚀岸)一、二级支沟发育,沟谷切割深度30~150 m,斜坡坡角大于40°,出露地层岩性为古近系—新近系泥岩,上覆上更新统风积黄土。受水流侵蚀作用,黄土覆盖较厚的沟谷中游地区,两侧坡体发育众多滑坡。地质灾害类型以中型滑坡和中小型泥石流为主,其次为不稳定斜坡和小型崩塌。

④五十镇东南—红崖子沟乡亚区(I_4)。五十镇东南-红崖子沟乡亚区位于县境西宁盆地红崖子沟中下游以东低山丘陵区及中低山区,包括五十镇、松多乡、红崖子沟乡部分地区,面积127.23km², 占高易发区总面积的12.32%。

该亚区红崖子沟左岸低山丘陵区一级支沟发育,沟谷切割深度10～100m,斜坡坡角30°～35°,出露地层岩性为古近系泥岩,局部上覆薄层上更新统风积黄土。地质灾害类型以中小型泥石流为主,其次为不稳定斜坡,滑坡、崩塌和地面塌陷也有发育。

⑤县境岗(子口)—青(石嘴)公路沿线亚区(I_5)。县境岗(子口)-青(石嘴)公路沿线亚区位于县境东北部大通河谷及支沟两侧中高山区,包括巴扎乡、加定镇部分地区,面积177.72km², 占高易发区总面积的17.21%。

该亚区冲沟发育,沟谷切割深度500～1000m,坡角30°～50°,主要由元古宇变质岩组成。因修建公路,对坡体进行大规模开挖,致使不稳定斜坡及崩塌发育。地质灾害类型以小型崩塌和中小型水石型泥石流为主,其次为不稳定斜坡和滑坡。

(2)地质灾害中易发区(II)

地质灾害中易发区主要分布于县境西宁盆地后缘及北部山前倾斜平原等地,该区涉及了五峰镇、南门峡镇、林川乡、东和乡、台子乡、威远镇、东沟乡、丹麻镇、五十镇、松多乡等10个乡镇,总面积596.44km², 占全区总面积的17.75%。

区内发育地质灾害类型以不稳定斜坡、泥石流、滑坡和崩塌为主,少量地面塌陷。根据地质灾害的发育及分布进一步划分为2个亚区。

①南门峡镇西-五峰镇北亚区(II_1)。南门峡镇西-五峰镇北亚区位于县境西宁盆地北部边缘低山丘陵区后缘及中高山区,包括南门峡镇、五峰镇部分地区,面积119.71km², 占中易发区面积的20.07%。

该亚区低山丘陵区后缘地形切割相对较弱,沟谷切割深度10～30m,坡角30°～35°;五峰寺一带中高山区,相对高差200m,坡角35°～40°。人工建房削坡、修建乡村公路等人类工程活动较强烈。发育地质灾害类型以不稳定斜坡为主,其次为小型崩塌和小型滑坡,地面塌陷少量发育。

②南门峡镇东-松多乡亚区(II_2)。南门峡镇东-松多乡亚区位于县境西宁盆地北部边缘低山丘陵区后缘及山前倾斜平原,包括南门峡镇、林川乡、东和乡、台子乡、威远镇、东沟乡、丹麻镇、五十镇、松多乡等部分地区,面积476.73km², 占中易发面积的79.93%

该亚区山前倾斜平原地形切割相对较弱,沟谷切深10～30m,坡角30°～35°。人工建房削坡、修建乡村公路等人类工程活动较强烈,地质灾害类型以不稳定斜坡为主,其次为中小型泥石流,另有小型和大型滑坡发育,小型崩塌少量发育。

(3)地质灾害低易发区(III)

地质灾害低易发区主要分布于县境北部中高山区,湟水及一级支流河谷地,涉及南门峡镇、林川乡、东和乡、巴扎乡、东沟乡、丹麻镇、五十镇、松多乡、加定镇等9乡镇，面积1 732.67km²，占全区面积的51.52%。

区内地质灾害类型以不稳定斜坡为主，其次为泥石流，滑坡和崩塌少量发育。依据地质灾害点分布及地质环境条件进一步划分为5个亚区。

①南门峡镇—巴扎乡亚区（Ⅲ$_1$）。南门峡镇—巴扎乡亚区分布于县境北部中高山区，包括南门峡镇、林川乡、巴扎乡，面积250.32km²，占低易发区面积的14.4%。

该亚区斜坡主要由奥陶系和志留系等变质岩构成，相对高差500~1000m，山体坡角大于30°，沟深坡陡，表部植被覆盖率60%，区内人类工程活动较少，地质灾害相对不发育，未曾发生重大地质灾害。

②巴扎乡亚区（Ⅲ$_2$）。巴扎乡亚区分布于县境东北部中高山区，仅包括巴扎乡部分区域，面积86.3km²，占低易发区面积的5.0%。

该亚区斜坡主要由古元古界和奥陶系变质岩构成，相对高差500~1000m，山体坡角大于30°，沟深坡陡，表部植被覆盖率60%，区内人类工程活动较少，地质灾害相对不发育，仅发育1处不稳定斜坡。

③南门峡—塘川镇沙塘川河谷亚区（Ⅲ$_3$）。南门峡—塘川镇沙塘川河谷亚区位于湟水一级支流沙塘川河谷地，包括南门峡镇、林川乡、台子乡、威远镇、塘川镇部分区域，面积196.93km²，占低易发区面积的11.4%。

该亚区地势相对平缓、开阔，不具备滑坡、泥石流等地质灾害发育条件，人类工程活动主要为农作物种植及省道、乡村公路修建，局部地段阶地前缘为人工取土削坡建房。区内Ⅲ级阶地前缘发育少量不稳定斜坡和小型滑坡。

④丹麻镇—红崖子沟河谷亚区（Ⅲ$_4$）。丹麻镇—红崖子沟河谷亚区位于湟水及一级支流哈拉直沟、红崖子沟河谷地，包括丹麻镇、哈拉直沟、高寨镇、五十镇、红崖子沟乡部分区域，面积103.31km²，占低易发区面积的6.0%。

该亚区地势相对平缓、开阔，不具备滑坡、泥石流等地质灾害发育条件，但局部地段为泥石流的承灾区。区内人类工程活动较强烈，主要为修建乡村、公路、飞机场扩建、河道采砂、砖厂取土及局部地段阶地前缘削坡建房等。区内阶地前缘发育少量不稳定斜坡。

⑤东和乡—松多乡亚区（Ⅲ$_5$）。东和乡—松多乡亚区位于县境北部及东北部的中高山区，包括巴扎乡、东河乡、丹麻镇、五十镇、松多乡部分地区，面积1 095.81km²，占低易发区面积的63.2%。

该亚区斜坡主要由古元古界寒武系、奥陶系和志留系等变质岩构成，相对高差500~1000m，山体坡角大于30°，沟深坡陡，表部植被覆盖率60%，人类工程活动主要为修路切坡。地质灾害类型以中小型泥石流为主，其次为不稳定斜坡，另有少量小型崩塌发育。

2.地质灾害危险性分区

1）地质灾害危险性分区概述

互助县地质灾害危险性分区方法和流程同乐都区地质灾害危险性分区。本次经统计分析(主观判断或聚类分析)找出突变点作为分界点,将区域划分为低危险、中危险和高危险3个等级,对地质灾害危险性评判计算结果进行分级。在定量计算分级分区的基础上,综合考虑各种因素,生成互助县地质灾害危险程度计算结果图(图5.7.20)。

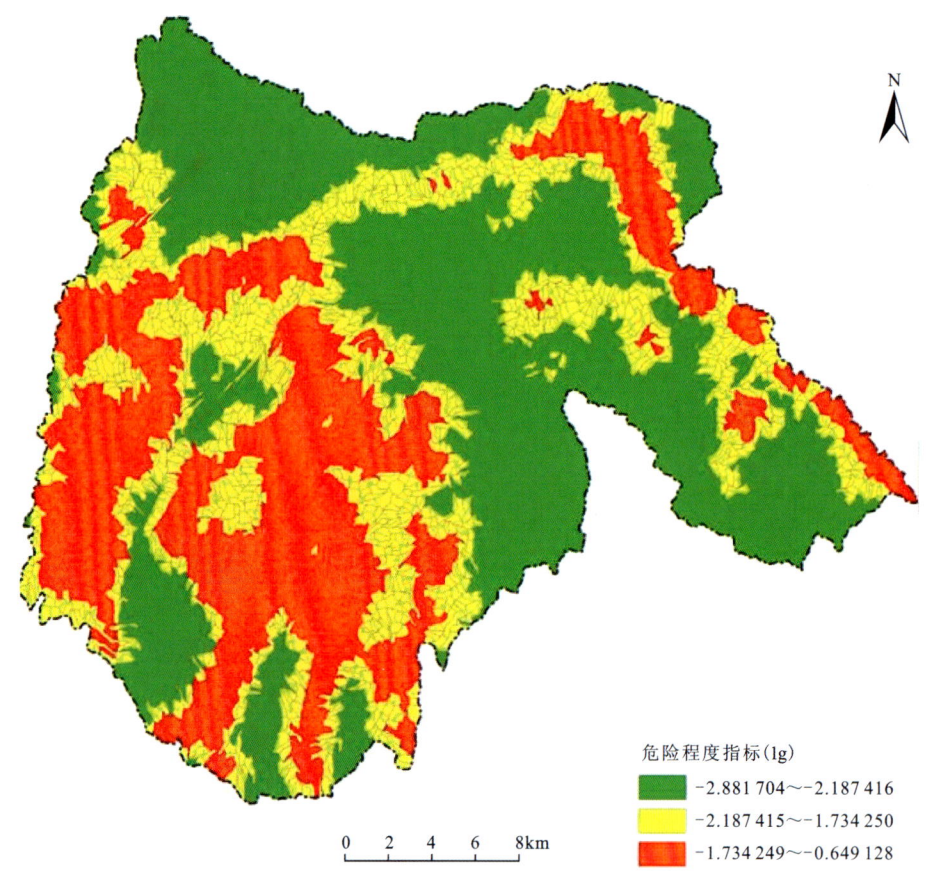

图5.7.20 互助县地质灾害危险程度计算图

2)地质灾害危险性分区评价

依据地质灾害危险程度区划的评估原则和互助县地质灾害危险程度等级分区图,结合地质灾害易发区和承灾体种类及其分布的区域,互助县地质灾害危险程度划分为高危险区、中等危险区、低危险区3个级别的区域(图5.7.21)。

(1)高危险区(Ⅰ)

地质灾害高危险区主要分布在县境西宁盆地中部低山丘陵深切割地区,面积444.125km²,占全县面积的12.97%。

区内人口较为集中,地质灾害发育,类型以滑坡为主,其次为不稳定斜坡、泥石流、崩塌等,危险程度为危险-次危险的地质灾害点占区内总地质灾害点的54.2%,共威胁993户4183人,威胁资产835.60万元。

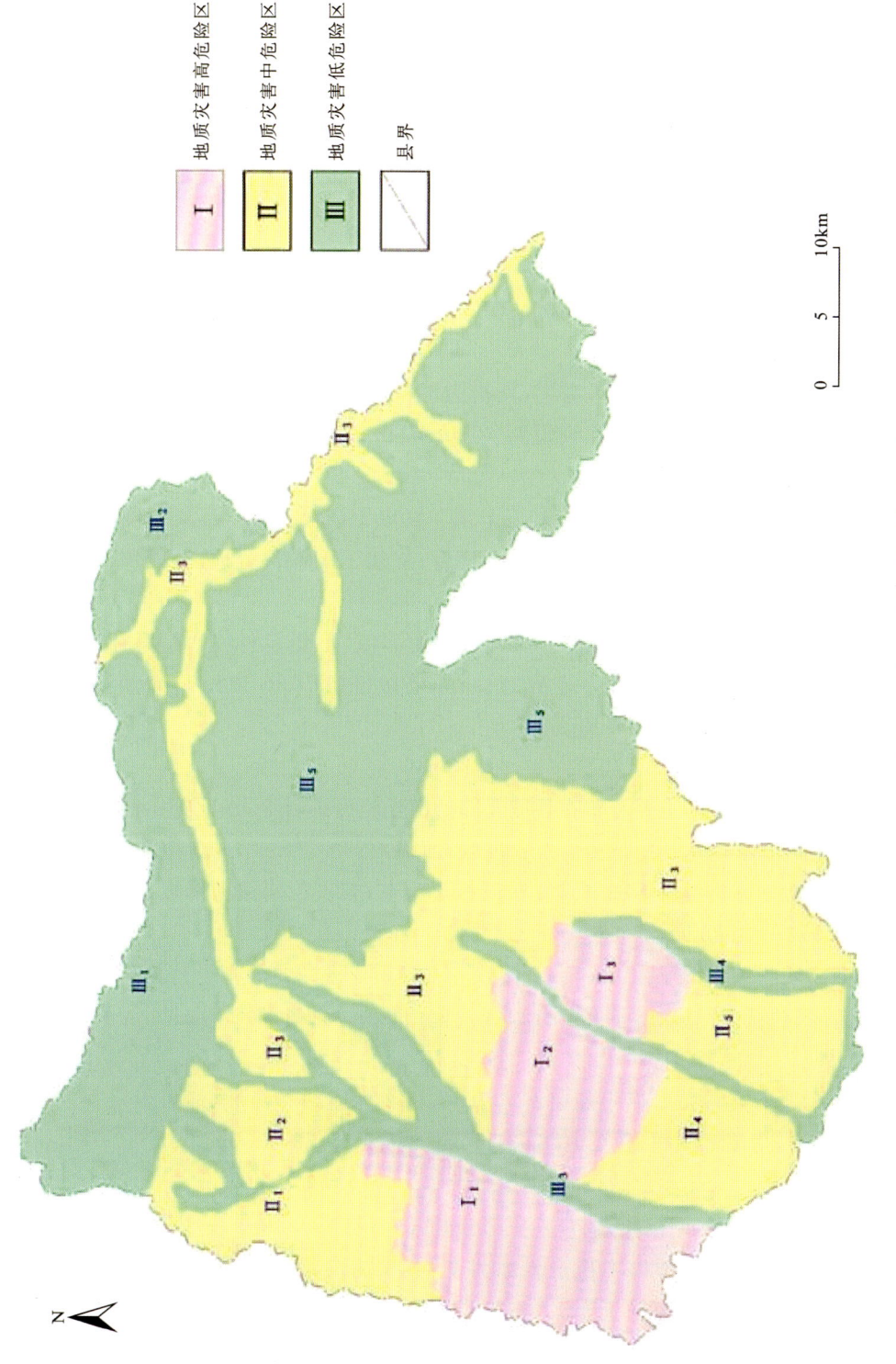

图 5.7.21 互助县地质灾害危险程度分区

①西山乡—蔡家堡乡亚区（I_1）。西山乡—蔡家堡乡亚区位于县境西侧西宁盆地低山丘陵深切割地区，包括威远镇、塘川镇部分地区及西山乡、蔡家堡乡，面积 226.235 km²，占高危险区面积的 51%。

该亚区地质灾害类型以滑坡为主，其次为不稳定斜坡、崩塌和泥石流，威胁 293 户 1237 人，房屋 2027 间，县乡道路 948m，省级道路 1180m，农田 98 亩，寺庙 1 座，威胁资产 145.66 万元。

②东山乡—哈拉直沟乡北亚区（I_2）。东山乡—哈拉直沟乡北亚区分布于县境中部西宁盆地低山丘陵区深切割区，包括丹麻镇、东山乡、哈拉直沟乡等部分地区，面积 145.25 km²，占高危险区面积的 33%。

该亚区地质灾害类型以滑坡为主，其次为不稳定斜坡和泥石流，威胁 561 户 2356 人，房屋 4397 间，县乡道路 2850m，省级道路 100m，农田 1481 亩，水库 1 座，威胁资产 511.845 万元。

③五十镇—红崖子沟亚区（I_3）。五十镇—红崖子沟亚区位于县境东侧西宁盆地低山丘陵区深切割区，包括丹麻镇五十镇、哈拉直沟乡、红崖子沟乡部分地区，面积 72.64 km²，占高危险区面积的 16%。

该亚区地质灾害类型以滑坡为主，其次为泥石流，不稳定斜坡和崩塌有少量发育，威胁 139 户 590 人，房屋 1119 间，县乡道路 2746km，省级道路 610m，农田 1106 亩，水渠 1500m，信号塔 1 座，威胁资产 178.098 7 万元。

（2）中危险区（Ⅱ）

地质灾害中危险区主要分布在县境北部低山丘陵区中后缘，东北部中高山区人类工程活动较强烈地区及县境东部中低山区及丘陵区，面积 1 278.58 km²，占全县总面积的 37.05%。

区内地质灾害类型以不稳定斜坡和泥石流为主，其次为崩塌和滑坡，地面塌陷有少量发育，威胁 1052 户 4536 人，威胁资产 1 348.992 1 万元。

①南门峡—五峰镇亚区（$Ⅱ_1$）。南门峡—五峰镇亚区主要分布于县境东侧西宁盆地低山丘陵区后缘，包括南门镇、台子乡部分地区及南门峡镇，面积 158.19 km²，占中危险区面积的 12.4%。

该亚区地质灾害类型以不稳定斜坡为主，其次为崩塌和滑坡，地面塌陷少量发育，威胁 107 户 446 人，房屋 879 间，县乡道路 931m，威胁资产 28.735 6 万元。

②南门峡镇—台子乡亚区（$Ⅱ_2$）。南门峡镇—台子乡亚区主要分布于县境东侧西宁盆地低山丘陵区后缘，包括南门峡镇、台子乡部分地区，面积 69.29 km²，占中危险区面积的 5.4%。

该亚区地质灾害类型以不稳定斜坡为主，其次为滑坡和崩塌，威胁 58 户 226 人，房屋 380 间，县乡道路 270m，威胁资产 17.791 5 万元。

③巴扎乡—红崖子沟乡亚区（$Ⅱ_3$）。巴扎乡—红崖子沟乡亚区主要分布于县境东侧西宁盆地低山丘陵区中后缘，中低山区及县境东北部中高山区省道两侧，包括林川乡、加定镇、东和乡、东沟乡、丹麻镇、五十镇、红崖子沟乡部分地区，面积 812.06 km²，占中危险区面积的 63.5%。

该亚区地质灾害类型以不稳定斜坡和泥石流为主,其次为崩塌和滑坡,地面塌陷少量发育,威胁789户3488人,房屋6067间,县乡公路305m,省级道路2.15km,农田2639亩,小学1座,桥梁5座,威胁资产1 127.159 9万元。

④塘川镇—高寨镇亚区(II_4)。塘川镇—高寨镇亚区位于县境西宁盆地低山丘陵区前缘,包括塘川镇、哈拉直沟乡、高寨镇部分地区,面积126.35km²,占高危险区面积的9.9%。

该亚区地质灾害类型以泥石流为主,滑坡和不稳定斜坡少量发育,威胁96户369人,房屋774间,县乡道路240m,省级道路250m,农田691亩,涵洞3座,威胁资产115.500 7万元。

⑤哈拉直沟乡—高寨镇亚区(II_5)。哈拉直沟乡—高寨镇亚区位于县境西宁盆地低山丘陵区前缘,包括哈拉直沟乡红崖子沟乡、高寨镇,面积112.69km²,占高危险区面积的8.8%。

该亚区地质灾害类型以泥石流为主,不稳定斜坡、滑坡和崩塌少量发育,威胁2户7人,房屋16间,县乡道路370m,农田503亩,涵洞8座,水渠50m,威胁资产59.804 4万元。

(3)低危险区(III)

地质灾害低危险区主要分布于县境北部中高山区、湟水及较大支沟河谷平原区,面积1 647.73km²,占全县面积的48.12%。

该区河谷平原分布有村庄及公路,北部中高山区主要为国家森林公园,有游客分布,人类工程活动相对较弱。地质灾害类型以不稳定斜坡为主,其次为泥石流,崩塌和滑坡少量发育,威胁59户256人,威胁资产116.016 2万元。

①北部中高山区亚区(III_1)。北部中高山区亚区主要分布于县境北部中高山区,包括南门峡镇、东和乡、巴扎乡部分地区,面积311.79km²,占低危险区面积的18.9%。

该亚区沟深坡陡,人类工程活动较少,地质灾害不发育。

②东北部中高山亚区(III_2)。东北部中高山亚区分布于县境东北部中高山区,仅包括巴扎乡部分地区,面积82.81km²,占低危险区面积的5.0%。

该亚区沟深坡陡,人类工程活动较少,地质灾害不发育。

③沙塘川河谷平原亚区(III_3)。沙塘川河谷平原亚区主要分布于县境湟水一级支流沙塘川河谷平原区,面积179.33km²,占低危险区面积的10.9%。

该亚区地势平缓,崩塌、滑坡地质灾害不发育,局部地段为泥石流承灾区。仅在第三级阶地前缘发育少量的不稳定斜坡、崩塌和滑坡,威胁2户8人,房屋9间,资产0.272 6万元。

④哈拉直沟—红崖子沟亚区(III_4)。哈拉直沟—红崖子沟亚区主要分布于县境湟水一级支流哈拉直沟及红崖子沟河谷平原区,面积78.29km²,占低危险区面积的4.8%。

该亚区地势平缓开阔,崩塌、滑坡地质灾害不发育,仅发育少量不稳定性斜坡,局部地段为泥石流承灾区。

⑤东部中高山亚区(III_5)。东部中高山亚区分布于县境东部中高山区,面积995.51km²,占低危险区面积的60.4%。

该亚区地质灾害类型以泥石流和不稳定斜坡为主,少量崩塌发育,威胁57户248人,房屋457间,县乡道路900m,省级道路325m,农田80亩,桥梁3座,威胁资产115.743 6万元。

四、民和县地质灾害风险区划

1. 地质灾害易发性分区

1)评价模型

民和县地质灾害易发性分区采用基于 GIS 的信息量分析模型(见 5.7 节)。地质灾害形成条件选取灾点密度、坡角、坡高、坡型、岩土结构、构造、植被指数、降雨指标和人类工程活动 9 项主要因素作为评价指标。

在地质灾害形成条件分析的基础上,结合前人研究成果,本次参照评价指标贡献率法的计算结果,分析确定了民和县地质灾害易发程度区划中各个指标的权重(表 5.7.7)。

表 5.7.7　地质灾害易发程度区划评价指标权重分配表

指标项	灾点密度	坡角指标	坡高指标	坡型指标	岩土类型	构造	植被指数	降雨指标	人类工程活动
权重	0.60	0.09	0.04	0.02	0.07	0.01	0.03	0.04	0.10

基于 1∶5 万地质灾害详细调查数据,以 1∶5 万数据为基础,将民和县 1 890.82km² 境域离散为 2774 行、2247 列,共 6 233 178 个 25m×25m 的单元格。

采用已有滑坡、崩塌、不稳定斜坡以及泥石流的数量指标,计算单元内已有地质灾害的点密度。统计样本包含了全部遥感解译和调查的物理地质现象点和地质灾害点,旨在客观反映不同区域滑坡、崩塌、泥石流的易发程度。

按照灾点密度、坡角、坡高、坡型、岩土类型、构造、植被指数、降雨指标和人类工程活动 9 项主要因素各区间的地质灾害(滑坡、崩塌、泥石流)发生概率,将坡角等地质灾害形成条件的 9 项主要因素进行 0.0~1.0 之间的线性归一化,然后基于 GIS 的信息量叠加运算,最终得到民和县地质灾害易发程度计算结果(图 5.7.22)。

易发程度分区界线值采用突变点法和等间距法划定。经过统计分析,从中找出突变点作为易发程度分区界线值,将区域划分为低易发区、中易发区和高易发区 3 个不同等级的区域,并给出各单元确定的易发程度等级标准(表 5.7.8)。在定量计算分级分区的基础上,综合考虑各种因素,给出民和县地质灾害易发程度分区图(图 5.7.23)。

2)地质灾害易发性分区评价

依据地质灾害易发程度区划结果,民和县地质灾害易发程度划分为高易发区、中易发区、低易发区 3 个级别。鉴于本次工作是以 1∶5 万比例尺地质灾害调查为主体,故针对全县 1∶5 万比例尺易发区分区描述与评价如下。

(1)地质灾害高易发区(Ⅰ)。

地质灾害高易发区主要分布于湟水、黄河支沟中下游区域,涉及新民、李二堡、巴州、隆治、前河等乡镇,面积 643.41km²,占全县总面积的 34.03%。

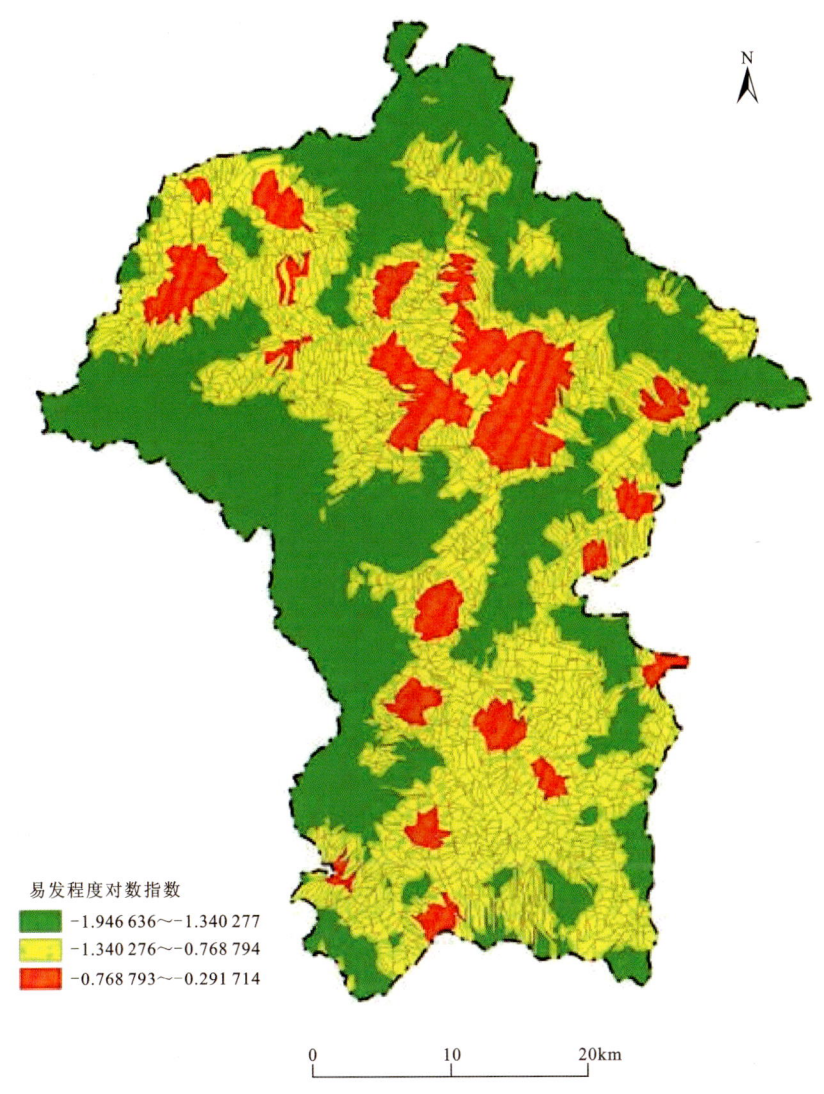

图 5.7.22　民和县地质灾害易发程度计算结果

表 5.7.8　民和县地质灾害易发程度区划评价分区表

等级	低易发区	中易发区	高易发区
标准	0.00～0.25	0.25～0.70	0.70～1.00

区内地形破碎，沟谷深切，切割深度多在数十米至百米以上，沟道两侧斜坡坡角25°～60°，且以 30°～45°居多，斜坡植被覆盖较差。

大的沟道内，人口居住较为集中，沿沟谷两侧削坡建房、修路边坡开挖工程活动强烈，对地质环境条件破坏严重。

区内出露地层上部为第四系松散黄土，下部为新近系贵德群泥岩、砾岩和古近系西宁群

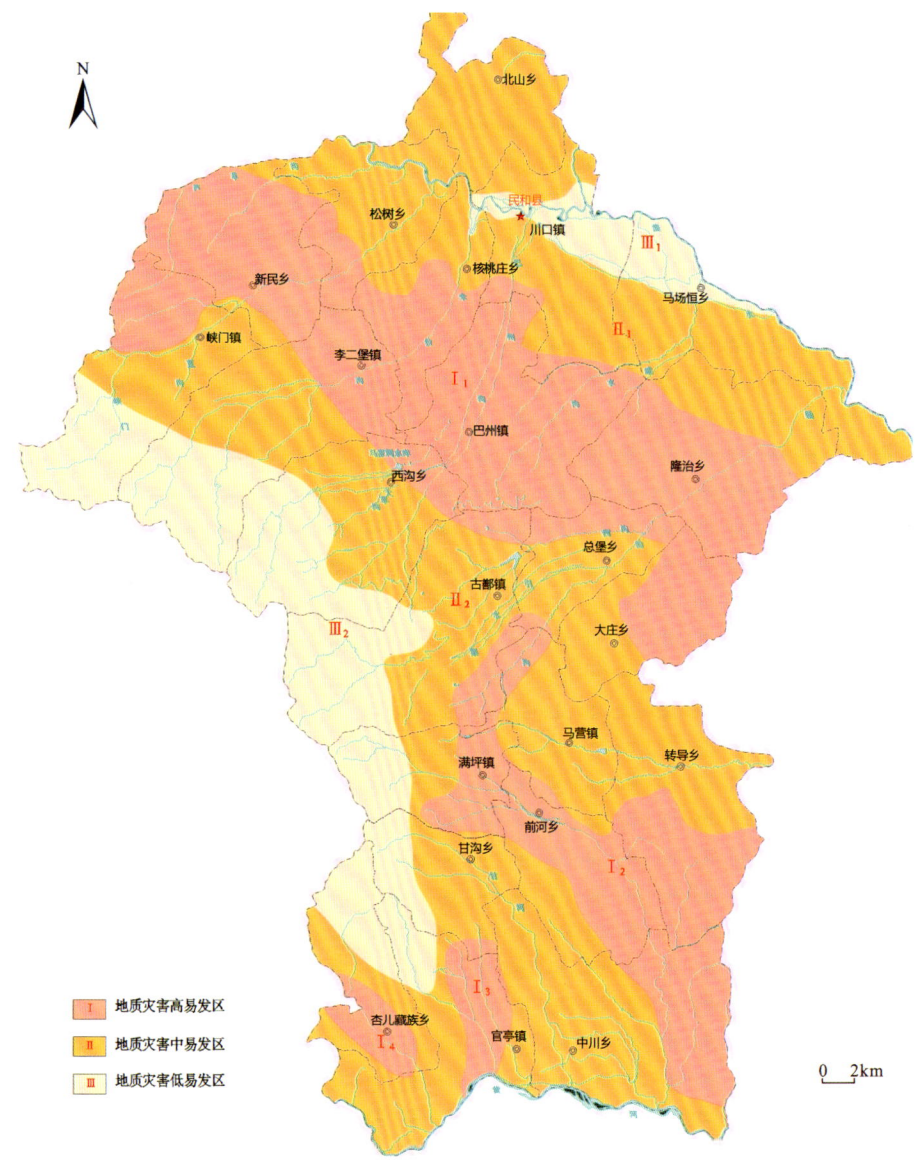

图 5.7.23 民和县地质灾害易发程度分区图

泥岩。新近系贵德群和古近系西宁群岩体属软弱层状岩体,且含软弱夹层。泥岩相对隔水且遇水易软化,泥化的新近系土及古近系泥岩在降水的作用下易形成软弱结构面;土体属黄土,疏松易碎,在降雨和人类工程活动影响下,垂直节理发育的黄土极易发生崩塌。

地质灾害高易发区地质灾害类型以滑坡为主,其次为不稳定斜坡、泥石流和崩塌,地面塌陷少量发育。根据灾害点及现象点集中分布位置,结合其所处流域状况,地质灾害高易发区划分为4个亚区,即新民—隆治高易发亚区(I_1)、满坪—前河高易发亚区(I_2)、官亭高易发亚区(I_3)和杏儿高易发亚区(I_4)。

①新民—隆治高易发亚区(I_1)。新民—隆治高易发亚区主要分布于松树沟、米拉沟、巴州沟、隆治沟中下游及汉水沟芦草沟中上流域,涉及松树乡、新民乡、峡门镇、李二堡镇、巴州

镇等乡镇,面积411.03km²,占高易发区面积的63.9%。

该亚区出露地层岩性主要为第四纪黄土、近系贵德群泥岩、砾岩和古近系西宁群泥岩。地形起伏高差较大,沟谷切深多在七八十米至百米以上,两侧斜坡坡角以30°～45°居多。地质灾害主要诱因为降水和人类工程活动,地质灾害类型以滑坡为主,其次为不稳定斜坡、崩塌和泥石流,地面塌陷少量发育。

②满坪—前河高易发亚区(I_2)。满坪—前河高易发亚区主要分布于占沟及前河沟流域,包括古鄯镇、满坪镇、甘沟乡、前河乡、中川乡,面积190.63km²,占高易发区面积的29.6%。

该亚区地形起伏高差较大,沟谷切深多在七八十米至百米以上,两侧斜坡坡角以25°～45°居多。沟谷斜坡岩土体结构为土-岩双层结构类型,即顶部覆盖第四系松散黄土,下部多为冲积、冲洪积粉土、粉细砂,中部多出露古近系西宁群泥岩。地质灾害主要诱因为降水和人类工程活动,地质灾害类型以滑坡为主,其次为不稳定斜坡和崩塌,泥石流少量发育。

③官亭高易发亚区(I_3)。官亭高易发亚区分布于卡地沟、吴家沟流域和官亭镇,面积24.74km²,占高易发区面积的3.8%。

该亚区地形起伏高差较大,沟谷切深多在七八十米至百米以上,两侧斜坡坡角以20°～45°居多。沟谷斜坡岩土体结构为层状泥岩、砂泥岩互层,即上部为古近系西宁群泥岩,下部为白垩系河口群砂、泥岩,局部覆盖第四系松散黄土。地质灾害主要诱因为降水,地质灾害类型以滑坡和崩塌为主,其次为泥石流和不稳定性斜坡。

④杏儿高易发亚区(I_4)。杏儿高易发亚区分布于杏儿沟中游流域和杏儿乡,面积17.01km²,占高易发区面积的2.7%。

该亚区地形起伏高差较大,沟谷切深多在七八十米至百米以上,两侧斜坡坡角以20°～45°居多。沟谷斜坡岩土体结构为层状泥岩、砂泥岩互层,即上部为古近系西宁群泥岩,下部为白垩系河口群砂、泥岩,局部覆盖第四系松散黄土。地质灾害主要诱因为降水,地质灾害类型以滑坡为主,崩塌、泥石流和不稳定性斜坡少量发育。

(2)地质灾害中易发区(II)

地质灾害中易发区主要分布于低山丘陵区,包括除高易发区以外的低山丘陵区和中低山区,涉及川口、松树、总堡、古鄯、官亭、中川等乡镇,面积1 009.36km²,占全县总面积的53.3%。

该区主要为低山丘陵区,地形起伏较大,沟谷两侧斜坡坡角15°～40°,斜坡岩土体组成结构主要为土岩双层结构,即岩体为新近系贵德群泥岩砾岩、古近系西宁群泥岩、白垩系河口群砂岩泥岩,土体主要为松散状黄土。区内人口居住较为分散,人类工程活动主要为切坡建房、耕植、修路等,但强度及对地质环境的破坏均较高易发区为低。地质灾害类型以滑坡和泥石流为主,其次为不稳定斜坡和崩塌。根据灾害点及现象点集中分布位置,结合其所处流域状况划分为2个亚区,即湟水中易发亚区(II_1)、峡门—中川中易发亚区(II_2)。

①湟水中易发亚区(II_1)。湟水中易发亚区主要分布于松树沟、米拉沟、巴州沟、隆治沟下游流域及中低山区,涉及松树乡、核桃庄乡、川口镇、北山乡等乡镇,面积338.84km²,占中易发区面积的33.6%。

该亚区地形起伏高差较大,沟谷切深多在七八十米至百米以上,两侧斜坡坡角以30°～45°

居多。斜坡岩土体结构主要为土岩双层结构类型,岩性为斜坡表层覆盖的第四系松散黄土,下部为新近系贵德群泥岩、砾岩和古近系西宁群泥岩及古元古界板岩、石英岩。地质灾害主要诱因为降水,地质灾害类型以滑坡和泥石流为主,其次为不稳定斜坡。

②峡门—中川中易发亚区(Ⅱ$_2$)。峡门—中川中易发亚区主要分布于低山丘陵区,涉及峡门镇、李二堡镇、古鄯镇、中川乡等乡镇,面积 670.52km^2,占中易发区面积的 66.4%。

该亚区地形起伏高差较大,沟谷切深多在七八十米至百米以上,两侧斜坡坡角以 20°～40°居多。斜坡岩土体结构主要为土岩双层结构类型,岩性为斜坡表层覆盖的第四系松散黄土,下部为新近系贵德群泥岩、砾岩和古近系西宁群泥岩及古元古界板岩、石英岩。地质灾害主要诱因为降水和人类工程活动,地质灾害类型以滑坡、泥石流和不稳定斜坡为主,其次为崩塌。

(3)地质灾害低易发区(Ⅲ)

地质灾害低易发区主要分布于中高山区和河谷平原区,包括川口镇、峡门镇、李二堡镇、西沟乡、古鄯、满坪镇、甘沟乡,总面积约 168.23km^2,占全县总面积的 12.70%。

地质灾害低易发区无地质灾害调查点,因其所处位置的差异,可划分为 2 个亚区:湟水河谷低易发亚区(Ⅲ$_1$)和峡门—甘沟低易发亚区(Ⅲ$_2$)。

①湟水河谷低易发亚区(Ⅲ$_1$)。

湟水河谷低易发亚区分布于民和县湟水河谷东部,面积 60.15km^2,占低易发区面积的 35.8%。该亚区为河谷区,阶地平坦,人工切坡等工程活动强度弱,地质灾害发育程度低,目前未发现明显地质灾害。

②峡门—甘沟低易发亚区(Ⅲ$_2$)。峡门—甘沟低易发亚区分布于民和县西南部中高山区,面积 108.08km^2,占低易发区面积的 64.2%。

该亚区主要为中高山区,斜坡坡角可达 60°～80°,悬崖峭壁随处可见,主要为林区,植被发育,天然次生林茂密,侵蚀作用相对较弱,人类工程活动强度弱,地质灾害发育程度低。

2. 地质灾害危险性分区

1)地质灾害危险性分区概述

民和县地质灾害危险性分区方法和流程同乐都区地质灾害危险性分区。本次经统计分析(主观判断或聚类分析)找出突变点作为分界点,将区域划分为低危险、中危险和高危险 3 个等级,对地质灾害危险性评判计算结果进行分级。在定量计算分级分区的基础上,综合考虑各种因素,生成民和县地质灾害危险程度计算结果图(图 5.7.24)。

2)地质灾害危险性分区评价

依据地质灾害危险程度区划的评估原则和互助县地质灾害危险程度等级分区图,结合地质灾害易发区和承灾体种类及其分布的区域,民和县地质灾害危险程度划分为高危险区、中等危险区、低危险区 3 个级别的区域(图 5.7.25)。

(1)地质灾害高危险区(Ⅰ)

地质灾害高危险区主要分布于湟水、黄河支沟中下游区域,主要涉及新民、李二堡、巴州、隆治、前河等乡镇,总面积 471.45km^2,占全县面积的 24.93%。

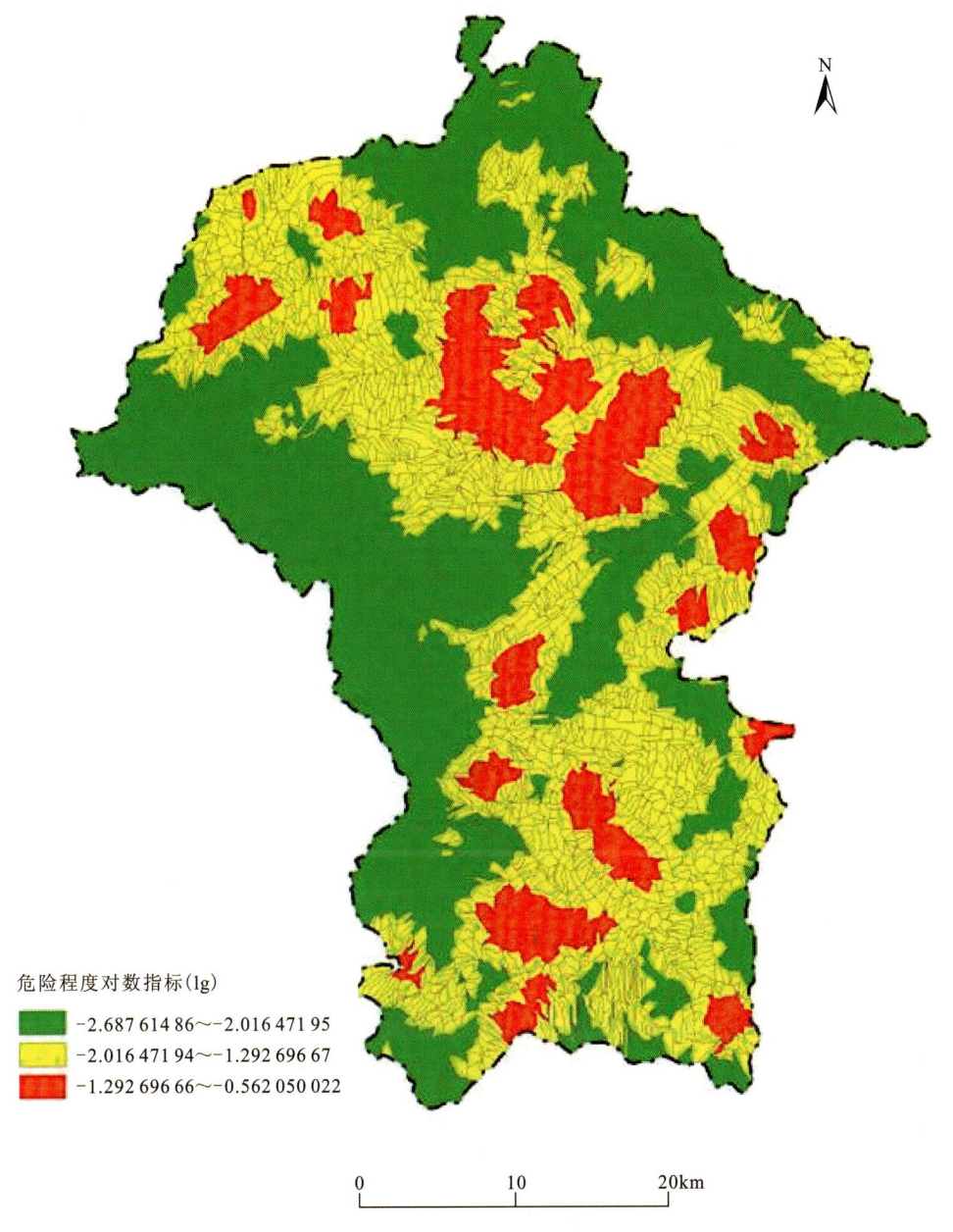

图 5.7.24 民和县地质灾害危险程度结算结果

该区村庄稠密、人口众多，城镇化建设速度较快，人类建房、修路等工程活动强烈，历史地质灾害发育较多，地质灾害类型以滑坡和不稳定斜坡为主，其次为崩塌和泥石流，地面塌陷少量发育，曾造成 13 人死亡，损毁砖房 100 间、土房 360 间、商店 3 处、公路 200m、村道 370m，毁坏农田 185 亩。地质灾害现今威胁 1070 户 6333 人，砖房 310 间、土房 4257 间、公路 850m、村道 4280m、学校 2 所、通信塔 1 座、输电线路 4640m、电塔 9 座、寺庙 1 座、灌渠 50m、农田 173 亩，资产期望损失 4 227.81 万元。

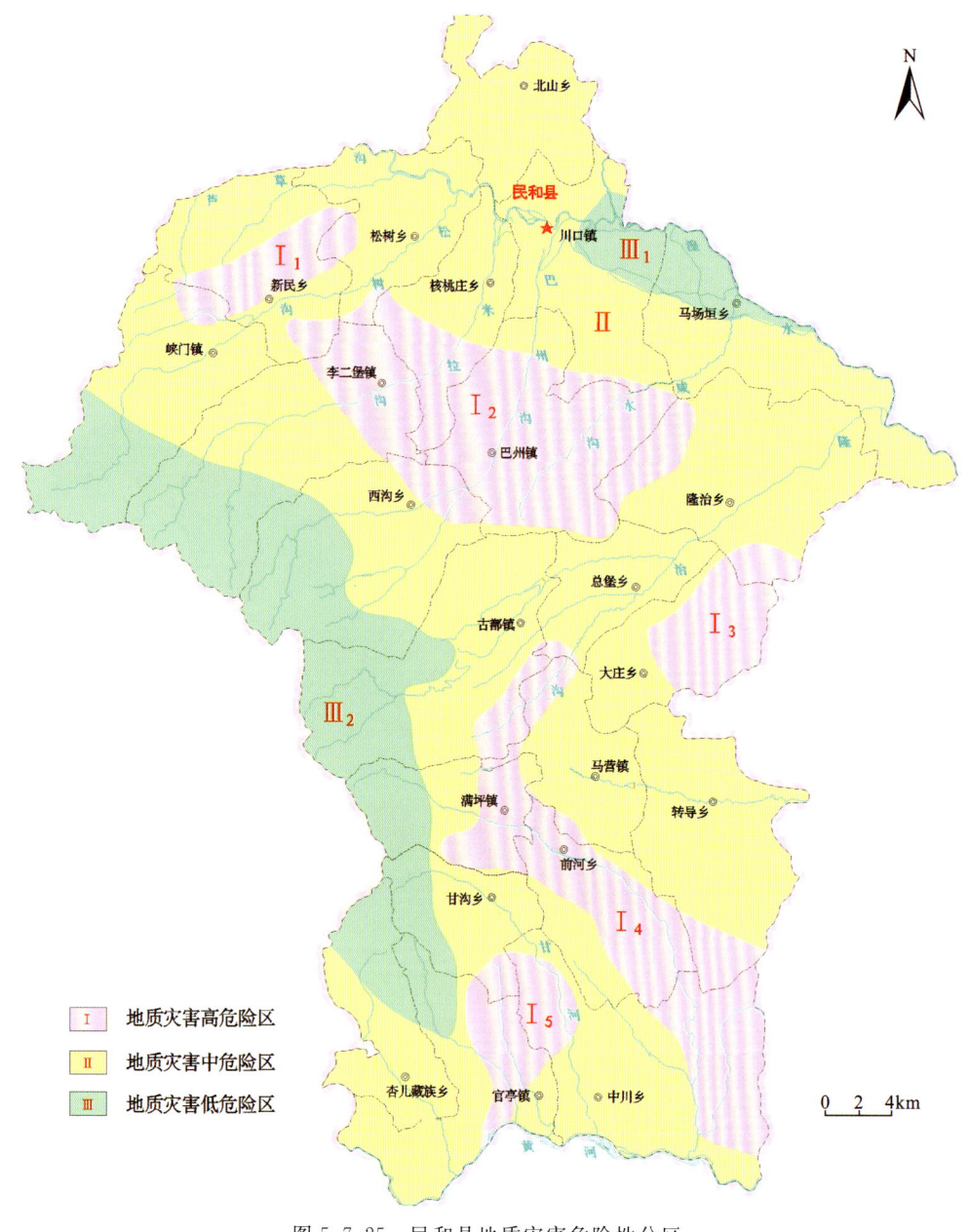

图 5.7.25　民和县地质灾害危险性分区

根据灾害点集中分布位置,地质灾害高危险区进一步划分为 5 个亚区,即松树—新民亚区(I_1)、李二堡—巴州亚区(I_2)、隆治—大庄亚区(I_3)、满坪—前河亚区(I_4)、官亭亚区(I_5)。

①松树—新民亚区(I_1)。松树—新民亚区主要分布于民和县松树乡—新民乡黄土丘陵区,面积 34.08km²,占高危险区面积的 7.2%。

该亚区地质灾害类型以滑坡和不稳定斜坡为主,地质灾害威胁 37 户 136 人,土房 182 间,资产期望损失近 54.6 万元。

②李二堡—巴州亚区（I_2）。李二堡—巴州亚区主要分布于民和县李二堡镇、巴州镇、西沟乡黄土丘陵区，面积192.63km²，占高危险区面积的40.9%。

该亚区地质灾害类型以滑坡为主，其次为不稳定斜坡和泥石流，崩塌和地面塌陷少量发育。地质灾害威胁269户1240人，砖房95间、土房1240间、公路100m、村道690m、学校1所、通信塔1座、输电线路140m、灌渠50m、农田170亩，资产期望损失近1 803.05万元。

③隆治—大庄亚区（I_3）。隆治—大庄亚区主要分布于民和县隆治乡、大庄乡黄土丘陵区，面积44.15km²，占高危险区面积为9.4%。

该亚区地质灾害类型以滑坡为主，其次为不稳定斜坡。地质灾害威胁104户451人，土房521间，资产期望损失近156.3万元。

④满坪—前河亚区（I_4）。满坪—前河亚区主要分布于民和县满坪镇、甘沟乡、前河乡、中川乡浅山剥蚀丘陵区，面积154.85km²，占高危险区面积的32.8%。

该亚区地质灾害类型以滑坡为主，其次为不稳定斜坡和崩塌，泥石流少量发育。地质灾害威胁269户1172人，砖房88间、土房1269间、村道3540m、输电线路1500m、电塔3座，资产期望损失近909.98万元。

⑤官亭亚区（I_5）。官亭亚区主要分布于民和县官亭镇浅山剥蚀丘陵区，面积45.74km²，占高危险区面积的9.7%。

该亚区地质灾害类型以滑坡、泥石流和崩塌为主，其次为不稳定斜坡。地质灾害威胁391户1172人，砖房127间、土房1045间、公路750m、村道50m、学校1所、输电线路3000m、电塔6座、寺庙1座、农田3亩，资产期望损失近1 303.88万元。

(2)地质灾害中危险区（Ⅱ）

地质灾害中危险区主要分布于民和县除高危险区外的低山丘陵区，涉及全县所有乡镇的大部分地区，总面积约1 169.30km²，占全县面积的61.84%。

该区人口居住较分散，人类工程活动主要为村民削坡建房、修路切坡等，强度中等。地质灾害类型以滑坡和泥石流为主，其次为不稳定斜坡和崩塌，曾造成5人死亡，10头牲畜死亡，损毁土房57间、村道55m、毁坏农田248亩、损失林地60亩。地质灾害威胁232户963人，砖房203间、土房852间、公路750m、桥梁1座、铁路200m、村道540m、输电线路300m、电塔1座、灌渠95m，资产期望损失近771.475万元。

(3)地质灾害低危险区（Ⅲ）

地质灾害低危险区包括中高山区和河谷平原区，面积252.25km²，占全县面积的13.34%，可进一步划分为湟水河谷亚区（$Ⅲ_1$）和峡门—甘沟亚区（$Ⅲ_2$）。

①湟水河谷亚区（$Ⅲ_1$）。湟水河谷亚区分布于民和县湟水河谷东部，面积50.96km²，占低危险区面积的20.2%。该亚区为河谷区，阶地平坦，人类工程活动强度弱，地质灾害发育较少，目前无地质灾害发生。

②峡门—甘沟亚区（$Ⅲ_2$）。峡门—甘沟亚区分布于民和县西南部中高山区，面积201.29km²，占低危险区面积的79.8%。该亚区人类工程活动强度弱，地质灾害发育较少，目前无地质灾害发生。

五、化隆县地质灾害风险区划

1. 地质灾害易发性分区

1）评价模型

化隆县地质灾害易发性分区采用基于 GIS 的信息量分析模型（见 5.7 节）。地质灾害形成条件选取坡角、坡高、坡型、岩土类型、构造、植被指数、降雨指标和人类工程活动 8 项主要因素作为评价指标。

在地质灾害形成条件分析的基础上，结合前人研究成果，本次参照评价指标贡献率法的计算结果，分析确定了化隆县地质灾害易发程度区划中各个指标的权重（表 5.7.9）。

表 5.7.9　地质灾害易发程度区划评价指标权重分配表

指标项	灾点密度	坡角指标	坡高指标	坡型指标	岩土类型	构造	植被指数	降雨指标	人类工程活动
权重	0.55	0.06	0.04	0.03	0.25	0.01	0.02	0.02	0.02

基于 1∶5 万地质灾害详细调查数据，以 1∶5 万数据为基础，将化隆县 2 740.00km² 境域离散为 2187 行、3705 列，共 8 102 835 个 25m×25m 的单元格。

已有地质灾害群体统计采用已有滑坡、崩塌、不稳定斜坡以及泥石流的数量指标，计算单元内已有地质灾害的点密度。统计样本包含了全部遥感解译和调查的物理地质现象点和地质灾害点，旨在客观反映不同区域滑坡、崩塌、泥石流的易发程度。

通过对坡角、坡高、坡型、岩土类型、构造、植被指数、降雨指标和人类工程活动 8 项主要因素各区间的地质灾害（滑坡、崩塌、泥石流）发生概率，将坡角等地质灾害形成条件的 8 项主要因素进行 0.0～1.0 之间的线性归一化，然后基于 GIS 的信息量叠加运算，最终得到化隆县地质灾害易发程度结果（图 5.7.26）。

易发程度分区界线值采用突变点法和等间距法划定。经过统计分析，从中找出突变点作为易发程度分区界线值，将区域划分为低易发区、中易发区和高易发区 3 个不同等级的区域，并给出各单元确定的易发程度等级标准（表 5.7.10）。在定量计算分级分区的基础上，综合考虑各种因素，给出化隆县地质灾害易发程度分区图（图 5.7.27）。

表 5.7.10　化隆县地质灾害易发程度区划评价分区表

等级	低易发区	中易发区	高易发区
标准	0.0～0.27	0.27～0.42	0.42～1.0

2）地质灾害易发性分区评价

依据地质灾害易发程度区划结果，平安区地质灾害易发程度划分为高易发区、中易发区、低易发区 3 个级别。鉴于本次工作是以 1∶5 万比例尺地质灾害调查为主体，故针对全县 1∶5 万比例尺易发区分区描述与评价如下。

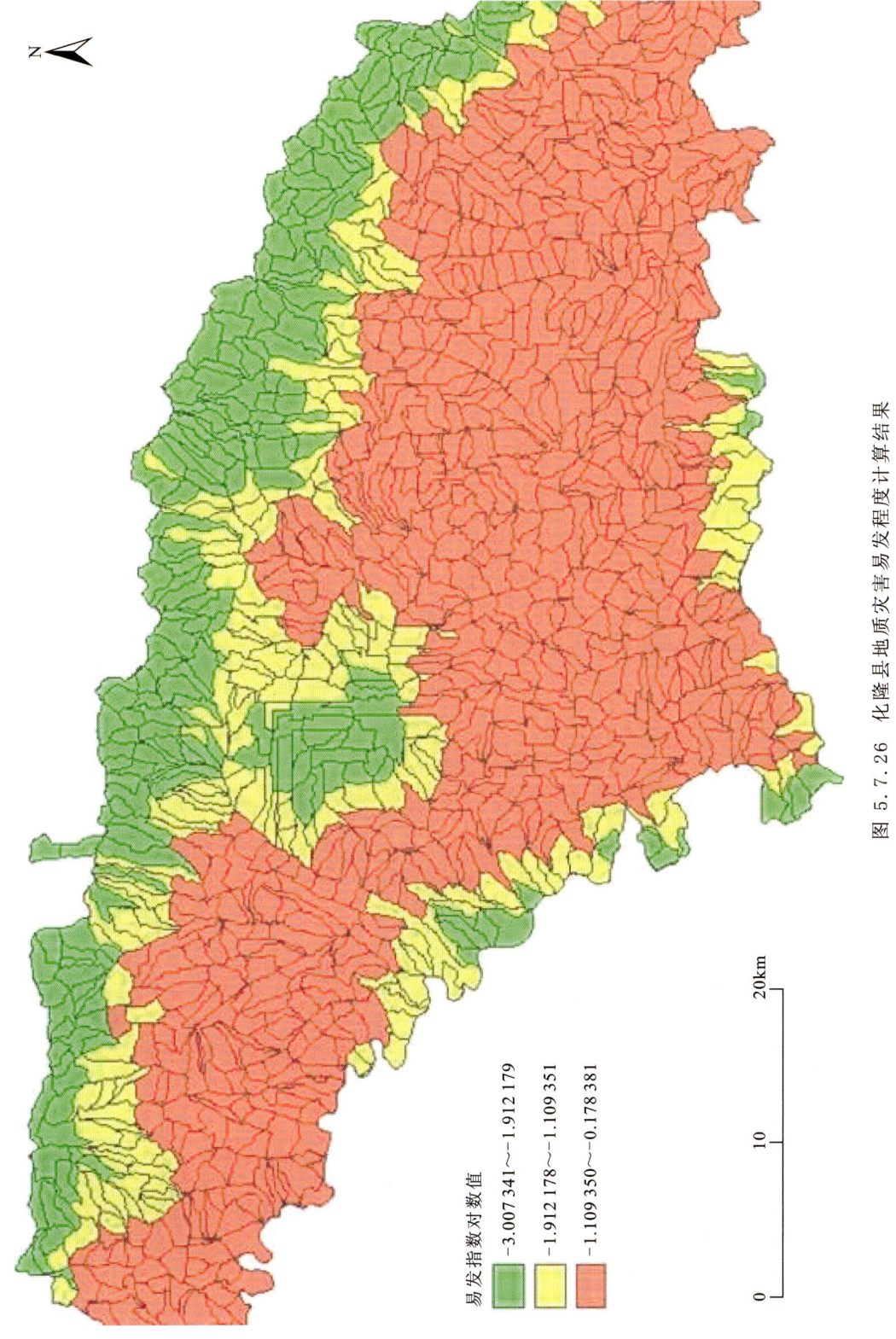

图 5.7.26 化隆县地质灾害易发程度计算结果

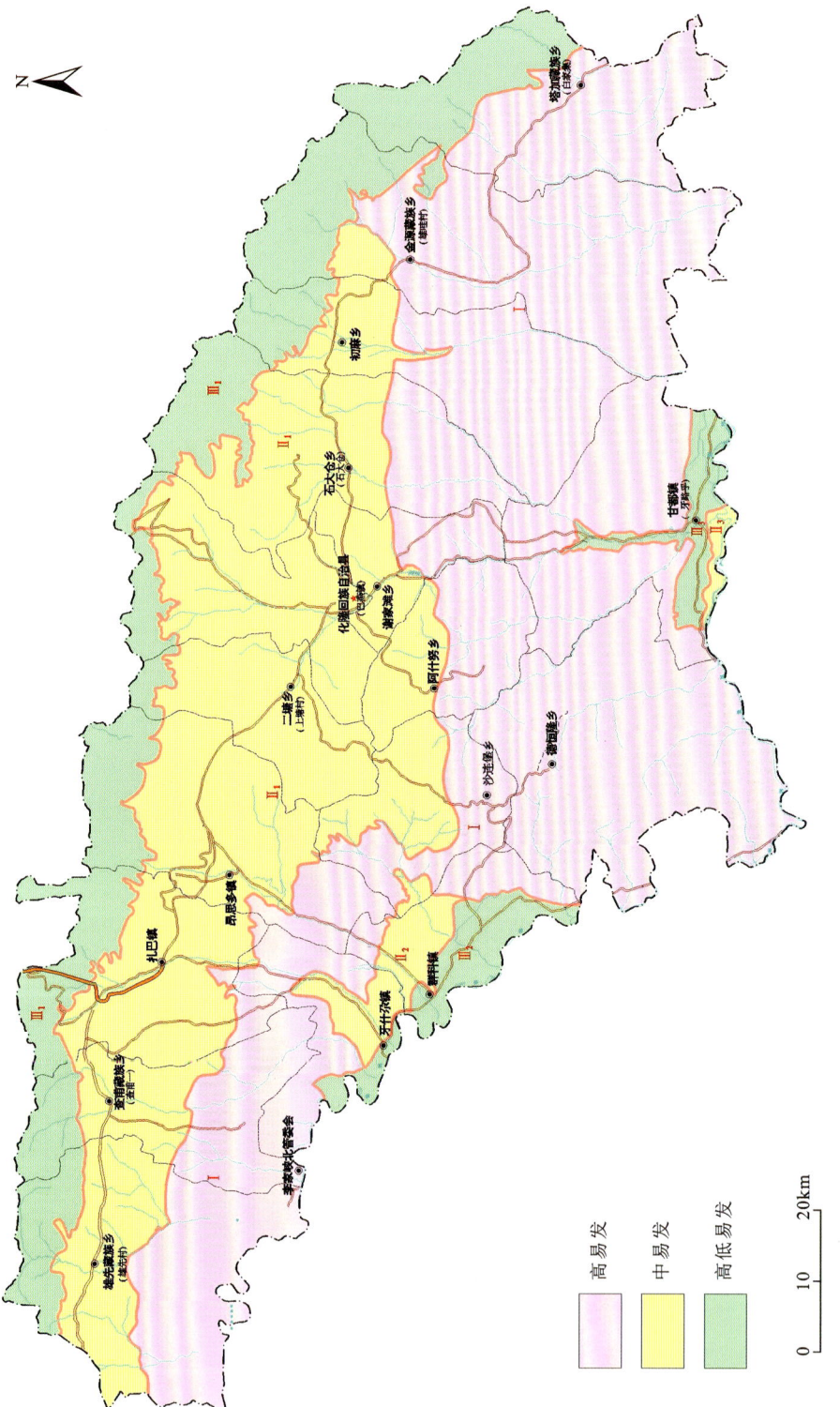

图 5.7.27 化隆县地质灾害易发程度分区

(1)地质灾害高易发区(Ⅰ)

主要分布于化隆盆地、群科盆地低山丘陵区中前缘及中部中低山区,包括雄先乡、查甫乡、扎巴镇、牙什尕镇、昂思多镇、沙连堡乡、群科镇、阿什努乡、德恒隆乡、谢家滩乡、甘都镇、石大仓乡、初麻乡、金源乡、塔加乡丘陵区深切割等地,面积1 330.91km^2,占全区总面积的48.57%。

该区低山丘陵相对高差200~500m,梁与深沟相间,沟谷两岸谷坡坡角多大于40°,坡体由古近系—新近系及白垩系红色碎屑岩构成,表部植被覆盖率小于10%;中部中低山区相对高差400~600m,主要由古元古界变质岩、三叠系砂岩、板岩夹灰岩等组成,山体坡角20°~30°,流水侵蚀强烈,沟谷狭窄。加之人类工程活动较强烈,在降雨条件下易发生崩塌、滑坡、泥石流等地质灾害,地质灾害类型以滑坡为主,其次为泥石流,不稳定斜坡和崩塌也有发育。

(2)地质灾害中易发区(Ⅱ)

主要分布于县境化隆、群科盆地低山丘陵区后缘及雄先乡、巴燕镇北部山前倾斜平原等地,涉及雄先乡、查甫乡、扎巴镇、牙什尕镇、昂思多镇等15乡镇部分地区,总面积908.34km^2,占全区总面积的33.15%。

区内切坡修路人类工程活动强烈,其他人类工程活动较强烈,地质灾害类型以不稳定斜坡为主,其次为滑坡和泥石流,崩塌也有发育。根据区内地质灾害的发育及分布进一步划分为3个亚区。

①雄先—初麻亚区(Ⅱ$_1$)。分布于化隆盆地、群科盆地低山丘陵区后缘,雄先乡北部及化隆县城北部山前倾斜平原及中部中低山区,面积851.31km^2,占地质灾害中易发区面积的93.72%。地质灾害类型主要为滑坡及不稳定斜坡,其次为泥石流,崩塌也有发育。

②牙什尕—群科亚区(Ⅱ$_2$)。分布于群科盆地黄河北岸第三级阶地上,面积49.08km^2,占地质灾害中易发区面积的5.40%。

该区阶地高出河床4~43m,具二元结构,上部为黄土状土,下部为砂砾石。阶地面较平坦。地质灾害类型以泥石流灾害为主,不稳定斜坡和滑坡少量发育。

③甘都地下水位上升亚区(Ⅱ$_3$)。分布于甘都镇黄河苏只水电站库区左岸第二级阶地上,面积7.95km^2,占地质灾害中易发区面积的0.88%。

该亚区内共有7处地下水位上升点,海拔1900~1930m,黄河苏只水电站库区蓄水位1900m。阶地面上较低洼地带形成水塘或沼泽地,由于表部土体的不均匀沉降,致使地表出现裂缝,造成村民住房地基及墙体普遍开裂,门窗变形,水窖坍塌等。

(3)地质灾害低易发区(Ⅲ)

主要分布于县境中高山区及黄河河谷地,涉及雄先乡、查甫乡、扎巴镇、昂思多镇、二塘乡、巴燕镇、石大仓乡、初麻乡等14乡镇,面积472.78km^2,占全区面积的17.25%。

该亚区黄河谷地修路建筑房屋,耕植较强烈,其他人类工程活动较微弱;中高山区人类工程活动主要表现为修路,矿石开采,其他人类工程活动较强烈。区内地质灾害发育数量较少,依据地质灾害点分布及地质环境条件进一步划分为3个亚区。

①雄先—塔加亚区(Ⅲ$_1$)。主要分布于县境北部的拉脊山一带,面积386.65km^2,占全区总面积的81.8%。

该亚区地形相对高差500~1000m,山体坡角大于30°,沟深坡陡。斜坡岩性主要为古元古界变质岩,寒武系的片岩、片麻岩、凝灰岩等,节理裂隙发育,岩土较破碎。地质灾害点较少,发育小型泥石流和不稳定斜坡各1处。

②牙什尕—群科亚区(Ⅲ₂)。位于牙什尕镇—群科镇黄河右岸第二级阶地上,面积49.89km²,占全区总面积的10.6%。

该亚区地势平坦开阔,崩塌、滑坡地质灾害不发育,局部地段为丘陵区泥石流的承灾区。

③甘都黄河谷地亚区(Ⅲ₃)。位于甘都镇黄河左岸第二级阶地上,面积36.24km²,占全区总面积的7.6%。地势平坦开阔,崩塌、滑坡地质灾害不发育,局部地段为丘陵区泥石流的承灾区。区内发育1处不稳定斜坡,稳定性差。

2. 地质灾害危险性分区

1)地质灾害危险性分区概述

化隆县地质灾害危险性分区方法和流程同乐都区地质灾害危险性分区。本次经统计分析(主观判断或聚类分析)找出突变点作为分界点,将区域划分为低危险、中危险和高危险3个等级,对地质灾害危险性评判计算结果进行分级。在定量计算分级分区的基础上,综合考虑各种因素,生成平安区地质灾害危险程度计算结果图(图5.7.28)。

2)地质灾害危险性分区评价

依据地质灾害危险程度区划的评估原则和化隆县地质灾害危险程度等级分区图,化隆县地质灾害危险程度划分为高危险区、中等危险区、低危险区3个级别的区域。结合地质灾害易发区和承灾体种类及其分布的区域,进一步划分成8个亚区(图5.7.29)。

(1)地质灾害高危险区(Ⅰ)

地质灾害高危险区主要分布在县境群科及化隆盆地低山丘陵深切割地区,面积1 200.15km²,占全县面积的43.80%。

区内人口较为集中,地质灾害类型以滑坡为主,其次为不稳定斜坡和泥石流,崩塌相对较少。地质灾害共威胁2057户10 025人,威胁资产7 266.684万元。

根据灾害点集中分布位置,地质灾害高危险区进一步划分为3个亚区,即雄先—昂思多镇亚区(Ⅰ₁)、沙连堡—塔加乡亚区(Ⅰ₂)和甘都镇地下水位上升亚区(Ⅰ₃)。

①雄先—昂思多镇亚区(Ⅰ₁)。位于群科盆地低山丘陵区中前缘,包括雄先乡、查甫乡、扎巴镇、牙什尕镇、群科镇、昂思多镇部分地区,面积363.37km²,占高危险区面积的30.3%。

该亚区地质灾害类型以滑坡为主,其次为泥石流和不稳定斜坡,崩塌少量发育。地质灾害威胁475户2173人,省道14.535km,县乡公路2.77km,农田585亩,清真寺1座,威胁资产1 878.865万元。

②沙连堡—塔加乡亚区(Ⅰ₂)。位于县境中部中低山区及化隆盆地低山丘陵区,包括沙连堡乡、德恒隆乡、阿什努乡、巴燕镇、初麻乡、石大仓乡、金源乡、塔加乡部分地区,面积828.72km²,占高危险区面积的69.1%。

该亚区地质灾害类型以滑坡为主,其次为泥石流和不稳定斜坡,崩塌发育相对较少。地质灾害威胁1408户6909人,省道15.75km,县乡公路1.315km,农田184亩,学校2所,输电线路3.92km,过水涵洞3个,威胁资产4 865.819万元。

第五章 地质灾害风险评价

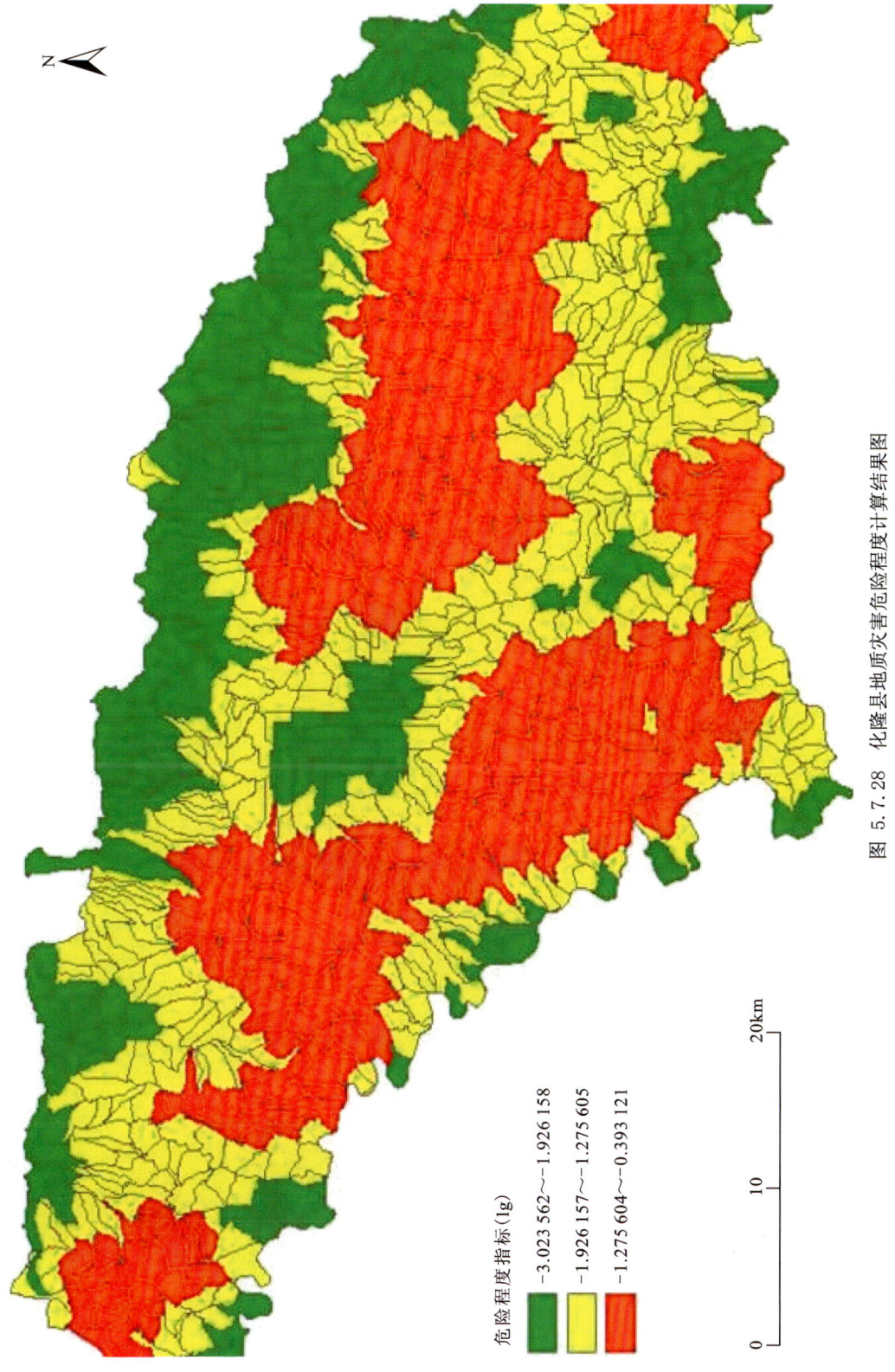

图 5.7.28　化隆县地质灾害危险程度计算结果图

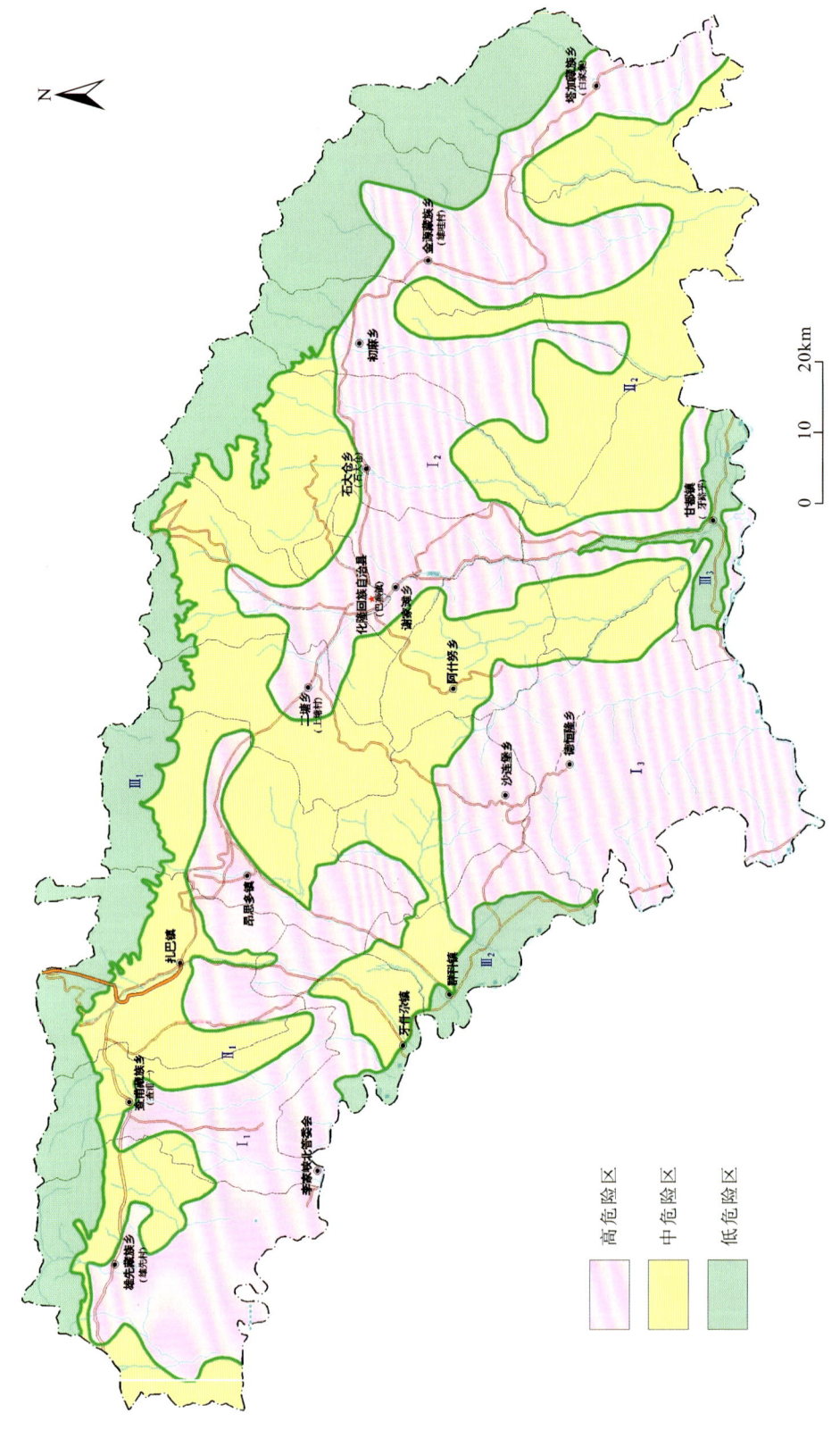

图 5.7.29 化隆县地质灾害危险程度分区

③甘都镇地下水位上升亚区(I_3)。仅分布于甘都镇黄河北岸,面积8.06km²,占高危险区面积的0.6%。该亚区共有地下水位上升点近10处,威胁174户943人,威胁资产522万元。

(2)地质灾害中危险区(Ⅱ)

主要分布于县境北部山前倾斜平原、黄河北岸河谷平原、中部中低山及低山丘陵区无人居住地带,面积1 014.89km²,占全县总面积的37.04%。

该区地质灾害类型以滑坡和泥石流为主,其次为不稳定斜坡和崩塌。地质灾害威胁77户340人,威胁资产239.36万元。

根据灾害点集中分布位置,地质灾害中危险区进一步划分为2个亚区,即雄先乡—石大仓乡亚区($Ⅱ_1$)和石大仓乡南—塔加乡亚区($Ⅱ_2$)。

①雄先乡—石大仓乡亚区($Ⅱ_1$)。主要分布于雄先乡—石大仓乡北山前倾斜平原及中部中低山区,群科及牙什尕镇第三级阶地零星分布,面积729.36km²,占中危险区面积的71.9%。

该亚区人类工程活动主要以切坡修建公路为主,村民点仅在扎巴镇一带较集中,其他地带相对较分散。地质灾害类型以泥石流为主,其次为滑坡和不稳定斜坡,崩塌相对较少。地质灾害威胁32户144人,省道0.12km,县乡公路0.08km,林地2亩,农田30亩,威胁资产104.362万元。

②石大仓乡南—塔加乡亚区($Ⅱ_2$)。分布于化隆盆地黄河北岸低山丘陵区,面积285.53km²,占中危险区面积的28.1%。

该亚区村民点较少,且相对较分散,无重要工程设施分布。地质灾害类型为滑坡,威胁到45户196人,威胁资产135万元。

(3)地质灾害低危险区(Ⅲ)

主要分布于县境北部中高山区及黄河北岸河谷平原区,面积496.98km²,占全县面积的18.13%。

该亚区黄河河谷平原分布有村庄及公路,北部中高山区有零星采矿点,区内人类工程地质活动相对较弱,地质灾害零星分布,类型为泥石流和不稳定斜坡,共威胁到资产59.4万元。

根据灾害点集中分布位置,地质灾害低危险区进一步划分为3个亚区,即中高山亚区($Ⅲ_1$)、牙什尕镇—群科镇亚区($Ⅲ_2$)和甘都镇亚区($Ⅲ_3$)。

①中高山亚区($Ⅲ_1$)。分布于县境北部中高山区,面积415.44km²,占低危险区面积的83.6%。

该亚区目前发育泥石流和不稳定斜坡各1处,威胁到省道0.6km,威胁资产14.4万元。

②牙什尕镇—群科镇亚区($Ⅲ_2$)。分布于县境黄河北岸牙什尕镇—群科镇河谷平原区,面积48.23km²,占低危险区面积的9.7%。

该亚区地势平缓,崩塌、滑坡地质灾害不发育,局部地段为泥石流承灾区,区内无地质灾害点。

③甘都镇亚区（Ⅲ₃）。分布于县境黄河北岸甘都镇河谷平原区，面积33.31km²，占低危险区面积的6.7%。

该亚区地势平缓开阔，崩塌、滑坡地质灾害不发育，目前仅发育1处不稳定斜坡，局部地段为泥石流承灾区。地质灾害威胁15户63人，威胁资产45万元。

六、循化县地质灾害风险区划

1. 地质灾害易发性分区

1）地质灾害易发性分区

循化县地质灾害易发性分区采用基于GIS的信息量分析模型（见5.7节）。地质灾害形成条件选取灾点密度、坡角、坡高、坡型、岩土类型、构造、植被指数、降雨指标和人类工程活动9项主要因素作为评价指标。

在地质灾害形成条件分析的基础上，结合前人研究成果，本次参照评价指标贡献率法的计算结果，分析确定了循化县地质灾害易发程度区划中各个指标的权重（表5.7.11）。

表5.7.11 地质灾害易发程度区划评价指标权重分配表

指标项	灾点密度	坡角指标	坡高指标	坡型指标	岩土类型	构造	植被指数	降雨指标	人类工程活动
权重	0.60	0.09	0.04	0.02	0.07	0.01	0.03	0.04	0.10

基于1∶5万地质灾害详细调查数据，以1∶5万数据为基础，将循化县2 100.00km²境域离散为2055行、2607列，共5 357 385个25m×25m的单元格。

已有地质灾害群体统计采用已有滑坡、崩塌、不稳定斜坡以及泥石流的数量指标，计算单元内已有地质灾害的点密度。统计样本包含了全部遥感解译和调查的物理地质现象点和地质灾害点，旨在客观反映不同区域滑坡、崩塌、泥石流的易发程度。

按照灾点密度、坡角、坡高、坡型、岩土类型、构造、植被指数、降雨指标和人类工程活动9项主要因素各区间的地质灾害（滑坡、崩塌、泥石流）发生概率，将坡角等地质灾害形成条件的9项主要因素进行0.0～1.0之间的线性归一化，然后基于GIS的信息量叠加运算，最终得到循化县地质灾害易发程度结果（图5.7.30）。

易发程度分区界线值采用突变点法和等间距法划定。经过统计分析，从中找出突变点作为易发程度分区界线值，将区域划分为低易发区、中易发区和高易发区3个不同等级的区域，并给出各单元确定的易发程度等级标准（表5.7.12）。在定量计算分级分区的基础上，综合考虑各种因素，给出循化县地质灾害易发程度分区图（图5.7.31）。

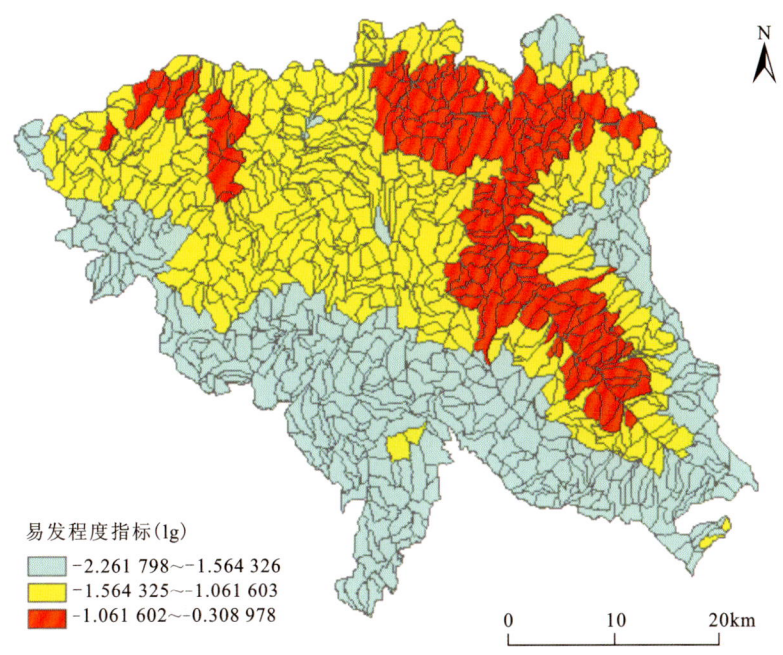

图 5.7.30　循化县地质灾害易发程度计算结果

表 5.7.12　循化县地质灾害易发程度区划评价分区表

等级	低易发区	中易发区	高易发区
标准	0.0～0.36	0.36～0.61	0.61～1.0

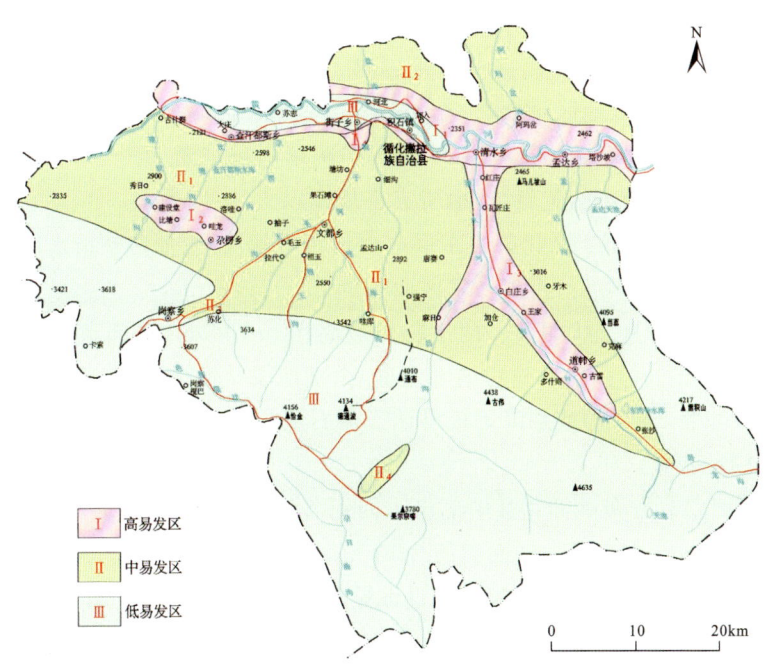

图 5.7.31　循化县地质灾害易发程度分区

2)地质灾害易发性分区评价

依据地质灾害易发程度区划结果,循化县地质灾害易发程度划分为高易发区、中易发区、低易发区3个级别。鉴于本次工作是以1∶5万比例尺地质灾害调查为主体,故针对全县1∶5万比例尺易发区分区描述与评价如下。

(1)地质灾害高易发区(Ⅰ)

主要分布于循化县境域中、北部黄河流域,包括积石镇、查汉都斯乡、清水乡、尕楞乡、白庄乡、道帏乡,总面积约 263.29km², 占全县面积的 12.54%。

该区属黄河第一级和第二级河谷区及其一级支沟,沟谷两岸斜坡坡高 200m 以上,坡角 25°～55°,以 30°～50°居多。斜坡岩体多为软弱碎屑岩,节理裂隙发育,岩体较破碎;土体属松散、中密的黏性土和黄土,土体疏松易碎。区内城镇化建设速度较快,公路、渠道、电缆、输电线、大中型水电站,施工边坡开挖量大,人类工程活动强烈。暴雨不均匀系数大于 50%。降水和工程活动影响下,滑坡、泥石流等地质灾害发育。地质灾害类型以泥石流和滑坡为主,其次为不稳定斜坡,崩塌相对较少。

根据地质灾害点集中分布位置,地质灾害高易发区进一步划分为4个亚区,即公伯峡—循化县城—积石峡亚区($Ⅰ_1$)、尕楞亚区($Ⅰ_2$)、白庄亚区($Ⅰ_3$)和文都亚区($Ⅰ_4$)。

①公伯峡—循化县城—积石峡亚区($Ⅰ_1$)。分布于循化县北部,以积石镇为中心,西起公伯峡县界,沿黄河向东经街子镇、县城积石镇、清水乡,延伸至积石峡谷出境,面积125.06km²,占高易发区面积的 47.5%。

该亚区地形起伏大,岩体风化破碎,沟谷密集,地质环境条件脆弱。河谷边缘切坡(脚)建房、取土、筑路等人类活动强烈,导致以崩塌、滑坡和泥石流为主的地质灾害多发、频发。清水乡以西大部分河谷地段发育的地质灾害类型主要为泥石流,少数为滑坡,规模以大、中型为主;积石峡谷段发育的地质灾害类型则以不稳定斜坡、崩塌居多。

②尕楞亚区($Ⅰ_2$)。分布于循化县中西部,主要包括尕楞乡曲卜藏沟、比唐沟、尕楞沟两侧大部村庄及查汉都斯乡少数地区,面积 49.94km², 占高易发区面积的 18.97%。

该亚区地形起伏,高差多数达 200m 以上,沟谷两岸斜坡坡角 25°～50°,地质灾害类型以滑坡为主,少数为泥石流和不稳定斜坡,地质灾害规模以大、中型为主。

③白庄亚区($Ⅰ_3$)。分布于循化县中东部起台沟沟谷地段,主要包括清水乡、白庄、道帏乡所辖大部分村庄,面积 73.5km², 占高易发区面积的 27.92%;

该亚区沟壑纵横,高差起伏明显。两岸斜坡坡高 150～300m,局部高达 450m,斜坡坡角 30°～55°。加之沟口部分村民无序建房堵塞沟道,个别地段饮灌渠道、筑路设计行洪断面过小等,造成沟道泄洪不畅,遇暴雨或强降雨极易诱发泥石流灾害。地质灾害类型以泥石流、滑坡为主,少数为不稳定斜坡。

④文都亚区($Ⅰ_4$)。分布于循化县中部清水河河谷地段,以文都乡为中心,沿河周边大部分村庄,面积14.79km², 占高易发区面积的 5.61%。

该亚区地质灾害类型为泥石流和滑坡,且数量相对较少。

(2)地质灾害中易发区(Ⅱ)

主要分布在循化县中北部黄河及清水河、街子河流域高易发区外围的低山丘陵,南部黄河流域和清水乡境内有零星分布,共涉及9个乡镇的部分区域,总面积约884.11km²,占全县面积的42.10%。

该区属黄河流域低山丘陵区,沟谷两岸斜坡坡角20°~45°,以30°~35°居多,地形起伏较大,平均高差150~350m。斜坡岩体大部属层状软弱碎屑,少部为较坚硬层状变质岩,节理裂隙发育,岩体破碎;土体属松散碎石土,疏松易碎。修路、开挖建房、开垦扩地、水利水电建设等活动强烈,其他人类工程活动较强烈。降水和工程活动影响下,滑坡、崩塌和泥石流等地质灾害发育。

根据地质灾害点集中分布位置,地质灾害中易发区进一步划分为4个亚区,即中部亚区(II_1)、河北亚区(II_2)、岗察峡亚区(II_3)和谢坑矿亚区(II_4)。

①中部亚区(II_1)。分布于循化县中部黄河及街子河、清水河流域高易发区外围的低山丘陵地带,涉及6乡3镇境内的部分区域,面积约755.18km²,占中易发区面积的85.41%。

该亚区地质灾害类型以滑坡为主,其次为泥石流和不稳定斜坡,崩塌少量发育。

②河北亚区(II_2)。分布于循化县北端高易发区外围基岩山区,面积约107.6km²,占中易发区面积的12.17%。

该亚区岩体破碎,无人类工程活动,未有地质灾害点分布。

③岗察峡亚区(II_3)。位于循化县南部的街子河谷上游峡谷地段,零星分布,面积11.98km²,占中易发区面积的1.36%。

该亚区峡谷两岸陡坡高耸,坡体基岩裸露,岩体破碎,局部形成危岩。地质灾害数量相对较少,类型以不稳定斜坡为主,崩塌和泥石流少量发育。

④谢坑矿亚区(II_4)。位于循化县南部基岩山区,沿斜长沟呈条带状,面积9.35km²,占中易发区面积的1.06%。

该亚区人类工程活动为谢坑矿区开采和白—岗乡级道路修建,仅发育泥石流1处。另外,谢坑矿区自开采以来,在平洞口顺坡堆积大量废渣,遇强降雨易诱发泥石流灾害。

(3)地质灾害低易发区(Ⅲ)

主要分布于循化县南部中高山区与河谷平缓区,涉及岗察乡、道帏乡、文都乡、查汗都斯乡、街子镇、积石镇等2镇4乡,面积约952.6km²,占全县面积的45.36%。

该区属基岩山区,主要分布较坚硬变质岩岩体,局部为黄土,植被覆盖率高。沟谷两岸斜坡坡角15°~25°,地形高差50~250m。区内村庄与固定居住点稀少,修路、放牧活动较强烈,其他人类工程活动较微弱。暴雨不均匀系数小于30%。降水和工程活动影响下,崩塌和滑坡地质灾害较少。黄河宽谷地带远离丘陵斜坡,地势平缓,除2处泥石流沟发育外,再无其他类型的地质灾害。

2.地质灾害危险性分区

1)地质灾害危险性分区概述

循化县地质灾害危险性分区方法和流程同乐都区地质灾害危险性分区。本次经统计分析(主观判断或聚类分析)找出突变点作为分界点,将区域划分为低危险,中危险和高危险3个等级,对地质灾害危险性评判计算结果进行分级。在定量计算分级分区的基础上,综合考虑各种因素,生成循化县地质灾害危险程度计算结果图。

2)地质灾害危险性分区评价

依据地质灾害危险程度区划的评估原则和循化县地质灾害危险程度等级分区图,循化县地质灾害危险程度划分为高危险区、中等危险区、低危险区3个级别的区域。结合地质灾害易发区和承灾体种类及其分布的区域,进一步划分成10个亚区(图5.7.32)。

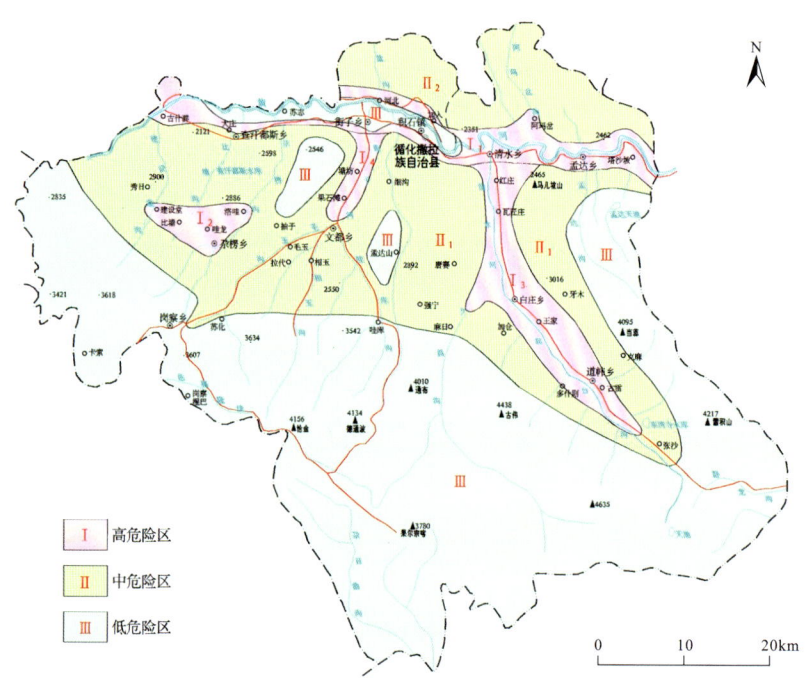

图5.7.32 循化县地质灾害危险程度分区

(1)地质灾害高危险区

主要分布在循化县中北部的黄河流域与清水河、街子河河流域,总面积约182.92km²,占全县面积的8.71%。

该区村庄稠密、人口众多,城镇化建设速度较快,城镇化率10%～20%,分布公路、水利水电设施、城镇建筑以及寺院等重要的工程设施,划分区域与地质灾害高易发区基本重合。地质灾害类型以泥石流为主,其次为滑坡不稳定斜坡,崩塌有少量发育。地质灾害威胁9578人的生命财产安全,其资产期望损失近13 607万元。都河浪滑坡、阿么岔滑坡、县城南山泥石流、积石峡谷不稳定斜坡等处重要地质灾害点均分布在该区。

根据灾害点集中分布位置,地质灾害高危险区进一步划分为4个亚区,即公伯峡—循化县城—积石峡亚区(I_1)、夯楞亚区(I_2)、白庄亚区(I_3)和文都亚区(I_4)。

①公伯峡—循化县城—积石峡谷亚区(I_1)。分布于循化县北部,始于黄河公伯峡,向东经查汗都斯乡、街子镇、积石镇,延伸至清水乡马儿坡后再经积石峡出境,面积86.94km²,占高危险区面积的47.53%。

该亚区地形地貌条件复杂,沟谷纵横,河流侵蚀作用强烈,植被覆盖率较低,水土流失严重。加之区内人口密度相对较大,村民建房、修筑公路等不合理工程活动较多,地质灾害发育。地质灾害类型以泥石流为主,其次为不稳定斜坡和滑坡,崩塌少量发育。地质灾害威胁到5172人的生命,3218间房屋及公路等财产安全,其资产期望损失近7878万元。

②尕楞亚区(I_2)。尕楞亚区位于循化县中西部境界附近,面积18.98km^2,占高危险区面积的10.38%。

该亚区地形地貌条件复杂,沟谷纵横、河流侵蚀作用强烈,植被覆盖率较低,水土流失严重,极易发生灾害。地质灾害类型包括滑坡、泥石流和不稳定斜坡。地质灾害威胁到845人的生命,918间房屋等财产安全,其资产期望损失近850万元。

③白庄亚区(I_3)。白庄亚区位于循化县中东部,以白庄镇为中心,北起清水河沟口,沿河谷及两侧丘陵向上延伸,止于道帏乡附近,面积62.76km^2,占高危险区面积的34.31%。

该亚区分布有村庄,省、县、乡级公路,饮灌渠道等工程设施。地质灾害类型以泥石流为主,其次为滑坡。地质灾害威胁到2615人的生命,2460间房屋等财产安全,其资产期望损失3484万元。

④文都亚区(I_4)。文都亚区位于循化县中部,沿街子沟谷与丘陵边缘呈条带分布,面积14.24km^2,占高危险区面积的7.78%。

该亚区沟谷密集,且多为短、浅冲沟,地形起伏较大,文都乡与街子镇大部分村庄及循同公路位于此区,地质灾害类型包括泥石流和滑坡,直接威胁到946人的生命。900间房屋等财产安全,其资产期望损失近1395万元。

(2)地质灾害中危险区(Ⅱ)

地质灾害中危险区主要分布在循化县中东部高危险区外围的低山丘陵地带,黄河北端积石镇、清水乡有小面积分布,总面积约1 917.08km^2,占全县面积的39.1%。

该区所处低山丘陵地带,山高坡陡,沟谷密集,侵蚀、切割作用强烈,植被覆盖低,水土流失严重,较易发生灾害。区内公路、村民建筑、水库、涝池等重要的工程设施零星展布。地质灾害类型以滑坡和泥石流为主,其次为崩塌和不稳定斜坡。地质灾害威胁到221人的生命,282间房屋等财产安全,其资产期望损失近278.6万元。

根据地质灾害点集中分布位置,地质灾害中危险区进一步划分为2个亚区,即中部亚区(Ⅱ$_1$)和县城北亚区(Ⅱ$_2$)。

①中部亚区(Ⅱ$_1$)。中部亚区主要分布在循化县中部高危险区外围低山丘陵区,总面积702.1km^2,占地质灾害中危险区面积的36.63%。

该亚区局部城镇化建设速度较慢,公路、村民建筑、水库等重要的工程设施零星展布。地质灾害类型以滑坡和泥石流为主,其次为崩塌和不稳定斜坡。地质灾害威胁221人的生命,282间房屋等财产安全,其资产期望损失近278.6万元。

②县城北亚区(Ⅱ$_2$)。县城北亚区零星分布于循化县最北端,主要为积石镇、清水乡河北低山丘陵地段,面积118.95km^2,占中危险区面积的6.20%。

该亚区基本无人员活动,仅发育少量滑坡。另外,区内发育数条短、浅冲沟,遇暴雨或强降雨,堆积物冲出,对积石峡电站库区构成潜在威胁。

(3)地质灾害低危险区(Ⅲ)

地质灾害低危险区主要分布在循化县中南部 4 个乡镇大部地区以及孟达山、抽子山零星地段及河谷宽缓地带,面积约 1 096.03 km², 占全县面积的 57.17%。

县域西、南、东部的广大地区为基岩山区和丘陵滩地,大多无人居住,仅分布有公路、局部分布有村民建筑、输电线路等重要的工程设施,人类活动强度弱,区内植被盖度高,地质灾害点零星分布,仅有少量的泥石流发育,威胁到谢坑矿区道路财产安全,财产期望损失近 5.0 万元。

黄河宽谷地带远离丘陵斜坡,地势平缓,仅有部分泥石流沟分布,威胁少量村民房屋及农田,危害相对较轻。

第六章　海东市地质灾害防治案例

第一节　平安区富硒产业示范园区滑坡治理工程

海东市平安区富硒产业示范园区牦牛养殖场场地平整过程中对其北侧山体前缘进行了开挖削坡从而形成了高陡斜坡,该斜坡长期受降水冲刷、侵蚀,坡体于2022年8月13日发生滑坡灾害,滑覆体压损坡脚房屋一间、高压电线杆3个,造成直接经济损失约2万元。2023年7月4日,海东市平安区发展和改革局下达了《关于〈海东市平安区富硒产业示范园区牦牛养殖场地地质灾害防治工程可行性研究报告〉的批复》(平发改字〔2023〕105号),下达资金399.85万元。

一、地质背景概况

1. 地理位置与气象条件

项目区位于海东市平安区洪水泉回族乡黄鼠湾村东南侧1.1km处中山区,行政区划隶属于安区洪水泉回族乡黄鼠湾村管辖,地理坐标为:东经101°55′56.15″—101°56′32.92″,北纬36°26′38.21″—36°27′34.91″,西距洪水泉乡政府驻地2.3km,北东距平安区政府驻地30km,项目区与北侧县道X202间有水泥路相通,交通较为便利。

平安区为大陆性半干旱气候类型,具有气候寒冷,四季不分明,冬季长而寒冷,夏季短且凉爽,降水量小而蒸发量大的特点。据洪水泉乡安永村气象资料,2022年8月12日—8月21日,累计降水量为190.2mm,仅8月13日降水量达80.3mm。降水除在空间上分布差异很大外,在时间上也分布不均,降水多集中在6—9月份,此时的降水量占全年的70%以上,此时段区内暴雨多发,降水相对集中,极易产生洪水并引发相应的地质灾害。尤其近几年强降雨或持续性降水天气频发,呈现越来越强的趋势。

2. 地形地貌

项目区总体地势北高南低,西高东低,整体呈东西走向,呈曲线展布,山顶浑圆(图6.1.1)。最高点位于原始斜坡顶部平台处,海拔2835m,最低点位于南侧不稳定斜坡坡脚地带,海拔2605m,相对高差230m。斜坡整体坡角以25°~40°为主,坡面植被较发育,覆盖率达40%。

图 6.1.1 平安区富硒产业示范园区牦牛养殖场滑坡区地貌特征

受构造作用和流水侵蚀影响,自北至南总体地形呈台阶式,坡面发育多处黄土湿陷坑,东、西、南3侧冲沟发育,出露第四系上更新统风积黄土及古近系泥岩,冲沟底可见古近系红色泥岩出露。

原始斜坡前缘坡脚因切坡平整场地对坡脚进行大规模开挖,形成高陡临空面,使得斜坡应力状态发生改变,加之雨水长期沿着粉土缝隙入渗,使得土体强度降低,在外力作用下发生滑坡灾害,堆积于坡脚地带。场地南侧因人工开挖修建厂房形成五段不稳定斜坡,坡面裸露,坡高5～10m,坡角55°～75°,坡面因雨水冲刷形成流水槽,部分已贯穿整个坡面。

3. 地层岩性

平安区富硒产业示范园区出露地层主要为古近系(E)和第四系(Q),地层岩性由老至新特征分述如下。

1)古近系泥岩(E)

古近系泥岩仅在项目区北侧山路沿线及项目区滑坡后壁及南侧有机肥加工区、冲沟底部出露。岩性为中厚层状砖红色、褐黄色、褐红色泥岩,局部夹石膏层(图6.1.2)。

图 6.1.2 场地东侧出露的泥岩及钻孔岩芯

泥岩岩层产状170°∠24°，表层1~3m风化强烈，节理裂隙发育，遇水易软化，风干后易开裂，手掰易碎，岩心呈短柱状、柱状，节长5~45cm，钻孔揭露的泥岩厚度为1.6~7.4m。

2) 第四系上更新统风积黄土（Qp_3^{eol}）

第四系上更新统风积黄土（图6.1.3）主要披覆于整个项目区，呈土黄色，质地疏松，稍湿—很湿，零星可见云母片，一般粉土含量70%以上，结构松散—中密，垂直节理发育，具湿陷性，大孔隙和落水洞发育。钻孔揭露的黄土厚度40.3m，并揭穿该层。

图6.1.3　钻孔揭露的上更新统风积黄土

3) 第四系全新统滑坡堆积物（Qh^{del}）

第四系全新统滑坡堆积物分布于滑坡体（图6.1.4）。岩性主要为第四系滑坡堆积粉土，表层富含植物根系，呈土黄色，稍湿，结构松散，成分以粉粒为主，黏粒次之，摇震反应中等，干强度、韧性低，岩心呈散状，具大孔隙和垂直节理发育，具湿陷性，厚度不一，粉土整体含水量9.2%~16.1%，局部地段饱水，含水量较高，含水率$\omega=19.5\%~23.6\%$，软塑状。钻孔揭露厚度为3.3~15.8m。

图6.1.4　滑坡体表层（左）和后缘（右）出露的全新统滑坡堆积物

4) 全新统人工填土（Qh^{ml}）

全新统人工填土主要分布于项目区西侧，为场地平整时堆填形成。岩性呈土黄色、红褐色，稍湿，结构松散，主要成分为粉土，含有少量泥岩碎块，未经压实处理，具大孔隙，岩心较破碎，局部地段有少量建筑垃圾。

4. 区域构造与地震

平安区大地构造属祁连山地槽褶皱系的拉鸡山地向斜褶皱带及湟水凹陷两个次级构造单元,自第四纪早期以来,以震荡式上升运动为主要特征的新构造运动在区内表现十分明显。

根据海拔高度2210~2800m的中山区及海拔在2100~2190m的河谷区发育的沟谷下切深度推算,自早更新世以来本区上升幅度达400~600m,且目前仍处于侵蚀上升阶段。新构造运动在区内表现的整体抬升过程,使得盆地腹部的古—新近系红层和第四纪黄土等堆积物构成丘陵山体,遭受后期水流等强烈侵蚀切割作用后,在其前缘形成了高陡斜坡,为崩塌、滑坡、泥石流等地质灾害的形成提供了临空条件和丰富的固体物源条件。

项目区位于青藏高原地震区、祁连山地震区,区域总体地震活动较强烈,但调查区湟水谷地平安段,其南北两侧各20km范围内,无震级不小于5级的地震活动记录。根据《中国地震动参数区划图》(GB 18306—2015)中附录A《中国地震动峰值加速度区划图》和附录B《中国地震动加速度反应谱特征周期区划图》,项目区地震动峰值加速度为0.10g,地震动加速度反应谱特征周期为0.45s,相应地震基本烈度为Ⅶ度。

5. 工程地质岩组

依据岩土体成因类型、结构构造以及物理力学性质,本书将项目区内工程地质岩组划分为软硬相间层状碎屑岩岩组、单一结构粉土岩组和单一结构碎石土岩组。

1) 软硬相间层状碎屑岩岩组

软硬相间层状碎屑岩岩组主要分布于项目区北侧山路及南侧有机肥加工区,岩性主要为古近系泥岩,岩层产状较缓,强度低,遇水易软化和泥化,风化裂隙较发育,抗风化能力弱。

软硬相间层状碎屑岩岩组的中等风化泥岩的天然含水量为3.2%~5.6%,密度为2.34~2.40g/cm³。天然状态时,凝聚力$c=0.6$~0.45MPa,内摩擦角$\varphi=24.2°$~42°,单轴饱和抗压强度$\sigma_c=0.26$~1.59MPa,软化系数$K=0.35$~0.38,岩体工程地质性质差。

据区域地质资料,该岩组深部夹有砂岩、砂砾岩,单轴饱和抗压强度$\sigma_c=4.94$~20.5MPa,岩体工程地质性质较差。

2) 单一结构粉土岩组

单一结构粉土岩组主要由第四系上更新统风积黄土(Qp_3^{eol})组成,具大孔隙、垂直节理和湿陷性,成分以粉土为主,结构均匀。

单一结构粉土岩组的天然含水量为8.1%~15.4%,天然密度为1.32~1.67g/cm³,相对密度为2.69,液限为21.4%~22.5%,塑限为14.1%~14.6%,液性指数为-0.88~0.15,塑性指数为7~7.9。天然状态时,黏聚力$c=10.2$~14.8kPa,内摩擦角$\varphi=16.7°$~21.7°。湿陷系数为0.053~0.081,自重湿陷系数为0.018~0.057,自重湿陷量为$\Delta_{zs}=159.5$~709.5mm。承载力特征值$f_{ak}=140$kPa,工程地质性质差。

3) 单一结构碎石土岩组

单一结构碎石土岩组为全新统滑坡堆积黄土状土,岩性为粉土和粉质黏土夹泥岩碎块,稍湿—湿,疏松,属未固结土类。

单一结构碎石土岩组的天然密度为 1.81～2.09g/cm³,相对密度为 2.70。天然含水量为 19.5%～23.6%,液限为 23.6%～24.6%,塑限为 15.5%～15.9%,液性指数为 0.49～0.9,塑性指数为 8.1～8.9。天然状态时,黏聚力 $c=12.3～14.3$kPa,内摩擦角 $\varphi=19.5°～24.8°$。承载力低,土体工程地质性质差。

6. 水文地质概况

平安区富硒产业示范园区依据地下水的赋存条件、水理性质及水动力特征,地下水类型以碎屑岩类裂隙孔隙水为主。

碎屑岩类裂隙孔隙水分布于项目区内侵蚀剥蚀构造中山区,赋存于古近系(E)和新近系(N)中。含水层岩性为红褐色泥岩、砂岩层,富水性较差,单井涌水量小于 100m³/d,矿化度较高。地下水水化学类型以 SO_4-Na·Ca 型为主,矿化度为 3～10g/L。

7. 环境介质评价

1)冻胀性评价

项目区冻深范围内地层以粉土为主,天然平均含水量为 9.2%～16.1%,钻探期间内未见地下水出露,水位埋置深度大于 1.5m,冻结期间地下水位距冻结面的最小距离大于 1.5m。依据《建筑地基基础设计规范》(GB 50007—2011)附录 G 表 G.0.1 地基土的冻胀性分类表规定,场地冻深范围内以粉土为主,平均冻胀率 $\eta\leqslant1.0$,冻胀等级为 I 级,为不冻胀土。

2)土的腐蚀性评价

根据场地地下水和土壤腐蚀性测试结果,场地环境类别属Ⅲ类,土对混凝土结构具弱腐蚀性;土对钢筋混凝土结构中的钢筋具弱腐蚀性;场地土对钢结构具弱腐蚀性。水、土对建筑材料腐蚀的防护,应符合现行国家标准《工业建筑防腐蚀设计规范》(GB 50046—2018)的规定。

3)土的湿陷性评价

根据岩土物理力学性质测试结果,场地分布的黄土湿陷系数 $\delta_s=0.053～0.081$,自重湿陷性系数为 0.018～0.057,自重湿陷量 $\Delta_{zs}=159.5$mm,总湿陷量 $\Delta_s=709.5$mm。根据《湿陷性黄土地区建筑标准》(GB 50025—2018)判定出该场地土为湿陷性场地,湿陷等级为Ⅲ级严重湿陷。

二、滑坡基本特征

海东市平安区富硒牦牛产业示范园区养殖场 H1 滑坡位于园区北侧中山区,中心点地理坐标为:东经 101°56′20.18″,北纬 36°27′34.01″。该滑坡于 2022 年 8 月 13 日发生滑动,主滑方向 189°,为黄土-泥岩切层滑坡,平面形态呈簸箕形。

滑坡后缘以陡缓(由于农耕活动原始坡体被改为多级平台)交界处为界,滑坡前缘剪出口由于工程建设,形成高陡临空面。滑坡后缘海拔高程 2786～2806m,前缘海拔高程 2757～2769m,滑坡整体落差 32.0～40.0m。滑坡体纵长 55.0～105.0m,横宽 140.0～220.0m,面积 0.012km²,据钻孔揭露,滑体厚 3.3～15.8m,平均厚度 9.5m,体积方量约 11.4×10^4m³,为中型黄土滑坡。

根据滑坡空间形态,滑坡 H1 被划分为 1♯区和 2♯区共 2 个区(图 6.1.5)。

图 6.1.5　平安区富硒牦牛产业示范园 H1 滑坡分区

1. H1 滑坡 1♯区

H1 滑坡 1♯区位于 H1 滑坡东部区域,平面形态呈宽舌形,H1 滑坡 1♯区后缘、东侧、前缘剪出口与 H1 滑坡重合,西侧与滑坡 2♯区相接。该区于 2022 年 8 月 13 日发生滑动,滑覆体压损坡脚房屋 1 间、高压电线杆 3 个,所幸未造成人员伤亡,直接经济损失约 2 万元,目前该区势能已基本释放完毕。

滑坡 1♯区后缘高程 2786～2795m,前缘高程 2757～2765m,落差约 30m。剖面形态呈折线形,后缘(滑坡后壁)较陡,坡角 32°～53°。中部为滑坡平台,平台宽 65.0～80.0m,长 16.0～28.0m,面积为 1576m²。下部较陡,坡角 25°～41°。滑坡 1♯区纵长 80.0～105.0m,横宽 73.0～104.0m,面积 8000m²(图 6.1.6)。

图 6.1.6　滑坡 1♯区后部平台(左)及前缘(右)

钻孔揭露滑体厚 3.3～10.1m。滑坡后缘滑体厚度 3.3～7.2m，滑坡中部平台滑体厚 9.2～10.1m，滑坡前缘滑体厚 3.5～5.2m，滑体平均厚度 6.5m，体积方量约 $5.2\times10^4 m^3$。

2. 滑坡 2#区

滑坡 2#区位于 H1 滑坡西部区域，平面形态呈不规则形，滑坡 2#区后缘、西侧、前缘剪出口与 H1 滑坡重合，东侧与滑坡 1#区相接。滑坡 2#区后缘高程 2789～2806m，前缘高程 2768～2769m，落差约 21.0～37.0m。剖面形态呈直线形，整体坡角 34°。滑坡 2#区纵长 67.0～134.0m，横宽 63.0～112.0m，面积 6400m²（图 6.1.7）。

钻孔揭露滑体厚 9.6～15.8m。滑坡后缘滑体厚度 10.8～15.8m，滑坡中部滑体厚 9.6～9.8m，滑坡前缘滑体厚 3.4～5.2m，滑体平均厚度 9.7m，体积方量约 $5.2\times10^4 m^3$。

滑坡 1#区发生滑动后，滑坡 2#区坡体内部原有的应力状态发生改变，引起应力重分布和应力集中等效应，牵引 2#区发生变形，变形主要集中于滑坡后缘及滑坡体中上部的拉张裂缝，未发生整体的失稳破坏区，据现场调(勘)查分析认为，该区整体处于临滑阶段。

图 6.1.7　滑坡 2#区后缘(左)及前缘(右)

三、滑坡体结构特征

1. 滑坡体

滑坡体岩性主要为第四系滑坡堆积粉质粉土，表层富含植物根系，呈土黄色，稍湿，结构松散，成分以粉粒为主，黏粒次之，摇震反应中等，干强度、韧性低，岩心呈散状，具大孔隙和垂直节理发育，具湿陷性，厚度不一。据本次勘查钻孔揭露，其厚度为 3.3～15.8m（图 6.1.8）。

2. 滑带

滑带整体形态呈宽弧形，后壁出露高度 6.9～14.5m，倾角 35°～61°。后壁可见明显错动擦痕，局部表面残留 10～30cm 不等的滑带土。根据勘探结果，中部滑带呈台坎状，与滑坡后壁呈弧形连接，倾角 19°～40°。前部滑带或受地形控制，近水平状或小角度倾向坡内。

后部滑带受黄土垂直裂隙控制，均位于黄土内部。根据滑坡后壁残留滑带土观察，其岩

图 6.1.8 钻孔揭露滑坡体岩土体特征

性主要为粉土,土黄色,稍湿,结构松散,成分以粉粒为主,黏粒次之,摇震反应中等,干强度、韧性低,岩心呈散状,具大孔隙和垂直节理发育,具湿陷性。

中部滑带主要为粉土,土黄色,很湿—饱水,含水率 $\omega = 18.9\% \sim 23.4\%$,平均含水率 21.15%,软塑,可搓条,结构凌乱。见较明显且较完整的摩擦镜面,镜面呈蜡质光泽,或见擦痕,呈定向针状排列,其歼灭方向为滑动方向,滑带厚度为 20~40cm,偶见擦痕、挤压层理,见白色、黑色斑点(图 6.1.9)。

图 6.1.9 滑带土岩心及发育的擦痕

3. 滑床

滑坡后部陡壁部位滑床为第四系上更新统风积黄土(Qp_3^{eol}),中部滑床为古近系泥岩、泥岩夹石膏层(E),分述如下。

第四系上更新统风积黄土(Qp_3^{eol}):岩性主要为粉土,土黄色,稍湿,结构松散,成分以粉粒为主,黏粒次之,摇震反应中等,干强度、韧性低,岩心呈散状,具大孔隙和垂直节理发育,具湿陷性。

古近系泥岩、泥岩夹石膏层(E):泥岩呈紫红色,坚硬,近水平产状,产状 65°∠17°,局部夹灰白色石膏(图 6.1.10)。

图 6.1.10　滑床岩心（白色部分为石膏夹层）

四、滑坡变形特征及机理

1. 滑坡变形特征

该滑坡于 2022 年 8 月 13 日发生滑动。据现场调查，滑坡 1#区已发生滑动，中部发育一滑坡平台，平台宽 65.0～80.0m，长 16.0～28.0m，滑覆体压损坡脚房屋 1 间、高压电线杆 3 个，该区势能已基本释放完毕。

主要的变形迹象为处于临滑阶段的滑坡 2#区中后部发育的 6 条拉张裂缝及该区东侧发育的大量滑体解体裂缝（表 6.1.1 和图 6.1.11）。由于 1#区发生滑动后，其坡体内部原有的应力状态发生改变，引起应力重分布和应力集中等效应，牵引 2#区发生变形破坏，因此发育的 6 条拉张裂缝基本与滑坡滑向水平，呈直线或弧线发育，裂缝走向 225°～246°，延伸长度 9.7～46.6m，裂缝宽 0.2～1.6m，裂缝深 0.2～3.3m。

表 6.1.1　滑坡体发育裂缝基本特征统计

裂缝编号	裂缝基本特征
L01	发育于 H1 滑坡右侧边界，缝长 46.6m，宽 0.2～1.6m，深 2.0～3.3m，裂缝走向 237°，有下错现象，最大下错高度 1.2m，无填充
L02	发育于裂缝 L01 东侧 9.0m 处，缝长 22.8m，宽 0.4～1.1m，深 0.5～2.0m，裂缝走向 236°，无填充
L03	发育于裂缝 L02 东侧 5.0m 处，缝长 20.8m，宽 0.2～0.5m，深 0.4～1.7m，裂缝走向 224°，无填充
L04	发育于裂缝 L03 东侧 3.2m 处，缝长 9.7m，宽 0.2～0.5m，深 0.3～1.3m，裂缝走向 225°，无填充
L05	发育于裂缝 L04 东侧 4.7m 处，缝长 31.5m，宽 0.2～0.5m，深 0.5～1.8m，裂缝走向 246°，无填充
L06	发育于裂缝 L05 东侧 5.1m 处，缝长 35.1m，宽 0.3～0.4m，深 0.3～0.7m，裂缝走向 236°，无填充

图 6.1.11 滑坡体发育的典型裂缝

另外,2#区滑坡和滑坡后壁发育有 2 处垮塌体(图 6.1.12),呈块状堆积于滑坡后壁。1#垮塌体长 23.0m,宽 1.0～4.0m,高 3.5m,方量约 160m³;2#垮塌体长 2.5m,宽 0.5～1.5m,高 1.5m,方量约 4.0m³。

图 6.1.12 2#区滑坡和滑坡后壁发育的 1#垮塌体(左)和 2#垮塌体(右)

2. 滑坡影响因素分析

根据本次勘查结果,并结合前人资料成果,该滑坡的影响因素内因包括微地形地貌和地层岩性,外因为降水和人类工程活动。

地形地貌:原始斜坡剖面形态呈直线形,整体坡角约 30°,坡高 25.0～30.0m。由于养殖场的建设,坡体前部开挖坡脚形成较大临空面,直立性良好,斜坡呈现出坡角较大的陡峭斜坡,为滑坡的变形提供了地形条件。

地层岩性:坡体为第四系全新统风积黄土,下伏泥岩夹石膏层。黄土垂直节理发育,为雨水入渗提供了良好通道,雨水沿黄土垂直节理入渗,并在下伏基岩结构面处汇聚。泥岩受雨水浸泡,抗剪强度降低,不断软化并形成软弱带,当软弱带构成的滑带全面贯通时,坡体整体失稳。

降水:项目区降水集中在6~9月份,常出现强降雨,雨水入渗不仅增大坡体静水压力,且软化土体,大大降低土体抗剪强度,诱发滑坡产生。

人类工程活动:坡体前部受到人类工程活动影响,前缘形成高陡临空面,对斜坡的变形有促进作用。

3. 滑坡形成机制分析

根据本次勘探及现场调查,滑带处于滑坡的不同部位,成因和物质组成也有所不同。

(1)滑坡中前部:主要表现为后部滑体强大推力作用下的层内错动,为滑坡滑动过程中形成的剪切挤压破碎,滑带主要为岩土体的剪切面。

(2)滑坡中后部:滑带属节理裂隙面的压碎贯通,位于强风化泥岩带。滑带土结构破碎,呈碎裂状或块裂状,表面粗糙,擦痕清晰,滑体下伏基岩层序正常。

该滑坡的形成与前缘开挖坡脚形成高陡临空面密不可分。平安区富硒产业示范园区牦牛养殖场场地平整过程中对其北侧山体前缘进行了开挖削坡从而形成了高陡斜坡,易在坡肩部位形成张拉裂隙,坡脚部位剪应力集中,更不利于斜坡的稳定。

平安区降水多集中在6~9月份,降水量占全年的70%以上,此时段区内暴雨多发,降水相对集中。因坡体表面发育有拉张裂缝,雨水沿着裂缝下渗,导致古近系泥岩遇水软化,强度大幅降低,有利于滑带的形成。

五、滑坡稳定性分析与评价

1. 滑坡稳定性评价

根据勘(调)查及结合《地质灾害危险性评估规范》(GB/T 40112—2021)中的滑坡的稳定性(发育程度)分级表(表6.1.2)得出如下结论。

(1)滑坡1#区于2022年8月13日发生滑动,势能已基本释放完毕,天然工况下整体处于稳定状态,但由于滑体比较松散,在连续降雨条件下,滑体长期经雨水冲刷等,该区滑体有可能进一步向前缘蠕滑变形的可能。

(2)滑坡2#由于1#区发生滑动后,其坡体内部原有的应力状态发生改变,引起应力重分布和应力集中等效应,牵引2#区发生变形破坏,其变形破坏主要集中于中后部发育的拉张裂缝,目前该区处于稳定状态,若遇强降雨、地震等外力因素影响下,极易发生整体失稳破坏。滑坡后壁陡坎在天然工况下处于稳定状态,在强降雨或连续降雨条件下,有可能发生失稳破坏。

表 6.1.2 滑坡稳定性(发育程度)分段表

判据	稳定性(发育程度分级)		
	稳定(弱发育)	欠稳定(中等发育)	不稳定(强发育)
发育特征	①滑坡前缘斜坡较缓,临空高差小,无地表径流河继续变形的迹象,岩土体干燥;②滑体平均坡角小于25°,坡面上无裂缝发展,其上建筑、植被未见新的变形迹象;③后缘壁上无擦痕和明显位移现象,原有裂缝已被充填	①滑坡前缘临空,有间断季节性地表径流流经,岩土体较湿,斜坡坡角30°~45°;②滑体平均坡角为25°~40°,坡面上局部有小的裂缝,其上建筑物、植被无新的变形迹象;③后缘壁上有不明显变形迹象;后缘有断续的小裂缝发育	①滑坡前缘临空,坡角较陡且常处于地表径流冲刷作用下,有发展趋势并有季节性泉水出露,岩土潮湿、饱水;②滑体平均坡角大于40°,坡面上有多条新发展的裂缝,其上建筑物、植被有新的变形迹象;③后缘壁上可见擦痕或有明显位移迹象;后缘有裂缝发育
稳定系数 F_s	$F_s > F_{st}$	$1.00 < F_s \leqslant F_{st}$	$F_s < 1.00$

注:F_{st}为滑坡稳定安全系数,根据滑坡防治工程等级及其对工程的影响综合确定。

2. 滑坡稳定性计算

1)物理力学参数选取

(1)滑体重度。滑体主要成分为粉土,在本次勘查过程中采用现场大容重试验测得土体平均天然重度为 16.37kN/m³(表 6.1.3),对比室内试验结果可知,现场测得的平均天然重度大于室内试验重度,可能是由于现场大容重试验位置、取土深度及土体的含水率不同而产生的差别。

表 6.1.3 现场大容重试验成果表

编号	试坑尺寸/m	试坑体积/m³	土体重量 m_p/kg	土体密度 ρ_0/(g·cm⁻³)	土体重度 r/(kN·m⁻³)	土体描述
Dm-1	D=0.50×0.50×0.50	0.125	206.60	1.65	16.2	粉土
Dm-2			209.20	1.67	16.4	粉土
Dm-3			210.46	1.68	16.5	粉土
平均值	天然				16.37	粉土

滑坡的土体物质结构特征存在一定差异,本次勘查滑坡区对滑体土样进行室内试验获取的滑体土体相关物理力学指标见表6.1.4。

岩土物理力学性质主要根据本次勘查资料综合确定,各岩土参数统计按照《岩土工程勘察规范》中第14.2条中所列公式进行统计。

表6.1.4　滑体重度试验成果统计表

滑坡	重度/(kN·m^{-3})	统计个数/个	最大值/(kN·m^{-3})	最小值/(kN·m^{-3})	标准值/(kN·m^{-3})
粉土	天然	24	16.7	13.2	14.56
	饱和	24	19.14	17.08	17.86

滑体天然重度按大重度试验值和室内试验权重分别为0.7和0.3综合取值,饱和重度按室内试验取值,最终取值为:滑体天然重度为15.83kN/m³,饱和重度为17.86kN/m³。

(2)滑带土抗剪强度参数。以现场取样进行室内试验根据统计分析原则所得指标为基础,结合参数反演及临近工程经验参数进行类比综合确定出破坏面的抗剪强度指标。

本次勘查采取6组滑带土样进行室内试验,获取滑带土相关物理力学指标。滑带土岩性为粉质黏土,根据滑坡滑带土室内试验,滑带土的天然抗剪强度标准值:黏聚力$c=12.86$kPa,内摩擦角$\varphi=20.59°$。

滑带土的物质成分主要为粉质黏土,以粉粒为主,黏粒次之,加之受试件及试验条件的限制,采取的滑带土试验样抗剪强度试验结果离散性较大,变异性较高,但其抗剪强度值与含水量有一定的相关性,随着含水量的增大,黏聚力和内摩擦角都有逐渐减小的趋势,故通过反演计算来进一步确定滑坡的抗剪强度参数。

反演计算根据滑坡的宏观变形状况假设滑坡的稳定性系数F,基于试验结果,再反算暴雨状态下滑带土的抗剪强度参数。由于滑带土的黏聚力c值对滑坡的稳定性较敏感,故假定其为未知参数,给定内摩擦角φ,来反求黏聚力c,反演公式如下

$$c=\frac{F\sum W_i\sin a_i-\mathrm{tg}\varphi\sum W_i\cos a_i}{L} \quad (6.1.1)$$

式中:F为稳定系数;W为条分块体的重度;a为条分块体的滑带倾角;i为条分块体的编号。

现场调查表明,滑坡2#区处于欠稳定状态,故选择3—3′进行暴雨状态下滑带土抗剪强度参数反演。根据参数反演,最终确定滑带土的饱和抗剪强度标准值:黏聚力$c=11.23$kPa,内摩擦角$\varphi=18.65°$。

项目区北侧7.0km处为李家庄滑坡,该滑坡体在地形地貌、地层岩性等方面均与H1滑坡相似,该项目已通过青海省自然资源厅专家组评审,本勘查项目可借鉴其土体物理力学参数(表6.1.5)。

表 6.1.5 李家庄滑坡治理工程选用参数

指标	天然		饱和	
	内聚力 c/kPa	内摩擦角 φ/(°)	内聚力 c/kPa	内摩擦角 φ/(°)
综合取值	12.7	14.9	10.9	12.4

根据室内试验、反演计算及相邻地区李家庄滑坡参数类比综合分析,结合 H1 滑坡 1#区与滑坡 2#区现状,参数选取如下。

滑坡 1#区:势能已基本释放完毕,故滑带的抗剪强度参数应较滑坡 2#的参数小。天然状态按试验值与经验值分别为 0.4 和 0.6 的权重加权取值;饱和状态按反演值和经验值分别为 0.4 和 0.6 的权重加权取值。

滑坡 2#区:天然状态按试验值与经验值分别为 0.5 和 0.5 的权重加权取值;饱和状态按反演值和经验值分别为 0.5 和 0.5 的权重加权取值。

根据上述滑带土抗剪强度综合取值方法,最终确定滑坡 H1 滑带土的抗剪强度参数如表 6.1.6 所示。

表 6.1.6 滑坡 H1 滑带土物理力学参数综合取值

指标	天然		饱和		备注
	内聚力 c/kPa	内摩擦角 φ/(°)	内聚力 c/kPa	内摩擦角 φ/(°)	
试验值	12.86	20.59			
反演值			11.23	18.65	
经验值	12.70	14.90	10.90	12.40	
权重比例	试验值:经验值=0.4:0.6		反演值:经验值=0.4:0.6		滑坡 1#区
综合取值	12.76	17.18	11.03	14.90	
权重比例	试验值:经验值=0.5:0.5		反演值:经验值=0.5:0.5		滑坡 2#区
综合取值	12.78	17.75	11.07	15.53	

(3)拟设工程部位岩体特征参数

根据原位试验及相关规范、工程经验参数,拟设工程部位主要工程地质特征参数见表 6.1.7。

表6.1.7 拟设工程位置岩土主要物理力学参数统计表

土层名称	承载力 f_{ak}/kPa	压缩系数 a/MPa^{-1}	压缩模量 E_s/MPa	地基摩擦系数 f	备注
黄土	140	0.32	7.23	0.3	拟设支挡工程

2)计算工况的选取

根据《滑坡防治设计规范》(GB/T 38509—2020)要求,滑坡防治设计的荷载组合应采用如下工况进行设计和校核。

一般情况下拟按4种工况:

工况Ⅰ——基本组合,为设计工况,考虑基本荷载;

工况Ⅱ——特殊组合,为校核工况,考虑基本荷载+降雨荷载;

工况Ⅲ——特殊组合,为校核工况,考虑基本荷载+地震荷载;

工况Ⅳ——特殊组合,为校核工况,考虑基本荷载+暴雨荷载+地震荷载。

依据《滑坡防治设计规范》(GB/T 38509—2020)中滑坡(不稳定斜坡)防治工程重要性等级划分表(表6.1.8),根据H1滑坡可能造成的经济损失和威胁对象等因素进行划分。

表6.1.8 滑坡防治工程重度性等级划分

滑坡防治工程等级		特级	Ⅰ级	Ⅱ级	Ⅲ级
威胁对象	威胁人数/人	≥5000	≥500且<5000	≥100且<500	<100
	威胁设施	非常重要	重要	较重要	一般

项目区位于养殖场内部,无社会车辆通行,仅养殖场内部工作人员在项目区内活动。威胁对象小于100人,威胁设施重要性一般,因此防治工程重要性等级划分为Ⅲ级,滑坡稳定性分析时采取的工况和相应的安全系数如表6.1.9所示。

表6.1.9 滑坡稳定性分析工况及安全系数取值

防治等级	设计工况	校核工况		
	工况Ⅰ	工况Ⅱ	工况Ⅲ	工况Ⅳ
Ⅰ级	1.30	1.25	1.15	1.05
Ⅱ级	1.25	1.20	1.10	1.02
Ⅲ级	1.20	1.15	1.05	不考虑

3)稳定性分析方法

根据勘查结果,其滑带近于折线形,故采用刚体极限平衡法中的传递系数法进行稳定性分析。

刚体极限平衡法的基本前提和假设条件如下：
①只考虑破坏滑带的极限平衡状态，不考虑滑体岩土体的变形和破坏；
②破坏面（滑面）的强度由黏聚力和内摩擦角（c、φ值）控制，其破坏遵循库仑判据；
③滑体中的应力以正应力和剪应力的方式集中作用于滑面上；
④将斜坡破坏问题简化为平面问题处理。

刚体极限平衡法是一种计算理论，包括许多具体的计算方法，例如瑞典条分法、毕肖普条分法（Bishop）、简布条分法（Janbu）、萨马法（Sarma）、摩根斯坦-普赖斯法（Morgenstern-Price）等，我国工程实际中使用较多的计算方法为剩余推力法。

滑坡推力 E 的定义是总的下滑力（$\sum T$）与总的抗滑力（$\sum R$）之间的差值，表达式为

$$E = \sum T - \sum R \tag{6.1.2}$$

当 $E>0$ 时，有推力；当 $E<0$ 时，无推力；当 $E=0$ 时，为极限平衡状态。

推力计算是斜坡稳定性分析中一个不可缺少的步骤，也是滑坡防治工程设计工作的一个重要依据。设滑面为折线形，根据滑面起伏状况，进行条分。自后缘往前缘各条块与水平面的夹角依次为 α_1，α_2，α_3…，α_{n-1}，α_n，若只考虑滑坡体的重力作用，则第 n 条块的滑坡推力为

$$E_n = W_n\sin\alpha_n + E_{n-1}\cos(\alpha_{n-1}-\alpha_n) - [W_n\cos\alpha_n f_n + c_n L_n + E_{n-1}\sin(\alpha_{n-1}-\alpha_n)f_n] \tag{6.1.3}$$

式中：E_n 为第 n 块的剩余下滑力，即滑坡推力；W_n 为第 n 块的重力；L_n 为第 n 块的底面长度；f_n 为第 n 块摩擦系数；c_n 为第 n 块的滑面黏聚力。

该公式作了如下假设，即第 n 块所承受的第 $n-1$ 块的推力是平行于第 $n-1$ 块滑面的，同理第 $n+1$ 块的推力也是平行于第 n 块滑面的（图6.1.13）。实际情况中，各条块的 c、φ 值不易精确测定，所以用安全系数 F_s 去除抗滑力，以作为强度储备，通常 F_s 的取值范围为1.05～1.25。此时式6.1.3可写为

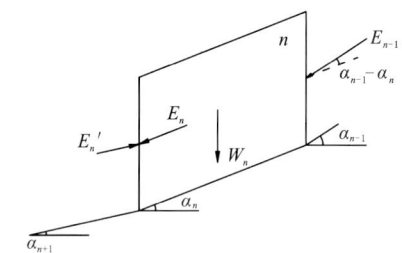

图6.1.13　第 n 块滑体受力示意图

$$E_n = W_n\sin\alpha_n - \frac{1}{F_s}(W_n\cos\alpha_n f_n + c_n L_n) + E_{n-1}\psi_n \tag{6.1.4}$$

其中

$$\psi_n = \cos(\alpha_{n-1}-\alpha_n) - \frac{1}{F_s}\sin(\alpha_{n-1}-\alpha_n)f_n$$

ψ_n 称为传递系数，故剩余推力法又称为传递系数法。

在计算过程中，若出现 $E_i<0$，考虑滑块间不承受拉力作用，则令 $E_i=0$，然后继续进行下一条块 E_{i+1} 的计算。

根据剩余推力法计算结果进行滑坡的稳定性判断时：
①如果 $E_n>0$，表明该滑坡处于不稳定状态；
②如果 $E_n<0$，表明该滑坡处于稳定状态；

③如果 $E_n=0$,表明该滑坡处于极限平衡状态。

4)稳定性计算结果

采用上述剩余推力法对滑坡体 1-1′、3-3′、4-4′、6-6′和 7-7′剖面进行稳定性计算(图 6.1.14),并按照滑坡稳定状态划分表(表 6.1.10)对滑坡进行稳定状态划分(表 6.1.11)。

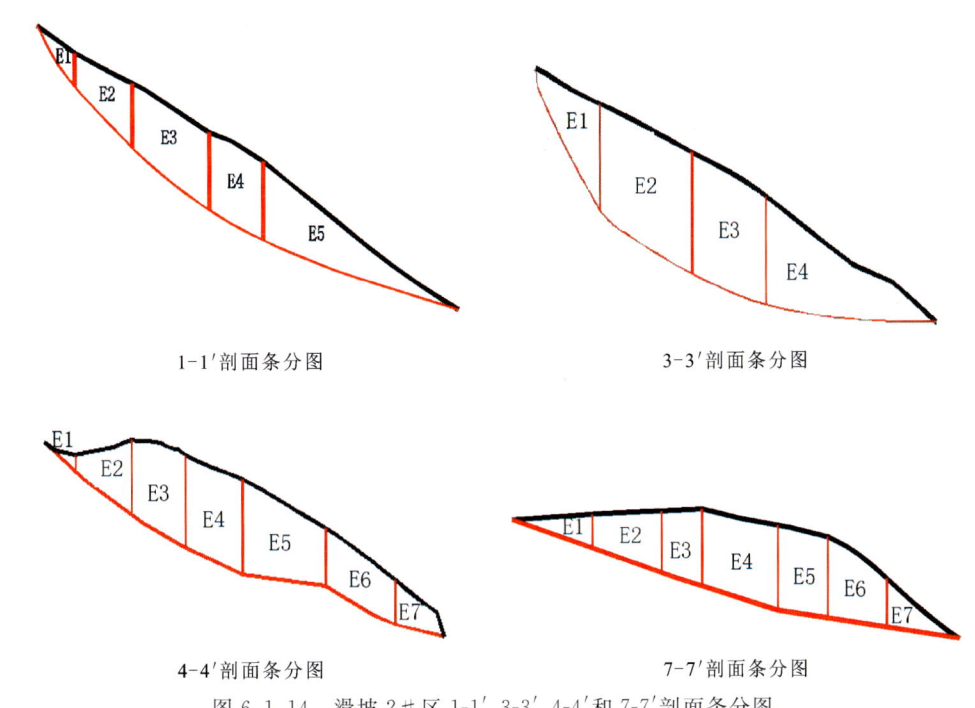

图 6.1.14　滑坡 2#区 1-1′、3-3′、4-4′和 7-7′剖面条分图

表 6.1.10　滑坡稳定状态划分表

稳定系数 F_s	$F_s<1.00$	$1.00\leqslant F_s<1.05$	$1.05\leqslant F_s<1.15$	$F_s\geqslant 1.15$
稳定状态	不稳定	欠稳定	基本稳定	稳定

表 6.1.11　滑坡稳定性计算结果统计

剖面编号	工况	稳定系数 F_s	稳定状态	剩余下滑力 $E/(\mathrm{kN \cdot m^{-1}})$
1-1′	Ⅰ	1.47	稳定	/
	Ⅱ	1.13	基本稳定	9.03
	Ⅲ	1.21	稳定	/
	Ⅳ	0.94	不稳定	26.89

续表 6.1.11

剖面编号	工况	稳定系数 F_s	稳定状态	剩余下滑力 $E/(kN·m^{-1})$
3-3'	Ⅰ	1.19	稳定	15.76
	Ⅱ	1.02	欠稳定	327.57
	Ⅲ	0.91	不稳定	428.76
	Ⅳ	0.77	不稳定	712.70
4-4'	Ⅰ	1.19	稳定	26.59
	Ⅱ	1.02	欠稳定	401.83
	Ⅲ	0.9	不稳定	585.05
	Ⅳ	0.78	不稳定	919.51
6-6'	Ⅰ	1.305	稳定	/
	Ⅱ	1.032	欠稳定	17.46
	Ⅲ	1.276	稳定	/
	Ⅳ	1.009	欠稳定	/
7-7'	Ⅰ	1.9	稳定	/
	Ⅱ	1.62	稳定	/
	Ⅲ	1.33	稳定	/
	Ⅳ	1.13	基本稳定	/

3. 滑坡稳定性综合分析

现场调查表明，H1 滑坡 1#区于 2022 年 8 月 13 日发生滑动，势能已基本释放完毕，滑坡稳定性计算结果如下。

(1)3-3'剖面在工况Ⅰ下处于稳定状态，安全储备不足，稳定性系数为 1.19，剩余下滑力为 15.76kN/m；在工况Ⅱ下处于欠稳定状态，稳定性系数为 1.02，剩余下滑力为 327.57kN/m；在工况Ⅲ下处于不稳定状态，稳定性系数为 0.91，剩余下滑力为 428.76kN/m；在工况Ⅳ下处于不稳定状态，稳定性系数为 0.77，剩余下滑力为 712.70kN/m。

(2)4-4'剖面在工况Ⅰ下处于稳定状态，安全储备不足，稳定性系数为 1.19，剩余下滑力为 26.59kN/m；在工况Ⅱ下处于欠稳定状态，稳定性系数为 1.02，剩余下滑力为 401.83kN/m；在工况Ⅲ下处于不稳定状态，稳定性系数为 0.90，剩余下滑力为 585.05kN/m；在工况Ⅳ下处于不稳定状态，稳定性系数为 0.78，剩余下滑力为 919.51kN/m。

(3)6-6'剖面在工况Ⅰ下处于稳定状态；在工况Ⅱ下处于欠稳定状态，稳定系数为 1.032，剩余下滑力为 17.46kN/m；在工况Ⅲ下处于稳定状态；在工况Ⅳ下处于欠稳定状态，安全系数为 1.009。

六、治理方案及设计

1. 治理总体方案

如前所述,H1滑坡1#区于2022年8月13日发生滑动,势能已基本释放完毕,天然工况下整体处于稳定状态,但由于滑体比较松散,在连续降雨条件下,滑体长期经雨水冲刷等,该区滑体有可能进一步向前缘蠕滑变形。

2#区由于1#区发生滑动后,其坡体内部原有的应力状态发生改变,引起应力重分布和应力集中等效应,牵引2#区发生变形破坏,其变形破坏主要集中于中后部发育的拉张裂缝区,目前该区处于稳定状态,安全储备不足,若遇强降雨、地震等外力因素影响下,极易发生整体失稳破坏。因此采用"削方减载工程+桩板墙工程+挡土墙工程+护面墙工程+截排水工程+顺坡平整工程+裂缝夯填工程+绿化工程"的综合治理措施进行治理。

2. 分项工程设计

1)削方减载工程

H1滑坡4-4′剖面按逆做法从上至下分4级削方,第一、第二、第三级削方边坡削方坡比为1:1.3,第四级削方边坡削方坡比为1:2,第一级边坡垂直高度为6.4m,第二、第三、第四级边坡垂直高度为7.0m。每级边坡之间设宽3.0m马道;每延米削方体积为132.18m^3;对滑坡底部负地形(凹槽地带)按1:10坡比(6°)进行夯实回填,回填体积为33.85m^3;4-4′剖面控制长度32.0m。

H1滑坡5-5′剖面按逆做法从上至下分3级削方,第一、第二级削方边坡削方坡比为1:1.3,第三级削方边坡削方坡比为1:2,第一级边坡垂直高度为6.1m,第二、第三级边坡垂直高度为7.0m。每级边坡之间设宽3.0m马道,每延米削方体积为92.04m^3;对滑坡底部负地形(凹槽地带)按1:10坡比(6°)进行夯实回填,回填体积为3.14m^3;5-5′剖面控制长度21.0m。

另外,滑坡后壁现状为高陡临空面,有垮塌体发育,且时常发生掉块、局部坍塌现象,因此对其进行削方处理,削方坡比1:0.75,具体为:H1滑坡4-4′剖面后壁每延米削方体积为10.04m^2,4-4′剖面控制长度35.0m;H1滑坡5-5′剖面后壁每延米削方体积为9.41m^3,5-5′剖面控制长度20.0m;H1滑坡6-6′剖面后壁每延米削方体积为14.664m^3,6-6′剖面控制长度70.0m;H1滑坡7-7′剖面后壁每延米削方体积为15.028m^3,7-7′剖面控制长度50.0m。

原始坡体与削坡区按1:2坡比平缓过渡,自然衔接,严禁出现折线形坡面。

2)桩板墙工程

布设于H1滑坡前缘剪出口位置,共2种桩型。

A型桩共8根,桩长15.0m,桩径1.0m×1.5m,桩心距6.0m,悬臂段长5.0m,锚固段长10.0m,桩间设挡土板,板高5.5m。

B型共14根,桩长20.0m,桩径1.0m×1.5m,悬臂段长5.0m,锚固段长15.0m,桩芯距5m,桩间设挡土板。

将主动土压力与削方减载后剩余下滑力进行对比,取大值进行支挡工程的设计,桩板墙布设位置处推力计算结果如表6.1.12所示。

表6.1.12 桩板墙布设位置处推力计算结果汇总　　　　　　　　　　　单位:kN/m

计算剖面	失稳推力（暴雨）	削方后失稳推力（暴雨）	主动土压力	设计推力	抗滑桩型号
3-3′剖面	327.57	/	176.14	327.57	A型
4-4′剖面	401.83	321.31	162.10	321.31	B型

(1)A型抗滑桩

A型桩共8根,抗滑桩截面1.0m×1.5m,桩心距6.0m,单根桩长15.0m,悬臂段长5.0m,嵌固段长10.0m,桩身混凝土强度C30,竖向受力钢筋HRB400级。桩间挡土板设置泄水孔,水平间距2.0m,垂直间距1.0m,外斜5%,底排高出地面0.5m,泄水孔材料采用ϕ110PVC管。

桩身采用C30钢筋混凝土浇筑,钢筋混凝土保护层厚度100mm。

背侧纵向受拉钢筋采用HRB400,分两排一段布置。采用25根ϕ32mm钢筋通长布置。面侧纵向钢筋布置:采用4根ϕ32mm钢筋通长布置。两侧架立筋按271mm间距各通长布置3根ϕ28mm架立筋。箍筋采用HRB335 ϕ16mm钢筋,按间距200mm布置。

(2)B型抗滑桩

B型抗滑桩共14根,抗滑桩截面1.0m×1.5m,桩心距5.0m,单根桩长20.0m,悬臂段长5.0m,嵌固段长15.0m,桩身混凝土强度C30,竖向受力钢筋HRB400级。桩间挡土板设置泄水孔,水平间距2.0m,垂直间距1.0m,外斜5%,底排高出地面0.5m,泄水孔材料采用ϕ110PVC管。

桩身采用C30钢筋混凝土浇筑,钢筋混凝土保护层厚度100mm。

背侧纵向受拉钢筋采用HRB400,分两排一段布置。采用25根ϕ32mm钢筋通长布置。面侧纵向钢筋布置:采用4根ϕ32mm钢筋通长布置。两侧架立筋按271mm间距各通长布置3根ϕ28mm架立筋。箍筋采用HRB335 ϕ16mm钢筋,按间距200mm布置。

(3)桩间挡土板

抗滑桩桩间设钢筋混凝土挡土板,挡土板与桩相连,板总高5.5m,单板高1.0m,板厚0.4m,底部嵌入土体不低于0.5m。挡土板混凝土强度等级采用C30。每块挡土板设10个泄水孔,横向间距2.0m,纵向间距1.0m,采用ϕ110PVC管安装,板后进水端设置反滤层,厚0.3m,采用砂砾卵石。

(4)土方回填

桩后进行土方回填。抗滑桩、挡土板达到设计强度后方可进行墙后回填,回填应先将表层松散浮土清除,回填土应分层压实,每层厚0.2～0.3m,压实度应不小于0.92。

(5)声测管设计

抗滑桩浇筑前应预埋声测管进行声波检测,每根桩4根声测管,单管长20.5m,外露0.5m。声测管规格采用φ50mm管,壁厚1.5mm。

3)挡土墙工程

根据稳定性计算,1-1′剖面在暴雨工况下处于基本稳定状态,安全储备不足,剩余下滑力为9.03kN/m,比较主动土压力与校核(暴雨)工况剩余下滑力大小,确定坡脚支挡工程的结构设计;6-6′剖面在暴雨工况下处于欠稳定状态,安全储备不足,剩余下滑力为17.46kN/m。

通过计算,设支挡处土体主动土压力为44.601kN/m(4.0m高度)、23.615kN/m(2.0m高度),主动土压力大于剩余下滑力,因此按主动土压力进行结构设计(表6.1.13)。

表6.1.13 支挡工程布设位置处推力计算结果汇总 单位:kN/m

计算剖面	剩余下滑力	主动土压力	设计推力	墙型
1-1′剖面	9.03	44.601	44.601	A型
6-6′剖面	17.46	23.615	23.615	B型

根据计算结果,确定挡土墙结构如表6.1.14所示,本次设计A型挡土墙和B型挡土墙两种类型。

表6.1.14 挡墙结构要素表

墙高/m	顶宽/m	支护长度/m	面坡坡比/(1:m)	背坡坡比/(1:m)	墙底坡比/(m:1)	抗滑移稳定系数	抗倾覆稳定系数
5.6	1.0	24.0	1:0.3	1:0.1	1:0.0	1.443>1.300	4.717>1.6
2.6	0.8	94.0	1:0.3	1:0.1	1:0.0	1.309>1.300	5.088>1.6

(1)A型挡土墙

A型挡土墙采用C25混凝土结构,总长24.0m,墙高5.6m(基础埋深1.6m),顶宽1.0m,面坡坡比1:0.3,背坡坡比1:0.1。

挡土墙基础底部设置砂砾石换填,换填高度1.5m,宽2.52m。

墙身设置三排φ110mmPVC泄水孔,第一排距地面0.5m,第二排距第一排1.0m,第三排距第二排1.0m,泄水孔横向间距2.0m,梅花形布置,泄水孔迎土侧设置30cm×30cm×30cm砾石反滤包。

(2)B型挡土墙

B型挡土墙采用C25混凝土结构,总长94.0m,墙高3.6m(基础埋深1.6m),顶宽0.8m,面坡坡比1:0.3,背坡坡比1:0.1。

挡土墙基础底部设置砂砾石换填,换填高度1.0m,宽1.92m。

墙身设置二排φ110mmPVC泄水孔,第一排距地面0.5m,第二排距第一排1.0m,泄水孔横向间距2.0m,梅花形布置,泄水孔迎土侧设置30cm×30cm×30cm砾石反滤包。

A型和B型挡土墙两端墙高可随地形的变化而变化。挡土墙施工开挖坡比按1:0.3控制。挡土墙达到设计强度的75%后方可进行墙后回填,回填坡比1∶3,回填应先将表层松散浮土清除,回填土应分层压实,每层厚0.2～0.3m,压实度应不小于0.92。回填边坡应注意与两侧坡体的自然衔接。挡土墙每隔10.0m设置一道沥青木板伸缩缝,缝宽2.0cm。

4) 护面墙工程

雨水冲刷及人为开挖,在高陡临空面发育处设置护面墙工程,护面墙结构采用C20混凝土结构。

护面墙总长110.0m,墙高5.0～7.0m,顺坡修建,墙宽0.5m,墙身设置3～4排ϕ100mm PVC泄水孔,第一排泄水孔距地面线0.5m,第二排泄水孔距第一排泄水孔1.5m(以此类推),泄水孔横向间距2.0m,梅花形布置,泄水管迎土侧设置30cm×30cm×30cm砾石反滤包。墙身每10.0m设置一道沥青木板伸缩缝,缝宽0.2m。

5) 截排水工程

滑坡的形成与降水地表水体入渗有很大关系,降水入渗使土体饱水自重增加,抗剪强度降低。同时地表水体在坡表散流,对坡表粉土造成冲刷,水土流失现象严重,破坏地表景观,因此需对滑坡坡表水体进行排导,陡坎处设置跌水,最终引入坡脚水利工程拟设的截排水沟系统排出。

截排水沟为C20混凝土结构,采用矩形截面,壁厚和底厚均为0.2m,净深和净宽均为0.3m,截排水沟底部设置厚0.1m的砂砾石垫层,每10.0m设置一道沥青木板伸缩缝。

截排水沟总长725.0m,布设如下。

(1) 1#截排水沟:布置于H1滑坡体外围,两端接入水利工程规划的截排水沟系统排出。截排水沟总长393.0m。

(2) 2#横向截排水沟:布置于三级边坡底部马道内侧,总长77.0m。

(3) 3#横向截排水沟:布置于二级边坡底部马道内侧,总长84.0m。

(4) 在坡体布设两道竖向排水沟,其中4#截排水沟将上部汇水经B4、B5号桩间板接入水利工程规划的截排水沟系统排出,总长85.0m,在B4、B5桩间板处设置跌水;5#截排水沟将上部汇水经B型挡土墙接入水利工程规划的截排水沟系统排出,总长86.0m,在过墙处设置跌水。

6) 顺坡整平工程

由于H1滑坡1#区已发生整体滑动,中部平台后缘微地貌为负地形(凹槽),易在此处形成汇水,影响其稳定性,因此在此处按1∶10坡比进行顺坡平整工程,防止坡面汇水在此汇集,顺坡平整面积4930m²。回填应先将表层松散浮土清除,回填土应分层压实,每层厚0.2～0.3m,压实度应不小于0.92。

7) 裂缝夯填工程

(1) 基坑夯填

对H1滑坡坡脚已开挖基坑进行分层夯填,分层厚度不大于30.0cm,夯填至原始地面线(地面线标高2761.0m),夯填高度3.6～3.8m,夯填总方量4444.8m³。

(2) 裂缝夯填

对H1滑坡体2#区上部发育的1#拉张裂缝采取分层夯填,分层厚度不大于30cm,回填长46.6m,宽0.2～1.6m,深2.0～3.3m,回填方量为74.5m³。

(3)湿陷坑夯填

对厂区内发育的 3 处湿陷坑进行分层夯填,分层厚度不大于 30cm,夯填方量为 350.72m³。

(4)坡面冲沟夯填

对厂区内发育的坡面冲沟进行分层夯填,分层厚度不大于 30cm,夯填方量 2 352.24m³。

8)绿化工程

主体工程施工完毕后,在墙后回填区域、削方减载区域、顺坡平整区域撒播草籽进行绿化,绿化总面积 10 548.3m²。草籽选用垂穗披碱草、冷地早熟禾、老芒麦,按 1∶1∶1 比例混播进行绿化。

(1)垂穗披碱草

垂穗披碱草属多年生疏丛型草本植物,株高 0.6~1.2m,叶片扁平,根须状,茎直立,通常 3~4 节,每节 2 个小穗。幼苗耐低温达-38℃,可生存于海拔 4700m 的高寒山区,再生力强,抗旱性差。对土壤要求不严,但在水分充足时生长更盛。播种当年株高 30~40cm,亩产干草 75~175kg,第二年后株高 70~120cm,亩产干草 350~800kg。一般在 5~6 月播种。

播前耙地整平灌溉,撒播,播后镇压。播深 3~4cm,播量 7.0~7.5kg/亩。播种当年每亩追施磷酸二铵或尿素 15~20kg,不采种、不刈割,每亩可收种子 25~75kg。

(2)冷地早熟禾

冷地早熟禾属多年生草本,根须状,有根状茎。秆丛生,直立,稍压扁,高 30~65cm,具 2~3 节。颖果纺锤形,成熟后呈褐色。生长于海拔 2500~5000m 的山坡草甸、灌丛草地或疏林河滩湿地。抗旱能力也较强,耐盐碱、耐瘠薄,对土壤要求不严格,但在湿润的沙壤土,轻黏性暗栗钙土生长繁茂。冷地早熟禾茎秆直立,茎叶茂盛。当年实生苗只能达到孕穗期,不能结实。在青海第二年 4 月下旬至 5 月上旬返青,5 月中旬至 6 月上旬孕穗,6 月上旬至 7 月上旬抽穗开花,8 月下旬种子成熟。生育期 105~115d。冷地早熟禾根茎发达,分蘖能力强。一般可利用 7~10a,第二年至第六年亩产干草 225~450kg,第六年以后产草量下降。冷地早熟禾种子小而轻,千粒重 0.35~0.50g,每斤种子 100 万~142 万粒。

种植时要求精细整地、施肥、灌水,播前镇压,防除杂草,浅开沟、浅覆土。一般春播,也可秋播,播种量每亩 0.5~0.75kg,割草用可适当增加。条播行距 20~30cm,播深 1~2cm,播后镇压。苗期生长缓慢,要防止牲畜践踏,及时防除杂草,分蘖、拔节期灌水、追肥,可提高当年产量。

(3)老芒麦

老芒麦属多年生疏丛型草本植物,须根密集而发育。秆直立或基部稍倾斜,粉绿色,具 3~4 节,3~4 个叶片,颖果长椭圆形,易脱落。在青海非灌溉条件下,栽培播种当年亩产干草 128.5kg,第二年至第四年平均株高 139~147cm,亩产干草 703.35~996.70kg。

播种前深翻土地,如春播,应在前一年夏秋季翻地,施足基肥。播前耙糖,使地面平整,干旱地区播前要镇压土地。有灌溉条件的地区,可在播前灌水,以保证播种时墒情。春、夏、秋三季均可播种。因苗期生长缓慢,春播应予防止春旱和一年生杂草的危害。秋播应在初霜前 30~40d 播种,播晚苗期生长时间短,贮备养分不足,易造成越冬死亡。老芒麦对水肥反应敏感,有灌溉条件的地力,在拔节、孕穗期灌水结合施肥。一般每年割干草1次,水肥充足可收获两次。据试验,混播牧草适当的管理利用可连续丰产4~6a。再生力与耐牧性稍差。老芒麦种子具长芒,播种前应行截芒,增强种子流动性。播种的过程应注意种子流动情况,防止堵塞,保证播种质量。播种量一般每亩1.25~1.5kg。

3. 监测工程设计

在充分利用现有监测设备的基础上,建立系统化、立体化的监测系统,在治理施工全过程中及时测定和预报滑坡的位移、应力等变化情况,确保施工安全,为长期稳定性预测研究提供资料。

监测工作采取地面监测、裂缝变形监测、人工巡视等综合手段,各种监测成果相互印证,提高监测成果资料的可靠性,监测工作量如表6.1.15所示。

表6.1.15 监测工作量统计

序号	监测项目	监测点数	监测目标
1	监测基准点	3	监测基准点
2	施工位移监测	6	滑坡区
3	高危施工段安全监测	4	滑坡区
4	治理工程效果监测	4	抗滑桩、挡土墙等位移变形

1)施工期监测方案

施工期间的监测主要是对滑坡变形和位移、施工过程中的高危施工段等进行监测,主要采用专业仪器结合人工巡视来实施。

主要对灾害体变形及地表位移进行监测,滑坡项目区设置6个施工位移监测点(SGJC01~SGJC06)对滑坡体上的变形裂缝及地表位移进行监测,布设简易观测桩,形成观测断面。采用人工测量的方法进行观测,读数精确至0.1mm,正常情况下确保一次观测,当该区域施工时加密测量次数。前期与施工监测、后期与效果监测同步进行。并安排专门的安全员,对边坡进行巡视,加强施工阶段的监测及巡视,做好监测、巡视记录,做好安全防护。

治理工程措施主要有抗滑桩、挡土墙、格构等,施工过程中对滑坡区进行宏观巡视监测的同时,需对基础(坡面)开挖等易出现安全隐患的施工段进行监测。共4个监测点,其中滑坡项目区设置4个高危监测点(GWJC01—GWJC04)在施工中建立临时监测点,观测滑坡变形情况,以保证施工作业人员安全。主要开展人工巡查、裂缝简易监测工作,发现异常变形时要及时报警,迅速撤离施工区所有人员,以确保人员安全。

施工期间的监测应贯穿整个施工阶段,应设专人24h不间断进行监测。

2)竣工试运行期监测

为了检测抗滑桩、挡土墙、格构等治理效果,在抗滑桩桩顶、挡土墙墙顶等部位设监测桩,采用全站仪定时监测防治结构的位移和沉降量,H1滑坡项目区设置4个效果监测点

(XGJC01—XGJC04)。同时采取地质巡查的监测手段,地质巡查内容包括观测斜坡区地表有无新增裂缝、错动台坎等地表变形迹象。

监测时间和周期为从竣工后至终验期间(一般应有一个水文年),旱季每月一次,雨季半月1次,在暴雨期间,应加密监测次数。主体治理工程建筑物一旦出现开裂或变形位移量过大应加密监测次数,监测工作结束后,应编制监测总结报告。

第二节　乐都区瞿昙镇后山泥石流群防治工程

乐都区瞿昙镇后山泥石流群位于乐都区瞿昙镇新联村瞿昙寺后部,地处岗子河左岸山区前缘地带。该泥石流有多次发灾史,近年来随着降水量的增多,发灾次数呈上升趋势。据现场调查访问,该泥石流群于2018年再次发灾,导致沟口道路、农田大面积淤埋,造成直接损失约5万元,未造成人员伤亡,尤其是小草沟因流通沟道狭窄,泥流来不及排泄,发灾严重。该泥石流群威胁居民26户91人339间,威胁乡村道路25m,并威胁瞿昙寺、村广场、基本农田等,威胁财产超1000万元。

瞿昙寺作为省级文物保护单位,历史文化底蕴深厚,价值更是不可估量。目前,瞿昙镇正在围绕瞿昙寺打造瞿昙镇旅游文化乡镇,如果不及时消除瞿昙镇后山泥石流群隐患,将严重制约瞿昙镇经济旅游文化可持续发展。并且,乐都区瞿昙镇属于滑坡、崩塌、泥石流等地质灾害的高发地区,随着境内基础设施建设迅速发展,人类工程经济活动对地质环境的破坏强度呈加剧之势,地质灾害隐患点潜在危害日趋严重,为有效防治和减轻地质灾害对人民生命财产的危害,亟需开展乐都区瞿昙镇后山泥石流群防治工程。

一、地质背景概况

1. 地理位置与气象条件

乐都区瞿昙镇后山泥石流群位于青海省海东市乐都区瞿昙镇岗子河左岸,地理坐标为:东经102°17′46.05″,北纬36°21′05″。距离镇政府约5km,距离乐都区区政府约25km。泥石流沟地处后山北部,区内已形成县、镇、村三级公路网,213国道横穿工作区,交通便利。

乐都区地处青藏高原的边缘地带,具高原半干旱气候,总的气候特征是降水量少,蒸发量大,冰冻期长,无霜期短,日温差大。据乐都区气象站(驻地碾伯镇)资料(1963—2022年),多年平均气温7.3℃,极端最高气温38.4℃(2000年7月4日),极端最低气温-21.7℃(1975年12月13日),无霜期138d,多年平均降水量329.6mm,年最大降水量452.4mm(1979年)。降水量在年内分配不均,主要集中在5—9月份,占全年降水量的87.4%,这几个月也是地质灾害的易发期;10月至次年3月份降水量占全年降水量的不足10%。年平均蒸发量1 613.8mm,相对湿度58%,潮湿系数0.18。

2018年8月初,受"云雀"台风影响,西太平洋副热带高压持续偏北,青海省上空低值系统发展,西南暖湿气流旺盛,自8月2日起海东市大面积遭遇强降雨影响。据海东市气象局8月3日统计资料,瞿昙镇24h降水量50.2mm(达到30a一遇),亲仁为86.7mm(超50a一遇),1h 最大降水量为 26.3mm,10min 最大降水量 16.83mm。

项目区水系均属湟水水系。湟水位于项目区东北部,除湟水干流外,主要支流为岗子河等。本治理项目 3 处泥石流沟道均为岗子河的一级支流,湟水二级支流。岗子沟为常年性河流,坡比降一般在 31.8‰～70.2‰,丘陵区小支流、小冲沟发育并多为季节性河流,平时多干枯无水,纵坡降大于 20%,其对斜坡坡脚和坡面的冲刷、侵蚀作用明显,是激发泥石流(汛期)的重要因素。

2. 地形地貌

项目区位于瞿昙镇中部,瞿昙镇属强烈隆升的祁连山地,境南部为拉脊山,北部为湟水盆谷地,分布在湟水一级支流岗子河河谷平原及两侧中高山地带。岗子河自南向北横贯全境,其支流将盆地切割成沟梁相间、支离破碎的景观。区内地貌类型按其成因可划分为侵蚀剥蚀低山丘陵区、侵蚀堆积河谷平原区两种类型。

1)侵蚀剥蚀低山丘陵区

侵蚀剥蚀低山丘陵区分布于泥石流流通区及形成区,海拔 2200～3500m,丘陵后缘切割较浅,切割深度 150～350m,山坡坡角 10°～20°,山体浑圆,波状起伏,冲沟断面,大都呈宽线"U"形谷(图 6.2.1)。丘陵区的中前缘,切割较深,切割深度 200～400m,主要由白垩纪、第三纪泥、砂岩和第四纪黄土组成,是现代流水侵蚀作用最强烈的地段,冲沟极发育,冲沟横断面多呈"V"形谷,在冲沟边缘地形坡角大都在 30°～70°,坎高数米至几十米,局部地段形成临空面,是区内崩塌、滑坡、泥石流的主要发育区。该区内植被稀疏,水土流失严重。

图 6.2.1 侵蚀剥蚀低山丘陵区地貌

2)侵蚀堆积河谷平原区

侵蚀堆积河谷平原区沿岗子沟及其支沟(岗子河)呈带状分布,海拔 2200～2450m,主要由漫滩及Ⅰ～Ⅴ级阶地组成(图 6.2.2)。其中,Ⅱ、Ⅲ级阶地最为发育,宽 1—2km,村庄、工厂、农田等大都坐落在Ⅱ、Ⅲ级阶地上。支沟中发育不连续Ⅰ～Ⅲ级阶地,多为堆积或基座阶地,阶面较窄,沟谷似葫芦状,冲沟的凸岸多形成松散堆积,凹岸受侵蚀形成陡壁,该区地形相对平坦、开阔,为泥石流的承灾区。

图 6.2.2 侵蚀堆积河谷平原区地貌

岗子河干流及一级支流河谷区是乡镇集中的建设区和农业区,人口密集,在阶地后缘与丘陵交界的山麓地带,分布有大小不一的泥石流堆积扇。在较高的阶地陡坎前缘发育有诸多滑坡、崩塌、泥石流灾害隐患点,因此河谷区边缘也是地质灾害的高发区。

3. 地层岩性

项目区出露地层主要有古近系—新近系泥岩、白垩系泥岩和第四系,地层岩性由老至新特征分述如下。

1)古近系—新近系泥岩

古近系—新近系泥岩大面积分布于泥石流沟道上游两侧岸坡区,岩性主要为综红色泥岩。

2)白垩系泥岩

项目区下游出露的地层主要为白垩系下统泥岩,大面积分布于泥石流沟道两侧低中山区。岩性主要为棕红色泥岩夹绿色细砂岩、含砾砂岩、砂岩、泥质砂质、砾岩。

3)第四系

区内第四纪地层划分为上更新统风积黄土(Qp_3^{eol})、全新统冲洪积物(Qh^{al+pl})和泥石流堆积物(Qh^{sef})。

(1)上更新统风积黄土

上更新统风积黄土(图 6.2.3)主要分布在泥石流沟道两侧丘陵区,岩性为风积黄土,厚度一般 10~30m,局部达 50m。颗粒成分以粉粒为主,矿物成分主要为石英、长石,黏土矿物含量少。

图 6.2.3 上更新统风积黄土

(2)全新统冲洪积物

全新统冲洪积物主要分布于岗子河地带及其阶地上,出露面积较小,岩性主要为河流沉积砾石,在其后缘可见坡积、洪积亚砂土、砂土和卵石等,厚数米至几十米不等。

(3)全新统泥石流堆积物

全新统泥石流堆积物主要分布在泥石流流通沟道内及堆积扇上,由砂砾石组成,厚2.0～5.0m。

4. 区域构造与地震

项目区所在的瞿昙镇大地构造属祁连山地槽褶皱系的中间隆起带和拉脊山地向斜褶皱地带及湟水河谷凹陷3个次级构造单元。

晚新近纪以来,本区进入新构造时期,区内新构造运动以振荡式间歇性垂直升降运动为主,其显著标志为山区形成夷平面、河流下切形成多级阶地。区内新构造运动可分为湟水南北部山区由元古宙地层构成的隆升带和盆地中部由新生代地层构成的相对下陷带,新构造运动的抬升区形成多级夷平面,沉降区形成多级河流阶地,晚更新世黄土及底砾石被抬升至侵蚀基准面以上数十至数百米,并受到流水的强烈侵蚀,呈现出千沟万壑的梁峁地貌,在低山丘陵区由黄土和新近系泥岩组成的高陡边坡,为崩塌、滑坡的形成提供了地形条件,表部松散的残坡积岩层及沟底松散堆积物亦为泥石流的形成提供了丰富的物源。

区内属青藏高原北部地震区、祁连山地震亚区,据统计资料,乐都区境内有记录的地震发生几十次之多,震级在4级以上有10次以上。根据《中国地震动参数区划图》(GB 18306—2015)中附录A《中国地震动峰值加速度区划图》和附录B《中国地震动加速度反应谱特征周期区划图》,项目区地震动峰值加速度为0.10g,地震动加速度反应谱特征周期为0.45s,相应地震基本烈度为Ⅶ度。

5. 工程地质岩组

根据岩土体成因、结构、构造及其力学性质,将工作区内的岩土体划分为岩体和土体两大类。按照岩体建造类型、结构类型、力学强度,将岩体进一步划分为较坚硬碎屑岩岩组;土体主要按工程地质特征进一步划分为:单一结构黄土类土(粉土)、砂卵砾类土(砾石土)及混杂堆积类土(碎块石土)3种类型(图6.2.4)。

1)岩体

岩体主要为白垩系的泥岩、砾岩、砂岩等。分布于岗子河中上游,岩石结构较致密,成岩程度较好,呈层状。泥岩较软,抗压强度3.0～7.3MPa,软化系数$K=0.1$～0.7,属区内地质灾害较发育地层之一。

2)土体

(1)黄土类土(粉土)(Qp_3^{eol})

黄土类土广泛分布于丘陵区,由黄土和黄土状土组成,厚度一般10～30m,局部达50m。颗粒成分以粉粒为主,矿物成分主要为石英、长石,黏土矿物含量少。

黄土原生结构为均质结构,土体结构松散,垂直节理及孔洞发育,具湿陷性,天然状态下

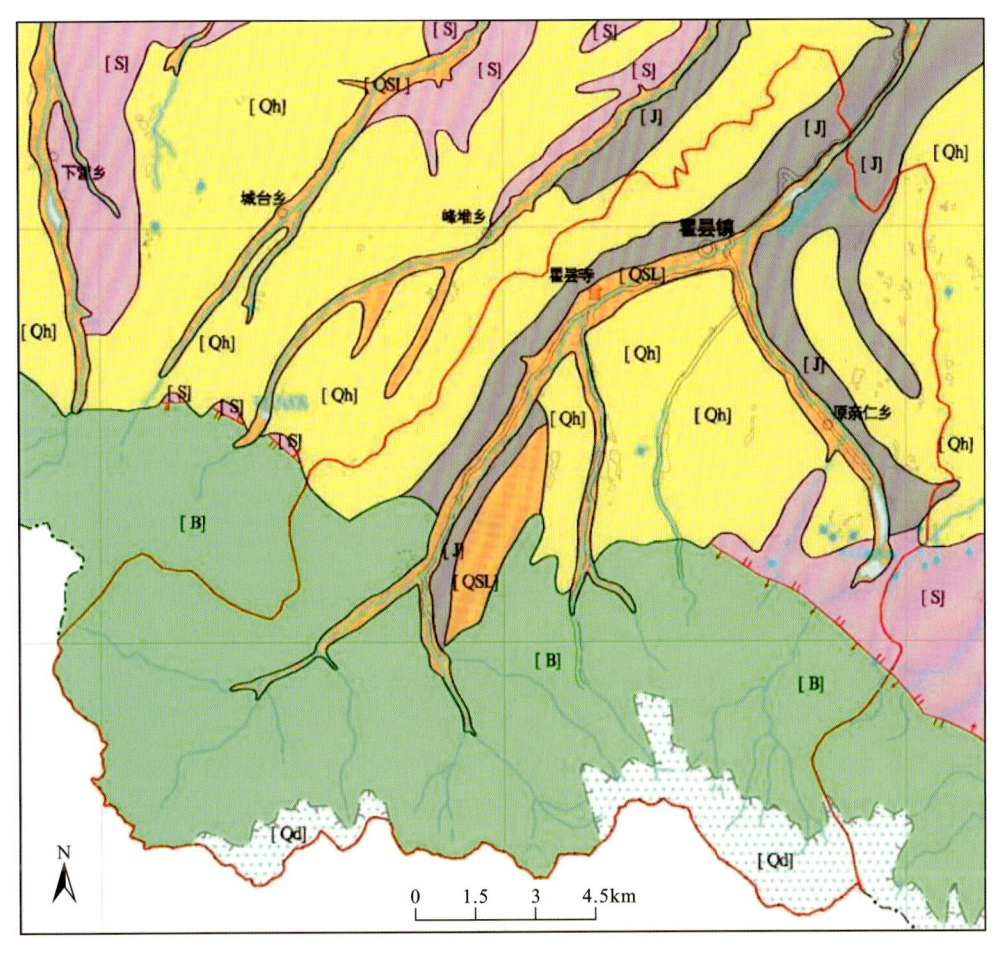

1.坚硬—较坚硬层状变质岩岩组;2.较坚硬碎屑岩岩组;3.软弱层状碎屑岩岩组;4.黄土类土;5.砂卵砾类土;
6.冻土;7.岩组界线;8.区域构造;9.水系;10.居民区;11.泉;公路;12.公路;13.工作区范围。

图 6.2.4　工程地质平面图

土体力学强度较高,但遇水后强度急剧降低,具崩解性和湿陷性。塑性指数 $I_p=8.59\sim10.9$,液性 I_L 指数 $=0.07$,压缩系数 $a=0.12\sim0.23\mathrm{MPa}^{-1}$,压缩模量 $E_s=8.95\sim16.14\mathrm{MPa}$,黏聚力 $c=0.015\sim0.019\mathrm{kPa}$,内摩擦角 $\varphi=20.0°\sim30.58°$。

(2)砂卵砾类土(砾石土)(Qh^{al+pl})

砂卵砾类土分布在岗子河及其一级支流阶地与各支沟沟口,由晚全新世冲积、洪积砂卵砾石层组成,具双层或多层结构,主要由砾卵石、中砂、粗砂、粉砂、细砂等组成,粉质亚砂土充填。巨砾零星分布。

砂卵砾类土上部为土黄色、浅褐色亚砂土层,厚度一般 0.5~3m 不等;下部为砂卵砾石层,粒径一般 5~35cm,磨圆度较好,由花岗岩、灰岩、石英岩组成,厚度一般大于 20m。

由于河谷区多为常年性流水,卵砾石土大部位于潜水面以下,呈饱和状态,中密,表部个别地段呈松散状态。对一般工程而言,中砂地基承载力较高,可作为天然地基。但粉砂、细砂地基承载力则偏低,通常不被采用。

(3)混杂堆积类土(碎块石土)($Qh^{e/}$)

混杂堆积类土分布于3处泥石流沟道内,碎石含量50%左右,主要成分为砂岩和泥岩,粒径1~3cm,形状为次棱角状,充填物为沙土,结构较松散。

另一部分分布于沟道下游段,岩性主要为粉质黏土夹碎石,颜色为黄褐色,碎石含量10%左右,主要成分为砂岩,粒径0.5~10cm,形状为次棱角状—棱角状,整体结构较密实。

6. 水文地质概况

1)地下水类型及基本特征

区内地下水按其赋存条件、水理性质、水力特征,可划分为松散岩类孔隙水和碎屑岩类裂隙孔隙水两种类型。

(1)松散岩类孔隙水

松散岩类孔隙水分布于岗子河谷及大冲沟中,与地表水转化关系密切。岗子河谷较开阔,阶地发育,地下水主要赋存于河漫滩及Ⅰ、Ⅱ级阶地砂砾卵石中,含水层厚3~20m,单井出水量500m³/d。矿化度0.67~2.44g/L,水化学类型属SO_4·HCO_3—Ca·Mg·Na、HCO_3·SO_4·CL—Na·Ca·Mg和SO_4—Ca·Na等型水。

分布于谷坡的残坡积物含水层,因结构松散,渗透性强,汇水面积小,斜坡冲沟发育,地形切割强烈,补给条件差,为透水不含水层或弱含水层。

黄土底砾石含水层因所处位置高,切割强烈,补给条件差,多为透水的赋水性较差的含水层。

(2)碎屑岩类裂隙孔隙水

碎屑岩类裂隙孔隙水分布于区内低山丘陵区,含水层岩性为白垩系和古近系—新近系砂岩、砂砾岩。

该类地下水的补给来源主要为基岩裂隙水的侧向补给。含水层上部的风化带中赋存潜水,富水较差,单泉流量一般小于0.1L/s,自盆地边缘至中央矿化度随径流距离的加大而增高,水化学类型趋于复杂,由HCO_3—Ca·Na型水向HCO_3·SO_4·CL—Na·Ca型水过渡。含水层下部岩性为白垩纪砂砾岩及砂岩,含水层埋深184.5~272.0m,地下水位13.6m,单井出水量33m³/d,矿化度大于2.61g/L,水化学类型SO_4·CL—Na·Ca型。

区内部分地段的古近系—新近系泥岩,砂岩潜水层中含微弱地下水,可起到软化内部结构面及润滑土体与基岩接触面的作用。

2)地下水补给、径流、排泄条件

地下水的补、径、排条件主要受气候、地形、地质构造等因素控制。

丘陵区因黄土覆盖面积大,沟谷发育,地形切割强烈、支离破碎,地下水主要接受基岩裂隙水的侧向补给及少量大气降水入渗补给,径流后,一部分以沟间分水岭脊线为界,向两侧冲沟流泄,一部分顺坡降向河谷平原区排泄。

松散岩类地下水除接受地下径流的侧向补给,河道、渠系及农田灌溉水的入渗补给外,还接受大气降水入渗补给。顺坡降形成独立的径流、排泄过程,河谷潜水与河水转化关系密切。

3)水文地质条件与地质灾害的关系

一般而言,具备发生泥石流的内因条件(指地层岩性、地质构造、地形地貌等)下,地下水的存在对泥石流的发生起着重要的促进作用,主要表现在以下几个方面。

(1)地表水、大气降水大量渗入孔隙、裂隙中赋存、运移,对岩石产生软化、润滑和动水压力作用,使岩石强度降低,内摩擦力显著减小,容易诱发或加速斜坡失稳,促进泥石流沟域中物源的形成。

(2)地表水、大气降水大量渗入坡体,静水压力增大,上覆土体的重量增加,容易诱发或加速斜坡失稳,促进泥石流沟域中物源的形成。

(3)由于地下水的潜蚀作用,区内黄土地层中潜蚀洼地、落水洞发育。在高陡斜坡地段,长期的潜蚀破坏作用容易诱发或加速斜坡失稳,促进滑坡、侵蚀物源形成。

(4)地下水对软硬岩接触带(岩)土、滑带土的浸润作用,使其抗剪强度降低,进而促进滑坡物源的产生。

二、泥石流沟分区特征

乐都区瞿昙镇后山泥石流群位于瞿昙镇新联村,地处岗子河左岸山区前缘地带,高程介于2400~2960m,高差为560m,沟长2.4km,主沟纵坡降233.3‰,总汇水面积为3.7km²。

乐都区瞿昙镇后山泥石流群由小草沟(1号沟)泥石流、享堂沟(2号沟)泥石流和瓦隆沟(3号沟)泥石流组成(图6.2.5)。其中,瓦隆沟汇水面积最大,主沟沟道最长,享堂沟次之,小草沟第三。各沟主沟两侧发育有多条支沟,主沟和支沟坡角较陡,30°~40°,植被较发育,约65%左右。沟道无明显急跌水、卡口,在沟口处有人工堆积物,对泥石流沟道有一定影响,最终穿过新联村汇入岗子河。

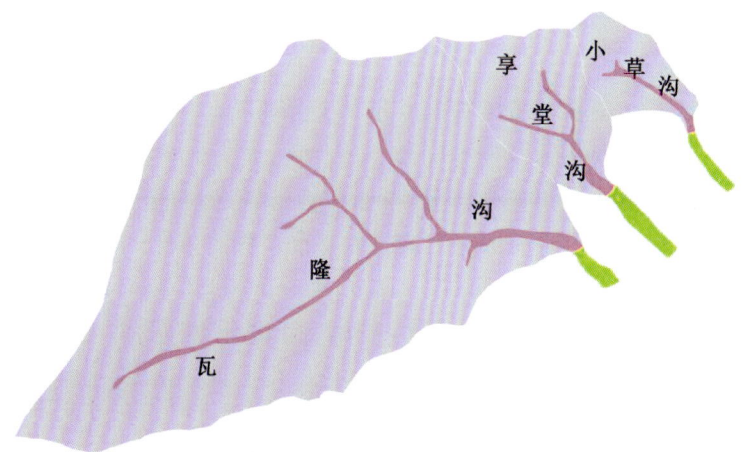

图6.2.5 瞿昙镇后山泥石流群分布示意图

1. 新联村小草沟

新联村小草沟(1号沟)泥石流流域面积为0.26km²。其中,形成区的面积为0.22km²,占总面积的84.6%;流通区面积为0.02km²,占总面积的7.7%;堆积区面积为0.02km²,占总面积的7.7%。小草沟地貌全景如图6.2.6所示。

图6.2.6 小草沟(1号沟)地貌全景

1)形成区

形成区所在地貌单元为侵蚀构造低山丘陵区,由于雨水侵蚀下切形成了三面环山、一面出口的瓢状沟谷地形。

泥石流形成区地层岩性由上覆风积黄土和下伏白垩系泥岩、砂质泥岩等组成。沟道侵蚀下切严重,支沟发育,沟脑及沟道两侧有局部小型塌方,无大面积的滑坡、崩塌、不稳定斜坡。沟坡坡角大,植被生长稀疏,水土流失严重,重力侵蚀活跃,泥石流固体物源丰富。该段泥石流沟地形陡峻,利于固体物质启动,为泥石流暴发提供了势能条件。

2)流通区

流通区沟道较为顺直,地势较平缓、开阔,沟道侧蚀强烈,两岸陡坎发育,高达1.5~2.0m,沟床宽3~8m。沟床被二次冲切,形成高0.5~1.5m,宽0.8~1.5m的沟道。两岸边坡植被覆盖率约10%。

3)堆积区

堆积区发育不明显,已被新联村居民住房侵占,现冲积物由宽约2.0m的沟道排泄至前缘岗子河内(图6.2.7)。

图 6.2.7 小草沟(1 号沟)泥石流堆积区地貌

2. 新联村享堂沟

新联村享堂沟(2 号沟)泥石流流域面积为 0.4km^2。其中,形成区的面积为 0.34km^2,占总面积的 85%;流通区面积为 0.03km^2,占总面积的 7.5%;堆积区面积为 0.03km^2,占总面积的 7.5%(图 6.2.8)。

图 6.2.8 享堂沟(2 号沟)地貌全景

1)形成区

地貌单元为侵蚀构造低山丘陵区,由于雨水侵蚀下切形成了三面环山、一面出口的瓢状沟谷地形。

泥石流形成区地层岩性由上覆风积黄土和下伏白垩系泥岩、砂质泥岩等组成,沟道侵蚀下切严重,支沟发育,沟坡坡角大,植被生长稀疏、水土流失严重,重力侵蚀活跃,且发育3处滑坡,泥石流固体物源丰富。

享堂沟泥石流形成区地形陡峻,这利于固体物质启动,为泥石流暴发提供了丰富的物源和势能条件(图6.2.9)。

图6.2.9　享堂沟泥石流形成区及发育的滑坡

2)流通区

流通区沟道较为顺直,地势较平缓、开阔,沟道侧蚀强烈,两岸陡坎发育,高达1.5～2.0m,沟床宽3～8m,沟床被二次冲切,形成高0.5～1.5m,宽1.0～2.0m的沟道,两岸边坡植被覆盖率10%左右。

3)堆积区

堆积区发育不明显,已被新联村居民住房侵占,现冲积物由宽约2.0m的沟道排泄至前缘岗子河内(图6.2.10)。

图6.2.10　享堂沟泥石流堆积区地貌

3. 新联村瓦隆沟

新联村瓦隆沟（3号沟）泥石流流域面积为 3.08km²。其中，形成区的面积为 2.95km²，占总面积的 95%；流通区面积为 0.11km²，占总面积的 3.6%；堆积区面积为 0.02km²，占总面积的 1.4%（图6.2.11）。

图6.2.11　瓦隆沟（3号沟）地貌全景

1）形成区

新联村瓦隆沟泥石流形成区所在地貌单元为侵蚀构造低山丘陵区，由于雨水侵蚀下切形成了三面环山、一面出口的瓢状沟谷地形。

泥石流形成区出露地层岩性由上覆风积黄土和下伏白垩系泥岩、砂质泥岩等组成，沟道侵蚀下切严重，支沟发育，沟坡坡角大，植被生长稀疏、水土流失严重，重力侵蚀活跃，发育滑坡10处，泥石流固体物源丰富（图6.2.12）。

图6.2.12　瓦隆沟泥石流形成区及发育的滑坡

新联村瓦隆沟泥石流形成区地形陡峻，利于固体物质启动，为泥石流暴发提供了势能条件。

2)流通区

新联村瓦隆沟泥石流流通区沟道较为顺直,地势较平缓、开阔,沟道侧蚀强烈,两岸陡坎发育,高达1.5～3.0m,沟床宽3～12m,沟床被二次冲切,形成高0.5～2.0m,宽1.0～2.5m的沟道,两岸边坡植被覆盖率10%左右。

3)堆积区

新联村瓦隆沟泥石流堆积区发育不明显,已被新联村居民住房侵占,现冲积物由宽约2.0m的沟道排泄至岗子河内(图6.2.13)。

图6.2.13 新联村瓦隆沟泥石流堆积区地貌

三、泥石流形成条件

乐都区瞿昙镇后山泥石流群的形成和发展,有其内在因素,也有外界因素的影响,主要体现在易于产生泥石流的沟谷地形、气象条件和丰富的固体物质来源。沟谷地形和气象条件前文已有介绍,本处只介绍固体物质来源。

泥石流工程地质综合调查表明,乐都区瞿昙镇后山泥石流群的固体物质来源主要包括集中补给和沿程补给两大类。集中补给包括坡面侵蚀物源、泥石流沟两岸滑坡体,这两类物源主要分布于泥石流沟的形成区;沿程补给主要为泥石流沟道堆积物源,主要分布于泥石流沟的形成区和流通区。

1. 坡面侵蚀物源

坡面侵蚀物源主要由雨水侵蚀坡面松散物所形成。瞿昙镇后山泥石流群沟谷两岸出露的地层岩性主要为上更新统风积黄土(Qp_3^{eol}),厚度10～30m,垂直节理发育,具湿陷性,大孔隙和黄土湿陷坑发育,有利于大气降水入渗,易发生崩塌及水土流失。加之坡面植被覆盖率低(10%左右),在暴雨及强降雨季节,坡面松散物在雨水冲刷作用下可直接参与泥石流活动,形成泥石流物源(图6.2.14)。

图 6.2.14 瞿昙镇后山泥石流群坡面松散堆积典型物源

坡面松散固体物质的储量可以用泥石流沟域内残坡积的面积乘以可参与泥石流形成的残坡积物平均厚度所得。调查与测绘表明，瞿昙镇后山泥石流群域内残坡积的面积约 0.56km², 松散层平均厚度为 1.5m。松散层平均厚度是根据工程地质测绘，钻探、探井等工作手段综合取得。现场调查与勘探表明，仅有表层 0.1~0.2m 松散层参与泥石流活动，故得到 3 条泥石流沟因坡面松散物质参与的泥石流动储量见表 6.2.1。

表 6.2.1 坡面松散固体物源量计算统计

沟名	残坡积区面积/km²	残坡积层平均厚度/m	泥石流静储量/×10⁴m³	参与泥石流活动的物源量/×10⁴m³（按 0.1m 的侵蚀深度）
瓦隆沟	2.95	1.5	440	29.5
享堂沟	0.4	1.5	60	4.0
小草沟	0.26	1.5	39	2.6

2. 泥石流沟两岸滑坡体

瞿昙镇后山泥石流群泥石流沟两岸发育有大量的滑坡物源。现场调查表明，瓦隆沟发育滑坡物源 10 处（编号为 H1—H10），享堂沟发育滑坡物源 3 处（编号为 H11—H13），小草沟发育滑坡物源体 2 处（编号为 H14—H15）。

瞿昙镇后山泥石流群泥石流沟两岸发育的滑坡体主要是受长期水流侵蚀切割作用以及坡体表面流水渗入坡体，导致坡体发生浅表层滑动，部分甚至发生深层滑坡。泥石流沟两岸发育的滑坡体现处于不稳定或欠稳定状态，滑坡形成的堆积体在泥石流沟道内可转化为泥石流固体物源。

瞿昙镇后山泥石流群泥石流沟两岸发育的 15 处（黄土）滑坡的滑坡体形态特征、坡体结构和诱发因素均相似，现以滑坡 H1 为典型点分析。

滑坡 H1 为一自然土质滑坡，位于瓦隆沟流通沟道左侧，地理坐标为东经 102°17′07.85″，北纬 36°21′08.57″。该滑坡前缘近直立，坡向 165°，坡脚高程 2660m，坡顶高程 2700m，坡角 45°，坡长 50m，宽 106m，平均厚度 2.5m，滑坡体积为 $1.1×10^4m^3$，属于小型土质滑坡。

滑坡体主要由第四系全新统残坡积（Qh^{d+dl}）黄土组成。黄土为土黄色，稍湿、松散，垂直节理发育，孔隙发育，具有湿陷性。现场调查表明，该滑坡坡脚受沟道内季节性流水冲刷、下切、掏蚀形成高陡边坡，坡顶有拉张裂隙，坡面发育有大面积的溜滑体，坡脚堆积有滑塌物，目前处于不稳定—欠稳定状态，局部滑塌的可能性较大，滑塌以后形成的堆积物可直接转化为泥石流物源。滑坡 H1 及其工程地质剖面图如图 6.2.15 所示。

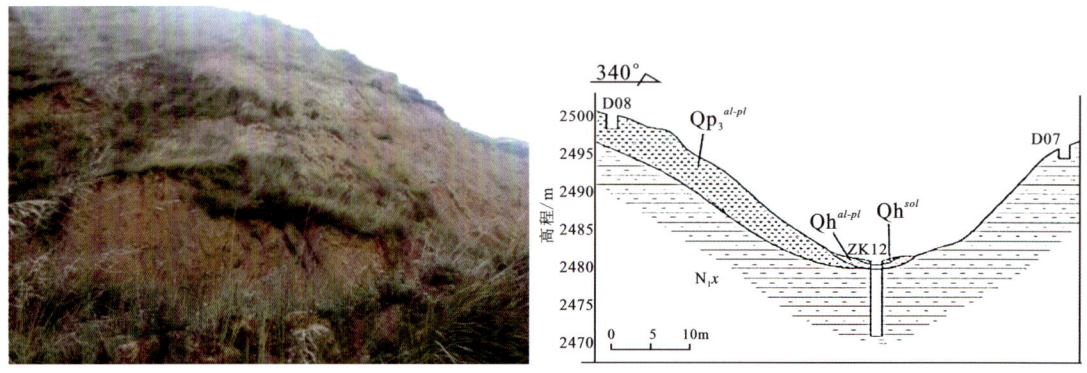

图 6.2.15 滑坡 H1（左）及其工程地质剖面图（右）

根据现场实地调查与分析，瞿昙镇后山泥石流群泥石流沟两岸发育的滑坡体可参与泥石流形成的动储量如表 6.2.2 所示。

表 6.2.2 泥石流沟两岸滑坡体形成的动储量统计

泥石流沟	编号	坡长/m	坡宽/m	坡体厚度/m	滑坡体积/×10⁴m³	静储量/×10⁴m³	动储量/×10⁴m³
瓦隆沟	H1	130	450	3.5	20.5	77.6	23.3
	H2	120	560	3.5	23.5		
	H3	110	130	2.5	3.6		
	H4	100	470	3.5	16.5		
	H5	180	180	2.5	8.1		
	H6	30	20	1.5	0.09		
	H7	90	100	2.0	1.8		
	H8	50	106	2.5	1.32		
	H9	60	80	2.5	1.2		
	H10	80	60	2.0	0.96		
享堂沟	H11	87	127	2.5	2.8	6.6	2.0
	H12	76	167	2.5	3.2		
	H13	65	48	2.0	0.6		
小草沟	H14	30	55	2.0	0.33	0.91	0.3
	H15	37	78	2.0	0.58		

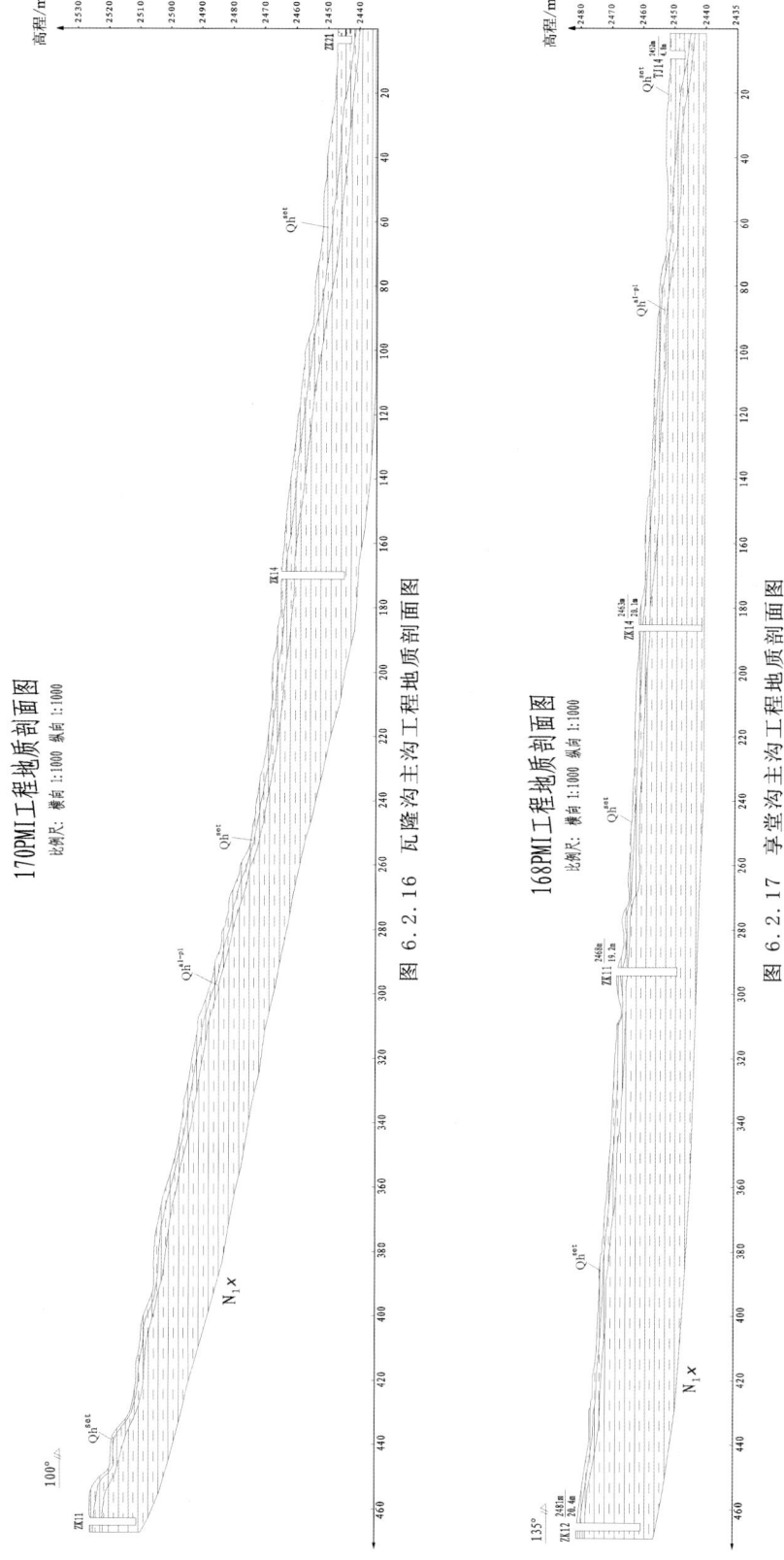

图 6.2.16 瓦隆沟主沟工程地质剖面图

图 6.2.17 享堂沟主沟工程地质剖面图

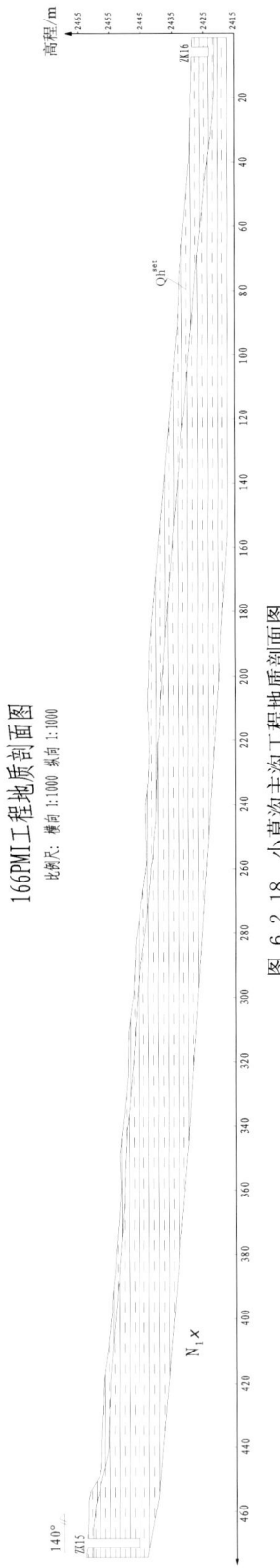

图 6.2.18 小草沟主沟工程地质剖面图

3. 泥石流沟道堆积物源

由于历次泥石流堆积作用，沟道内堆积有一定厚度的泥石流堆积物。采用泥石流工程地质调查与测绘、钻探与山地工程等手段查明瞿昙镇后山泥石流群各沟道内泥石流松散堆积物的厚度，结果表明：

(1) 瓦隆沟流通沟道约长3.2km，泥石流堆积层厚度0.5~2.0m，平均厚度为1.75m，泥石流沟道面积为0.11km²。

(2) 享堂沟流通沟道约长1.1km，泥石流堆积层厚度0.5~1.5m，平均厚度为1.0m，泥石流沟道面积为0.03km²。

(3) 小草沟流通沟道约长0.5km，泥石流堆积层厚度0.5~1.5m，平均厚度为1.0m，泥石流沟道面积为0.02km²。

(4) 泥石流沟道覆盖的冲洪积物成分以圆砾、粉土为主，在泥石流或水流冲刷作用下可参与泥石流活动。

瞿昙镇后山泥石流群沟道松散固体物源量统计如表6.2.3所示。

表6.2.3　瞿昙镇后山泥石流群沟道松散固体物源量统计

泥石流沟	沟道面积/km²	堆积物平均厚度/m	参与泥石流活动松散堆积物厚度/m	固体物源总储量/×10⁴m³	固体物源动储量/×10⁴m³
瓦隆沟	0.11	1.75	0.5	19.25	5.5
享堂沟	0.03	1.0	0.3	3.0	0.9
小草沟	0.02	1.0	0.3	2.0	0.6

4. 泥石流固体物源汇总

分别统计坡面侵蚀物源、泥石流沟两岸滑坡体物源和泥石流沟道堆积物源可参与泥石流形成的物源总量后得出瞿昙镇后山泥石流群物源总量为68.7×10⁴m³，统计结果见表6.2.4。

表6.2.4　瞿昙镇后山泥石流群松散固体物源统计

泥石流沟	坡面侵蚀物源/×10⁴m³	滑坡体物源/×10⁴m³	沟道堆积物源/×10⁴m³	合计/×10⁴m³
瓦隆沟	29.5	23.3	5.5	58.3
享堂沟	4.0	2.0	0.9	6.9
小草沟	2.6	0.3	0.6	3.5

四、泥石流易发性评价

1. 泥石流活动史

瞿昙镇后山泥石流群有多次发灾史,近年来随着降水量的增多该泥石流群发灾次数呈上升趋势。该泥石流群于2018年再次发灾,导致沟口道路、农田大面积淤埋,造成直接损失约5万元,幸未造成人员伤亡。该泥石流群3条泥石流沟中,小草沟因流通沟道狭窄,泥石流来不及排泄,发灾最严重。

目前,该泥石流群威胁居民26户91人339间,威胁乡村道路25m,并威胁瞿昙寺、村广场、基本农田等,威胁财产超1000万元。

2. 泥石流防治现状

现场调查表明,瞿昙镇后山泥石流群已有简单的防治措施。

(1) 瓦隆沟沟口与乡村道路交会处修建有箱形涵洞,涵洞长约3.0m,宽约3.0m,高约1.5m。涵洞上游修建有八字墙,八字墙呈梯形,长3.0m,高0.5～1.5m,宽0.3m。

(2) 享堂沟沟口与乡村道路交汇处修建有箱形涵洞,涵洞长约2.5m,宽约3.0m,高约1.5m。涵洞上游修建有八字墙,八字墙呈梯形,长2.5m,高0.5～1.5m,宽0.3m。

(3) 小草沟沟口流通区修建有明渠与暗涵,明渠长约200m,"U"形槽深约0.8m,宽约1.5m,接明渠修建有约250m暗涵至岗子河。

目前上述各工程主体完整、无损,有一定的泥石流排导效果,但不能完全消除泥石流隐患。

3. 泥石流易发性评价

依据《泥石流灾害防治工程勘查规范(试行)》(T/CAGHP 006—2018)泥石流易发程度数量化评分表(表6.2.5),结合泥石流现场调查结果,对瞿昙镇后山泥石流群的瓦隆沟泥石流、享堂沟泥石流和小草沟泥石流的易发性进行评分,泥石流易发性评价结果如表6.2.6～表6.2.8所示。

表6.2.5 泥石流易发程度数量化评分表

是与非的判别界限值		划分易发程度等级的界限值	
等级	标准得分N的范围	等级	按标准得分N的范围自判
是	44～130	极易发	116～130
		易发	87～115
		轻度易发	44～86
非	15～43	不发生	15～43

表 6.2.6 瓦隆沟泥石流易发程度数量化评分表

序号	影响因素	权重	量级划分								取值
			严重(A)	得分	中等(B)	得分	轻微(C)	得分	一般(D)	得分	
1	崩塌滑坡及水土流失（自然和人为的）的严重程度	0.159	崩塌滑坡等重力侵蚀严重，多深层滑坡和大型崩塌，表土疏松，冲沟十分发育	21	崩塌滑坡发育，多浅层滑坡和中小型崩坍，有零星植被覆盖，冲沟发育	16	有零星崩塌、滑坡和冲沟存在	12	无崩塌、滑坡、冲沟或发育轻微	1	16
2	泥沙沿程补给长度比/%	0.118	>60	16	30～60	12	10～30	8	<10	1	12
3	沟口泥石流堆积活动	0.108	河形弯曲或堵塞，大河主流受挤压偏移	14	河形无较大变化，仅大河主流受迫偏移	11	河形无变化，大河主流在高水偏，低水不偏	7	河形无变化，主流不偏	1	7
4	河沟纵坡降/(°)(‰)	0.090	>12(213)	12	6～12 (105～213)	9	3～6 (52～105)	6	<3(52)	1	9
5	区域构造影响程度	0.075	强抬升区，6 级以上地震区	9	抬升区，4～6 级地震，有中小支断层或无断层	7	相对稳定区，4 级以下地震区，有小断层	5	沉降区，构造影响小或无影响	1	7
6	流域植被覆盖率/%	0.067	<10	9	10～30	7	30～60	5	>60	1	5
7	河沟近期一次变幅/m	0.062	2	8	1～2	6	0.2～1	4	0.2	1	4
8	岩性影响	0.054	软岩、黄土	6	软硬相间	5	风化和节理发育的硬岩	4	硬岩	1	6
9	沿沟松散物储量/($10^4 m^3 \cdot km^{-2}$)	0.054	>10	6	5～10	5	1～5	4	<1	1	6

续表 6.2.6

| 序号 | 影响因素 | 权重 | 量级划分 ||||||| 取值 |
			严重(A)	得分	中等(B)	得分	轻微(C)	得分	一般(D)	得分	
10	沟岸山坡坡角/(°)(‰)	0.045	>32(625)	6	25~32(466~625)	5	15~25(286~466)	4	<15(268)	1	6
11	产沙区沟槽横断面	0.036	"V"形谷、谷中谷、"U"形谷	5	拓宽"U"形谷	4	复式断面	3	平坦型	1	5
12	产沙区松散物平均厚度/m	0.036	>10	5	5~10	4	1~5	3	<1	1	3
13	流域面积/km²	0.036	0.2~5	5	5~10	4	0.2以下和10~100	3	>100	1	5
14	流域相对高差/m	0.030	>500	4	300~500	3	100~300	3	<100	1	3
15	河沟堵塞程度	0.030	严	4	中	3	轻	2	无	1	2
数量化评分总分值												96
易发程度等级												中易发

表 6.2.7 享堂沟泥石流易发程度数量化评分表

| 序号 | 影响因素 | 权重 | 量级划分 ||||||| 取值 |
			严重(A)	得分	中等(B)	得分	轻微(C)	得分	一般(D)	得分	
1	崩塌滑坡及水土流失(自然和人为的)的严重程度	0.159	崩塌滑坡等重力侵蚀严重,多深层滑坡和大型崩塌,表土疏松,冲沟十分发育	21	崩塌滑坡发育,多浅层滑坡和中小型崩塌,有零星植被覆盖,冲沟发育	16	有零星崩塌、滑坡和冲沟存在	12	无崩塌、滑坡、冲沟或发育轻微	1	12
2	泥沙沿程补给长度比/%	0.118	>60	16	30~60	12	10~30	8	<10	1	12

续表 6.2.7

序号	影响因素	权重	量级划分								取值
			严重(A)	得分	中等(B)	得分	轻微(C)	得分	一般(D)	得分	
3	沟口泥石流堆积活动	0.108	河形弯曲或堵塞,大河主流受挤压偏移	14	河形无较大变化,仅大河主流受迫偏移	11	河形无变化,大河主流在高水偏,低水不偏	7	河形无变化,主流不偏	1	7
4	河沟纵坡/(°)(‰)	0.090	>12(213)	12	6~12(105~213)	9	3~6(52~105)	6	<3(52)		9
5	区域构造影响程度	0.075	强抬升区,6级以上地震区	9	抬升区,4~6级地震区,有中小支断层或无断层	7	相对稳定区,4级以下地震区,有小断层	5	沉降区,构造影响小或无影响	1	7
6	流域植被覆盖率/%	0.067	<10	9	10~30	7	30~60	5	>60	1	5
7	河沟近期一次变幅/m	0.062	2	8	1~2	6	0.2~1	4	0.2	1	4
8	岩性影响	0.054	软岩、黄土	6	软硬相间	5	风化和节理发育的硬岩	4	硬岩	1	6
9	沿沟松散物储量/×10⁴ m³·km⁻²	0.054	>10	6	5~10	5	1~5	4	<1	1	4
10	沟岸山坡坡角/(°)(‰)	0.045	>32(625)	6	25~32(466~625)	5	15~25(286~466)	4	<15(268)	1	6
11	产沙区沟槽横断面	0.036	"V"形谷、谷中谷、"U"形谷	5	拓宽"U"形谷	4	复式断面	3	平坦型	1	5
12	产沙区松散物平均厚度/m	0.036	>10	5	5~10	4	1~5	3	<1	1	3
13	流域面积/km²	0.036	0.2~5	5	5~10	4	0.2以下和10~100	3	>100	1	5

续表 6.2.7

序号	影响因素	权重	量级划分							取值
			严重(A)	得分	中等(B)	得分	轻微(C)	得分	一般(D)	得分	
14	流域相对高差/m	0.030	>500	4	300～500	3	100～300	3	<100	1	3
15	河沟堵塞程度	0.030	严	4	中	3	轻	2	无	1	2
数量化评分总分值											90
易发程度等级											中易发

表 6.2.8 小草沟泥石流易发程度数量化评分表

序号	影响因素	权重	量级划分							取值
			严重(A)	得分	中等(B)	得分	轻微(C)	得分	一般(D)	得分	
1	崩塌滑坡及水土流失（自然和人为的）的严重程度	0.159	崩塌滑坡等重力侵蚀严重，多深层滑坡和大型崩塌，表土疏松，冲沟十分发育	21	崩塌滑坡发育，多浅层滑坡和中小型崩塌，有零星植被覆盖，冲沟发育	16	有零星崩塌、滑坡和冲沟存在	12	无崩塌、滑坡、冲沟或发育轻微	1	12
2	泥沙沿程补给长度比/%	0.118	>60	16	30～60	12	10～30	8	<10	1	12
3	沟口泥石流堆积活动	0.108	河形弯曲或堵塞，大河主流受挤压偏移	14	河形无较大变化，仅大河主流受迫偏移	11	河形无变化，大河主流在高水位偏移，低水位不偏移	7	河形无变化，主流不偏	1	7
4	河沟纵坡/(°)(‰)	0.090	>12(213)	12	6～12(105～213)	9	3～6(52～105)	6	<3(52)		12

续表 6.2.8

序号	影响因素	权重	量级划分								取值
			严重(A)	得分	中等(B)	得分	轻微(C)	得分	一般(D)	得分	
5	区域构造影响程度	0.075	强抬升区,6级以上地震区	9	抬升区,4~6级地震区,有中小支断层或无断层	7	相对稳定区,4级以下地震区,有小断层	5	沉降区,构造影响小或无影响	1	7
6	流域植被覆盖率/%	0.067	<10	9	10~30	7	30~60	5	>60	1	5
7	河沟近期一次变幅/m	0.062	2	8	1~2	6	0.2~1	4	0.2	1	4
8	岩性影响	0.054	软岩、黄土	6	软硬相间	5	风化和节理发育的硬岩	4	硬岩	1	6
9	沿沟松散物储量/×10^4 m³·km⁻²	0.054	>10	6	5~10	5	1~5	4	<1	1	4
10	沟岸山坡坡角/(°)(‰)	0.045	>32(625)	6	25~32(466~625)	5	15~25(286~466)	4	<15(268)	1	6
11	产沙区沟槽横断面	0.036	"V"形谷、谷中谷、"U"形谷	5	拓宽"U"形谷	4	复式断面	3	平坦型	1	5
12	产沙区松散物平均厚度/m	0.036	>10	5	5~10	4	1~5	3	<1	1	3
13	流域面积/km²	0.036	0.2~5	5	5~10	4	0.2以下和10~100	3	>100	1	5
14	流域相对高差/m	0.030	>500	4	300~500	3	100~300	3	<100	1	3
15	河沟堵塞程度	0.030	严	4	中	3	轻	2	无	1	2
数量化评分总分值											93
易发程度等级											中易发

根据瞿昙镇后山泥石流群 3 条泥石流 15 项因素综合评分结果,综合评分瓦隆沟泥石流沟 96 分,享堂沟泥石流 90 分,小草沟泥石流 93 分,均属于中易发泥石流沟,与实际情况比较吻合,需及时进行治理。

4. 泥石流活动周期

根据乐都区气象站资料分析,近年来受全球气候变暖的影响,海东河湟地区异常灾害性天气将会增加,造成雨量偏多,雨强偏大,诱发该区各沟谷泥石流的强降雨出现频率也将随之增多。2018 年 8 月,乐都区发生了 50a 一遇的强降雨,瞿昙镇 24h 降水量达到了 85.7mm,致使瞿昙镇后山泥石流群发灾,导致沟口道路、农田等被淹没,尤其是小草沟发灾最为严重。据此推断,瞿昙镇后山泥石流群一般都是 3～4a 暴发一次,为高频泥石流。

5. 泥石流活动规模

瞿昙镇后山泥石流群各沟一次冲出固体物量小于 $1.0 \times 10^4 m^3$,根据泥石流一次堆积总量确定该沟泥石流规模为小型。泥石流沟口堆积扇地带为瞿昙镇新联村的主要人类工程活动场所,人口居住密集,其地质灾害灾情为小型,危险程度属中等。加之该区各沟谷沟域地质环境脆弱,沟道狭窄,沟床纵坡降较大,沟谷及沟床内堆积的松散固体物质丰富,使地质环境进一步恶化,对各沟泥石流固体物源补给量也随之增大。因此,随着区域异常灾害性天气的增加,雨量雨强也将增大,今后该区各沟暴发泥石流的规模也将会更大。

6. 泥石流危害趋势

根据泥石流调查结果,2018 年 8 月,瞿昙镇后山泥石流群造成经济损失约 5 万元,灾情为小型。但随着瞿昙镇新联村经济不断增长,瞿昙寺文化旅游区的不断发展,泥石流的危害性日趋严重,除了经济损失之外还有可能造成人员伤亡,甚至将严重制约着瞿昙镇经济旅游文化可持续发展。

五、泥石流特征参数计算

1. 泥石流流体重度

泥石流流体重度一般采用现场配浆法和经验法确定。

1)现场配浆法

本项目在瓦隆沟、享堂沟内开展泥石流搅拌试验 6 组,采取泥石流堆积物配合沟水搅拌泥石流浆体,并进行称重,量测泥浆体积,计算其重度作为泥石流重度,计算公式为:

$$\gamma_c = G_c/V \tag{6.2.1}$$

式中:γ_c 为泥石流重度(kg/m³);G_c 为配制泥浆重量(t);V 为配制泥浆体积(m³)。

泥石流群搅拌试验记录表(瓦隆沟、享堂沟)如表 6.2.9、表 6.2.10 所示。

表 6.2.9　泥石流群搅拌试验记录表（瓦隆沟）

试验编号	桶重/kg	碎石土/kg	水重/kg	总体积/m³	泥石流流体密度/(kg·m⁻³)	平均/(kg·m⁻³)
1	0.36	9.22	5.46	8.62	1.703×10^3	1.717×10^3
2	0.36	8.68	4.85	7.96	1.699×10^3	
3	0.36	7.18	4.06	6.43	1.748×10^3	

表 6.2.10　泥石流群搅拌试验记录表（享堂沟）

试验编号	桶重/kg	碎石土/kg	水重/kg	总体积/m³	泥石流流体密度/(kg·m⁻³)	平均/(kg·m⁻³)
1	0.36	9.57	5.34	9.02	1.653×10^3	1.649×10^3
2	0.36	7.58	4.32	7.30	1.630×10^3	
3	0.36	6.95	3.96	6.56	1.663×10^3	

根据现场配浆法计算确定瓦隆沟泥石流的容重 $\gamma_c=1.717\times10^3\,\mathrm{kg/m^3}$，享堂沟泥石流的容重 $\gamma_c=1.649\times10^3\,\mathrm{kg/m^3}$，小草沟石流重度取瓦隆沟泥石流和享堂沟泥石流的容重平均值，即 $\gamma_c=1.683\times10^3\,\mathrm{kg/m^3}$。

2）经验法（查表法）

依据《泥石流灾害防治工程勘查规范（试行）》（T/CAGHP 006—2018）附录 H 和附录 G 进行易发程度评分，按表 G.2 查表确定各沟泥石流重度和泥沙修正系数，其结果如表 6.2.11 所示。

表 6.2.11　泥石流流体重度查表法结果

序号	沟名	易发程度数量化评分	易发程度评价	重度 γ_c/(10^3 kg·m⁻³)	$1+\varphi$ ($\gamma_h=2.65$)
1	瓦隆沟	96	易发	1.662	1.688
2	享堂沟	90	易发	1.621	1.611
3	小草沟	93	易发	1.641	1.650

注：φ 为泥沙修正系数。

由于该区泥石流以往没有监测资料，只能通过现场配浆法和经验法两种方法来确定。这两种方法各具特点，本次勘查发现该区泥石流稠度属稀粥状，根据当地老乡描述，现场配浆法所得结果与该区泥石流的性质更加相符,故本次泥石流重度的综合取值采用配浆法取值。

(1)瓦隆沟泥石流容重:$\gamma_c = 1.717 \times 10^3 \text{kg/m}^3$。

(2)享堂沟泥石流容重:$\gamma_c = 1.649 \times 10^3 \text{kg/m}^3$。

(3)小草沟泥石流容重:$\gamma_c = 1.683 \times 10^3 \text{kg/m}^3$。

2. 泥石流流速

泥石流流速是决定泥石流动力学性质最重要的参数之一,目前泥石流流速计算公式多为半经验或经验公式。瞿昙镇后山泥石流群属于稀性泥石流,故流速计算采用铁一院(西北地区)经验公式

$$V_c = \frac{15.3}{\sqrt{\gamma_H \varphi + 1}} H_c^{2/3} I_c^{3/8} \quad (6.2.2)$$

$$a = (\gamma_H \varphi + 1)^{\frac{1}{2}} ; \quad \varphi = (\gamma_c - \gamma_w)/(\gamma_H - \gamma_c) \quad (6.2.3)$$

式中:V_c为泥石流流速(m/s);a为阻力系数;φ为泥石流泥沙修正系数;H_c为平均泥深(m);γ_H为泥石流固体物质重度(t/m³);γ_c为泥石流重度(t/m³);γ_w为清水重度(t/m³),取1.0t/m³;I_c为泥位纵坡降,以沟道纵坡降代替。

泥石流流速计算成果如表6.2.12所示。

表6.2.12 泥石流流速计算成果表

泥石流沟	阻力系数 a	泥沙修正系数 φ	固体物质重度 γ_H/(kg·m⁻³)	平均泥深 H_c/m	纵坡降 I_c/‰	泥石流流速 V_c/(m·s⁻¹)
瓦隆沟	1.23	0.25	2.4×10³	0.5	66.7	2.02
享堂沟	1.23	0.25	2.4×10³	0.3	54.3	1.87
小草沟	1.23	0.25	2.4×10³	0.5	62.5	2.39

3. 泥石流流量

瞿昙镇后山泥石流群为暴雨性泥石流。根据气象资料,乐都区瞿昙镇30a一遇最大24h暴雨量为50.2mm,50a一遇最大24h暴雨量为85.7mm。

1)雨洪法计算泥石流流量

采用《地质灾害危险性评估规范》(GB/T 40112—2021)简易计算公式确定频率为p时暴雨洪峰流量Q_p

$$Q_p = Kai\varphi F \quad (6.2.4)$$

式中:Q_p为暴雨频率为p时清水洪峰流量(m³/s);a为单位换算系数,取值0.1;K为洪峰径流系数,取值0.8;i为造峰时段内平均雨强,重现期为N年的最大24h暴雨量;φ为最大共时径流面积系数,为F_0/F。其中,F_0为造峰面积(km²),F为流域面积(km²),全流域均匀产流时$F = F_0$。

根据公式(6.2.4)计算得到不同降雨频率时瞿昙寺后山泥石流群3条泥石流沟清水洪峰流量如表6.2.13所示。

表6.2.13 泥石流沟清水洪峰流量计算成果

泥石流沟	F	i/mm		Q_p/(m³·s⁻¹)	
		$P=3.3\%$	$P=2\%$	$P=3.3\%$	$P=2\%$
瓦隆沟	3.08	50.2	85.7	12.4	21.1
享堂沟	0.4	50.2	85.7	1.6	2.7
小草沟	0.26	50.2	85.7	1.04	1.8

在泥石流沟清水洪峰流量的基础上得到泥石流流量(Q_c)公式为

$$Q_c = (1+\varphi)Q_P D_c \tag{6.2.5}$$

式中:Q_p为暴雨频率为P时泥石流洪峰流量(m³/s);φ为泥石流泥沙修正系数;D_c为堵塞系数,形成区取1.2,流通区取2.5。

根据公式(6.2.5)计算得到不同降雨频率时瞿昙镇后山泥石流群3条泥石流沟泥石流洪峰流量如表6.2.14所示。

表6.2.14 泥石流洪峰流量计算成果

泥石流沟	γ_c/(10³kg·m⁻³)	Q_p/m³·s⁻¹		γ_H/(10³kg·m⁻³)	$1+\varphi$	Q_c/m³·s⁻¹	
		$P=3.3\%$	$P=2\%$			$P=3.3\%$	$P=2\%$
瓦隆沟	1.717	12.4	21.1	2.4	1.688	25.1	42.7
享堂沟	1.649	1.6	2.7	2.4	1.611	3.1	5.2
小草沟	1.683	1.04	1.8	2.4	1.650	2.1	3.6

2)形态调查法计算泥石流流量

为进一步确定泥石流流量,本次选取瞿昙镇后山泥石流群5个典型断面进行形态调查。主要根据2020年后泥石流泥深和沟道调查情况进行计算,作为复核设计泥石流流量的参考依据。

形态调查法计算公式为

$$Q_c = W_c V_c \tag{6.2.6}$$

式中:Q_c为泥石流断面峰值流量(m³/s);W_c为泥石流过流断面面积(m²);V_c为泥石流断面

平均流速(m/s)。

根据瞿昙镇后山泥石流群5个典型断面形态调查结果,按照公式(6.2.6)得到瞿昙镇后山泥石流3条泥石流沟的洪峰流量结果如表6.2.15所示。

表6.2.15 泥石流断面峰值流量成果表

计算沟名	泥深 H/m	沟道宽度 B/m	泥石流平均流速 $V_c/(m \cdot s^{-1})$	泥石流过流断面面积 W_c/m^2	泥石流断面峰值流量 $Q_c/(m^3 \cdot s^{-1})$
瓦隆沟	0.5	5.0	2.02	15.0	30.3
享堂沟	0.3	3.5	1.87	10.5	19.6
小草沟	0.5	1.5	2.39	4.5	10.8

4. 一次泥石流过流总量

根据《泥石流灾害防治工程勘查规范(试行)》(T/CAGHP 006—2018),一次泥石流过流总量Q计算,根据泥石流历时$T(s)$和最大流量$Q_c(m^3/s)$,按泥石流暴涨暴落的特点,将其过程概化成五角形,按下式计算

$$Q = K \cdot T \cdot Q_c \quad (6.2.7)$$

式中:T为泥石流持续时间(s);K值的变化随流域面积(F)的大小而变化。

①当$F<5km^2$时,$K=0.202$;

②当$5km^2<F<10km^2$时,$K=0.113$;

③当$10km^2<F<100km^2$时,$K=0.0378$。

根据公式(6.2.7)得到瞿昙镇后山泥石流3条泥石流沟一次泥石流过流总量如表6.2.16所示。

表6.2.16 一次泥石流过流总量计算成果

泥石流沟	K	T/s	$Q_c/(m^3 \cdot s^{-1})$		Q/m^3	
			$P=3.3\%$	$P=2\%$	$P=3.3\%$	$P=2\%$
瓦隆沟	0.202	1800	25.1	42.7	9 126.4	15 525.7
享堂沟	0.202	1800	3.1	5.2	1 127.2	1 890.7
小草沟	0.202	1800	2.1	3.6	763.6	1 308.9

5. 一次泥石流固体冲出物

根据《泥石流灾害防治工程勘查规范(试行)》(T/CAGHP 006—2018),一次泥石流固体

冲出物计算公式为

$$Q_H = Q(\gamma_c - \gamma_w)/(\gamma_H - \gamma_w) \quad (6.2.8)$$

式中：Q_H 为一次泥石流冲出固体物质总量(m^3)；Q 为一次泥石流过程总量(m^3)；γ_c 为泥石流重度($\times 10^3 kg/m^3$)；γ_w 为水的重度($\times 10^3 kg/m^3$)；γ_H 为泥石流固体物质的重度($\times 10^3 kg/m^3$)。

根据公式(6.2.8)得到瞿昙镇后山泥石流3条泥石流沟一次泥石流冲出固体物质总量如表6.2.17所示。

表 6.2.17 一次泥石流固体冲出物计算成果表

泥石流沟	Q/m^3		$\gamma_c/(t \cdot m^{-3})$	$\gamma_w/(t \cdot m^{-3})$	$\gamma_H/(t \cdot m^{-3})$	$Q_H/\times 10^4 m^3$	
	$P=3.3\%$	$P=2\%$				$P=3.3\%$	$P=2\%$
瓦隆沟	9 126.4	15 525.7	1.717	1	2.4	10.9	18.48
享堂沟	1 127.2	1 890.7	1.649	1	2.4	1.83	3.06
小草沟	763.6	1 308.9	1.683	1	2.4	0.07	1.49

6. 泥石流整体冲击压力

泥石流的整体冲击力大小与泥石流流速、容重、建筑物形状等有关，采用下式计算冲击力

$$\delta = \lambda \cdot \gamma_c/g \cdot V_c^2 \sin\alpha \quad (6.2.9)$$

式中：δ 为泥石流体整体冲击力(kN/m^2)；γ_c 为泥石流容重($\times 10^3 kg/m^3$)；V_c 为泥石流流速(m/s)；g 为重力加速度(m/s^2)，取 $g=9.8m/s^2$；α 为建筑物受力面与泥石流冲压力方向的夹角(°)，本次取90°；λ 为建筑物形状系数，圆形 $\lambda=1.0$，矩形 $\lambda=1.33$，方形 $\lambda=1.47$，本次取矩形。

根据公式(6.2.9)得到瞿昙镇后山泥石流3条泥石流沟的整体冲击力如表6.2.18所示。

表 6.2.18 泥石流整体冲击力计算结果

泥石流沟	$\gamma_c/(kg \cdot m^{-3})$	$V_c/(m \cdot s^{-1})$	$g/(m \cdot s^{-2})$	$\alpha/(°)$	λ	$\delta/(kN \cdot m^{-2})$
瓦隆沟	1.717×10^3	2.02	9.8	90	1.33	0.98
享堂沟	1.649×10^3	1.87	9.8	90	1.33	0.79
小草沟	1.683×10^3	2.39	9.8	90	1.33	1.29

7. 泥石流爬高和最大冲起高度

泥石流爬高和最大冲起高度按照《泥石流灾害防治工程勘查规范(试行)》(T/CAGHP

006—2018)附录Ⅰ提供的计算公式进行计算

$$\Delta H = \frac{V_c^2}{2g} \tag{6.2.10}$$

$$\Delta H_c = \frac{bV_c^2}{2g} \approx 0.8\frac{V_c^2}{g} \tag{6.2.11}$$

式中：ΔH 为泥石流最大冲起高度(m)；ΔH_c 为泥石流爬高(m)；V_c 为泥石流平均流速(m/s)；b 为泥石流迎面坡角的函数。

根据公式(6.2.10)和公式(6.2.11)得到瞿昙镇后山泥石流3条泥石流沟的爬高和最大冲起高度如表6.2.19所示。

表 6.2.19 泥石流爬高和最大冲起高度计算结果

泥石流沟	$V_c/(m \cdot s^{-1})$	$g/(m \cdot s^{-2})$	爬高 $\Delta H_c/m$	最大冲起高度 $\Delta H/m$
瓦隆沟	2.02	9.8	0.33	0.21
享堂沟	1.87	9.8	0.29	0.18
小草沟	2.39	9.8	0.47	0.29

8. 泥石流弯道超高

泥石流弯道超高指泥石流在沟槽转弯处因凹岸处流速较快，流体增厚，凸岸一侧流速较慢，流体变薄而产生超高的现象，当凹岸为陡壁时将对凹岸产生强大的侵蚀作用，泥石流弯道超高采用如下公式计算

$$\Delta H = 2.3V_c^2/g \cdot \lg(R_2/R_1) \tag{6.2.12}$$

式中：ΔH 为弯道超高(m)；R_2 为凹岸曲率半径(m)；R_1 为凸岸曲率半径(m)；V_c 为泥石流流速(m/s)；g 为重力加速度(m/s²)。

根据公式(6.2.12)得到瞿昙镇后山泥石流群3条泥石流沟弯道超高计算结果如表6.2.20所示。

表 6.2.20 泥石流弯道超高计算结果

泥石流	$V_c/(m \cdot s^{-1})$	R_2/R_1	$g/(m \cdot s^{-2})$	$\Delta H/m$	备注
瓦隆沟	2.02	1.5	9.8	0.17	取最大弯道计算
享堂沟	1.87	1.5	9.8	0.14	取最大弯道计算
小草沟	2.39	1.2	9.8	1.07	取最大弯道计算

六、治理方案及设计

根据瞿昙镇后山泥石流群的形成特征、危害形式、危害程度、发展趋势,本次泥石流灾害防治工程应当以保护沟口居民、公路、桥涵等建筑安全为首要,以防灾和减灾为着眼点。在泥石流的形成流通区段,采取相应的拦挡、调节等工程措施,使泥石流发生后的规模和固体物质含量能被逐渐削减。在主要危害区段,因害设防,采取护岸和排导工程,保护区内人身财产不受到威胁和危害,由此构成一个完整综合的泥石流防治体系,以发挥显著的、长期性的减灾效益和社会效益。

1. 泥石流防治工程安全等级和设计标准

1)防治工程安全等级

根据项目区降水特征,预计今后将还会有泥石流发生。初步估算,瞿昙镇后山泥石流群目前威胁居民26户91人339间,威胁乡村道路25m,并威胁瞿昙寺、村广场、基本农田等,威胁财产超1000万元,其重要性大。根据《泥石流防治工程设计规范》(T/CAGHP 021—2018)规定,结合受灾对象为乡村,综合确定该泥石流防治工程安全等级定为三级。

2)治理工程设计标准

(1)拦挡工程设防标准

根据《泥石流灾害防治工程设计规范》(DT/T 0239—2004)规定,该泥石流防治工程安全等级应定为3级。相应的防治工程主体工程设计标准应按30a一遇的降雨强度设计,拦挡工程基本荷载下抗滑安全系数应达到1.15,特殊荷载下抗滑安全系数应达到1.06,基本荷载下抗倾覆安全系数应达到1.40,特殊荷载下抗倾覆安全系数应达到1.12。

(2)排导槽工程设计标准

排导槽工程设计标准参照现行国家标准《堤防工程设计规范》(GB 50286—2013)确定。排导槽工程的防洪标准应根据防护区内防洪标准较高防护对象的防洪标准确定,据前述泥石流防治工程安全等级,确定降雨强度按30a一遇,对应的排导槽工程级别为4级。

防护堤(排导槽)属不允许越浪的堤防工程,据堤防工程级别(3级)确定其安全超高值为0.7m;按照正常运用条件(设计工况),抗滑移安全系数为1.25,抗倾覆安全系数为1.50。

排导槽安全超高值、抗滑移安全系数和抗倾覆安全系数的确定如表6.2.21~表6.2.23所示。

表6.2.21 排导槽工程的安全超高值

堤防工程的级别		1	2	3	4	5
安全超高值/m	不允许越浪的堤防工程	1	0.8	0.7	0.6	0.5
	允许越浪的堤防工程	0.5	0.4	0.4	0.3	0.3

表 6.2.22 排导槽抗滑移安全系数

地基性质		基岩					土基				
堤防工程的级别		1	2	3	4	5	1	2	3	4	5
安全系数	正常运用条件	1.15	1.10	1.05	1.05	1.00	1.35	1.30	1.25	1.20	1.15
	非常运用条件	1.05	1.05	1.00	1.00	1.00	1.20	1.15	1.10	1.05	1.05

表 6.2.23 排导槽抗倾覆安全系数

堤防工程的级别		1	2	3	4	5
安全系数	正常运用条件	1.60	1.55	1.50	1.45	1.40
	非常运用条件	1.50	1.45	1.40	1.35	1.30

2. 设计荷载组合

按前述设计标准,拦挡工程设计工况按满库过流、半库过流、空库过流 3 种特征结合地震因素(考虑地震和不考虑地震),共有 6 种工况组合。

(1)工况Ⅰ满库过流状态(不考虑地震),荷载组合:坝体自重(W_b)+土体重(W_s)+溢流体重(W_f)+过坝泥石流动水压力(σ)+泥石流土体水平压力(F_{vl})。

(2)工况Ⅱ满库过流状态(考虑地震),荷载组合:坝体自重(W_b)+土体重(W_s)+溢流体重(W_f)+过坝泥石流动水压力(σ)+泥石流土体水平压力(F_{vl})+地震力($F_{震}$)。

(3)工况Ⅲ为半库过流状态(不考虑地震),荷载组合:坝体自重(W_b)+土体重(W_s)+溢流体重(W_f)+过坝泥石流动水压力(σ)+泥石流流体冲击力(F_σ)+泥石流石块冲击力(F_b)+水平水压力(F_{wl})+泥石流土体水平压力(F_{vl})+扬压力(考虑折减)(F_y)。

(4)工况Ⅳ为半库过流状态(考虑地震),荷载组合:坝体自重(W_b)+土体重(W_s)+溢流体重(W_f)+过坝泥石流动水压力(σ)+泥石流流体冲击力(F_σ)+泥石流石块冲击力(F_b)+水平水压力(F_{wl})+泥石流土体水平压力(F_{vl})+扬压力(考虑折减)(F_y)+地震力($F_{震}$)。

(5)工况Ⅴ为空库过流状态(不考虑地震),荷载组合:坝体自重(W_b)+溢流体重(W_f)+过坝泥石流动水压力(σ)+水平水压力(F_{wl})+泥石流流体冲击力(F_σ)+泥石流石块冲击力(F_b)+扬压力(未折减)(F_y)。

(6)工况Ⅵ为空库过流状态(考虑地震),荷载组合:坝体自重(W_b)+溢流体重(W_f)+过坝泥石流动水压力(σ)+水平水压力(F_{wl})+泥石流流体冲击力(F_σ)+泥石流石块冲击力(F_b)+扬压力(未折减)(F_y)+地震力($F_{震}$)。

各种工况下的拦挡结构荷载组合情况示意如图 6.2.19 所示。

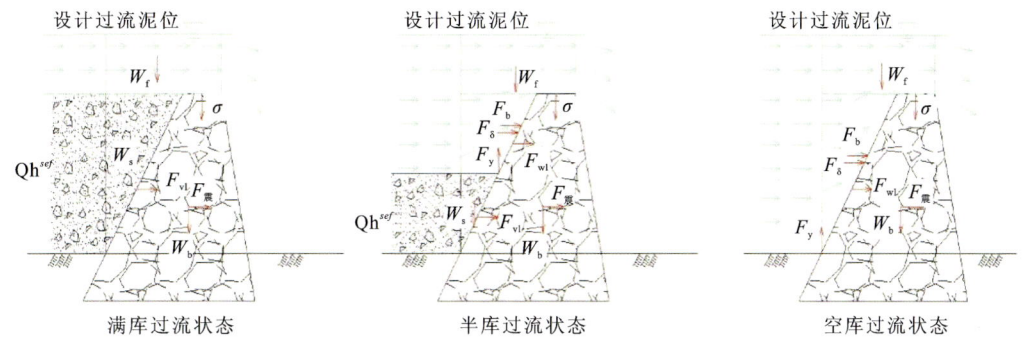

图 6.2.19 拦挡结构荷载组合示意图

本次设计,仅计算最不利工况组合:空库过流状态(不考虑地震)和空库过流状态(考虑地震)。

3. 防治工程设计参数

1)气象参数

据海东市气象局 2018 年 8 月 3 日统计资料,瞿昙镇 24h 降水量 50.2mm(达到 30a 一遇),亲仁为 86.7mm(超 50a 一遇),1h 最大降水量为 26.3mm,10min 最大降水量 16.83mm。标准冻深 0.49m,最大冻深 0.78m。

2)泥石流固体物源

瞿昙镇后山泥石流群固体物源总量为 $68.7 \times 10^4 \mathrm{m}^3$。

3)泥石流特征参数

泥石流主要特征参数统计如表 6.2.24 所示。

表 6.2.24 拟设主要工程部位泥石流特征参数统计

泥石流沟	物源量静/动储量/ $\times 10^4 \mathrm{m}^3$	一次泥石流固体冲出物/$10^4\mathrm{m}^3$ ($P=3.3\%$)	($P=2\%$)	重度/ ($10^3\mathrm{kg}\cdot\mathrm{m}^{-3}$)	流速/ ($\mathrm{m}\cdot\mathrm{s}^{-1}$)	一次泥石流过流总量/ ($\mathrm{m}^3\cdot\mathrm{s}^{-1}$) ($P=3.3\%$)	($P=2\%$)	整体冲压力/kN	爬高/m	冲起高度/m	弯道超高/m
瓦隆沟	58.3	10.9	18.48	1.717	2.02	25.1	42.7	0.98	0.33	0.21	0.17
享堂沟	6.9	1.83	3.06	1.649	1.87	3.1	5.2	0.79	0.29	0.18	0.14
小草沟	3.5	0.07	1.49	1.683	2.39	2.1	3.6	1.29	0.47	0.29	1.07

4)拟设工程部位岩土参数

各泥石流沟治理工程部位地基土以泥石流堆积碎石土和粉土为主,防治工程岩土参数详见表 6.2.25。

表 6.2.25　防治工程设置处岩土参数推荐值

岩土体名称	承载力特征值 f_{ak}/kPa
粉土	140
泥石流堆积碎石土	320

5)抗震设计参数

根据《中国地震动参数区划图》(GB 18306—2015),项目区基本烈度为Ⅶ度,地震动峰值加速度为 0.10g,地震反应谱特征周期为 0.45s。

4. 泥石流防治工程总体方案

根据勘查报告及现场踏勘调查,治理区内泥石流沟内可补给泥石流的松散固体物质丰富,原有的桥涵等不仅不能控制泥石流的流量,减少其输沙量,而且难以稳定沟内不稳定的滑坡、斜坡,不能从根本上解决问题。因此,治理区泥石流的治理思路为"拦排结合"。

本项目泥石流沟道上游纵坡较大,下游逐渐变缓,沟道宽度上游狭窄,而下游逐渐变宽,但局部有宽窄相间的特点,且泥石流沟道仍有大量的固体物质来源,为治理工程设置谷坊坝提供了有利条件和依据。

本次泥石流为稀性泥石流,经谷坊坝拦大排小后,依旧在下游会形成稀性泥石流,但下游及沟口沟道平缓(沟床坡比一般<10‰),沟道排导能力较弱,暴发大规模泥石流时,容易造成淤积,抬升沟床,对下游依旧会造成危害,并且主河输砂能力弱,容易造成堵塞,因此该处设置实体坝。

综上所述,本项目具体的防治工程措施如下。

(1)利用沟道内口狭肚阔地带,在沟道中下游修建 11 座谷坊坝,将大部分大颗粒物源拦挡至沟道内,同时起到减少沟道下切,调节泥石流峰值流量的作用,减轻沟口过流压力的作用。

(2)针对威胁对象和沟道两侧的微地貌,在 3 处沟道下游布设排导槽。排导槽的入口,为防止流水淘蚀对岸边坡,造成农田失稳,修建肋槛,减缓水流速。为便于村民出行,在排导槽上设置盖板桥。

(3)小草沟泥石流沟(1 号沟)下游由于过流断面有限,需对沟内进行清淤,保证其过流断面。

5. 拦挡工程设计

1)设计概述

谷坊坝位置尽量选择"葫芦谷"地形以获取尽可能大的库容;尽可能选择在沟床弯道下游

泥石流能量部分消散、坝肩坝基地质条件相对良好沟段。谷坊坝的目的是固床护坡、降速减能，因此易设置多级。

根据上述原则，本项目在后山泥石流群中3条泥石流沟中共设计11座谷坊坝，根据设计要求，在设计30a一遇暴雨频率下，谷坊坝拦截库容量不小于一次性冲出量的1.5倍。

坝肩工程地质条件：左右侧坝肩部位地基土主要为第四系风积黄土状土层（Qp_3^{eol}），碎石含量10%～30%，棱角状，粒径2～20cm，大者可达40cm以上，母岩成分主要为板岩、砂岩等。该层土地基承载力$f_{ak}=180$kPa，基底摩擦系数$f=0.4$。

坝基工程地质条件：基础埋深一般在1.5～2.0m，溢流口部位地基土主要为老的泥石流堆积体，主要为块碎石土，土质不均，物质成分混杂，无分选，粒径2～50cm不等，中密状，由于堆积时间较长，强度较高，可作为谷坊坝的基础。该层土地基承载力$f_{ak}=320$kPa，基底摩擦系数为$f=0.4$。

2）坝体断面和结构设计

本次设计的谷坊坝坝体均采用C20混凝土结构，坝体断面尺寸见表6.2.26。

表6.2.26 谷坊坝断面设计尺寸统计

谷坊坝编号	坝顶标高/m	基底标高/m	坝高/m	有效坝高/m	基础埋深/m	坝顶长度/m	坝顶厚度/m	坝底厚度/m
1#	2432	2427	4.5	3	1.5	13.5	1	3.1
2#	2420.6	2415.6	4.5	3	1.5	22.5	1	3.1
3#	2412	2407	4.5	3	1.5	20	1	3.1
4#	2467.5	2462.5	4.5	3	1.5	12	1	3.1
5#	2456.4	2451.4	4.5	3	1.5	15	1	3.1
6#	2429.5	2424.5	4.5	3	1.5	16.5	1	3.1
7#	2464.4	2459.4	4.5	3	1.5	20	1	3.1
8#	2461	2456	4.5	3	1.5	17.5	1	3.1
9#	2442	2436.5	4.5	3	1.5	13.5	1	3.1
10#	2439	2434	4.5	3	1.5	14	1	3.1
11#	2425.5	2420.5	4.5	3	1.5	26	1	3.1

3）库容计算

谷坊坝功能主要为3个方面：①通过其有效库容拦挡泥石流中的固体物质，降低流体重度，减轻对下游的危害；②通过坝体的削峰减流作用调节泥石流流体峰值流量，增加下游排导工程或自然沟道的安全性；③通过坝体的有效拦砂作用，降低过坝泥石流重度。

由于该方案中坝总库容远小于泥石流群物源动储量,而坝体淤满后其调节流量和泥石流重度的作用就将大大减小,且目前对此还没有成熟的计算方法,因此,此处仅对泥石流稳拦能力进行计算。

谷坊坝满库后的回淤纵坡坡比按下式计算

$$I_0 = 0.5I \tag{6.2.13}$$

式中:I_0 为回淤纵坡坡比(‰);I 为沟床坡比(‰)。

由于泥石流群坝位上游回淤范围形态多不规则,因此回淤库容的计算方法为:

根据回淤纵坡坡比图解求得回淤长度和库尾高程,据此在平面图上圈定回淤范围,计算回淤范围面积,再乘以库区平均深度计算其回淤库容。

通过坝的回淤库容计算,本次设计的11座谷坊坝可稳拦物源量共计约7901m³,每座谷坊坝的合计稳拦物源量统计如表6.2.27所示。

表6.2.27 谷坊坝稳拦物源能力一览表

谷坊坝编号	沟床坡比/‰	回淤纵坡坡比/‰	回淤长度/m	回淤平面面积/m²	回淤坝库区平均深度/m	坝的回淤库容/m³	防止沟床揭底冲刷减少物源/m³	减少岸坡物源/m³	合计稳拦物源量/m³
1#	0.092	0.046	30	458.4	1.5	688	92	50	829
2#	0.086	0.043	29	336	1.5	504	67	50	621
3#	0.110	0.055	28	456	1.5	684	91	50	825
4#	0.102	0.051	32	428.4	1.5	643	86	50	778
5#	0.074	0.037	34	384	1.5	576	77	50	703
6#	0.084	0.042	31	396	1.5	594	79	50	723
7#	0.094	0.047	30	396	1.5	594	79	50	723
8#	0.104	0.052	32	348	1.5	522	70	50	642
9#	0.114	0.057	31	336	1.5	504	67	50	621
10#	0.124	0.062	30	354	1.5	531	71	50	652
11#	0.134	0.067	36	432	1.5	648	86	50	784

4)坝体荷载计算

本次谷坊坝荷载计算工况及荷载如前所述,且考虑最不利工况组合:空库过流状态(不考虑地震)和空库过流状态(考虑地震)作为校核工况。

(1)坝体自重

谷坊坝坝体自重根据式(6.2.14)确定,计算结果见表6.2.28。

$$W_b = V_b \times \gamma_b \tag{6.2.14}$$

式中:W_b 为坝体自重(kN);V_b 为坝体单宽体积(m³);γ_b 为坝体容重(kN/m³)。

表 6.2.28 泥石流谷坊坝坝体自重计算表

谷坊坝编号	坝体容重/(kN·m^{-3})	坝体单宽体积/m³	坝体自重/kN
1#	24	11.3	271.2
2#	24	11.3	271.2
3#	24	11.3	271.2
4#	24	11.3	271.2
5#	24	11.3	271.2
6#	24	11.3	271.2
7#	24	11.3	271.2
8#	24	11.3	271.2
9#	24	12.05	289.2
10#	24	11.3	271.2
11#	24	11.3	271.2

(2)泥石流竖向压力

泥石流压力分为土体重 W_s 和溢流重 W_f 两部分。土体重 W_s 指谷坊坝溢流面以下垂直作用于坝体上的泥石流土体重量,用泥石流体体积乘以重度求得。溢流重 W_f 为过坝泥石流作用于坝体上的重量。

$$W_f = h_d \times \gamma_d \times b \tag{6.2.15}$$

式中:h_d 为设计溢流体厚度(m);γ_d 为设计溢流体重度,后山取 16.83kN/m³;b 为作用宽度(m)。

各谷坊坝承受的泥石流竖向压力计算结果如表 6.2.29 所示。

表 6.2.29 泥石流竖向压力计算表

谷坊坝编号	泥石流土体重度/(kN·m^{-3})	泥石流土体单宽作用体积(半库)/m³	泥石流土体单宽作用体积(满库)/m³	泥石流土体重(半库)/kN	泥石流土体重(满库)/kN	泥石流溢流体重度/(kN·m^{-3})	泥石流溢流体厚度/m	泥石流溢流作用宽度/m	泥石流溢流重/kN
1#	16.83	1.5	3.0	23.55	47.1	16.83	0.5	5.0	39.25
2#	16.83	1.5	3.0	23.55	47.1	16.83	0.5	8.0	62.8
3#	16.83	1.5	3.0	23.55	47.1	16.83	0.5	6.0	47.1
4#	16.83	1.5	3.0	23.55	47.1	16.83	0.5	4.5	35.325
5#	16.83	1.5	3.0	23.55	47.1	16.83	0.5	5.0	39.25

续表 6.2.29

谷坊坝编号	泥石流土体重度/(kN·m⁻³)	泥石流土体单宽作用体积(半库)/m³	泥石流土体单宽作用体积(满库)/m³	泥石流土体重(半库)/kN	泥石流土体重(满库)/kN	泥石流溢流体重度/(kN·m⁻³)	泥石流溢流厚度/m	泥石流溢流作用宽度/m	泥石流溢流重/kN
6#	16.83	1.5	3.0	23.55	47.1	16.83	0.5	6.0	47.1
7#	16.83	1.5	3.0	23.55	47.1	16.83	0.5	8.0	62.8
8#	16.83	1.5	3.0	23.55	47.1	16.83	0.5	6.0	47.1
9#	16.83	1.5	3.0	23.55	47.1	16.83	0.5	3.5	27.475
10#	16.83	1.5	3.0	23.55	47.1	16.83	0.5	7.0	54.95
11#	16.83	1.5	3.0	23.55	47.1	16.83	0.5	11.0	86.35

（3）作用于坝体的水平压力

泥石流水平压力按朗肯主动土压力公式计算

$$F_{vl} = \frac{1}{2}\gamma_c H_c^2 \mathrm{tg}^2\left(45° - \frac{\varphi_a}{2}\right) \tag{6.2.16}$$

式中：γ_c 为泥石流重度，本次取 16.83kN/m³；H_c 为泥石流泥深；φ_a 为泥石流体内摩擦角，取值 4°～10°。考虑成分以碎块石为主，计算时取 $\varphi_a = 10.0°$。

各谷坊坝承受的泥石流水平压力计算结果如表 6.2.30 所示。

表 6.2.30 泥石流水平压力计算表

谷坊坝编号	泥石流土体重度/(kN·m⁻³)	堆积物重度/(kN·m⁻³)	泥石流土体深(满库)/m	泥石流土体深(半库)/m	泥石流土体深(空库)/m	泥石流体内摩擦角/(°)	洪积物内摩擦角/(°)	泥石流土体水平压力(满库)/kN	泥石流土体水平压力(半库)/kN	泥石流土体水平压力(空库)/kN
1#	16.83	18	1.5	0.75	1.0	10.0	20.0	12.43	3.11	2.48
2#	16.83	18	1.5	0.75	1.0	10.0	20.0	12.43	3.11	2.48
3#	16.83	18	1.5	0.75	1.0	10.0	20.0	12.43	3.11	2.48
4#	16.83	18	1.5	0.75	1.0	10.0	20.0	12.43	3.11	2.48
5#	16.83	18	1.5	0.75	1.0	10.0	20.0	12.43	3.11	2.48
6#	16.83	18	1.5	0.75	1.0	10.0	20.0	12.43	3.11	2.48
7#	16.83	18	1.5	0.75	1.0	10.0	20.0	12.43	3.11	2.48

续表 6.2.30

谷坊坝编号	泥石流土体重度/(kN·m⁻³)	堆积物重度/(kN·m⁻³)	泥石流土体深(满库)/m	泥石流土体深(半库)/m	泥石流土体深(空库)/m	泥石流体内摩擦角/(°)	洪积物内摩擦角/(°)	泥石流土体水平压力(满库)/kN	泥石流土体水平压力(半库)/kN	泥石流土体水平压力(空库)/kN
8#	16.83	18	1.5	0.75	1.0	10.0	20.0	12.43	3.11	2.48
9#	16.83	18	1.5	0.75	1.0	10.0	20.0	12.43	3.11	2.48
10#	16.83	18	1.5	0.75	1.0	10.0	20.0	12.43	3.11	2.48
11#	16.83	18	1.5	0.75	1.0	10.0	20.0	12.43	3.11	2.48

(4)作用于迎水面坝踵处的扬力

作用于谷坊坝迎水面坝踵处的扬力计算公式如下

$$F_y = K \frac{H_1 + H_2}{2} B \gamma_w \tag{6.2.17}$$

式中：F_y 为作用于迎水面坝踵处的扬力(kPa)；H_1 为坝上游水深(m)；H_2 为坝下游水深(m)；B 为坝底宽度(m)；γ_w 为水体重度＝10kN/m³；K 为折减系数，按《砌石坝设计规范》(SL 25—2006)，一般取 $K = 0.55$。

各谷坊坝泥石流迎水面坝踵处的扬力计算结果如表 6.2.31 所示。

表 6.2.31 谷坊坝迎水面坝踵扬压力计算表

谷坊坝编号	坝上下游水位差(空库)/m	坝上下游水位差(半库)/m	坝底宽度/m	折减系数	扬压力(空库)/kN	扬压力(半库)/kN
1#	0.5	1.5	3.1	0.55	4.26	12.79
2#	0.5	1.5	3.1	0.55	4.26	12.79
3#	0.5	1.5	3.1	0.55	4.26	12.79
4#	0.5	1.5	3.1	0.55	4.26	12.79
5#	0.5	1.5	3.1	0.55	4.26	12.79
6#	0.5	1.5	3.1	0.55	4.26	12.79
7#	0.5	1.5	3.1	0.55	4.26	12.79
8#	0.5	1.5	3.1	0.55	4.26	12.79
9#	0.5	1.5	3.1	0.55	4.26	12.79

续表 6.2.31

谷坊坝编号	坝上下游水位差(空库)/m	坝上下游水位差(半库)/m	坝底宽度/m	折减系数	扬压力(空库)/kN	扬压力(半库)/kN
10#	0.5	1.5	3.1	0.55	4.26	12.79
11#	0.5	1.5	3.1	0.55	4.26	12.79

(5)泥石流整体冲击力

按《泥石流防治工程设计规范》(T/CAGHP 021—2018)式计算

$$F_\delta = \lambda \frac{\gamma_c}{g} V_c^2 \sin\alpha \quad (6.2.18)$$

式中:F_δ 为泥石流冲压力(kPa);λ 为建筑物形状系数,圆形建筑物 $\lambda=1.0$,矩形建筑物 $\lambda=1.33$,方形建筑物 $\lambda=1.47$;γ_c 为泥石流重度(kN/m³),本次取 $\gamma_c=16.83$ kN/m³;V_c 为泥石流平均流速(m/s);α 为建筑物受力面与泥石流冲压力方向的夹角(°)。

选择拟布设谷坊坝位置各断面进行计算,建筑物形状系数按矩形建筑取 $\lambda=1.33$,坝位泥石流整体冲压力计算参数及计算结果详见表 6.2.32。

表 6.2.32 谷坊坝泥石流整体冲压力计算汇总

谷坊坝编号	建筑物形状系数 λ	泥石流重度 $\gamma_c/(kN \cdot m^{-3})$	泥石流平均流速 $V_c/(m \cdot s^{-1})$	夹角 $\alpha/(°)$	冲压力 F_δ/kPa
1#	1.33	16.83	3.56	90	13.23
2#	1.33	16.83	3.78	90	14.92
3#	1.33	16.83	3.61	90	13.61
4#	1.33	16.83	3.82	90	15.24
5#	1.33	16.83	3.34	90	11.65
6#	1.33	16.83	3.51	90	12.86
7#	1.33	16.83	3.68	90	14.14
8#	1.33	16.83	3.85	90	15.48
9#	1.33	16.83	4.02	90	16.87
10#	1.33	16.83	4.19	90	18.33
11#	1.33	16.83	4.36	90	19.85

(6)泥石流中石块的冲击力

泥石流中石块的冲击力按照下式进行计算

$$F = \gamma \cdot V_s \cdot \sin\alpha \sqrt{W/(C_1+C_5)} \tag{6.2.19}$$

式中:F 为泥石流中石块对墩的冲击力(N);γ 为动能折减系数,巨石冲击时取 0.3;α 为受力面与泥石撞击面接触角;C_1 和 C_5 为块石与建筑物的弹性变形系数,若采用船筏与桥墩的撞击系数,$C_1+C_5=0.005$;W 为块石质量(10^3 kg);V_s 为泥石流中石块移运速度(m/s)。

根据公式(6.2.19),拟设的 11 道谷坊坝所受泥石流中石块冲击力计算结果如表 6.2.33 所示。

表 6.2.33 泥石流石块冲击力计算结果汇总

谷坊坝编号	动能折减系数 γ	弹性变形系数 C_1+C_5	接触角 $\alpha/(°)$	石块移运速度 V_s/(m·s^{-1})	块石质量 $W/10^3$ kg	块石粒径 d/m	冲击力 F/kN
1#	0.3	0.005	90	3.56	1.30	0.5	17.22
2#	0.3	0.005	90	3.78	1.04	0.4	16.35
3#	0.3	0.005	90	3.61	1.04	0.4	15.62
4#	0.3	0.005	90	3.82	1.56	0.6	20.24
5#	0.3	0.005	90	3.34	1.3	0.5	16.16
6#	0.3	0.005	90	3.51	1.04	0.4	15.19
7#	0.3	0.005	90	3.68	1.82	0.7	21.06
8#	0.3	0.005	90	3.85	1.56	0.6	20.40
9#	0.3	0.005	90	4.02	1.56	0.6	21.30
10#	0.3	0.005	90	4.19	1.30	0.5	20.27
11#	0.3	0.005	90	4.36	1.30	0.5	21.09

(7)地震附加力

区内地震加速度 $a=0.1\text{m/s}^2$,坝体受水平地震力按照式(6.2.20)计算,所得结果如表 6.2.34 所示。

$$F_\text{震} = aW_b \tag{6.2.20}$$

式中:$F_\text{震}$ 为地震力(kN);a 为地震加速度,取 $a=0.10\text{m/s}^2$;W_b 为坝体自重(kN)。

表 6.2.34　谷坊坝所受水平地震力计算汇总

谷坊坝编号	坝体自重 W_b/kN	地震加速度 $a/(m \cdot s^{-2})$	水平地震力 F/kN
1#	271.2	0.1	27.1
2#	271.2	0.1	27.1
3#	271.2	0.1	27.1
4#	271.2	0.1	27.1
5#	271.2	0.1	27.1
6#	271.2	0.1	27.1
7#	271.2	0.1	27.1
8#	271.2	0.1	27.1
9#	289.2	0.1	28.9
10#	271.2	0.1	27.1
11#	271.2	0.1	27.1

5)坝体稳定性验算

(1)谷坊坝抗倾稳定性按下式计算

$$K = \frac{\sum M_y}{\sum M_0} \leqslant [K_q] \qquad (6.2.21)$$

式中:K 为抗倾覆安全系数;$[K_q]$ 为抗倾覆安全系数标准值,基本荷载取 1.50,特殊荷载(地震)取 1.3;M_y 为抗倾覆力矩(kN·m);M_0 为倾覆力矩(kN·m)。

(2)坝抗滑稳定性按下式计算

$$K = \frac{f \cdot \sum V}{\sum H} \leqslant [K_h] \qquad (6.2.22)$$

式中:K 为抗滑稳定安全系数;$[K_h]$ 为抗滑稳定安全系数标准值,基本荷载取 1.15,特殊荷载(地震)取 1.05;$\sum V$ 为作用在每单宽断面上各垂直力之总和(kN);$\sum H$ 为作用在每单宽断面上各水平力之总和(kN);f 为坝体与地基的摩擦系数,取值为 0.5。

通过计算(表 6.2.35),拟设置的 11 座谷坊坝均满足抗倾覆和抗滑稳定性要求。

表 6.2.35 谷坊坝稳定性验算成果

谷坊坝编号	抗滑移稳定性系数						抗倾覆稳定性系数					
	满库过流		半库过流		空库过流		满库过流		半库过流		空库过流	
	工况Ⅰ	工况Ⅱ	工况Ⅲ	工况Ⅳ	工况Ⅴ	工况Ⅵ	工况Ⅰ	工况Ⅱ	工况Ⅲ	工况Ⅳ	工况Ⅴ	工况Ⅵ
1#	2.251	2.446	1.888	1.933	2.343	1.632	2.132	2.022	2.146	1.788	2.005	2.049
2#	2.251	2.446	1.888	1.933	2.343	1.632	2.132	2.022	2.146	1.788	2.005	2.049
3#	2.251	2.446	1.888	1.933	2.343	1.632	2.132	2.022	2.146	1.788	2.005	2.049
4#	2.251	2.446	1.888	1.933	2.343	1.632	2.132	2.022	2.146	1.788	2.005	2.049
5#	2.251	2.446	1.888	1.933	2.343	1.632	2.132	2.022	2.146	1.788	2.005	2.049
6#	2.251	2.446	1.888	1.933	2.343	1.632	2.132	2.022	2.146	1.788	2.005	2.049
7#	2.251	2.446	1.888	1.933	2.343	1.632	2.132	2.022	2.146	1.788	2.005	2.049
8#	2.251	2.446	1.888	1.933	2.343	1.632	2.132	2.022	2.146	1.788	2.005	2.049
9#	1.893	2.061	1.923	2.013	2.058	1.683	1.72	1.973	2.264	2.028	1.628	2.196
10#	2.251	2.446	1.888	1.933	2.343	1.632	2.132	2.022	2.146	1.788	2.005	2.049
11#	2.251	2.446	1.888	1.933	2.343	1.632	2.132	2.022	2.146	1.788	2.005	2.049

6)地基应力复核

在设计荷载作用下,必须使谷坊坝处地基承受的力不超过容许应力。

(1)地基承载力特征值

修正后的地基承载力特征值按下式进行计算,所得结果如表 6.2.36 所示。

$$f = f_k + \eta_b \gamma (B-3) + \eta_d \gamma_p (d-0.5) \quad (6.2.23)$$

式中:f 为修正后的地基承载力特征值(kPa);f_k 为地基承载力特征值(kPa),根据勘查报告取值;η_b 为基础宽度的地基承载力修正系数,碎石土,取值 3.0;η_d 为基础埋深的地基承载力修正系数,碎石土,取值 4.4;γ 为基础底面以下土的重度,地下水位以下取浮重度(kN/m³),取值为 10;γ_p 为基础底面以上土的加权平均重度,地下水位以下取有效重度(kN/m³),取值为 16;B 为基础宽度,大于 6m 时 $B=6$m,小于 3m 时 $B=3$m;d 为基础埋深(m)。

表 6.2.36 地基承载力特征值修正成果

岩土层	f_k/kPa	η_b	η_d	γ/(kN·m⁻³)	γ_p/(kN·m⁻³)	B/m	D/m	f/kPa
中密碎块石土	320	3	4.4	16	16	2.4	2.0	425.6

(2)偏心距计算

谷坊坝的偏心距按公式(6.2.24)计算

$$e = \frac{B}{2} - \frac{M_z - M'_z}{\sum V} \quad (6.2.24)$$

式中:M_z 为抗倾覆力矩之和(kN·m);M'_z 为倾覆力矩之和(kN·m);$\sum V$ 为所有竖向力之和(kN)。

因偏心距 $e > 1/6B$,所以采用以下公式进行最大压应力计算

$$\sigma_{\max} = \frac{\sum N}{B}\left(1 + \frac{6e}{B}\right) \leqslant [\sigma] \quad (6.2.25\text{-}1)$$

$$\sigma_{\min} = \frac{\sum N}{B}\left(1 - \frac{6e}{B}\right) \geqslant 0 \quad (6.2.25\text{-}2)$$

$$l_a = \frac{1}{2}B - e \quad (6.2.25\text{-}3)$$

式中:W 为上部荷载加上基础重力(kN);l_a 为荷载作用点距墙趾的距离(m);N 为作用在挡墙基底上垂直力。

通过验算,拟设置的11座谷坊坝地基承载力均满足要求(表6.2.37)。

表6.2.37 谷坊坝地基应力验算成果

谷坊坝编号	工况	e/m	B/m	W/kN	$\sigma_{\max}$/kPa	$\sigma_{\min}$/kPa	f/kPa	校核
1#	空库	0.951	3.1	271.20	248.51	0.85	425.6	满足
	半库	0.753	3.1	282.97	224.32	0.74	425.6	满足
	满库	0.571	3.1	294.75	200.16	0.64	425.6	满足
2#	空库	0.951	3.1	271.20	248.51	0.85	425.6	满足
	半库	0.753	3.1	282.97	224.32	0.74	425.6	满足
	满库	0.571	3.1	294.75	200.16	0.64	425.6	满足
3#	空库	0.951	3.1	271.20	248.51	0.85	425.6	满足
	半库	0.753	3.1	282.97	224.32	0.74	425.6	满足
	满库	0.571	3.1	294.75	200.16	0.64	425.6	满足
4#	空库	0.951	3.1	271.20	248.51	0.85	425.6	满足
	半库	0.753	3.1	282.97	224.32	0.74	425.6	满足
	满库	0.571	3.1	294.75	200.16	0.64	425.6	满足

续表 6.2.37

谷坊坝编号	工况	e/m	B/m	W/kN	σ_{max}/kPa	σ_{min}/kPa	f/kPa	校核
5#	空库	0.951	3.1	271.20	248.51	0.85	425.6	满足
	半库	0.753	3.1	282.97	224.32	0.74	425.6	满足
	满库	0.571	3.1	294.75	200.16	0.64	425.6	满足
6#	空库	0.951	3.1	271.20	248.51	0.85	425.6	满足
	半库	0.753	3.1	282.97	224.32	0.74	425.6	满足
	满库	0.571	3.1	294.75	200.16	0.64	425.6	满足
7#	空库	0.951	3.1	271.20	248.51	0.85	425.6	满足
	半库	0.753	3.1	282.97	224.32	0.74	425.6	满足
	满库	0.571	3.1	294.75	200.16	0.64	425.6	满足
8#	空库	0.951	3.1	271.20	248.51	0.85	425.6	满足
	半库	0.753	3.1	271.20	214.98	0.74	425.6	满足
	满库	0.571	3.1	271.20	184.17	0.63	425.6	满足
9#	空库	0.951	3.1	289.20	265.00	0.86	425.6	满足
	半库	0.753	3.1	289.20	229.25	0.74	425.6	满足
	满库	0.571	3.1	289.20	196.39	0.64	425.6	满足
10#	空库	0.951	3.1	271.20	248.51	0.85	425.6	满足
	半库	0.753	3.1	271.97	215.60	0.74	425.6	满足
	满库	0.571	3.1	272.75	185.22	0.63	425.6	满足
11#	空库	0.951	3.1	271.20	248.51	0.85	425.6	满足
	半库	0.753	3.1	271.97	215.60	0.74	425.6	满足
	满库	0.571	3.1	272.75	185.22	0.63	425.6	满足

7) 坝顶溢流口设计及过坝流量复核

按照布置河段位置和泄流方向、过流宽度、水深、流速、安全超高的要求,设计溢流口宽度和高度,要求溢流口过流能力大于过坝泥石流流量,溢流口结构设计根据过流能力进行设计,溢流口过流能力选用下式进行计算

$$Q = (1.77B + 1.42H)H^{3/2} \tag{6.2.26}$$

式中：Q 为溢流口过流能力（m³/s）；B 为溢流口底宽（m）；H 为溢流口深度（m）。

通过计算，各拟建谷坊坝溢流口设计参数如表 6.2.38 所示。

表 6.2.38 谷坊坝溢流口设计参数表

谷坊坝编号	溢流口底宽 B/m	溢流口深度 H/m	两侧坡比/n	过流能力 Q/(m³·s⁻¹)	校核流量 Q'/(m³·s⁻¹)	备注
1#	5	0.5	1∶0.5	3.38	1.80	满足
2#	8	0.5	1∶0.5	5.26	1.80	满足
3#	6	0.5	1∶0.5	4.01	1.80	满足
4#	4.5	0.5	1∶0.5	3.07	2.70	满足
5#	5	0.5	1∶0.5	3.38	2.70	满足
6#	6	0.5	1∶0.5	4.01	2.70	满足
7#	8	0.5	1∶0.6	5.26	2.50	满足
8#	6	0.5	1∶0.7	4.01	2.80	满足
9#	3.5	1	1∶0.8	7.62	2.90	满足
10#	7	0.5	1∶0.9	4.63	3.00	满足
11#	11	0.5	1∶0.10	7.13	21.10	满足 清水过流

8）坝下防冲刷设计（护坦及翼墙）

修建谷坊坝后，谷坊坝对沟道泥石流运动具有很大的调节作用，越坝跌落洪流对坝下河床会产生严重的局部冲刷。按照肖克里特希试验公式计算本项目各谷坊坝坝下冲刷坑深度，按公式（6.2.27）确定，结算结果如表 6.2.39 所示。

$$h_s = (4.75/D_s^{0.32})h_d^{0.2}q_c^{0.57} \tag{6.2.27}$$

式中：h_s 为最大冲刷坑深度（m）；D_s 为河床沙石标准粒径（mm），即 90% 的固体物质小于该粒径；h_d 为谷坊坝坝高（m）；q_c 为单宽流量（m³/s）。

为了防止泥石流溢出，在护坦两侧设置翼墙，翼墙随地形起伏自然过渡，长度 4.0m，翼墙顶宽 60cm，高度 3m，基础埋深 1.0m，底宽 1.35m，迎坡面放坡 1∶0，背坡面 1∶0.25。

9）泄水孔设计

为满足常态水流的过流，坝体上设泄水孔，溢流口下方坝身底部设 1~2 排泄水孔，水平间距为 1.5m，竖向间距为 1.0m，梅花形布置，外倾坡角 5%，泄水孔为矩形，净高 0.4m，净宽 0.3m，可保证正常流水的过流。

表 6.2.39 各谷坊坝冲刷深度计算结果表

谷坊坝编号	有效坝高 h_d/m	单宽校核流量 q_c/(m³·s⁻¹)	最大冲刷坑深度 h_s/m	备注
1#	1.5	1.80	1.05	
2#	1.5	1.80	0.80	
3#	1.5	1.80	0.94	
4#	1.5	2.70	1.40	
5#	1.5	2.70	1.32	需设置护坦
6#	1.5	2.70	1.26	(护坦长为坝高的1.5~2.0倍,
7#	1.5	2.50	1.03	厚度为0.5m)
8#	1.5	2.80	1.29	
9#	1.5	2.90	1.79	
10#	1.5	3.00	1.23	
11#	1.5	21.10	2.89	

6. 排导工程设计

本项目排导工程由排导槽组成。

1）平面布置

小草沟泥石流（1号沟）排导槽边墙分为两种结构。

①D01~D08段（左边墙）、D15~D22段（右边墙）、D27~D28段（右边墙）为Ⅰ型边墙。D01~D08段（左边墙）长105m，D15~D22段（右边墙）长106m，D27~D28段（右边墙）长15.4m。槽内宽3.0m，边墙有效高度2.0m，基础埋深1.0m，边墙顶宽0.6m，面坡坡率1∶0.25，背坡直立，墙体采用C20混凝土浇筑。

②D08~D14段（左边墙）、D22~D27段（右边墙）为Ⅱ型边墙。D08~D14段（左边墙）长91.0m，D22~D27段（右边墙）长94.6m。槽内宽2.0m，边墙有效高度2.5m，基础埋深1.0m，边墙顶宽0.6m，面坡坡率1∶0.25，背坡直立，墙体采用C20混凝土浇筑。

边墙基础埋深可根据现场松散层厚度和地基承载能力等适当加深，但需保持边墙总高度不变。1号沟下游由于过流断面有限，需对沟内进行清淤，保证其过流断面，同时针对D27~D28段，新建边墙顶部尽量与既有沟道顶面平齐，同时需与既有工程和涵洞连接过渡。

享堂沟泥石流（2号沟）排导槽上下游共分为两段。

①D29~D36段长110.8m，D37~D43段长91.2m，D44~D50段长111.9m，D51~D54段长56.7m。槽内宽3.0m，边墙有效高度2.0m，基础埋深1.0m，边墙顶宽0.6m，面坡坡率1∶0.25，背坡直立，墙体采用C20混凝土浇筑。

瓦隆沟泥石流（3号沟）排导槽共分为1段。

左边墙 D51～D60 段长 179m,右边墙 D61～D66 段长 176.3m。槽内宽 3.0m,边墙有效高度 2.0m,基础埋深 1.0m,边墙顶宽 0.6m,面坡坡率 1∶0.25,背坡直立,墙体采用 C20 混凝土浇筑。

由于工程区内开挖量较大,且弃渣转运较为困难,本次可将剩余的挖方堆填于边墙后,尽量做到挖填平衡。本次将 1 号沟(小草沟)内剩余的弃渣堆填于 2 号沟道(享堂沟)、3 号沟道(瓦隆沟)内排导槽边墙后,转运距离约 2.0km。

2)排导槽高度设计

排导槽的高度依据拟布工程位置的设计泥位线与安全超高确定,基础埋深则依据冲刷深度及地基承载力确定。

冲刷深度按《堤防工程设计规范》(GB 50286—2013)建议公式计算

$$\Delta h_{\mathrm{p}} = 23 \frac{\left(\tan \frac{\alpha}{2}\right) \cdot v^2}{\sqrt{1+m^2} \cdot g} - \frac{6v_{\mathrm{n}}^2}{g} \tag{6.2.28}$$

式中:α 为水流流向与岸坡交角(°);m 为迎水面边坡系数(坡率为 1∶m);v 为局部冲刷流速(m/s);v_{n} 为沟床允许不冲刷流速(m/s);Δh_{p} 为冲刷深度(m)。

瞿昙镇后山泥石流群 3 处泥石流沟设置的排导槽泥石流弯道超高计算结果如表 6.2.40 所示,排导槽边墙泥石流淤积高度和冲刷深度计算结果如表 6.2.41 所示,最终确定的排导槽边墙结构要素如表 6.2.42 所示。

表 6.2.40 排导槽泥石流弯道超高

计算断面	泥石流平均流速 $V_{\mathrm{c}}/(\mathrm{m}\cdot\mathrm{s}^{-1})$	沟道中心曲率半径 $R_{\mathrm{c}}/\mathrm{m}$	泥面宽度 $B_{\mathrm{c}}/\mathrm{m}$	泥石流弯道超高 $\Delta H/\mathrm{m}$
A-A′	2.02	50.00	3.00	0.05
B-B′	2.02	45.00	3.00	0.06
C-C′	2.02	60.00	2.00	0.03
D-D′	2.02	52.00	2.00	0.03
E-E′	1.87	50.00	3.00	0.04
F-F′	1.87	48.00	3.00	0.04
G-G′	1.87	55.00	3.00	0.04
H-H′	1.87	51.00	3.00	0.04
I-I′	1.87	47.00	3.00	0.05
L-L′	2.39	45.00	4.00	0.10
M-M′	2.39	50.00	4.00	0.09
N-N′	2.39	60.00	4.00	0.08

表6.2.41 排导槽边墙泥石流淤积高度和冲刷深度计算表

计算断面	$P=2\%$ 设计泥深 h_c/m	弯道超高 ΔH/m	安全高度 H'/m	边墙有效高度 h'/m	泥石流冲刷深度 Δh_p/m	边墙埋深 h/m	设计安全流量 $Q'_c/(m^3 \cdot s^{-1})$
A-A′	1.00	0.05	0.60	1.65	0.62	1.00	4.04
B-B′	1.00	0.06	0.60	1.66	0.75	1.00	4.04
C-C′	1.50	0.03	0.60	2.13	0.67	1.00	4.04
D-D′	1.50	0.03	0.60	2.13	0.64	1.00	4.04
E-E′	1.00	0.04	0.60	1.64	0.74	1.00	3.74
F-F′	1.00	0.04	0.60	1.64	0.70	1.00	3.74
G-G′	1.00	0.04	0.60	1.64	0.69	1.00	3.74
H-H′	1.00	0.04	0.60	1.64	0.68	1.00	3.74
I-I′	1.00	0.05	0.60	1.65	0.70	1.00	3.74
L-L′	1.00	0.10	0.60	1.70	0.62	1.00	9.56
M-M′	1.00	0.09	0.60	1.69	0.59	1.00	9.56
N-N′	1.00	0.08	0.60	1.68	0.61	1.00	9.56

表6.2.42 排导槽边墙结构设计统计表

计算断面	边墙有效高度 h'/m	基础埋深 h/m	顶宽 B'/m	底宽 b'/m	迎水面坡率 n	背水面坡率 n
A-A′	2.00	1.00	0.60	1.35	直立	1:0.25
B-B′	2.00	1.00	0.60	1.35	直立	1:0.25
C-C′	2.50	1.00	0.60	1.48	直立	1:0.25
D-D′	2.50	1.00	0.60	1.48	直立	1:0.25
E-E′	2.00	1.00	0.60	1.35	直立	1:0.25
F-F′	2.00	1.00	0.60	1.35	直立	1:0.25
G-G′	2.00	1.00	0.60	1.35	直立	1:0.25
H-H′	2.00	1.00	0.60	1.35	直立	1:0.25
I-I′	2.00	1.00	0.60	1.35	直立	1:0.25
L-L′	2.00	1.00	0.60	1.35	直立	1:0.25
M-M′	2.00	1.00	0.60	1.35	直立	1:0.25
N-N′	2.00	1.00	0.60	1.35	直立	1:0.25

3)排导槽荷载计算及稳定性验算

(1)排导槽边墙设计工况及荷载组合

工况Ⅰ:考虑泥石流过流状态,荷载组合为结构自重+泥石流冲击力+流体压力;

工况Ⅱ:考虑墙背主动土压力,排导槽部分荷载组合为结构自重+土压力。

其中,工况Ⅰ为设计工况。

(2)结构自重

排导槽结构自重以结构断面积乘以结构容重求得,计算参数见表6.2.43。

表6.2.43 排导槽工程结构自重计算表

计算断面	边墙总高 H/m	基础埋深 h/m	顶宽 B'/m	底宽 b'/m	断面积 A/m²	单宽体积 V/m³	墙体重度 γ/(kN·m⁻³)	结构自重 W/kN
A-A'	3.00	1.00	0.60	1.35	2.93	2.93	24.00	70.20
B-B'	3.00	1.00	0.60	1.35	2.93	2.93	24.00	70.20
C-C'	3.50	1.00	0.60	1.48	3.63	3.63	24.00	87.15
D-D'	3.50	1.00	0.60	1.48	3.63	3.63	24.00	87.15
E-E'	3.00	1.00	0.60	1.35	2.93	2.93	24.00	70.20
F-F'	3.00	1.00	0.60	1.35	2.93	2.93	24.00	70.20
G-G'	3.00	1.00	0.60	1.35	2.93	2.93	24.00	70.20
H-H'	3.00	1.00	0.60	1.35	2.93	2.93	24.00	70.20
I-I'	3.00	1.00	0.60	1.35	2.93	2.93	24.00	70.20
L-L'	3.00	1.00	0.60	1.35	2.93	2.93	24.00	70.20
M-M'	3.00	1.00	0.60	1.35	2.93	2.93	24.00	70.20
N-N'	3.00	1.00	0.60	1.35	2.93	2.93	24.00	70.20

(3)泥石流整体冲击力

泥石流体整体冲击力计算见公式(6.2.9),计算结果如表6.2.44所示。

表6.2.44 排导槽工程结构泥石流冲击力计算表

计算断面	泥石流容重 γ_c/(kN·m⁻³)	重力加速度 g/(m·s⁻²)	泥石流流速 V_c/(m·s⁻¹)	冲击夹角 α	结构形状系数 λ	冲击压力 δ'/kPa	泥深 H_c/m	整体冲击力 δ/kN
A-A'	16.83	9.8	2.02	30	1.33	4.35	1.00	4.35
B-B'	16.83	9.8	2.02	11.5	1.33	1.73	1.00	1.73
C-C'	16.83	9.8	2.02	12	1.33	1.81	1.50	2.71

续表 6.2.44

计算断面	泥石流容重 $\gamma_c/(kN \cdot m^{-3})$	重力加速度 $g/(m \cdot s^{-2})$	泥石流流速 $Vc/(m \cdot s^{-1})$	冲击夹角 α	结构形状系数 λ	冲击压力 δ'/kPa	泥深 H_c/m	整体冲击力 δ/kN
D-D′	16.83	9.8	2.02	11.6	1.33	1.75	1.50	2.62
E-E′	16.83	9.8	1.87	11.4	1.33	1.47	1.00	1.47
F-F′	16.83	9.8	1.87	10.9	1.33	1.41	1.00	1.41
G-G′	16.83	9.8	1.87	11.2	1.33	1.45	1.00	1.45
H-H′	16.83	9.8	1.87	11.8	1.33	1.52	1.00	1.52
I-I′	16.83	9.8	1.87	12	1.33	1.55	1.00	1.55
L-L′	16.83	9.8	2.39	11.2	1.33	2.36	1.00	2.36
M-M′	16.83	9.8	2.39	11.7	1.33	2.47	1.00	2.47
N-N′	16.83	9.8	2.39	11.8	1.33	2.49	1.00	2.49

(4)作用于排导槽的水平压力

作用于排导槽边墙的泥石流水平压力按朗肯主动土压力公式计算,计算结果如表 6.2.45 所示。

$$F_{vl} = \frac{1}{2}\gamma_c H_c^2 \mathrm{tg}^2\left(45° - \frac{\varphi_a}{2}\right) \tag{6.2.29}$$

式中:γ_c 为泥石流重度,取 $\gamma_c = 16.83 \mathrm{kN/m^3}$;$H_c$ 为泥石流泥深(m);φ_a 为泥石流体摩擦角,一般 4°~10°。考虑泥石流成分以碎块石为主,计算时取 $\varphi_a = 10°$。

表 6.2.45 泥石流水平压力计算表

计算断面	泥石流重度 $\gamma_c/(kN \cdot m^{-3})$	泥石流泥深 H_c/m	泥石流内摩擦角 $\varphi_a/(°)$	泥石流水平压力 F_{vl}/kN
A-A′	16.83	1.00	10	14.14
B-B′	16.83	1.00	10	14.14
C-C′	16.83	1.50	10	31.82
D-D′	16.83	1.50	10	31.82
E-E′	16.83	1.00	10	14.14
F-F′	16.83	1.00	10	14.14
G-G′	16.83	1.00	10	14.14
H-H′	16.83	1.00	10	14.14

续表 6.2.45

计算断面	泥石流重度 $\gamma_c/(kN \cdot m^{-3})$	泥石流泥深 H_c/m	泥石流内摩擦角 $\varphi_a/(°)$	泥石流水平压力 F_{vl}/kN
I-I′	16.83	1.00	10	14.14
L-L′	16.83	1.00	10	14.14
M-M′	16.83	1.00	10	14.14
N-N′	16.83	1.00	10	14.14

(5)排导槽边墙后土压力

排导槽边墙后土压力采用朗肯土压力公式(见式6.2.29),计算结果如表6.2.46所示。

表 6.2.46　排导槽墙后土压力计算汇总

剖面	墙后填土高度/m	土体内摩擦角/(°)	墙后填土重度/(kN·m⁻³)	土压力/kN
A-A′	3.00	35.00	18.00	60.43
B-B′	3.00	35.00	18.00	60.43
C-C′	2.25	35.00	18.00	33.99
D-D′	2.25	35.00	18.00	33.99
E-E′	2.00	35.00	18.00	26.86
F-F′	2.00	35.00	18.00	26.86
G-G′	2.00	35.00	18.00	26.86
H-H′	2.00	35.00	18.00	26.86
I-I′	2.00	35.00	18.00	26.86
L-L′	2.00	35.00	18.00	26.86
M-M′	2.00	35.00	18.00	26.86
N-N′	2.00	35.00	18.00	26.86

(6)稳定性验算

排导槽边墙抗倾稳定性按下式计算

$$K = \frac{\sum M_y}{\sum M_0} \leqslant [K_q] \tag{6.2.30}$$

式中:K 为抗倾覆安全系数;$[K_q]$ 为抗倾覆安全系数标准值,基本荷载取 1.50,特殊荷载(地震)取 1.3;M_y 为抗倾覆力矩(kN·m);M_0 为倾覆力矩(kN·m)。

排导槽边墙抗滑稳定性按下式计算

$$K = \frac{f \cdot \sum V}{\sum H} \leqslant [K_h] \qquad (6.2.31)$$

式中:K 为抗滑稳定安全系数;$[K_h]$ 为抗滑稳定安全系数标准值,基本荷载取 1.3,特殊荷载(地震)取 1.2;$\sum V$ 为作用在每单宽断面上各垂直力之总和(kN);$\sum H$ 为作用在每单宽断面上各水平力之总和(kN);f 为坝体与地基的摩擦系数,取值为 0.5。

验算结果(表 6.2.47)表明,排导槽边墙的抗滑移和抗倾覆稳定性均符合规范要求。

表 6.2.47　排导槽边墙抗滑移、抗倾覆稳定性计算结果统计表

结构类型	抗滑移稳定性系数	抗倾覆稳定性系数
排导槽边墙	1.834	3.236

7. 盖板桥设计

分别在小草沟(1号沟)下游和瓦隆沟(3号沟)下游设置盖板桥。

(1)小草沟(1号沟)下游为人行盖板便桥,最大总重量不大于 20kN,跨度 2.0～3.0m,宽度 3.0m,采用 C30 钢筋混凝土结构。

(2)瓦隆沟(3号沟)下游为机耕桥,最大通行总重为 100kN 的单车,跨度 4.0m,宽度 4.5m,采用 C30 钢筋混凝土结构。

8. 监测工程设计

根据防灾预警及治理效果的要求,瞿昙镇后山泥石流群防治工程监测分为施工期监测和竣工试运行期监测。

1)施工期监测方案

监测点设计:针对施工区坝基深开挖、坝肩高切坡、开挖弃渣临时堆放、重载车辆碾压施工道路等敏感部位,设立地表位移、河水水位等有效监测点并建立施工监测网。

监测布置:施工期监测设计在施工区上游设观察哨 6 个,主要观察沟内水流量、水的颜色是否变浑浊等,如有上述现象出现,应组织施工人员撤离。在谷坊坝左右坝肩各布置 1 个地表位移监测点,设计布置 22 个地表位移监测点,排导槽开挖基坑每 50～100m 布置 1 个,设计 21 个,总计 43 个地表位移监测点。工程施工过程中,还应派专人对基础及坝肩开挖区进行观测,发现有滑塌、掉块现象,应发出警报。

监测仪器:全站仪、水准仪、钢卷尺等。

监测时间和频度要求:从开工至竣工完成的施工期间,每天应进行 1 次监测。雨季加密

监测次数。

防灾预案：施工单位应根据沟域泥石流(洪水)发生的特点及施工组织方案编制施工期突发泥石流(洪水)防灾预案并作为施工组织方案的组成部分。预案中必须明确防灾责任人、监测负责人及其相关人员的分工和职责。防灾预案应实地划定危险区范围，设立危险区警戒线、警示标志、标牌，设专人值守瞭望，无关人员不得进入。应现场确定安全撤离路线和临时避险区，明确避险信号，组织在危险区施工作业的全体人员进行避险演习。根据监测预警，在出现险情征兆时及时组织撤离避险。施工单位应成立抢险救援小分队，工地现场应储备必要的救援救生设备和医疗用品。

谷坊坝及排导槽基础埋深大，基础开挖时，要派专人负责观测，发现有滑塌、掉块现象，应发出警报，预防由于施工引起的人员伤亡事故。

2）竣工试运行期监测设计

监测目的：在竣工试运行期(工程竣工后至初验前这一阶段)开展泥石流过流监测工作，防止因工程失效或超设计标准的降水、地震等因素的影响突发超标灾害性泥石流，确保治理区人员的安全，为治理工程竣工验收提供治理效果的监测成果。

监测点设计：在泥石流每个谷坊坝等治理工程建筑物适当部位，设立地表位移、裂缝、沉降、泥石流(洪水)水位等有效监测点，并充分利用施工期已有监测点建立工程效果监测网，开展治理工程建筑物的变形、沉降、泥石流(洪水)过流泥位(水位)观测，简易降水水量观测。谷坊坝施工后在坝顶端，泥石流爆发、洪水影响不到的部位，设计一个地表位移、沉降等监测点，谷坊坝共布置22个监测点，排导槽墙顶布置21个监测点，共计43个监测点；为了对以上工程进行监测，需在监测桩附近通视条件好且稳定的地段设监测基准桩，共设2个监测基准桩。

监测仪器：全站仪、水准仪、钢卷尺等。

监测时间和频度要求：从竣工后至初验期间(一般应有一个水文年)，旱季每月1次，雨季半月1次。但是出现主体治理工程建筑物开裂或变形位移量过大时应加密监测次数。

监测基准墩及变形墩设计采用钢筋混凝土结构现浇，墩身C25混凝土，钢筋采用$\phi14mm$和$\phi8mm$。

第三节　乐都区第八中学危岩体防治工程

乐都区第八中学东侧不稳定斜坡属青海省省级地质灾害隐患点，为岩质斜坡，其坡面上发育有多处风化孤立的危岩体，曾于2010年5月发生小规模岩体倾倒式崩落，倾倒岩体滚落至学校北侧坡脚，砸毁操场风雨回廊、石凳，造成直接经济损失约2万元，幸未造成人员伤亡；而在平时遇降水、刮大风时亦常有碎石块掉落从而威胁着沿坡脚展布的乐都区第八中学75名教师、864名学生及驾校教、学员的生命财产安全。

为消除或减轻该不稳定岩质斜坡对位于坡脚处的乐都区第八中学及恒通驾校(2020年7月以前为乐都铸造厂废弃厂房及材料堆场)的危害，青海省自然资源厅将其列入《青海省2020年自然灾害防治体系建设》实施方案中，并由乐都区自然资源局负责实施防治工程。

一、地质背景概况

1. 地理位置与气象条件

项目区位于青海省海东市乐都区寿乐镇乐都第八中学东侧斜坡带,行政区划属于寿乐镇马家湾村,其中心地理坐标为东经102°24′23.5″,北纬36°31′48.1″,南距乐都区约6.0km,扎碾公路从项目区西侧穿寿乐镇而过,从寿乐镇有乡村公路可直达项目区,交通十分便利。

项目区地处青藏高原东部,属高原温带半干旱气候,具降水量少,蒸发量大,冰冻期长,无霜期短,日温差大等特点。据乐都区气象站(驻地碾伯镇)资料(1963—2019年),多年平均气温7.3℃,极端最高气温38.4℃(2000年7月4日),极端最低气温-21.7℃(1975年12月13日),无霜期138d。多年平均降水量329.6mm,年最大降水量452.4mm(1979年),降水量年内分配不均,主要集中在5—9月份,占全年降水量的87.4%。年平均蒸发量1 613.8mm,相对湿度58%,潮湿系数0.18。乐都区标准冻结深度为49cm,最大冻土深度为87cm,考虑项目区位于脑山区并接合海拔高度,确定标准冻结深度为80cm。

2. 地形地貌

项目区地处湟水北岸浅山区,其地貌类型按其成因可划分为侵蚀剥蚀中低山区及侵蚀堆积河谷平原区两种类型。

1)侵蚀剥蚀中低山区

侵蚀剥蚀中低山区分布于项目区东侧坡脚至坡顶第一斜坡带(图6.3.1),即为拟治理的不稳定斜坡分布区,海拔高程2096~2290m,相对高差约200m。区内地形呈东高西低地貌,山势陡峻,山坡坡角多在45°~55°之间,局部区域呈直立、临空状而形成危岩体。

坡面基岩裸露,岩性为花岗岩,强风化厚度0.8~1.5m,岩体节理发育。靠近山脊部位被黄土覆盖,局部厚度较大,为第四系风积黄土。坡脚处为少量残坡积碎石,表层植被较发育,多为蒿草及少量灌丛,覆盖率在70%以上。

2)侵蚀堆积河谷平原区

侵蚀堆积河谷平原区沿引胜沟河谷呈带状展布(图6.3.2),地形相对较开阔,引胜沟河谷宽0.2~1.0km不等,项目区处河谷区宽度在350m左右,由Ⅱ级阶地构成,Ⅰ级阶地在区内缺失。

图6.3.1 侵蚀剥蚀中低山区

图6.3.2 引胜沟侵蚀堆积河谷平原区

Ⅰ级阶地前缘高出现代河床3.5m,地下水位埋深5m左右。阶面宽150～200m,阶面平坦开阔,具二元结构,上部为粉土或亚砂土,下部为卵砾石层。Ⅱ级阶地是寿乐镇城镇建设和乐都铸造厂工业发展的主要分布区。

3. 地层岩性

项目区出露的地层主要为加里东期侵入岩和第四系。

1)侵入岩(γ_3)

侵入岩在项目区内广泛分布,主要为加里东期花岗岩(图6.3.3),岩性为灰白色,中粗粒花岗结构,块状构造,主要矿物成分为石英、长石,次为黑云母和角闪石。野外目估石英、长石含量约85%,黑云母和角闪石约10%。

岩体表层强风化,风化厚度一般为0.8～1.5m,发育多组节理裂隙,裂隙开度1～3mm,可见深度8～12cm,一般无充填,极少为泥质充填。

2)第四系(Q)

项目区内第四系可划分为第四系全新统冲洪积层(Qh^{al+pl})、第四系全新统崩坡积碎块石土(Qh^{col})、第四系全新统残坡积碎石土(Qh^{el+dl})和人工填土(Qh^{ml})。

(1)第四系全新统冲洪积层(Qh^{al+pl})

第四系全新统冲洪积层沿引胜沟及湾子沟河谷两侧广泛分布,组成Ⅱ级阶地,具二元结构。湾子沟上部可见粉土,厚度3～3.5m。下部为卵砾石层,分选一般,磨圆较好,粒径3～8cm,最大可达20cm,卵砾石含量约占80%以上,成分主要为砂岩、花岗岩、石英岩等,厚度约为20m。

(2)第四系全新统崩坡积碎块石土(Qh^{col})

第四系全新统崩坡积碎块石土(图6.3.4)主要分布于不稳定斜坡坡脚与河谷平原过渡区,岩性为碎块石土,结构松散—稍密,碎石块径3～18cm,含量50%～65%,堆积厚度2～5m。

图6.3.3 加里东期花岗岩　　　　　　图6.3.4 崩坡积碎块石土

(3)第四系全新统残坡积碎石土(Qh^{el+dl})

第四系全新统残坡积碎石土(图6.3.5)主要分布于不稳定斜坡中部平缓区域及斜坡顶

部,岩性为碎石土,结构松散—稍密,碎石粒径 3~15cm,含量 50%~65%,堆积厚度 0.5~1.5m。

(4)人工填土(Qh^{ml})

人工填土(图 6.3.6)主要分布于不稳定斜坡北部坡脚、乐都区第八中学运动场围墙外及驾校训练场表层,其中北部坡脚填土结构松散,成分主要为建筑垃圾(混凝土、砖块等),堆积厚度 0.5~4.0m;驾校训练场表层为填土垫层,结构松散,主成分为碎石土及表层混凝土。

图 6.3.5 残坡积碎石土

图 6.3.6 人工填土

4. 区域构造与地震

1)区域构造

项目区大地构造属祁连山地槽褶皱系的中间隆起带、拉脊山地向斜褶皱地带及湟水河谷凹陷 3 个次级构造单元。北部的达坂山隆起带,其主要构造线呈北西-南东向;南部的拉脊山区,以北西西向的紧密线状褶皱为其特征;中部的湟水河谷凹陷带,在新近纪初期急剧下降堆积了巨厚的橘红棕色泥岩、砂砾岩及砾岩等碎屑岩。区内无区域性断裂通过。

2)新构造运动

晚新近纪以来,区内新构造运动异常活跃,区内新构造运动以振荡式间歇性垂直升降运动为主,其显著标志为山区形成夷平面、河流下切形成多级阶地。新构造运动为山区的隆升带和盆地中部由新生代地层构成的相对下陷带,新构造运动的抬升区形成多级夷平面,沉降区形成多级河流阶地,晚更新世黄土及底砾石被抬升至侵蚀基准面以上,并受到流水的强烈侵蚀,呈现出千沟万壑的梁峁地貌。

3)地震史

历史地震资料分析表明,项目区 300km 范围内,震级大于 6 级的地震绝大多数分布在祁连隆起带(祁连褶皱系)和海南隆断带(秦岭褶皱系)的东段。

历史最大震级为 1920 年的海源 8.5 级地震,其他地震主要有 1927 年古浪 8 级地震、1888 年景泰 6.5 级地震和 1990 年 4 月唐格木 6.9 级地震,以及 2017 年 10 月 15 日乐都区 3.4 级地震。

4)地震烈度

根据《中国地震动参数区划图》(GB 18306—2015)附录 C 及《中国地震动反应谱特征周期区划图》,工程场地的地震动峰值加速度为 0.10g,相应的地震烈度Ⅶ度,地震动反应谱特征周期 0.45s,设计地震分组为第三组。

另据《西北地区区域地壳稳定性评价图》《西北地区工程地质图说明书》研究成果,项目区内场地属现代地质构造的基本稳定区。

5. 工程地质岩组

根据岩土体成因、结构类型以及物理力学性质,将项目区内工程地质岩组划分为松散土类和坚硬块状花岗岩岩组。

1)松散土类

松散土类可进一步划分为冲洪积粉土-卵石双层土体、崩坡积碎石土、残坡积碎石土和人工填土。

(1)冲洪积粉土-卵石双层土体

冲洪积粉土-卵石双层土体分布于治理区内引胜沟河谷平原区Ⅱ级阶地,具二元结构。上部为粉土,厚度 3~3.5m,下部为卵砾石层,粉土呈土黄色,稍湿,稍密。卵石呈青灰色,稍湿,水位以下饱和,中密,卵石呈次圆—浑圆状,级配较好,母岩成分以砂岩、花岗岩及石英岩为主,卵石含量约占 80%,厚度约 20m,承载力特征值 $f_{ak}=350$kPa。

(2)崩坡积碎石土

崩坡积碎石土主要分布于不稳定斜坡坡脚与河谷平原过渡区,岩性为碎块石土,结构松散—稍密,碎石粒径 3~18cm,含量 50%~65%,坡脚处堆积厚度一般在 2~5m,多形成披覆状碎屑流石坡、浮石坡,结构松散,力学性质差。

(3)残坡积碎石土

残坡积碎石土主要分布于斜坡中上部相对较缓的凹形区域,岩性为碎石土,结构松散—稍密,碎石块径 3~15cm,含量 50%~65%,结构松散,力学性质差。

(4)人工填土

人工填土主要分布于不稳定斜坡北部坡脚,乐都区第八中学运动场围墙外,成分主要为建筑垃圾(混凝土、砖块等),结构松散,不均匀分布,力学性质差。

2)坚硬块状花岗岩岩组

坚硬块状花岗岩岩组分布于项目区不稳定斜坡中上部,岩性为灰白色花岗岩,中粗粒结构,块状构造,岩石表层物理风化强烈,节理裂隙发育,岩体较为破碎。

6. 水文地质概况

根据含水层介质、储藏条件及水力性质等特点分析,项目区内主要发育第四系松散层孔隙水和基岩裂隙水两大类。

1)第四系松散层孔隙水

第四系松散层孔隙水呈带状分布在波航沟沟谷一带,地下水赋存于谷底砂卵砾石孔隙中。地下水位埋深5m左右,含水层厚20m左右,主要接受大气降水垂直入渗及引胜沟地表河流的侧向补给,以地下径流的方式,向下游潜流,最终又排泄于引胜沟。该区地下水由于水流循环交替迅速,单孔涌水量一般大于$1000m^3/d$,水化学类型为$HCO_3-Ca\cdot Mg$,矿化度$0.2\sim0.5g/L$,水质较好。

2)基岩裂隙水

基岩裂隙水主要分布于区内中低山基岩山区,含水岩组为加里东期花岗岩风化裂隙中。主要接受大气降水、雪山融水及远程基岩裂隙水的侧向补给,最终以泉的形式排泄于引胜沟。单泉流量$0.5\sim1.0L/s$,水化学类型多为$HCO_3\cdot SO_4-Na\cdot Mg$,矿化度$0.5g/L$。

7.环境介质腐蚀性评价

对探井中所取土样样品测试统计分析,场地土全盐量$3260\sim6850mg/kg$,pH值为$7.36\sim7.40$,Cl^-含量为$308.4\sim3191mg/kg$,SO_4^{2-}含量为$1200\sim2619mg/kg$,Mg^{2+}含量为$114.3\sim583.7mg/kg$,Na^+含量为$250.7\sim763.6mg/kg$。

根据《岩土工程勘察规范(2009年版)》,场地环境类别为Ⅲ类,据此判定环境土介质对混凝土结构具弱等腐蚀性,对钢筋混凝土结构中的钢筋具中等腐蚀性。

二、危岩体基本特征与形成机理

不稳定斜坡分布于乐都区第八中学东侧坡脚至坡顶第一斜坡带,平面形态大体呈三角—扇形状,海拔高程$2096\sim2290m$,相对高差约200m,坡向$260°\sim270°$,顺坡纵长约240m,斜坡坡顶横宽约40m,坡脚横宽约340m。

不稳定斜坡山势陡峻,山坡坡角在多$45°\sim55°$之间,局部区域呈直立、临空状,出露基岩为加里东期花岗岩,加之节理切割,形成9处危岩体(Wyd1~Wyd9)。在长期风化作用下,节理扩张变宽,岩体更加破碎,在降水、地震等作用下,易发生崩裂、掉块,对坡脚下方分布的乐都区第八中学、恒通驾校及铸造厂房人民生命财产的安全构成威胁。不稳定斜坡全貌及工程地质剖面图如图6.3.7所示。

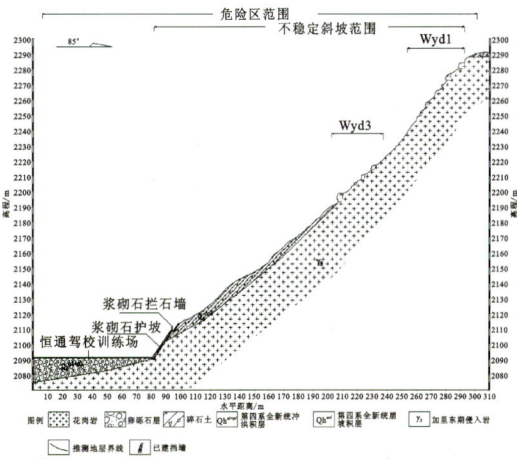

图6.3.7 不稳定斜坡全貌及工程地质剖面图

1. 危岩体基本特征

1）危岩体岩性

危岩体岩性为加里东期花岗岩（γ_3），灰白色，中粗粒花岗结构，块状构造。主要矿物成分为石英、长石，次为黑云母和角闪石。石英、长石含量约85%，黑云母和角闪石约10%。

花岗岩岩体表层强风化，风化厚度0.8～1.5m。发育多组节理裂隙，裂隙开度1～10mm，可见深度8～12cm，一般无充填，极少为泥质充填。

2）结构面特征

（1）结构面结合及充填状况

根据地面调查，花岗岩中结构面结合状况为开裂，一般开裂1～5mm，开裂的结构面间一般无填充，极少为泥质充填。

（2）结构面的形态特征

通过危岩区裂隙调查及统计分析，结构面形态主要为上下盘吻合接触（裂隙面之间吻合接触），裂面较平直。块体沿结构面滑动时，块体运动方向与块体沿结构面移动方向是一致的，结构面形态对其运动阻抗作用较小。在坚硬岩体中，裂隙是岩体破坏和位移的主控结构面。

（3）结构面产状

岩体或岩块沿结构面破裂，它与结构面的产状密切相关。上述资料分析表明，结构面产状对岩块及岩体的力学作用表现在两个方面：控制着岩块和岩体的破坏机制；影响岩块或岩体的变形和强度。当结构面切穿临空面时，导致危岩体可能出现滑移式破坏或坠落式破坏，甚至倾倒式破坏。

项目区内花岗岩岩体中裂隙较发育，裂隙走向主要为330°～98°和110°～280°。

3）岩体结构

由多组节理切割形成的花岗岩块体常呈多边形块状、楔形体状。结构体的块度受控于节理等结构面的宽度，结构面密度愈小，结构体块度愈大。在剧烈构造运动区，结构面一般密度大，结构体块度小。项目区花岗岩岩体节理发育，岩体较破碎，呈碎裂镶嵌状结构。

4）危岩体发育特征

危岩分布区位于项目区整个斜坡区域。危岩分布区主要为陡崖地形，坡角较陡，局部近似直立，坡形呈折线形，陡崖下部斜坡坡角40°～45°。根据治理区地形特点，划分为9段危岩带，具有典型危岩块体共计9处，编号为Wyd1～Wyd9，危岩体总方量8789m³。各危岩体的特征详见表6.3.1。

5）危岩体破坏模式

治理区内分布的9处危岩体，地层岩性均为花岗岩。受构造影响，岩体中构造裂隙、卸荷裂隙发育，从而形成危岩体。危岩体部分块石沿张开裂隙发生坠落式、倾倒式、滑移式破坏，部分块石滚落至斜坡及斜坡下部落石槽中，部分块石滚落至乐都区第八中学运动场、恒通驾校训练场及铸造厂厂房，现未造成人员伤亡，但导致拦石墙局部损坏。

表 6.3.1 危岩体基本特征表

序号	编号	分布高程/m	岩性	破坏方式	主崩方向/(°)	规模/m³	威胁对象
1	Wyd1	2268～2288	花岗岩	滑移式	265	625	恒通驾校
2	Wyd2	2180～2249	花岗岩	倾倒式	305	875	乐都区第八中学
3	Wyd3	2186～2245	花岗岩	坠落式	252	652	恒通驾校
4	Wyd4	2131～2162	花岗岩	滑移式	308	315	乐都区第八中学
5	Wyd5	2115～2147	花岗岩	倾倒式	280	1250	乐都区第八中学
6	Wyd6	2254～2280	花岗岩	倾倒式	266	1165	恒通驾校、乐都区第八中学
7	Wyd7	2174～2218	花岗岩	倾倒式	257	960	恒通驾校
8	Wyd8	2108～2168	花岗岩	倾倒式	277	1412	恒通驾校
9	Wyd9	2106～2178	花岗岩	倾倒式	257	1535	铸造厂房

2. 危岩体形成机制

1) 影响因素

项目区危岩体的形成包括内部条件和外部条件两类,内部条件包括地形地貌、地层岩性、岩体结构等;外部条件包括降水等。

(1) 地形地貌

崩塌是在特定的自然条件下形成的。地形地貌主要表现在斜坡坡角上。崩塌的形成需要适宜的斜坡坡角、高度和形态以及便于岩体崩落的临空面。崩塌多发生在坡角大于50°,高度一般大于15m,坡面凹凸不平的陡峻的斜坡上。项目区危岩陡坡、陡崖段高度较高,且坡角大于55°,部分危岩体近于直立,往往表现为前缘陡坡,后缘陡坎陡崖,具有一定的陡临空面。

(2) 地层岩性

岩性对岩质边坡具有明显的控制作用。项目区内出露岩性为较坚硬脆性岩石,形成较陡峻的边坡。由于构造节理和卸荷裂隙发育,且前缘存在高陡临空面,在重力作用下,被卸荷裂隙、构造裂隙切割形成的危岩体易形成崩塌。

(3) 岩体结构

项目区内高陡边坡在不同部位、不同坡段,发育不同方向、规模各异的结构裂隙面,它们的不同组合构成了不同类型的岩体结构。结构面的强度明显低于岩块的强度,故倾向临空面的软弱结构面的发育程度、延伸长度以及该结构面的抗剪强度,是控制边坡产生崩塌的重要因素。

(4)降水

大气降水入渗后沿裂隙面运移,在运移过程中溶蚀、软化岩体,逐渐使裂隙变宽变长,最终形成深裂缝,不利于岩体稳定。

另外,随着降水入渗,在裂隙中形成静水压力,给危岩体施加指向临空面的附加力,易使危岩体出现倾倒破坏。

2)形成机制

危岩体主要分布在陡崖和陡坡上,为危岩体的变形破坏提供了高陡的临空面,使岩体易向临空方向发生变形破坏。加之该危岩体主要为花岗岩,岩性较脆,受岩体内裂隙切割而呈块体状,不利于岩体保持自身稳定性。随着裂隙的扩展、延伸直至连通,岩体变形增大,最终脱离母岩向临空方向发生破坏,形成崩塌。

分析表明,项目区危岩体的破坏模式包括滑移式、坠落式和倾倒式3种模式。

(1)滑移式危岩

滑移式危岩由于岩体中发育倾向临空面的陡倾卸荷裂隙,在结构面的切割作用下,岩体被切割成孤立的块体,并且倾向坡外。在自重应力和静水压力、动水压力作用及地震力的高程放大效应下,沿外倾结构面产生水平向和垂直向位移变形的剪切破坏,形成滑移式崩塌。

区内滑移式危岩在斜坡上多呈较大的板状、条块状,形态较规则。危岩块体一般向坡外倾斜,倾角大于50°。块体倾角的大小取决于块体后部的外倾卸荷裂隙的倾角。危岩块体往往已与后部的母体发生部分脱离,岩体中常可见张开裂缝,张开5~10mm,裂缝延伸长短随块体大小而定。块体的基脚直接坐落于坡体,坡体起到了一定的支撑作用。

(2)坠落式危岩

坠落式危岩通常是由于中厚层岩体底部存在凹腔等微地貌,致使上部岩体悬空,在自重的长期作用下岩体后部沿倾向临空面的陡倾角切层卸荷裂隙发生拉裂破坏而形成坠落式崩塌。

项目区内坠落式危岩体分布位置突出于斜坡外缘,形成悬臂梁状岩石探头。花岗岩形成的陡崖高度可达10~30m,呈整体状结构。花岗岩的底部因差异风化作用形成凹腔,凹腔深度0.5~1m,长度3~5m,高度0.3~3m,间隔发育。探头岩体在重力的作用下沿后部的卸荷裂隙面发生拉裂形成坠落式崩塌。

(3)倾倒式危岩

倾倒式危岩是由于厚层岩体后部存在与边坡坡向一致的陡倾角贯通或断续贯通的破坏面,危岩体底部局部临空,危岩体重心多数情况下位于基座临空支点外侧,危岩体可能沿着支点向临空方向倾倒破坏而形成的。

斜坡上多呈较大的块状花岗岩危岩体,形态不规则,一般是向坡外倾斜,倾角大于50°。危岩块体倾角的大小取决于块体后部的外倾卸荷裂隙的倾角。危岩块体往往已与后部的母体发生部分脱落,岩体中常可见张开裂缝,张开5mm,最大可达10cm,裂缝延伸长短随块体大小而定。危岩的基脚直接坐落于坡体,坡体起到了一定的支撑作用。在裂隙静水压力或振动作用下,危岩块体将发生倾倒破坏,形成倾倒式崩塌。

三、危岩体稳定性分析与评价

危岩体稳定性评价主要是对危岩体的稳定性和演化趋势作出评价、预测,并为危岩体的防治提供设计依据。危岩体的稳定性评价方法主要为两大类:定性分析法和定量计算法。本次分别采用定性分析法(赤平投影法)和定量计算法(极限平衡法)对项目区 9 处危岩体的稳定性进行评价。

1. 稳定性定性分析

项目区内因地形高陡和强烈的地质构造作用,斜坡岩体节理裂隙发育,形成的 9 处危岩块体总体积约 $8789m^3$。本次评价的危岩体是因节理裂隙切割坚硬岩体所致,危岩体的破坏模式以平面滑移破坏和楔形体破坏为主,故按照赤平投影法进行稳定性定性评价。

危岩体赤平投影法分析结果及投影图详见表 6.3.2。由表可知,治理区斜坡岩体因节理和裂隙切割,出现平面滑动或者楔形体滑动的可能性较大。斜坡高陡,上部危岩体(落石)失稳导致的冲击荷载较大,对下方的乐都区第八中学师生及恒通驾校人员构成严重威胁。

表 6.3.2 危岩体稳定性定性(赤平投影法)分析结果

赤平投影图	稳定性评价
	Wyd1 赤平投影分析结果:裂隙 1 与裂隙 3 交线的倾向与坡面倾向之间夹角小于 45°,且倾角小于坡角,故危岩体处于不稳定状态

续表 6.3.2

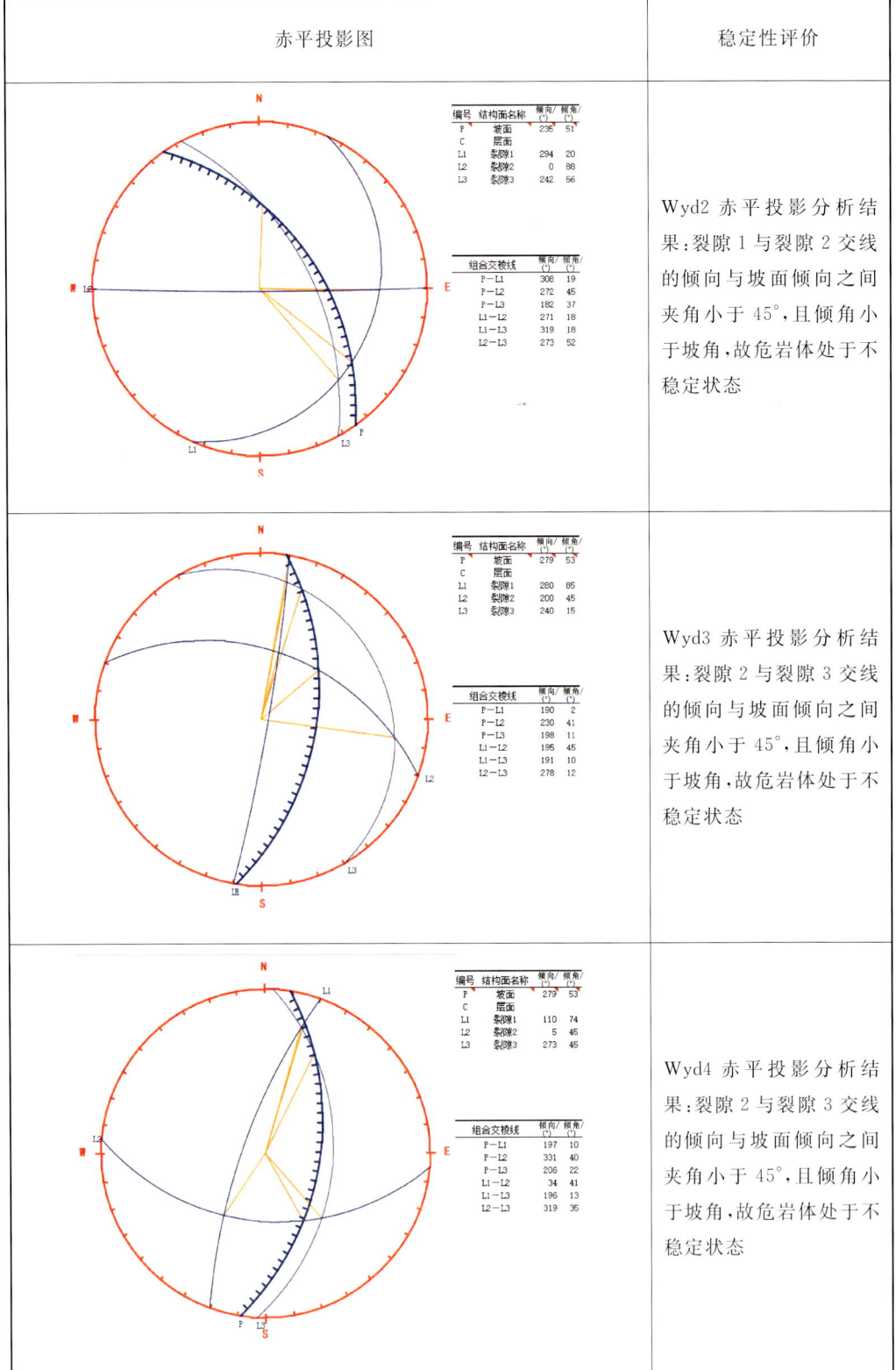

赤平投影图	稳定性评价
	Wyd2 赤平投影分析结果：裂隙1与裂隙2交线的倾向与坡面倾向之间夹角小于45°，且倾角小于坡角，故危岩体处于不稳定状态
	Wyd3 赤平投影分析结果：裂隙2与裂隙3交线的倾向与坡面倾向之间夹角小于45°，且倾角小于坡角，故危岩体处于不稳定状态
	Wyd4 赤平投影分析结果：裂隙2与裂隙3交线的倾向与坡面倾向之间夹角小于45°，且倾角小于坡角，故危岩体处于不稳定状态

续表 6.3.2

赤平投影图	稳定性评价
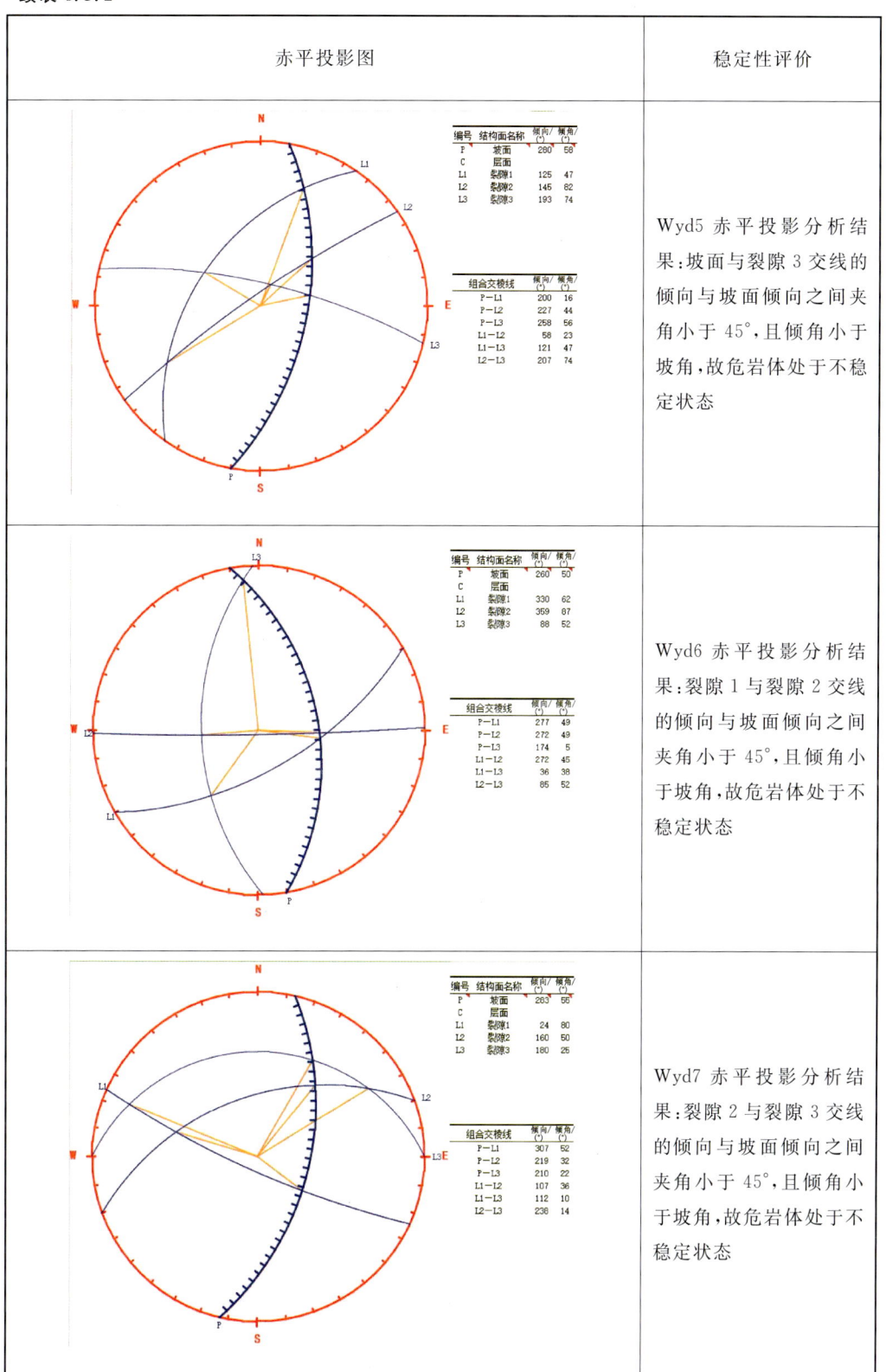	Wyd5 赤平投影分析结果：坡面与裂隙3交线的倾向与坡面倾向之间夹角小于45°，且倾角小于坡角，故危岩体处于不稳定状态
	Wyd6 赤平投影分析结果：裂隙1与裂隙2交线的倾向与坡面倾向之间夹角小于45°，且倾角小于坡角，故危岩体处于不稳定状态
	Wyd7 赤平投影分析结果：裂隙2与裂隙3交线的倾向与坡面倾向之间夹角小于45°，且倾角小于坡角，故危岩体处于不稳定状态

续表 6.3.2

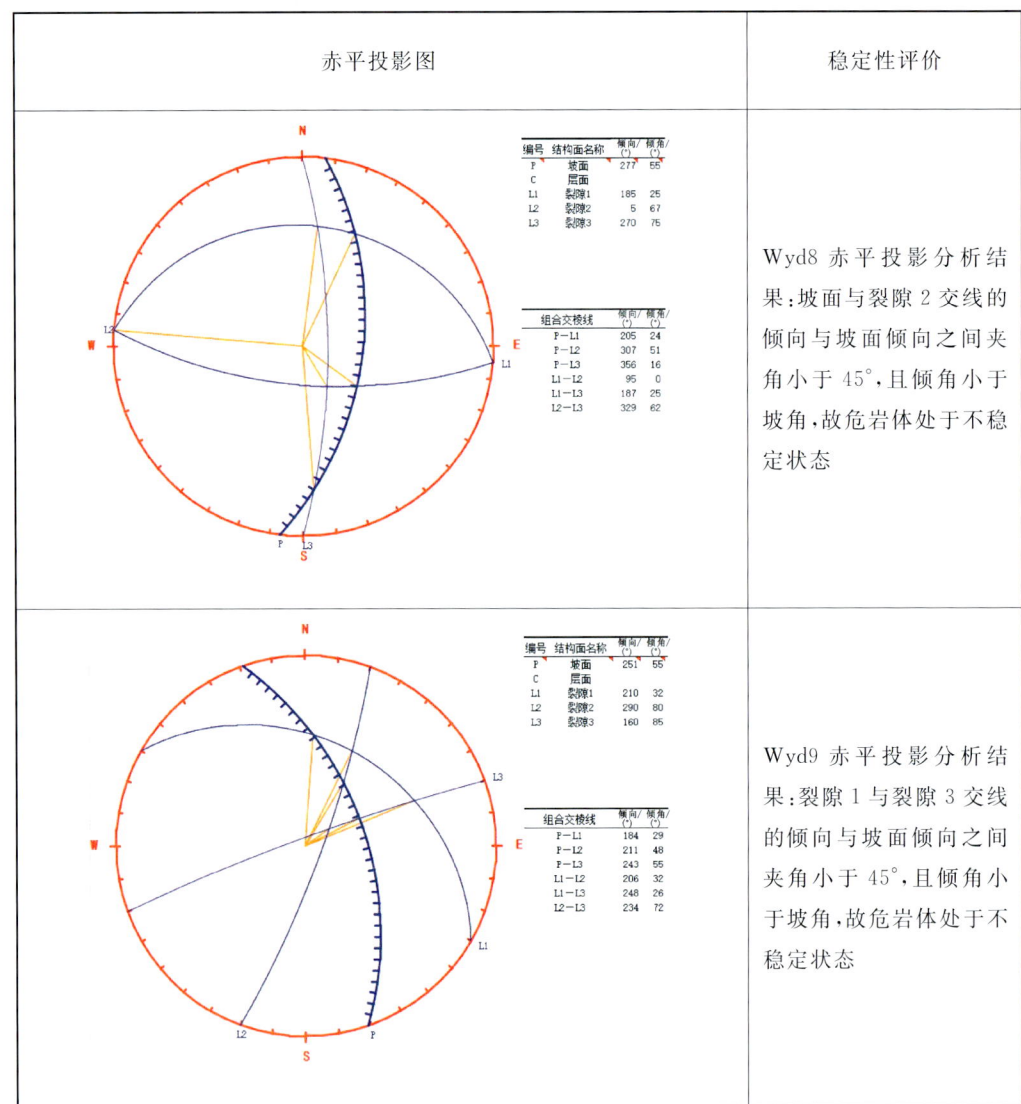

赤平投影图	稳定性评价
	Wyd8 赤平投影分析结果：坡面与裂隙2交线的倾向与坡面倾向之间夹角小于45°,且倾角小于坡角,故危岩体处于不稳定状态
	Wyd9 赤平投影分析结果：裂隙1与裂隙3交线的倾向与坡面倾向之间夹角小于45°,且倾角小于坡角,故危岩体处于不稳定状态

2. 稳定性定量分析

危岩体稳定性定量分析采用极限平衡法，根据项目区9处危岩体的变形破坏形式（倾倒式、滑移式和坠落式），采用相应的计算方法。

1) 岩体物理力学参数

(1) 结构面抗剪强度参数

鉴于项目区岩体结构面原位抗剪切试验难度较大，故采用规范推荐公式方法并结合海东市工程经验综合确定。根据危岩体调查结果，本项目区内花岗岩岩体发育的裂隙形态大部分平直光滑，呈微张—张开状，部分未充填，裂隙面胶结程度差，岩体裂隙抗剪强度参数（黏聚力和内摩擦角）根据《建筑边坡工程技术规范》(GB 50330—2013)附表4.3.1确定。根据地区经验以及国内外统计资料中坚硬岩石的天然和饱和状态下的抗剪强度参数的关系,饱和状态下结构面的抗剪强度参数本次取 0.9 倍天然状态下的抗剪强度参数。危岩体稳定性计算参数一览表如表 6.3.3 所示。

表 6.3.3 危岩体稳定性计算参数一览表

类别	天然重度/$(kN \cdot m^{-3})$	饱和重度/$(kN \cdot m^{-3})$	结构面内聚力 c/kPa		结构面内摩擦角 $\varphi/(°)$	
			天然	饱和	天然	饱和
花岗岩	27.0	27.5	50~90	45~81	18~27	16~24

(2)岩体容重

花岗岩岩体天然重度 27.0kN/m³,饱和状态下取值为天然状态下的 1.02 倍,为 27.5kN/m³。

(3)荷载及荷载组合

危岩体稳定性分析工况及荷载组合如下所示。

工况一:自重+裂隙水压力(天然状态)

工况二:自重+裂隙水压力(暴雨)

工况三:自重+裂隙水压力(天然状态)+地震力

坠落式危岩体考虑工况一和三,倾倒式危岩体考虑工况二和三,滑移式危岩同时考虑三种工况。三种荷载组合,计算所得危岩稳定系数最小者为设计荷载。

岩体裂隙水压力计算,天然状态下主控结构面内的充水深度取 1/3(1/2)裂隙高,暴雨状态取 2/3(全部充满)裂隙高。

危岩体的稳定性计算公式参考《崩塌防治工程勘查规范(试行)》(T/CAGHP 011—2018)推荐公式。

2)危岩体稳定性评价标准

根据稳定性计算结果,按照《崩塌防治工程勘查规范(试行)》(T/CAGHP 011—2018)中危岩体稳定性评价标准进行危岩体稳定性评价(表 6.3.4)。

表 6.3.4 危岩稳定性评价标准

危岩破坏模式	不稳定	欠稳定	基本稳定	稳定
滑移式危岩	$F<1.0$	$1.0 \leqslant F<1.2$	$1.2 \leqslant F<1.3$	$F \geqslant 1.3$
坠落式危岩	$F<1.0$	$1.0 \leqslant F<1.5$	$1.5 \leqslant F<1.8$	$F \geqslant 1.8$
倾倒式危岩	$F<1.0$	$1.0 \leqslant F<1.3$	$1.3 \leqslant F<1.5$	$F \geqslant 1.5$

注:F 为稳定系数。

3）危岩稳定性评价

根据项目区9处稳定性计算结果，按照危岩稳定性评价标准划分其稳定性结果如表6.3.5所示。

表6.3.5　危岩稳定性评价汇总

危岩编号	工况一		工况二		工况三		破坏类型
	稳定系数	稳定状态	稳定系数	稳定状态	稳定系数	稳定状态	
Wyd1	1.32	稳定	1.17	欠稳定	1.13	欠稳定	滑移式
Wyd2			1.13	欠稳定	0.88	不稳定	倾倒式
Wyd3	1.53	基本稳定			1.36	欠稳定	坠落式
Wyd4	1.21	基本稳定	1.05	欠稳定	1.07	欠稳定	滑移式
Wyd5			1.24	欠稳定	0.95	不稳定	倾倒式
Wyd6			1.23	欠稳定	1.01	欠稳定	倾倒式
Wyd7			1.26	欠稳定	0.81	不稳定	倾倒式
Wyd8			1.28	欠稳定	1.10	欠稳定	倾倒式
Wyd9			1.09	欠稳定	0.93	不稳定	倾倒式

3. 危岩体破坏后运动距离

1）运动形式

危岩体破坏后形成的崩落体的运动方式受斜坡的物质组成、坡角等因素的影响，导致运动轨迹和运动距离出现一定的随机性。随坡角增大，崩落体可分别表现为滑动、滚动、跳跃和自由崩落等方式，如图6.3.8所示，大部分或全部堆积于坡脚。

本次治理工程涉及的9处花岗岩危岩体的稳定性主要受地震和暴雨影响，危岩发育区的斜坡坡角均大于30°，危岩发生破坏后，大部分以滚动、跳跃或自由崩落的方式向坡脚运动，最后堆积于斜坡坡脚或坡脚缓坡地带。

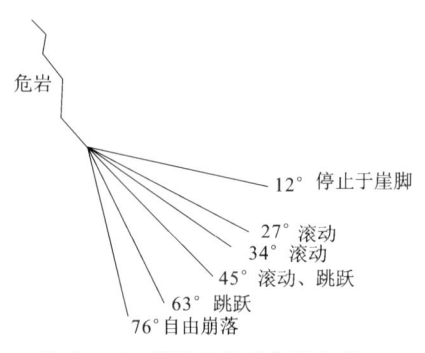

图6.3.8　斜坡坡角对危岩运动形式的影响

直接影响学校、驾校、厂房的安全。

2)危岩动力学分析

为预测危岩体发生破坏后的运动距离和冲击时速度,选取 Wyd1(5-5′剖面)和 Wyd7(8-8′剖面)进行分析。落石运动速度的计算按折线形山坡予以考虑(图6.3.9),危岩体发生破坏后的运动方式为滚动、跳跃方式。

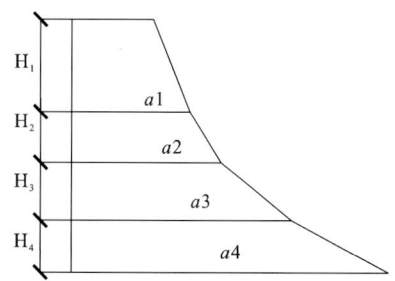

图 6.3.9　折线形山坡崩塌落石速度计算示意图

危岩运动时,处于最高一个坡段的危岩运动速度按下式计算

$$v = \mu\sqrt{2gH} = \varepsilon\sqrt{H}$$
$$\mu = \sqrt{1-k\cot\alpha}$$
$$\varepsilon = \mu\sqrt{2g} \tag{6.3.1}$$

式中:H 为危岩坠落高度(m);g 为重力加速度(m/s²);α 为山坡坡角(°);k 为危岩体沿山坡运动所受一切有关因素综合影响的阻力特性系数,可采用表6.3.6 阻力特性系数 K 值计算方法所列公式计算。

表 6.3.6　阻力特性系数 k 值计算方法

斜坡坡角	k 值计算公式
0°~30°	$k = 0.41 + 0.0043\alpha$
30°~60°	$k = 0.543 - 0.0048\alpha + 0.000162\alpha^2$
60°~90°	$k = 1.05 - 0.01225\alpha + 0.0000025\alpha^2$

注:k 值计算公式可用于下列各种山坡:$\alpha \geqslant 45°$基岩外露的山坡;$\alpha=35°\sim40°$基岩外露,局部有草和稀疏灌木的山坡;$\alpha=30°\sim35°$有草、稀疏灌木,局部基岩外露的山坡;$\alpha=25°\sim30°$有草、稀疏灌木的山坡。

其余坡段危岩在终端时速度按以下公式计算:

$$v_{j(i)} = \sqrt{v_{02(i)}^2 + 2gH_i(1-k_i\cot\alpha_i)} = \sqrt{v_{01(i)}^2 + \varepsilon_i^2 H_i} \tag{6.3.2}$$

式中:$v_{j(i)}$ 为危岩运动时,在斜坡段终端的速度(m/s);$v_{0(i)}$ 为危岩运动所考虑坡段的起点的初速度,可按不同情况考虑

当 $a_{(i-1)} \geqslant a_{(i)}$ 时,$v_{0(i)} = v_{j(i-1)}\cos(a_{i-1}-a_i)$ （6.3.3-1）

当 $a_{(i-1)} < \alpha_{(i)}$ 时，$v_{0(i)} = v_{j(i-1)}$ (6.3.3-2)

$\alpha_{(i)}$ 为危岩运动的斜坡段坡角(°)；$\alpha_{(i-1)}$ 为相邻斜坡段前一斜坡段坡角(°)；$v_{j(i-1)}$ 为危岩在前一斜坡段终段的运动速度(m/s)。

危岩从陡坡坠落至缓坡时的速度为：

$$V_R = \varepsilon_i \sqrt{H_i}$$ (6.3.4)

危岩向前运动的反射切线分速度为：

$$V_{i(0)} = (1-\lambda) v_R \cos(\alpha_i - \alpha_{(i-1)})$$ (6.3.5)

危岩运动到缓坡末端的速度为：

$$V_{j(i)} = \sqrt{V_i^2(0) + \varepsilon_i^2 H_i}$$ (6.3.6)

式中：λ 为石块冲击到缓坡时的瞬间摩擦系数，按松散斜坡堆积层取 0.3。

根据下式计算危岩块体的反弹高度：

$$H_{\max} = \frac{V_j^2}{2g}$$ (6.3.7)

由此，根据现场地形情况，模拟危岩体 Wyd1 和 Wyd7 发生破坏时，滚石运动时的滚动距离、速度和冲击力计算结果如表 6.3.7 所示。

表 6.3.7 危岩体运动计算结果统计

危岩编号	危岩体体积 V/m^3	危岩体重度 $r/(kN \cdot m^{-3})$	速度 $v/(m \cdot s^{-1})$	能量 E/kJ	反弹高度 $H_{\max}/m$
Wyd1(5-5′)	2.4	27.0	11.64	538	3.3
Wyd7(8-8′)	2.4	27.0	17.97	1224	4.8

四、防治方案及设计

乐都区第八中学危岩体威胁对象为乐都区第八中学 75 名教师、864 名学生、1 栋教学楼、1 栋办公楼、天然气锅炉房、操场设施及恒通驾校约 50 名教、学员的生命财产安全，潜在经济损失为 8500 万元。威胁对象含学校，属于一级危害对象，结合施工难度和工程投资等因素，按《滑坡防治工程勘查规范》(GB/T 32864—2016)综合确定本工程防治等级为Ⅰ级。

1. 防治工程设计

1）既有防治工程评述

原铸造厂为拓宽厂区、修建学校，开挖斜坡坡脚，雨季时斜坡体出现垮塌及坡面浅表层溜滑现象明显，且斜坡上部的危岩体时常发生崩落、掉块，所以学校及铸造厂修建了护面墙、拦石墙、落石槽等防治结构进行治理，现运行情况如下。

(1)护面墙：护面墙采用浆砌石结构，长度 360.0m，高度 10～20m，护面墙运行情况总体较好,墙身未出现裂缝、位移、鼓胀等变形破坏迹象(图6.3.10)。

(2)拦石墙:拦石墙采用浆砌石结构,高度2.0~2.5m,宽0.5~0.7m,长约185.0m,设置于恒通驾校东侧护面墙顶部。拦石墙运行情况总体较好,墙身未出现大的裂缝、位移等变形破坏迹象,仅局部由于危岩体崩落至顶部,造成拦石墙表面损坏(图6.3.11)。

(3)落石槽:落石槽设置于护面墙顶部,长度约200m,宽度约2.0m。落石槽运行情况总体较好,仅局部由于块石滚落,造成落石槽堵塞,不利于排洪(图6.3.12)。

图6.3.10 护面墙

图6.3.11 拦石墙表面损坏

图6.3.12 落石槽局部堵塞

综上所述,乐都区第八中学东侧危岩体得到了有效的防治,但近年内有块石掉落越过围墙及栏石墙,落入乐都区第八中学及恒通驾校内。为了进一步防治和减轻项目区地质灾害体的威胁,危岩体的治理工作十分必要。

2)分项工程设计

根据危岩块体的稳定状况及施工条件、施工难度以及安全性,拟对9处危岩体采用人工清危、设置主动防护网、拦石墙加固、设置被动防护网、落石槽清理等措施。

(1)人工清危

本项目9处危岩块体在降水以及地震等作用下产生滑移式、倾倒式和坠落式的零星掉块,稳定性差,应清除以消除隐患。

拟对危岩体Wyd1~Wyd9采取人工清危措施,清除危岩、危石的总方量为7231m³,施工期间要注意安全防护,必须采取安全防护措施和对危石采取必要的支撑处理,确保施工人员和保护对象区的安全。清除危石采用人工清除,清除后碎块石拉运至垃圾填埋场处理。

人工清危时施工顺序遵循自上而下、从外向内的原则。施工人员施工时配备安全防护用具,保证施工人员安全。

清危过程中的下部防护措施:在清危过程中需对下方威胁对象进行安全知识宣传和制订临时避让措施。在危岩清除前,先在坡脚处修建临时防护网,然后清除坡面危石,清危时避免引发新的灾害。

人工清危时,撤离危险区的人员,并在危险区两端设置警示标志。

(2)设置主动防护网

由于危岩体Wyd4和危岩体Wyd5施工条件有限,无被动防护网施工空间,故对危岩体Wyd4和危岩体Wyd5采用主动防护网方式进行治理。

主动防护网规格为GSS2绞索主动网系统,锚杆长$L=3.0m$,间距为$3.5m×3.5m$。

危岩体Wyd4主动网面积496m²,危岩体Wyd5主动网面积1013m²。

(3)拦石墙加固

由于现有落石槽运行状况良好,故将被动网设置于落石槽东侧栏石墙上,现有栏石墙结构不足以支撑被动网,故对恒通驾校后现有拦石墙(A—B段)采用C20钢筋混凝土进行加固。栏石墙背坡及迎坡面加固厚度为0.5m,顶部加固厚度为0.5m,拦石墙外侧设置加固基础,基础深度0.5m。钢筋混凝土横向钢筋尺寸为$\phi 16mm$,间距0.2m;纵向钢筋尺寸为$\phi 20$,间距0.2m。墙体每隔10m设一道伸缩缝,采用沥青木板。拦石墙加固长度为185m。加固后在拦石墙内侧放置防撞废弃轮胎。

(4)设置被动防护网

通过现场调查及崩落运动计算,危岩体Wyd6~Wyd9分布区内崩落的块体体积最大取$V=2.4m^3$,运动至栏石墙处冲击动能$E=1224kJ$,弹跳最大高度$H_{max}=4.8m$,被动防护网的防护能级取1500kJ。故在已加固的A—B段拦石墙上及B—C段拦石墙上设置RXI-150型被动防护网,其主要构成特征为D0/08/200钢丝绳网(柱间距10m),网高6m,设计长度$L=281m$。

危岩体Wyd1~Wyd3分布区内崩落的块体体积最大取$V=2.4m^3$,运动至斜坡拟建被动网处冲击动能$E=538kJ$,弹跳最大高度$H_{max}=3.3m$,防护能级为1000kJ。故在危岩体Wyd1、危岩体Wyd2和危岩体Wyd3下方设置一道RXI-100型被动防护网(D—E段),网高5m,设计长度$L=173m$。

(5)落石槽清理

清除现有落石槽内的崩落堆积体,疏通沟道,利于排水。清除方量共计58.5m³,清除的块石拉运至垃圾填埋场处理。

2. 监测工程设计

为了及时掌握项目区 9 处危岩体的变形情况,预测变形的趋势,确保危岩体下方受威胁的人民生命财产安全,同时也为了确保施工安全,须建立完善的危岩体变形监测系统。

1)监测方案

危岩体 Wyd1～Wyd9 各布置一个位移监测点,同时在受危岩体威胁的范围之外的稳定地层中设置变形监测基准点 3 个,变形监测方法采用 GPS 测量结合人工巡视。

同时,施工阶段由施工单位自行建立栏石墙加固监测点,采用仪器进行外观监测,以防加固工程发生突发变形,影响施工安全。

对于建立的高精度地表变形观测点及基准点,在施工期间应予保护,以备施工结束后进行下一步的工程治理效果监测利用。

2)监测频率

监测初期采用 GPS 测量 1 次,监测中期及后期对基准点分别进行 1 次验证测量。变形点的测量周期可选用半个月 1 次,雨季加密。

第四节 乐都区寿乐镇龙沟门村不稳定斜坡治理工程

龙沟门村不稳定斜坡灾害位于乐都区寿乐镇龙沟门村 3 社和 4 社后部斜坡地带,2018 年以来,该灾害体多次发生变形,尤其是 2022 年 7—8 月寿乐镇降水量较大,斜坡局部发生严重变形,严重危及村民的生命财产安全。

根据坡体形态和变形特征,将龙沟门村不稳定斜坡划分为两段,分别为 Qp_1 不稳定斜坡和 Qp_2 不稳定斜坡。

龙沟门村不稳定斜坡灾害威胁 7 户 18 口人、房屋 25 间及村活动广场,威胁总财产约 500 万元。为及时有效地消除龙沟门村斜坡灾害威胁,保护当地群众的生命财产安全,青海省自然资源厅将其列入 2022 年省级自然灾害防治体系补助资金项目(青财资环〔2022〕647 号),由乐都区自然资源局组织实施,青海工程勘察院有限公司承担该处灾害应急治理工程设计。

一、地质背景概况

1. 地理位置与气象条件

项目区位于乐都区寿乐镇龙沟门村 3 社和 4 社后部斜坡,隶属海东市乐都区寿乐镇管辖范围。项目区地理坐标为:东经 102°23′13.4″,北纬 36°36′33.1″。场区东侧有扎碾公路东西向贯通,由扎碾公路转入村道可直接到达项目区,场区内交通道路便利。

项目区地处青藏高原东部,属高原温带半干旱气候,具降水量少,蒸发量大,冰冻期长,无霜期短,日温差大等特点。据乐都区气象站(驻地碾伯镇)资料,区内多年平均气温 7.3℃,极端最高气温 38.4℃(2000 年 7 月 4 日),极端最低气温 −21.7℃(1975 年 12 月 13 日),无霜期 138d,年最大降水量 452.4mm(1979 年),降水量年内分配不均,主要集中在 5—9 月份,占全年降水量的87.4%,年平均蒸发量1 613.8mm,相对湿度58%,潮湿系数0.18。乐都区气象站多年月平均气温、降水量、蒸发量统计如表6.4.1所示。

表6.4.1 乐都区气象站多年月平均气温、降水量、蒸发量统计

月份	1	2	3	4	5	6	7	8	9	10	11	12	全年
气温/℃	−6.4	−2.9	3.1	9.5	13.7	16.7	18.7	18.2	13.6	7.6	0.9	−4.7	7.3
降水量/mm	1.0	1.5	5.5	13.8	39.8	52.2	73.9	75.2	46.8	16.9	2.4	0.7	329.6
蒸发量/mm	47.2	68.2	127.8	200.8	214.7	198.8	205.1	195.8	134.6	108.0	68.0	44.9	1 613.8

乐都区境内水系主要有湟水水系及大通河水系。湟水由西向东横贯全区,出老鸦峡到民和享堂与大通河汇流,区境内流程72km,丰水年平均流量77.6m³/s,平水年平均流量48.0m³/s,枯水年平均流量31.7m³/s。乐都区境内,湟水接纳支流20余条,较大的一级支流有引胜沟、岗子沟、虎狼沟、下水磨沟等,这些支流大都为常年性河流,比降一般为31.8%～70.2%。丘陵区小支流、小冲沟发育,并多为季节性河流,平时多干枯无水,纵坡降大于20%。

湟水的一级支流引胜沟自北向南流经项目区东侧,为常年性河流。

2. 地形地貌

项目区总体地势北高南低,最低海拔2300m,最高海拔2454m,高差约154m,跨越地貌单元主要为侵蚀构造丘陵区。工作区以东为较为宽广的河谷平原区,河谷区宽400～500m。

黄土丘陵区位于项目区斜坡顶部,海拔2325～2400m,相对高差约75m,地形坡角35°～50°。斜坡下部局部区域近直立,斜坡大部分被改造成耕地,呈阶梯状,坡面植被覆盖率约50%,以草本植物及灌木为主,斜坡坡脚有乔木生长。项目区地形地貌特征如图6.4.1所示。

图6.4.1 项目区地形地貌特征

3. 地层岩性

通过地面调查和浅井揭露，项目区内出露的地层为第四系上更新统风积黄土（Qp_3^{eol}）。

第四系上更新统风积黄土（Qp_3^{eol}）分布于项目区斜坡上，颜色为黄褐色，结构松散—稍密，固结度较差，部分具有大孔隙，垂直节理发育，湿陷性较微弱，在地貌上构成梁峁状起伏地形。

4. 地质构造与地震

乐都地区大地构造属祁连山地槽褶皱系的中间隆起带、拉脊山地向斜褶皱地带及湟水河谷凹陷带3个次级构造单元。前者为达坂山隆起带，其主要构造线为北西—南东向，南部拉脊山区，以北西西向的紧密线状褶皱为其特征，如南大山向斜，轴向北西西，延伸70余千米，宽约13km。区内断裂构造发育，正、逆、平推断层皆存，按其延伸方向可分为近东西向及近南北向两组，盆地南部可见近东西向断层老地层逆覆于红层之上，系逆冲断层。湟水河谷凹陷带在第三纪初期急剧下降堆积了巨厚的浅黄棕色泥岩夹砂砾岩等碎屑岩。

晚新近纪以来，本区进入新构造时期，区内新构造运动以振荡式间歇性垂直升降运动为主，其显著标志为山区形成夷平面、河流下切形成多级阶地。区内新构造运动可分为湟水南北部山区由元古代地层构成的隆升带和盆地中部由新生代地层构成的相对下陷带，新构造运动的抬升区形成多级夷平面，沉降区形成多级河流阶地，晚更新世黄土及底砾石被抬升至侵蚀基准面以上数十至数百米，并受到流水的强烈侵蚀，呈现出千沟万壑的梁峁地貌。

乐都地区属青藏高原北部地震区、祁连山地震亚区，据统计资料，乐都区境内有记录的地震发生几十次之多，震级在4级以上有10次以上。

据《中国地震动参数区划图》（GB 18306—2015）附录A、附录B，区内地震动峰值加速度为0.1g，相应的地震基本烈度为Ⅶ度，地震反映谱特征周期0.45s。

5. 工程地质岩组

根据岩土体成因类型、结构构造特征及岩土体物理力学性质等，将项目区内的岩土体划分为单一结构黄土。

单一结构黄土呈黄褐色，结构松散—稍密，固结程度较差，具大孔隙，垂直节理发育，微弱湿陷性特性，地貌上构成梁峁状起伏地形。

土体天然含水量低，干密度低，天然孔隙比大，具高液限、低塑性、高压缩性等特点，地基承载力特征值$f_{ak}=120$kPa。该类土体工程力学性质较差，由于自身物理力学特点，在临空条件下易产生水土流失和不稳定斜坡灾害。

6. 水文地质条件

1）地下水类型

根据区域水文资料，项目区地下水按赋存条件、含水介质和水力性质可划分为松散岩类孔隙水。

松散岩类孔隙水分布在第四系松散堆积物中，主要受大气降水及灌溉水补给。因地形坡角较陡，地表径流条件好，地下水仅微弱赋存于岩体风化裂隙和构造裂隙中，水化学类型为SO_4—Na·Ca型，本次勘查过程中未见裂隙水及泉水渗出。

2）地下水的补给、径流、排泄条件

引胜沟是项目区内地表水和地下水的排泄通道和最低基准面。西宁盆地年平均降水量为369.1mm，地下水主要来源于大气降水，较充沛的大气降水为地下水的补给提供了条件。少量周边村民生活用水侧向补给地下水。

3）水文地质条件与地质灾害的关系

丘陵区前缘斜坡带土体结构疏松，具有较强的透水性，因斜坡坡角大，汇水面积小，只在局部地形条件有利于储水的个别地段微弱含水。大气降水、地表水及地下水活动的共同参与作用，是地质环境遭受破坏的主要诱发因素。

项目区不稳定斜坡体物质组成主要为黄土，大气降水和地表水的入渗形成地下水，地下水在孔隙及软弱带间运移、集中，不断对土体进行浸润软化作用，致使土体的抗剪、抗拉及抗压强度降低，并使软弱带相互连通。局部斜坡体在重力的作用下沿斜坡的软弱带产生卸荷拉裂—拉裂变形—变形破坏的演化过程。

7. 环境介质腐蚀性评价

1）水的腐蚀性评价

勘查期间，浅井内均未揭露到地下水，未能取得水样进行水质分析试验，现场调查未发现地下水对钢筋混凝土结构中钢筋和混凝土有腐蚀现象。勘查区前人工作结论所得经验数据：场地水中总矿化度为0.48～0.8g/L，pH值为7.32～7.36，SO_4^{2-}含量为106.5～225.7mg/L，Mg^{2+}含量为26.22～48.88mg/L，Na^+含量为102.2～265.8mg/L。根据《岩土工程勘察规范（2009年版）》附录G.0.1，场地环境类别为Ⅲ类，判定环境水介质对混凝土具微腐蚀性。

2）土体腐蚀性评价

本次应急勘查取3组土样进行易溶盐分析，分析表明：场地土全盐量6950～9890mg/kg，pH值7.16～7.45，Cl^-含量为356～413mg/kg，SO_4^{2-}含量为312～425mg/kg，Mg^{2+}含量为37.02～54.72mg/kg，Na^+含量为96.14～1261mg/kg。根据《岩土工程勘察规范（2009年版）》附录G.0.1，场地环境类别为Ⅲ类。根据表6.4.2和表6.4.3，判定环境土介质对混凝土具微腐蚀性，对钢筋混凝土结构中的钢筋具微—弱腐蚀性。

表 6.4.2　环境土介质对混凝土腐蚀性评价表

评价项目	环境类型	标准				实测土中含量/(mg·kg^{-1})	评价
		微	弱	中	强		
SO_4^{2-}	Ⅲ	<500	500~3000	3000~6000	≥6000	312~425	微腐蚀
Mg^{2+}	Ⅲ	<3000	3000~4000	4000~5000	≥5000	37.02~54.72	微腐蚀
综合评价	环境土介质对混凝土具微腐蚀性						

表 6.4.3　环境土介质对钢筋混凝土结构中钢筋的腐蚀性评价

评价项目	环境类型	标准				实测含量	评价
		微	弱	中	强		
土中的Cl^-含量/(mg·kg^{-1})	W<20%	<400	400~750	750~7500	>7500	356~413	微—弱腐蚀
综合评价	环境土介质对混凝土结构中钢筋具有微—弱腐蚀性						

8. 人类工程活动

近年来,项目区人类工程活动主要为修建村道及村道内侧截排水沟,村道宽 2~2.5m,为混凝土结构,截排水沟宽 0.8m,深 0.7m,为混凝土结构及"U"形槽结构。修建村道及村道内侧截排水沟将对丘陵区前缘斜坡带进行开挖,形成高陡坎,边坡易从路面内侧高陡处剪出而发生浅表层的滑塌。

二、不稳定斜坡特征

寿乐镇龙沟门村不稳定斜坡大致沿北西—南东向呈条带状展布。根据坡体形态和变形特征,将龙沟门村不稳定斜坡划分为两段,分别为 Q1 不稳定斜坡和 Q2 不稳定斜坡。两段斜坡坡体主要组成均为风积黄土(图 6.4.2)。

1. Q1 不稳定斜坡

该段不稳定斜坡位于乐都区寿乐镇龙沟门村 3 社和 4 社居民房后斜坡,地理坐标为:东经 102°23′16.6″,北纬 36°36′36.4″。Q1 不稳定斜坡前缘为村民房屋,后缘为耕地。斜坡平面形态近似长条形,纵剖面形态近似为折线形,陡坎近直立,前后缘地形平坦,陡坎高差 15~18.0m,微地貌整体上为南高北低,坡向 30°。

根据现场调查,Q1 不稳定斜坡后缘及两侧以斜坡拉裂带为界,前缘以坡脚陡坎为界。不稳定斜坡横向宽 92m,纵向长度 20~35m,斜坡面积约 2700m²,平均厚度约 6m,体积约 16 200m³(图 6.4.3 和图 6.4.4)。

图 6.4.2　寿乐镇龙沟门村不稳定斜坡地质灾害全貌

图 6.4.3　Q1 不稳定斜坡

2. Q2 不稳定斜坡

Q2 不稳定斜坡紧邻 Q1 不稳定斜坡,地理坐标为:东经 101°23′17.3″,北纬 36°36′35.3″。Q2 不稳定斜坡前缘为村民房屋,后缘为耕地。斜坡平面形态近似长条形,纵剖面形态近似为折线形,陡坎近直立,前后缘地形平坦,陡坎高差 8~12.0m,微地貌整体上为西高东低,坡向 60°~105°。

根据现场调查,Q2 不稳定斜坡后缘以裂缝为界,两侧以拉裂带为界,前缘以坡脚陡坎为界。不稳定斜坡横向宽 132m,纵向长度 18~27m,斜坡面积约 2600m^2,平均厚度约 8m,体积约 20 800m^3(图 6.4.5 和图 6.4.6)。

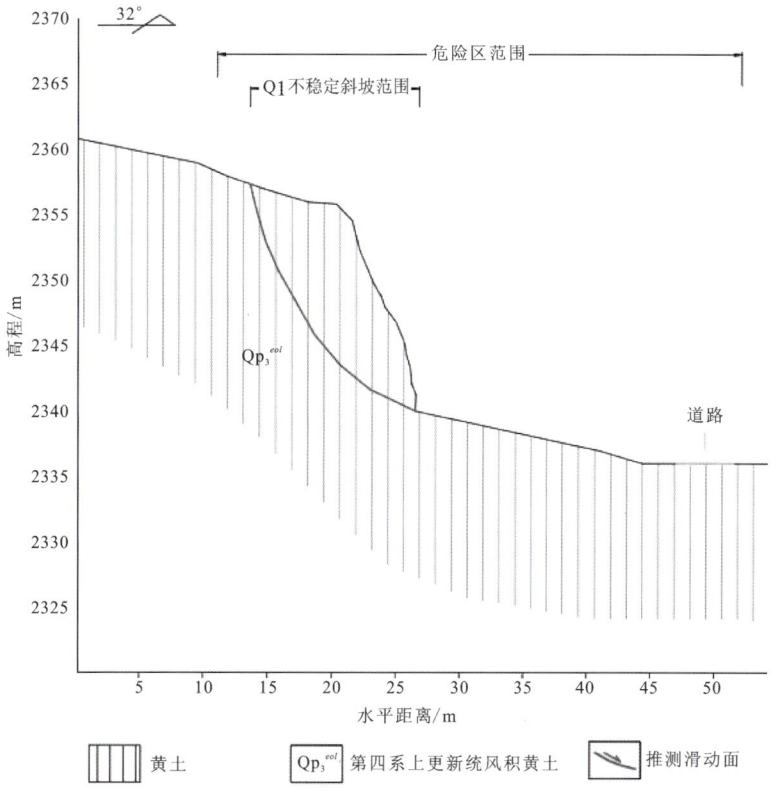

图 6.4.4　Q1 不稳定斜坡工程地质剖面图

图 6.4.5　Q2 不稳定斜坡

3. 不稳定斜坡物质组成

根据现场调查及探井揭露,Q1 不稳定斜坡和 Q2 不稳定斜坡斜坡物质均为第四系风积黄土(Qp_3^{eol}),呈黄褐色,结构松散—稍密,固结程度较差,具大孔隙,垂直节理发育,微弱湿陷性特征,在地貌上构成梁峁状起伏地形。

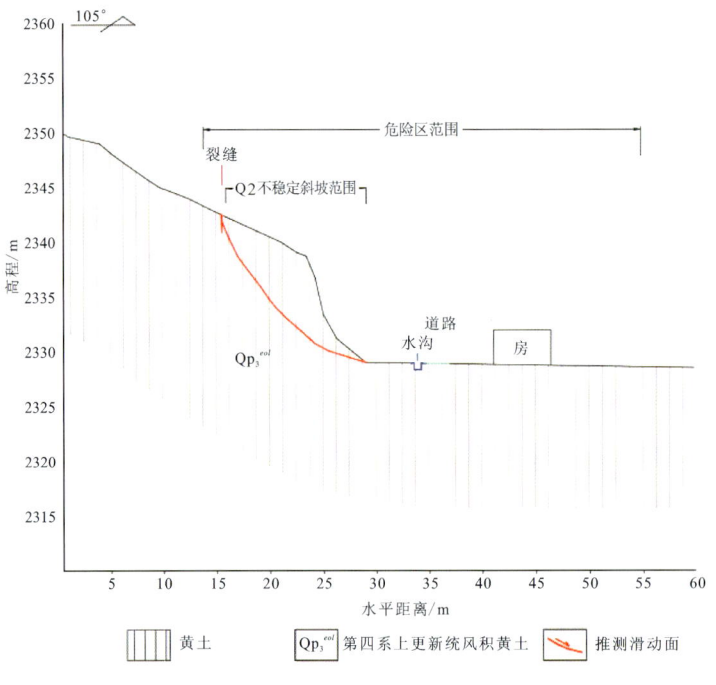

图 6.4.6 Q2 不稳定斜坡工程地质剖面图

三、不稳定变形破坏机理

1. 不稳定斜坡变形破坏特征

1）Q1 不稳定斜坡

根据现场调查访问，每年雨季，Q1 不稳定斜坡前缘有局部垮塌，但方量较小（图 6.4.7）。

图 6.4.7 Q1 不稳定斜坡前缘局部溜滑

2)Q2 不稳定斜坡

根据现场调查访问,2022 年雨季,Q2 不稳定斜坡前缘有多处垮塌,方量 3~5m³。Q2 不稳定斜坡中后部产生拉张裂缝(L1),裂缝长 6.1m,宽 3~5cm,可见深度 3~15cm,延伸方向 150°(图 6.4.8)。

图 6.4.8　Q2 不稳定斜坡前缘多处垮塌

2. 斜坡稳定性影响因素

寿乐镇龙沟门村不稳定斜坡的稳定性影响因素主要包括地形地貌和地层岩性(内因)以及降水(外因)。

1)地形地貌

不稳定斜坡地形坡角较陡,微地貌前缘呈陡坎状,高 8~20m,坡面植被稀疏,坡体自稳性差,在重力作用下,斜坡体表面的松散岩土体容易发生崩塌失稳。

2)地层岩性

岩土体是产生滑塌的物质基础,工作区原始斜坡的岩性为第四系风积黄土,该土体在水的作用下力学性质变化大,易形成软弱面,故在雨水的作用下风积黄土斜坡易形成滑塌等自然灾害。

3)降水

降水沿坡体发育的裂缝入渗增大了表层岩土体容重,降低土体力学性质,诱发不稳定斜坡形成,故降水是引发不稳定斜坡发生的主要因素。工作区多年平均降水量 329.6mm,年最大降水量 452.4mm(1979 年),降水量在年内分配不均,主要集中在 5—9 月份,占全年降水量的 87.4%。特别是近年来,降水极端天气出现,在工作区附近多地引发地质灾害,故工作区内具有引发不稳定斜坡发生的降水条件。

3. 不稳定斜坡形成机制

Q1 不稳定斜坡和 Q2 不稳定斜坡灾害的形成主要与影响因素有关。由于人工开挖形成较陡边坡,为不稳定斜坡提供了有利地形条件。特别是不稳定斜坡出露的地层主要为第四纪地层,以黄土为主,土体对含水量变化极为敏感。在降水条件下,土体内含水量较高,自重增大。加之降水易渗入土体,使土体的力学性质显著降低,最终形成不稳定斜坡。

四、灾害体稳定性分析

现场调查表明,Q1 不稳定斜坡和 Q2 不稳定斜坡在调查期间未发现有整体变形的迹象,仅在斜坡坡脚存在局部土体垮塌、溜滑的现象。但由于不稳定斜坡高差较大、坡角陡、坡体结构松散,在连续降水或地震等不利因素作用可能发生变形破坏,对坡脚村民构成威胁,因此需要对灾害体进行稳定性分析与评价。

1. 稳定性计算模型

Q1 不稳定斜坡和 Q2 不稳定斜坡坡体为第四系上更新统风积黄土(Qp_3^{eol}),厚度较大,无明显的卸荷裂隙发育,整体破坏模式为圆弧滑动破坏,因此采用圆弧法进行计算,具体计算公式如《滑坡防治工程勘查规范》(GB/T 32864—2016)推荐公式所示。

2. 稳定性分析参数与工况

1)计算剖面

根据不稳定斜坡变形特征,选择斜坡 2-2′剖面、5-5′剖面、7-7′剖面进行稳定性计算与评价。

2)土体物理力学参数

不稳定斜坡体的天然重度、饱和重度采用试验资料,结合工程经验值,建议取值为:天然重度为 16.2kN/m³,饱和重度为 18.6kN/m³。

由于本次分析评价的斜坡体尚未出现明显的变形破坏迹象,故根据反演并结合实验值确定出潜在滑带的抗剪强度指标。本次取样位置接近(搜索)潜在滑面,最后确定的潜在滑带抗剪强度参数如表 6.4.4 所示。

表 6.4.4 不稳定斜坡潜在滑带抗剪强度参数

抗剪强度参数	天然状态		饱和状态	
	c/kPa	φ/(°)	c/kPa	φ/(°)
反演值	25.2	27.8	21	23.5
实验值	29.0	32.0	27.2	28.1
权重比例	反演值:实验值=0.9:0.1		反演值:实验值=0.9:0.1	
综合取值	25.6	28.2	21.2	24.0

3)地震峰值加速度

工作区抗震设防烈度为Ⅶ度,设计基本地震峰值水平加速度 $a_h=0.10\text{m/s}^2$,综合水平地

震系数 $a_w=0.25$。

4) 计算工况

根据不稳定斜坡特征及其荷载情况,并考虑威胁对象,根据《滑坡防治设计规范》(GB/T 38509—2020),本次防治工程为Ⅲ级,稳定性分析选定如下 3 种荷载组合方案计算评价稳定性。

工况Ⅰ:自重(天然状态)

工况Ⅱ:自重(降水状态)

工况Ⅲ:自重(天然状态)+地震荷载

3. 稳定性计算结果与评价

Q1 不稳定斜坡和 Q2 不稳定斜坡现状条件下变形特征为前缘发生滑塌,Q2 不稳定斜坡顶部出现张拉裂缝,2 段不稳定斜坡均未见整体变形迹象。故采用圆弧法搜索潜在滑带,然后对最危险破坏面采用圆弧条分法进行稳定系数及剩余下滑力的计算。

根据《滑坡防治工程勘查规范》(GB/T 32864—2016)对斜坡的稳定性状态划分如表 6.4.5 所示,Q1 不稳定斜坡和 Q2 不稳定斜坡的稳定状态以及剩余下滑力如表 6.4.6 所示。

表 6.4.5 不稳定斜坡稳定状态划分

稳定系数 F_s	$F_s<1.00$	$1.00\leqslant F_s<1.05$	$1.05\leqslant F_s<1.15$	$F_s\geqslant 1.15$
稳定状态	不稳定	欠稳定	基本稳定	稳定

表 6.4.6 不稳定斜坡稳定状态及剩余下滑力统计

灾害分区	剖面编号	工况	稳定系数	稳定状态	安全系数	剩余下滑力/$(kN \cdot m^{-1})$
Q1	2-2′	工况Ⅰ	1.343	稳定	1.20	0.00
		工况Ⅱ	1.114	基本稳定	1.15	40.10
		工况Ⅲ	1.298	稳定	1.05	0.00
Q2	5-5′	工况Ⅰ	1.183	稳定	1.20	25.36
		工况Ⅱ	0.930	不稳定	1.15	386.49
		工况Ⅲ	1.150	稳定	1.05	0.00
	7-7′	工况Ⅰ	1.369	稳定	1.20	0.00
		工况Ⅱ	1.065	基本稳定	1.15	101.06
		工况Ⅲ	1.319	稳定	1.05	0.00

稳定性计算结果表明:

Q1 不稳定斜坡(2-2′剖面)工况Ⅰ时处于稳定状态,工况Ⅱ时处于基本稳定状态,工况Ⅲ

时处于稳定状态；

Q2 不稳定斜坡(5-5′剖面)工况Ⅰ时处于稳定状态,工况Ⅱ时处于不稳定状态,工况Ⅲ时处于稳定状态；

Q2 不稳定斜坡(7-7′剖面)工况Ⅰ时处于稳定状态,工况Ⅱ时处于基本稳定状态,工况Ⅲ时处于稳定状态。

4. 灾害体的发展趋势及危害性预测

1)发展变化趋势

Q1 不稳定斜坡和 Q2 不稳定斜坡虽未出现整体失稳的迹象,但结合稳定性计算结果,Q1 不稳定斜坡在工况Ⅰ时处于稳定状态,在工况Ⅱ处于基本稳定状态,在工况Ⅲ处于稳定状态；Q2 不稳定斜坡在工况Ⅰ时处于稳定状态,在工况Ⅱ处于不稳定至基本稳定状态,在工况Ⅲ处于稳定状态。Q1 不稳定斜坡在暴雨工况下局部将发生垮塌;Q2 不稳定斜坡有可能发生整体变形滑动。

2)危害性与危险性预测

根据调查访问,龙沟门村不稳定斜坡目前主要以小规模的浅表层滑塌为主,但该斜坡坡角较大,高度较高,前缘坡脚累进性破坏将会牵引后部土体产生整体失稳,进而发生整体破坏,威胁对象主要为坡脚 7 户 18 人,威胁财产约 200 万元,急需采取工程措施进行治理。

五、治理方案及设计

1. 防治工程目标与原则

1)目的与目标

龙沟门村不稳定斜坡地质灾害对斜坡坡脚村民的生命财产安全造成影响,为此,工程治理目标是通过工程治理提高斜坡稳定性的安全储备,达到设防标准要求,防止不稳定斜坡在降水、地震等因素的作用下产生变形破坏,从而改善和恢复地质环境,为当地建设和经济发展创造安全的地质环境条件。

2)防治原则

由于不稳定斜坡目前稳定性较差,在暴雨等不利因素影响下易再次发生变形破坏,对群众的生命财产安全构成严重威胁,因此需对灾害体采取应急治理措施。

(1)综合治理,防治结合。由于影响因素多、性质复杂,对斜坡灾害防治采用技术成熟的格构护坡、护脚墙等措施,结合加强排水等多种手段综合治理。同时,因地制宜,防治结合,确保重点,兼顾其他。

(2)以人为本,安全第一。对工程治理方案,综合考虑多种影响因素,特别是地形、地层、降水、人工扰动等不利影响,结合国土部门技术标准,以人为本,确保工程安全,不诱发新的环境地质问题,使斜坡稳定性得以提高。同时,在工程施工期间,采取完善的安保措施,确保施工机械、人员安全。

(3)技术可行,经济合理。对工程治理方案,采用成熟、可靠的岩土工程治理技术,综合治理灾害。因地制宜,拟定可行的多种方案进行技术、经济比选,确保工程安全性和可行性。在安全性和经济性发生矛盾时,优先选择工程安全性,力争使灾害地段不遗留安全隐患。

(4)动态设计,信息化施工。由于地质条件的复杂性和简易勘查工作的局限性,在施工期间应加强滑坡监测、简易观测和经常性巡视,随时掌握灾害体动态,确保施工安全。并应加强信息化施工,坚持动态设计的原则,加强基坑开挖、边坡刷方过程的地质编录,发现地质情况与勘察设计不符时,及时反馈信息并进行设计优化和调整。

2. 设计工况及参数

1)防治工程等级

依据《滑坡防治设计规范》(GB/T 38509—2020)"滑坡防治工程级别划分"(表6.4.7),根据威胁对象、财产损失及工程投资等,龙沟门村不稳定斜坡威胁对象为坡脚7户村民,威胁人数18人,威胁设施一般,综合确定本次防治工程等级为Ⅲ级。

表6.4.7 一般滑坡防治工程分级标准

级别		特级	Ⅰ	Ⅱ	Ⅲ
危害对象	威胁人数/人	≥5000	≥500且<5000	≥100且<500	<100
	威胁设施	非常重要	重要	较重要	一般

2)设计工况及安全系数

根据《滑坡防治设计规范》(GB/T 38509—2020),不稳定斜坡治理工程安全系数按照防治工程分级分别选取如表6.4.8所示。

设计工况:工况Ⅰ,安全系数 $K=1.2$
校核工况:降雨工况(工况Ⅱ),安全系数 $K=1.15$
地震工况(工况Ⅲ),安全系数 $K=1.05$

表6.4.8 防治工程设计荷载组合及设计安全系数

灾害体编号	防治工程等级	设计	校核		
		工况Ⅰ	工况Ⅱ	工况Ⅲ	工况Ⅳ
Q1、Q2	Ⅲ级	1.20	1.15	1.05	不考虑

3)防治工程参数选取

(1)降水

项目区多年平均降水量329.6mm,年最大降水量452.4mm(1979年),降水量在年内分配不均,主要集中在5—9月份,占全年降水量的87.4%,这几个月也是地质灾害的易发期。

(2)地表荷载

由于坡面人类工程活动较少,因此不考虑地表荷载的影响。

(3)岩土物理力学参数

岩土体物理力学参数根据勘察试验资料、反演分析并结合地区经验综合确定,如表6.4.9所示。

表6.4.9 岩土物理力学性质参数取值建议表

岩土名称	天然容重 $\gamma_0/(kN·m^{-3})$	饱和重度 $\gamma_w/(kN·m^{-3})$	天然抗剪强度		饱和抗剪强度	
			内聚力 c/kPa	内摩擦角 $\varphi/(°)$	内聚力 c/kPa	内摩擦角 $\varphi/(°)$
黄土	16.2	18.6	25.6	28.2	21.2	24.0

(4)地震

根据国家标准《建筑抗震设计规范》(GB 50011—2010),工作区抗震设防烈度为Ⅶ度,设计基本地震加速度值为0.10g。因此,根据《建筑边坡工程技术规范》(GB 50330—2013),设计基本地震峰值水平加速度 $a_h=0.10m/s^2$,综合水平地震系数 $a_w=0.25$。

3. 防治工程总体方案

项目区发育规模不等的两处不稳定斜坡。为达到前述防治目标,应确保不稳定斜坡不发生整体或局部滑移,可通过消除灾害体发育的内在或诱发因素,结合抗滑支挡等工程方案实现治理目标。

根据项目区各灾害体发育特征及工程条件,结合保护对象并参考周边已有类似工程经验,最终确定防治方案如下。

1)Q1不稳定斜坡

根据稳定性计算,Q1不稳定斜坡在工况Ⅱ下处于基本稳定状态,整体未见明显变形,仅局部垮塌,因此在其前缘新建Ⅰ型护脚墙,确保斜坡整体稳定。

2)Q2不稳定斜坡

根据稳定性计算,Q2不稳定斜坡在工况Ⅱ下处于不稳定状态,且Q2不稳定斜坡多处发生垮塌变形,结合场地条件,对Q2不稳定斜坡进行削坡减重+格构护坡措施,并在前缘新建Ⅱ型护脚墙,保证斜坡整体稳定。

4. 防治工程分项设计

1)Q1不稳定斜坡治理工程

Q1不稳定斜坡前缘坡脚位置布置Ⅰ型护脚墙,采用重力式挡土墙,墙体结构为C20混凝土。

Ⅰ型挡土墙长 $L=90m$,墙高 $H=4.0m$,其中基础埋深 $h=1.0m$,面坡坡比1∶0.3,背坡直立。

墙身设置两排 ϕ100mmPVC 泄水孔,第一排距地面以上 0.5m,第二排距第一排 1.5m,泄水孔横向间距 1.5m,梅花形布置,泄水孔迎土侧设置 0.2m 反滤层。

墙后回填时,应先将表层松散浮土清除,回填土应分层压实,每层厚 0.2~0.3m,压实度应不小于 0.92。

墙体每隔 10m 设一道伸缩缝,采用沥青木板。

护脚墙开挖坡比按 1:0.3 控制,挡墙基础浇筑前,需对基础底面进行夯实,压实度应不小于 0.92。

2)Q2 不稳定斜坡治理工程

(1)护脚墙工程

Q2 不稳定斜坡前缘坡脚位置布置Ⅱ型护脚墙,采用重力式挡土墙,墙体结构为 C20 混凝土。

Ⅱ型挡土墙长 $L=130$m,墙高 $H=2.5$m,其中基础埋深 $h=1.0$m,面坡坡比 1:0.3,背坡直立。

墙身设置一排 ϕ100mmPVC 泄水孔,距地面以上 0.5m,泄水孔横向间距 1.5m,梅花形布置,泄水孔迎土侧设置 0.2m 反滤层。

墙后回填时,应先将表层松散浮土清除,回填土应分层压实,每层厚 0.2~0.3m,压实度应不小于 0.92。

墙体每隔 10m 设一道伸缩缝,采用沥青木板。

护脚墙开挖坡比按 1:0.3 控制,挡墙基础浇筑前,需对基础底面进行夯实,压实度应不小于 0.92。

Ⅰ型和Ⅱ型护脚墙修建过程中,会破坏不稳定斜坡坡脚处约 20 棵乔木,根据"青政办〔2007〕46 号"相关规定予以赔偿。

(2)削坡工程

为确保 Q2 不稳定斜坡整体稳定,采用分阶削坡措施减重。削坡时,每阶高度约 6.10m,根据地形变化分 2~3 级边坡,每级边坡平整坡率 1:0.9,每阶之间设置宽 1.50m 马道,并对马道进行硬化,硬化厚度 0.2m。

(3)格构护坡工程

Ⅱ型护脚墙墙顶坡面削方整平后斜坡坡角为 1:0.9,为防止土体垮塌和坡面变形,对斜坡设置格构进行护坡,格构框架为 4.0m×4.0m 规格。

框架梁横梁、底梁及竖肋为矩形截面,尺寸为 0.3m×0.3m,顶梁为平行四边形截面,采用 C25 钢筋混凝土浇筑,梁、肋框架整体浇筑,一次完成。

框架结构主筋采用 HRB400 ϕ16 型钢筋,箍筋采用 HPB300 ϕ8 型钢筋。框架梁嵌入土层深度不小于 2/3 框架梁高度,每 12m 设置 2cm 伸缩缝,内填沥青木板条,深度 20cm。

格构浇筑完成后,在格构框架内部撒播草籽进行复绿,复绿面积 2536m²。

5. 监测工程设计

1）监测任务和目的

根据防灾预警及治理效果的要求,需要对 Q1 和 Q2 不稳定斜坡进行治理过程中和治理后的监测工作,各个阶段的监测工作的主要目的如下。

(1)治理过程中,可防止不稳定斜坡发生突发性滑塌,确保人口聚集区人民生命财产的安全,同时满足工程设计、信息化施工的需要,必须建立地质灾害监测网络。工程施工过程中可利用临时监测点和加密监测点开展变形的监测工作,以确保治理施工的安全。

(2)治理工程结束后,需要建立效果监测网,开展 Q1 和 Q2 不稳定斜坡治理工程变形的监测工作,以检验治理效果。

2）监测设计依据

①《崩塌、滑坡、泥石流监测规范》(DZ/T 0221—2006)

②《滑坡、崩塌监测测量规范》(DZ/T 0227—2004)

③《建筑边坡工程技术规范》(GB 50330—2013)

④《建筑变形测量规程》(JGJ 8—2016)

⑤《工程测量规范》(GB 50026—2007)

3）监测设计原则

(1)建立有效简便的监测网络

建立综合监测系统,在治理施工全过程中,及时测定和预报不稳定斜坡的位移、应力等变化情况,确保施工安全,并为长期稳定性预测研究提供资料。

(2)采取多种手段进行综合监测

监测工作采取简易观测、大地变形监测等综合手段。各种监测成果相互映证,提高监测成果资料的可靠性。

(3)监测仪器选择原则

监测仪器选择原则:仪器的可靠性和长期稳定性应满足规范要求;足够的测量精度、灵敏度及相应量程;现场使用比较方便、简单;仪器不易损坏,尤其是长期监测仪器应具有防风、防雨、防腐、防潮、防震、防雷电干扰等与环境相适应的性能。

4）监测工作方案

监测目的:在施工期开展地质灾害监测和预警预报工作,防止因施工开挖或降水、余震、爆破等因素的影响引发不稳定斜坡变形失稳,确保施工作业人员及其他人员的安全。

监测点设计:监测点设计于 Q1 和 Q2 不稳定斜坡上以及对施工安全存在直接影响的灾害体上。监测 Q1 和 Q2 不稳定斜坡的稳定性,一旦发生变形失稳,及时通知施工人员撤离现场,确保施工人员安全。

监测仪器:水准仪、钢卷尺等。

监测时间和频度要求:从开工至竣工完成的施工期间,每天 1 次,出现变形加剧时应加密监测次数。

防灾预案:施工单位应根据地质灾害变形特点及施工组织方案编制施工期突发地质灾害防灾预案,并作为施工组织方案的组成部分。预案中必须明确防灾责任人、监测负责人及其相关人员的分工和职责。防灾预案应实地划定危险区范围,设立危险区警戒线、警示标志、标牌,设专人值守瞭望,无关人员不得进入。现场确定安全撤离路线和临时避险区,明确避险信号,组织在危险区施工作业的全体人员进行避险演习。根据监测,出现险情征兆时及时组织撤离避险。施工单位应成立抢险救援小分队,工地现场应储备必要的救援救生设备和医疗用品。

5)施工期间监测方案

(1)Q1 和 Q2 不稳定斜坡变形监测

在 Q1、Q2 不稳定斜坡上布设 11 个位移监测点(SGJC01～SGJC011),对斜坡体上的变形裂缝及地表位移进行监测,布设简易观测桩,形成观测断面。采用人工测量的方法进行观测,读数精度到 0.1mm,正常情况下确保 1 次观测,当该区域施工时加密测量次数。前期与施工监测、后期与效果监测同步进行。并安排专门的安全员,对边坡进行巡视,加强施工阶段的监测及巡视,做好监测、巡视记录,做好安全防护。

(2)高危施工段监测设计

治理工程措施主要有护脚墙、格构护坡等,施工过程中对斜坡区进行宏观巡视监测的同时,需对基础开挖、开挖弃渣临时堆放等易出现安全隐患的施工段进行监测。共设施工观测点 3 个(GC01～GC03)。

在施工中建立临时监测点,观测斜坡变形情况,以保证施工作业人员安全。主要开展人工巡查、裂缝简易监测工作,发现异常变形时要及时报警,迅速撤离施工区所有人员,以确保人员安全。

6)试运行期监测

为了检验护脚墙等治理效果,需进行位移、沉降监测,在竣工的护脚墙墙顶、格构区域等部位设监测桩,采用全站仪定时监测,共设效果监测点 8 个(JGJC01～JGJC08)。

监测目的:在试运行期(初验至终验前这一阶段)开展地质灾害监测和预警预报工作,防止因工程失效或超设计标准的降水、地震等因素的影响引发灾害体的变形失稳,确保治理区人员的安全,为治理工程竣工验收提供治理效果的监测成果。

监测点设计:监测点设计于每个分项治理工程,对治理工程的成效进行监测。

监测仪器:全站仪、钢卷尺等。

监测时间和频度要求:从竣工后至初验期间(一般应有 1 个水文年),旱季每月 1 次,雨季半月 1 次,在暴雨期间,应加密监测次数(表 6.4.10)。主体治理工程建筑物一旦出现开裂或变形位移量过大、过快时应加密监测次数,监测工作结束后,应编制监测总结报告。

表 6.4.10 监测工作量

名称	工作量数/个
施工期间变形监测	11
试运行监测	8
监测基准点	3
施工期安全观测点	3

7)监测方法

监测方法主要采取地质巡查、沉降位移观测等手段。地质巡查内容为 Q1 和 Q2 不稳定斜坡地表有无新增裂缝、错动台坎、鼓丘等地表变形迹象,治理工程结构有无变形(开裂)等情况。

施工期监测和试运行监测工作由施工单位负责实施,并提交监测数据和监测报告。

结合当地的实际技术经济条件,确定对 Q1 和 Q2 不稳定斜坡灾害的治理工程监测主要采用简易的监测方法。

为保证施工期的施工安全,由施工方派专职人员对灾害体变形进行监测,并将工程布置区域作为重点监测区域。施工期间主要以人工巡视为主,监测周期为每周 1 次,主要观察坡体上是否有新近产生的裂缝或其他变形迹象,不稳定斜坡是否有新的裂缝产生或其他异常现象。

在施工完成后,可以采用人工巡视和支挡结构变形监测两种手段相结合的方法。支挡结构变形监测也主要采用一些简易的监测方法,无须设计独立、永久性的变形监测点。监测中如发现有异常现象,经确认后,应及时向有关部门反映。

主要参考文献

白刚刚,吴英波,2013.青海省曲麻莱县融冻泥流地质灾害浅析[J].青海环境,23(2):90-91+108.

曹小岩,2024.极端降雨条件下青海省地质灾害发育分布特征[J].黑龙江环境通报,37(9):21-23.

常文娟,任光明,李畅,等,2018.青海某沟谷"8·21"泥石流发育特征及危险性评价[J].中国地质灾害与防治学报,29(6):33-39+52.

畅斌,张金功,2013.柴西地区第三系发育平行层面缝岩石的粘土矿物特征[J].矿物学报,33(1):57-62.

陈发虎,黄伟,靳立亚,等,2011.全球变暖背景下中亚干旱区降水变化特征及其空间差异[J].中国科学(地球科学),41(11):1647-1657.

陈发虎,谢亭亭,杨钰杰,等,2023.我国西北干旱区"暖湿化"问题及其未来趋势讨论[J].中国科学(地球科学),53(6):1246-1262.

崔芳鹏,胡瑞林,谭儒蛟,等,2008.青海八大山滑坡群形成机制及稳定性评价研究[J].岩石力学与工程学报(4):848-857.

戴军,陈文君,申淑娟,2021.基于综合灾害风险评估的高原山区乡村聚落空间优化——以青海省海东市乐都区为例[J].灾害学,36(4):119-125+132.

丁一汇,柳艳菊,徐影,等,2023.全球气候变化的区域响应:中国西北地区气候"暖湿化"趋势、成因及预估研究进展与展望[J].地球科学进展,38(6):551-562.

范晓岭,2023.青海化隆群科新区红层大型滑坡群成因机制研究[J].自然灾害学报,32(2):210-216.

房建宏,王振,徐安花,等,2017.青海黄土工程特性及公路修筑对策研究[J].中外公路,37(6):28-31.

高崇越,赵健赟,王志超,等,2024.青海省湟水流域潜在地质灾害识别与易发性评价[J].水土保持通报,44(2):245-257.

高英,马艳霞,张吾渝,等,2019.西宁地区黄土增湿变形特性及微观结构分析[J].工程地质学报,27(4):803-810.

巩云鹏,2018.青海乐都地区地质环境适宜性评价[D].西安:长安大学.

郭安邦,张吾渝,刘凌霄,等,2019.含水率对青海地区原状黄土力学性能的影响[J].水利水电技术,50(1):10-17.

郭芳芳,杨农,孟晖,等,2008.地形起伏度和坡角分析在区域滑坡灾害评价中的应用

[J].中国地质,35(1):131-147.

郭小花,李小林,赵振,等,2011.青海4·14玉树地震地质作用对地质环境影响分析[J].工程地质学报,19(5):685-696.

郝君明,吴通华,李韧,等,2020.青藏高原东北部青海玉树泥流滑坡特征和成因分析[J].冰川冻土,42(2):447-456.

洪磊,马润勇,章晓余,2017.青海加吾矿区玛日当沟泥石流启动机理研究[J].工程地质学报,25(2):472-479.

胡贵寿,吴文新,魏刚,2008.青海省特大型滑坡基本类型和发育分布特征[J].青海国土经略(6):40-43.

姜营海,任世霞,王鹏,等,2013.柴达木盆地西南区第三纪地层对比与划分[J].地层学杂志,37(1):58-61.

蒋瑶,2014.青海省玉树地区地震滑坡研究[D].北京:中国地质大学(北京).

靳德武,孙剑锋,付少兰,2005.青藏高原多年冻土区两类低角度滑坡灾害形成机理探讨[J].岩土力学,26(5):774-778.

李芙林,陈忠宇,张志强,2005.青海滑坡初探[J].工程地质学报(3):300-304.

李刚,2015.反井钻机在青海第三系泥岩地区煤仓施工中的应用[J].神华科技(2):48-51.

李佳资,唐书君,徐峰,2020.青海省地质灾害防治与地质环境利用[J].中国锰业,38(2):86-89.

李郎平,兰恒星,郭长宝,等,2017.基于改进频率比法的川藏铁路沿线及邻区地质灾害易发性分区评价[J].现代地质,31(5):911-929.

李林,申红艳,刘彩红,等,2020.青海湖水位波动对气候暖湿化情景的响应及其机理研究[J].气候变化研究进展,16(5):600-608.

李明,孙洪泉,苏志诚,2021.中国西北气候干湿变化研究进展[J].地理研究,40(4):1180-1194.

李青平,管琴,李杰,2013.一次诱发青海东部地质灾害的强降水数值模拟及诊断分析[J].北京农业(9):155-156.

李珍,曾永年,单纬东,等,1991.青海东北部黄土分布规律与特征[J].青海师范大学学报(自然科学版)(4):51-56.

梁虹,张为为,农华,2017.青海省气温空间变化特征分析[J].气象研究与应用,2017(增刊1):52-53.

刘峰,陈惠娟,王士东,等,2015.西宁市主要地质灾害成因及变形破坏模式分析[J].地下水(3):175-177.

刘锋英,喻建新,王永标,2002.黄河源区第三系贵德群孢粉化石组合特征[J].地球科学(中国地质大学学报),27(4):373-376.

刘广岳,谢昌卫,杨淑华,2018.青藏公路沿线多年冻土区活动层起始冻融时间的时空变化特征和影响因素[J].冰川冻土,40(6):1067-1078.

刘义,武选民,王兵虎,2016.青海东部西宁盆地北缘红层滑坡成因机制与稳定性评价——以石板滩滑坡为例[J]. 中国地质灾害与防治学报,27(3):34-41.

卢螽橚,1988. 浅论易滑地层[J]. 山地研究(2):119-122.

吕文斌,曹小岩,魏正发,2018. 青海省地质灾害防治工作年度报告(2018年)[R]. 西宁:青海省地质环境监测总站.

罗传庆,张吾渝,李辉,等,2016. 西宁地区原状黄土强度各向异性试验研究[J]. 工程地质学报,24(6):1327-1332.

彭亮,杜文学,田浩,2021. 西宁市特大滑坡监测预警示范[J]. 科学技术与工程,21(18):7806-7813.

彭亮,田浩,杜文学,2022. 青海东部突发性地质灾害降雨预警研究[J]. 西北师范大学学报(自然科学版),58(6):9-12,123.

青海省人民政府办公厅,2023.青海省人民政府办公厅关于印发青海省2023年度地质灾害防治方案的通知[J]. 青海省人民政府公报(汉文版)(13):29-37.

青海省统计局,2020. 青海统计年鉴2020年[M]. 北京:中国统计出版社.

曲淑艳,2011. 青海湿陷性黄土工程地质特征研究[J]. 青海科技,18(3):72-74.

申银香,袁时祥,马鸣,等,2018. 西宁市及周边地区滑坡灾害成因机制分析[J]. 青海国土经略(4):63-66.

沈凌铠,周保,魏刚,等,2023. 气温变化对多年冻土斜坡稳定性的影响——以青海省浅层冻土滑坡为例[J]. 中国地质灾害与防治学报,34(1):8-16.

施雅风,沈永平,李栋梁,等,2003. 中国西北气候由暖干向暖湿转型的特征和趋势探讨[J]. 第四纪研究,23(2):152-164.

史立群,魏刚,殷志强,等,2020,青海尖扎盆地寺门村滑坡发育特征及成因分析[J]. 中国地质灾害与防治学报,31(5):15-21.

孙志勇,2022. 青海省囊谦县某高寒山区滑坡灾害特征与预警阈值分析[J]. 长春工程学院学报(自然科学版),23(2):66-71.

唐帮兴,刘新民,冯光扬,等,1995.四川省自然灾害及减灾对策[M]. 成都:电子科技大学出版社.

田婷婷,吴中海,马志邦,等,2014. 青海玉树断裂带地震落石的地震地质意义[J]. 地质通报,33(4):567-577.

王成善,朱利东,刘志飞,2004.青藏高原北部盆地构造沉积演化与高原向北生长过程[J]. 地球科学进展(3):373-381.

王澄海,张晟宁,张飞民,等,2021. 论全球变暖背景下中国西北地区降水增加问题[J]. 地球科学进展,36(9):980-989.

王家鼎,惠泱河,2002. 黄土地区灌溉水诱发滑坡群的研究[J]. 地理科学,22(3):305-310.

王进寿,张开成,王占昌,等,2006. 西宁盆地深部构造与地震[J]. 高原地震(3):16-24.

王鹏,赵澄林,2001.柴达木盆地北缘地区第三系碎屑岩储层沉积相特征[J]. 石油大学学报(自然科学版),25(1):12-15+8.

王永辉,冶晓娟,潘红忠,2022.气候暖湿化评价指数构建及在青海省的应用[J].干旱区研究,39(5):1437-1448.

魏正发,曹小岩,张俊才,等,2021.青海省滑坡崩塌泥石流灾害时空分布特征[J].中国地质灾害与防治学报,32(6):134-142.

魏正发,曹小岩,张俊才,2020.青海省地质灾害防治工作年度报告(2019年)[R].西宁:青海省地质环境监测总站.

魏正发,张俊才,曹小岩,等,2021.青海西宁南北山滑坡、崩塌成因及影响分析[J].中国地质灾害与防治学报,32(4):47-55.

吴启红,徐青,彭振斌,等,2010.第三系粉砂质泥岩风化特征[J].科技导报,28(6):65-68.

吴润霖,党星海,周兆叶,等,2021.岷县地质灾害易损性模糊综合评价[J].地理空间信息,19(3):86-89,108,7.

武小鹏,王兰民,房建宏,等,2018.原状黄土地基渗水特性及其与自重湿陷的关系研究[J].岩土工程学报,40(6):1002-1010.

谢高地,张彩霞,张雷明,等,2015.基于单位面积价值当量因子的生态系统服务价值化方法改进[J].自然资源学报(8):1243-1254.

辛鹏,王涛,吴树仁,2018.青海西宁—民和新近纪泥岩盆地菜子沟大型平推式滑坡形成机制研究[J].地球学报,39(3):342-350.

许强,张一凡,陈伟,2010.西南山区城镇地质灾害易损性评价方法——以四川省丹巴县城为例[J].地质通报,29(5):729-738.

杨芳,1997.青海东部地区的水害[J].水土保持通报(6):33-36.

杨建平,丁永建,沈永平,等,2004.近40a来江河源区生态环境变化的气候特征分析[J].冰川冻土,26(1):7-16.

杨玲,权开兄,代庆礼,等,2015.西宁市重大地质灾害隐患分布规律研究[J].青海环境,25(3):113-116,121.

杨旭伟,赵勇,孔逊,2017.青海省祁连县拱北槽沟泥石流形成条件及治理措施[J].青海大学学报(自然科学版),35(4):26-31.

叶全,2022.青藏高原东部边缘区自然环境灾害与生态脆弱性评估[D].上海:华东师范大学.

殷翔,李鑫,马震,2021.青海玛多M_S7.4地震震害特点分析[J].地震工程学报,43(4):868-875.

曾方明,2016.青海湖地区晚第四纪黄土的物质来源[J].地球科学,41(1):131-138.

张秉来,刘宇平,2017.青海东部输电线路地质灾害特征及防治措施[J].西部探矿工程,29(11):11-13.

张丰雄,康琴,2008.西宁地区湿陷性黄土工程地质特性浅析[J].教育论坛(1):93-95.

张海霞,张福海,张文慧,等,2005.青海省第三系泥岩的膨胀性和力学性研究[J].人民黄河,27(1):54-55,58.

张红丽,韩富强,张良,等,2023.西北地区气候暖湿化空间与季节差异分析[J].干旱区研究，40(4)：517-531.

张櫵钰，张克信，季军良，等，2010.青藏高原东北缘循化盆地渐新世—上新世沉积相分析与沉积演化[J].地球科学(中国地质大学学报)，35(5)：774-788.

张静，保广裕，马守存，等，2021.青海省公路交通地质灾害特征与影响分析[J].青海环境，31(4)：176-180.

张俐，颜元东，朱慧俭，2010.青海省县(市)地质灾害调查与区划综合研究报告[R].西宁：青海省地质环境监测总站.

张茂省，2007.黄土地质灾害影响因素研究[R].乌鲁木齐：中国地质学会工程地质专业委员会2007年学术年会暨"生态环境脆弱区工程地质"学术论坛论文集.

张启龙，杨刚，2010.西宁盆地第三系地层对工程的影响[J].铁道勘察，36(1)：31-33.

张强，张存杰，白虎志，等，2010.西北地区气候变化新动态及对干旱环境的影响——总体暖干化，局部出现暖湿迹象[J].干旱气象，28(1)：1-7.

张晓宇，2012.西宁地区第三系地层岩土工程特性及影响[J].铁道工程学报，29(8)：20-23.

张晓宇，2011.西宁地区第三系泥岩夹石膏岩工程特性及影响分析[J].科技交流，(4)：5.

张以晨，郎秋玲，陈亚南，等，2020.基于自然灾害风险评价框架的省级地质灾害风险区划方法探讨——以吉林省为例[J].中国地质灾害与防治学报，31(6)：104-110.

赵东亮，兰措卓玛，侯光良，等，2021.青海省河湟谷地地质灾害易发性评价[J].地质力学学报，27(1)：83-95.

周保，2019.青海省地质环境公报[R].西宁：青海省自然资源厅.

周笃珺，马海州，高东林，等，2004.青海湖南岸全新世黄土地球化学特征及气候环境意义[J].中国沙漠(2)：144-148.

朱科旭，管琴，白爱娟，2024.青海省洪涝灾害时空分布和致灾雨量特征[J].沙漠与绿洲气象，18(1)：81-88.

FAUSTO GUZZETTI，ALBERTO CARRARA，MAURO CARDINALI,et al.,1999. Landslide hazard evaluation: a review of current techniques and their application in a multi-scale study, Central Italy[J]. Geomorphology，31(1/2/3/4)：181-216.

HANSEN P M，SCHJOERRING J K，2003. Reflectance measurement of canopy biomass and nitrogen status in wheat crops using normalized difference vegetation indices and partial least squares regression[J]. Remote Sensing of Environment，86(4)：542-553.

HAUKE J，KOSSOWSKI T，2011. Comparison of values of Pearson's and Spearman's correlation coefficient on the same sets of data[J]. Quaestiones Geographicae，30(2)：87-93.

LAMOUREUX S F，2009.Fluvial impact of extensive active layer detachments, cape bounty, melville island, Canada[J]. Arctic, Antarctic, and Alpine Research，41(1)：59-68.

LEWKOWICZ A G，HARRIS C，2005. Frequency and magnitude of active-layer detachment failures in discontinuous and continuous permafrost, northern Canada[J].

Permafr Periglac Process, 16(1): 115-130.

MUTTI P R, LUCIO P S, DUBREUIL V, et al., 2020. NDVI time series stochastic models for the forecast of vegetation dynamics over desertification hotspots [J]. International Journal of Remote Sensing, 41(7): 2759-2788.

PATTON A I, RATHBURN S L, CAPPS D M, et al., 2021. Ongoing landslide deformation in thawing permafrost[J]. Geophys Research Letters, 48(16): e2021GL092959.

QUINN P F, BEVEN K J, LAMB R, 2010. The in(a/tan/β) index: How to calculate it and how to use it within the topmodel framework[J]. Hydrological Processes, 9(2): 161-182.

RAN Y, CHENG G, NAN Z, et al, 2021. Mapping the permafrost stability on the Tibetan plateau for 2005-2015[J]. Science China Earth Sciences, 64: 62-79.

ROSSI M, ARDIZZONE F, FIORUCCI F, et al., 2017. Hazard and population vulnerability analysis: a step towards landslide risk assessment[J]. Journal of Mountain Science, 14(7): 1241-1261.

SAHA A K, GUPTA R P, SARKAP I, et al., 2005. An approach for GIS-based statistical landslide susceptibility zonation-with a case study in the Himalayas[J]. Landslides(1): 2-15.